KB160087

드론 바이블
DRONE BIBLE

KODEF 안보총서 111

드론 바이블

| 강왕구 · 채인택 · 계동혁 지음 |

DRONE BIBLE

당신이 알아야 할 드론에 관한 모든 것

ALL YOU NEED TO KNOW ABOUT DRONE

| 들어가는 말 |

가공할 드론 시대의 개막

"드론Drone이란 무엇인가?" 언뜻 간단해 보이는 질문이지만 드론에 대한 지식이 깊어질수록 이에 대한 설명이나 답변은 점점 더 어려워지고 있다. 눈부신 과학기술의 발전 덕분에 시시각각 드론에 대한 정의와 개념, 여기에 더해 외부 형태까지도 변화하고 있기 때문이다. 일례로 불과 10여 년 전까지만 해도 드론은 원격으로 통제되는 군용 무인항공기 혹은 취미용 장난감의 범주에서 크게 벗어나지 못했다. 그러나 최근 등장하고 있는 다종다양한 형태의 드론은 '사람들의 드론에 대한 상식 혹은 고정관념'을 뒤흔들고 있다.

인공지능AI, Artificial intelligence을 활용한 완전 자율 드론의 등장과 함께 군용 드론과 상업용 드론의 구분이 모호해지고 있는 점 또한 주목할 필요가 있다. 단적인 예로 이란은 인터넷 전자상거래로 구할 수 있는 부품들로 만든 샤헤드Shahed-136 드론을 순항미사일처럼 사용하고 있다. 성능은 특별한 점이 없지만 대신 가격이 저렴하고, 부품 수급이 쉬우며, 장거리 타격이 가능한 것이 특징이다. 우크라이나군과 러시아군, 그리고 이스라엘군은 조종사가 드론에 장착된 카메라를 통해 실시간으로 주변 상황 인지와 원격제어가 가능한 FPVFirst Person View(1인칭 시점) 드론을 활용해 첨단 유도무기의 역할을 대체하고 있다. 강력한 전자파로 원격제어가 끊어지거나 전자전 상황에서도 인공지능이 드론을 통제해 임무를 계속 수행할 수 있는 수준에 도달했기 때문이다. 이것이 전부가 아니다. 최근 세계 각국은 군견 형태의 경비용 로봇 혹은 견마 로봇을 군사시설 경계, 지하시설 수색 및 정찰 등의 용도로 실전 배치하고 있으며, UGVUnmanned Ground Vehicle(무인 지상 차량)를 활용한 무인 보급체계와 부상병 후송체계 역시 부분적으로 도입하고 있다.

다만 '동물 혹은 곤충과 같은 새로운 형태의 드론을 과연 전통적인 드론의 범주에 포함할 것인가'에 대해서는 격렬한 논쟁이 진행되고 있다. 이 책에서는 '하늘을 날아다니는 비행체 형태의 드론'을 중심으로 설명하며 최근 활용 범위가 확대되고 있는 지상 혹은 해상(수중) 드론에 대해서는 독자들의 이해를 돕는 수준으로 간단히 설명하기로 한다.

'하늘을 날아다니는 비행체 형태의 드론'의 종류는 다양하며, 기술 발전을 통해 드론의 크기는 점점 작아지고 있는 반면에 그 성능은 점점 향상되고 있다. 강대국들이 드론 발전을 주도하고 있는 군사 분야의 경우 그 변화는 더욱더 두드러진다.

먼저 미국의 경우 무인전투기와 무인급유기 같은 완전 자율 드론 전투체계의 실전 배치를 눈앞에 두고 있다. 영국, 프랑스, 독일과 같은 유럽 국가들과 러시아, 중국의 추격 역시 만만치 않다. 여기에 더해 군용 드론의 빠른 확산과 보급도 동시에 진행되고 있다. 한동안 군사강대국들의 전유물이었던 군용 드론은 이제 제3세계 국가들은 물론 반정부 및 테러 단체들조차도 필수적으로 갖추어야 할 비대칭 무기체계로 인식되고 있다.

그리고 지난 2022년 2월 22일, 러시아의 무력침공으로 시작된 우크라이나-러시아 전쟁과 2023년 10월 7일, 이슬람 무장단체 하마스Hamas의 기습 공격으로 시작된 이스라엘-하마스 전쟁을 통해 드론은 지상 전투를 극적으로 변화시키며 현대 전쟁 수행을 위한 필수 무기로 자리 잡았다.

심지어 우크라이나와 러시아는 드론으로 정밀유도무기는 물론 재래식 포탄의 역할까지도 대체하고 있는 상황이다.

그 영향으로 이제는 제3세계 국가들과 반정부 및 테러 단체들조차도 다종다양한 드론을 적극적으로 활용하고 있다. 반정부 및 테러 단체들의 드론 활용은 더욱 놀라운 수준이다. 이라크, 아프가니스탄, 시리아, 리비아 등의 분쟁 지역에서 반정부 및 테러 단체들은 장난감 수준의 드론부터 밀수 혹은 전투 중 노획한 군용 드론을 활용해 정부군을 공격하고 있다. 특히 후티 반군이 드론을 순항미사일처럼 활용해 사우디아라비아의 정유시설을 공격하거나 예멘 반군이 홍해를 통과하는 상선을 무인기와 미사일로 공격하고 있다. 이란의 경우 2024년 4월 13일, 이스라엘 본토를 공격하는 과정에서 저렴한 가격과 장거리 공격 능력을 갖춘 170대의 샤헤드 136 드론을 동원해 국제 사회에 큰 파문을 일으켰다. 가난한 자들의 순항미사일로 불리는 샤헤드 136 드론의 등장은 군용 드론이 더는 강대국들의 전유물이 아니라는 사실을 확인시키고 있다.

군사 분야뿐만 아니라 상업적 용도로도 드론의 대중화는 이제 시간문제로 인식되고 있다. 이미 다양한 분야에서 상업용 드론이 활약하고 있기 때문이다. 여기에 더해 코로나바이러스COVID-19의 전 세계적인 대유행Pandemic 이후 다양한 서비스 산업의 비대면Untact 전환 요구는 드론의 상업적 가치를 더욱 배가시키고 있다.

한편 드론의 활용 분야와 범위가 더욱 확장되면서 미래 교통수단으로 드론을 활용하려는 다양한 연구와 시도 역시 가시적 성과를 거두고 있다. 실제로 에어택시Air Taxi, 첨단항공교통AAM, Advanced Air Mobility, 도심항공교통UAM, Urban Air Mobility(이하 UAM)의 핵심이라 할 수 있는 eVTOLelectric Vertical TakeOff and Landing은 사람이 탑승한다는 점만 제외하면 크기를 확장한 상용드론과 별반 차이가 없다. 아직 걸음마 단계에 불과한 eVTOL은 조종사가 1명 이상 필요하지만, UAM이 상업적 경쟁력을 갖추기 위해서는 원격 및 자동제어 같은 드론 제어기술이 근간이 되어야 한다. 조종사 없이도 탑승객이 UAM을 자유롭게 이용하는 데 불편함이 없어야 한다는 뜻이다.

이처럼 드론은 최초 원격 통제가 가능한 무인비행체에서 출발했지만, 과학기술의 발전과 함께 이제는 새로운 시대의 상징으로 주목받고 있다. 일부 미래학자들이 스마트폰Smartphone의 등장과 비교할 정도로 드론의 발전은 큰 파급력을 갖고 있으며 그 발전 가능성 역시 한계가 없는 것으로 평가된다. 현재 드론은 '공간을 자유롭게 넘나들 수 있는 사물인터넷IoT, Internet of Thing(이하 IoT) 플랫폼'의 단계에 머물러 있다. 하지만 가까운 미래에 드론은 디지털 트윈Digital Twin으로 진화할 것이며 궁극적으로는 현실과 가상세계를 하나로 연결할 수 있는 도구, 즉 가상물리시스템CPS, Cyber-Physical Systems(이하 CPS)이 될 것으로 예상된다.

드론은 먼 미래의 환상이 아니라 눈앞의 현실로 우리의 일상생활에 점점 더 큰 영향을 미치고 있으며, 그 파급력은 시간이 지날수록 더욱 강력해질 것이다. 미래 과학기술은 물론 미래 사회 변화를 논함에 있어 앞으로 드론을 빼놓고는 대화가 되지 않을 정도로 그 중요성이 커질 수밖에 없다는 의미다.

필자들은 드론의 정의부터 드론의 역사와 진화, 새로운 21세기를 열어가는 다양한 상용 드론과 전장의 판도를 바꾸는 군용 드론, 드론의 핵심 기술은 물론 드론관제시스템과 드론동력시스템, 테러와의 전쟁 최전선에선 드론봇, 미래 전장을 획기적으로 바꿀 군집 드론, 나노 드론, 전자전 드론, 전투용 고속 드론, 드론의 위협에 맞서는 드론 대응 기술, 각국의 드론 경쟁, 드론 기술을 바탕으로 차세대 대중교통수단으로 주목받고 있는 eVTOL에 이르기까지 우리가 알아야 할 드론의 모든 것을 이 책에 담기 위해 노력했다. 21세기와 미래를 바꿀 게임체인저로 부상한 드론에 대해 궁금한 독자라면, 이 책에서 그 답을 찾을 수 있을 것이다.

CONTENTS

U.S. AIR FORCE

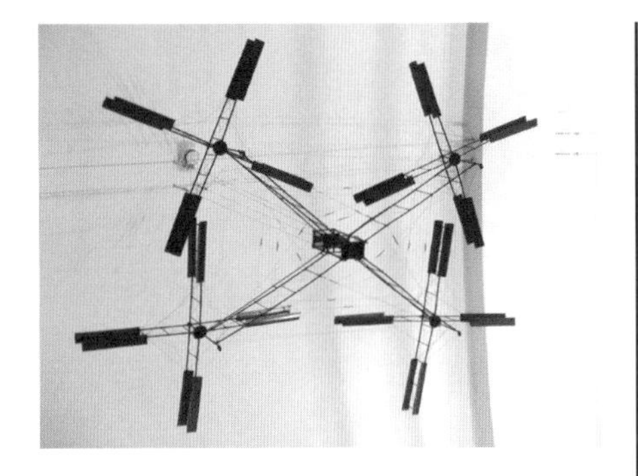

210_CHAPTER 3

드론의 핵심 기술

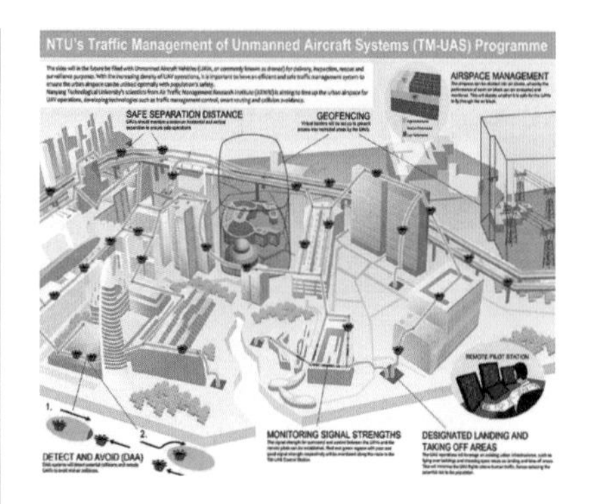

276_CHAPTER 4

드론, 현대 전쟁의 새로운 주역

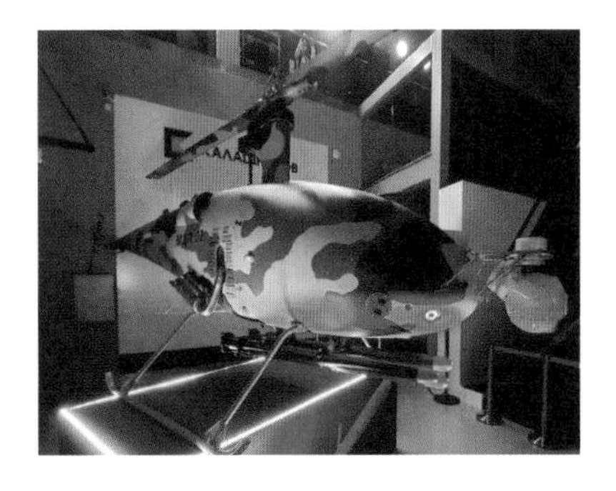

Blighter
Blighter

388_CHAPTER 5
수직이착륙 드론 eVTOL의 부상

432_CHAPTER 6
드론의 진화

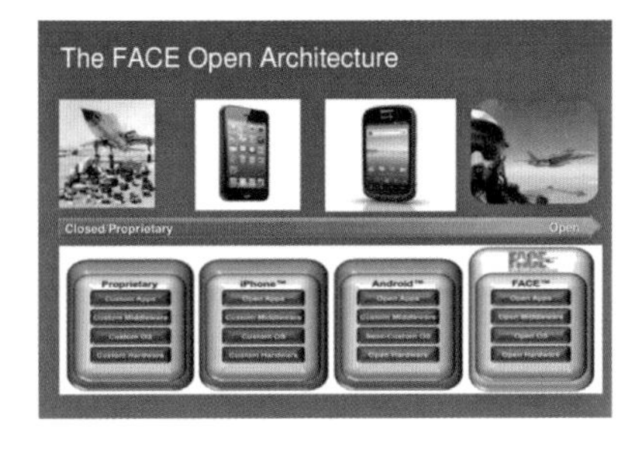

개정증보2판을 출간하면서

『드론 바이블』 초판이 출간된 지 어느덧 3년, 개정1판이 출간된 지 1년이라는 시간이 흘렀다. 지난 3년 동안 드론의 활용 범위는 군사 분야의 경우 폭발적으로, 민간 분야의 경우 상업 서비스 전반에 걸쳐 빠른 속도로 확장되고 있다. 현재 추세대로라면 조만간 드론 없는 미래는 상상할 수 없을 정도로 드론은 우리의 일상생활 속에서 광범위하게 활용될 것이다. 실제로 드론은 인공지능AI과 함께 21세기와 미래 전쟁의 상징으로 확실히 자리매김하고 있다.

점점 확대되고 있는 드론의 영향력이 국방 및 군사 분야에만 국한된 것은 아니다. 드론을 상업적 목적으로 활용하려는 움직임 역시 활발하게 추진되고 있다. 지난 2019년 미국 교통부 산하 연방항공국FAA, Federal Aviation Administration이 구글Google 윙Wing에 첫 드론 배송 승인을 내준 이후 아마존Amazon, 집라인Zipline, UPS, CVS 등의 기업들이 쇼핑몰 상품부터 긴급의약품까지 다양한 물품을 운송하고 있다. 그리고 드론의 활용 범위는 PAVPersonal Air Vehicle, UAMUrban Air Mobility, AAMAdvanced Air Mobility 등으로 불리는 미래교통체계로까지 확장되고 있다. 만약 드론이 미래교통체계에 성공적으로 활용될 수 있다면, 우리의 생활은 좀 더 편리하고 풍요롭게 바뀌게 될 것이다. 바야흐로 드론 전성시대가 활짝 열린 것이다.

드론 전성시대가 활짝 열리된 배경에는 관련 기술의 대중화가 든든한 버팀목 역할을 하고 있다. 실제로 2020년 기준, 상업용 드론을 생산할 수 있는 능력을 갖춘 국가와 기업의 수는 49개국 247개사이며, 드론을 활용하는 항공물류시스템 또는 관련 서비스를 추진하고 있는 국가의 수도 27개국에 이른다. 아직 걸음마 단계에 불과하지만, 드론을 활용한 택배 서비스 역시 활발하게 추진되고 있다. 그렇다면 드론은 언제 처음 등장했고, 기술 수준은 어느 수준에 도달해 있으며, 어떤 분야에서 어떻게 활약하고 있을까?

원격으로 통제되며 자체 동력으로 비행 가능한 최초의 무인항공기UAV, Unmanned Aerial Vehicle가 등장한 것은 1918년이며, 무인항공기를 지칭하는 단어로 드론Drone이 처음 사용된 것은 1935년으로 거슬러 올라간다. 하지만 현대적 개념의 군용 드론이 등장해 본격적으로 실전에 활용되기 시작한 것은 1990년대 이후부터이며, 대다수의 사람들이 상용 드론이라고 생각하는, 전기 모터로 구동하는 4개 이상의 회전날개로 자유롭게 비행하는 멀티콥터는 2000년대가 되어서야 본격적으로 대중화되었다.

이것은 사전적 의미의 드론과 대다수 사람들이 생각하는 일반적인 드론 사이에 차이가 존재한다는 뜻이며, 드론에 대한 용어 역시 명확한 기준이나 구분 없이 혼용되고 있다. 따라서 본문은 최근 다양한 형태로 활용되고 있는 멀티콥터를 중심으로 드론의 현재와 미래, 그리고 드론이 변화시킬 미래에 대해 알아보고자 한다. 특히 우크라이나-러시아 전쟁 사례를 통해 현대전의 새로운 변수로 주목받고 있는 드론의 활약상을 중심으로 드론으로 인해 급변하고 있는 현대 전쟁에 대해서도 소개한다. 끝으로 본문의 내용은 독자들의 이해를 돕기 위해 공개된 정보를 바탕으로 군용 드론은 실전 사례를, 상용 드론은 기술적인 내용을 중심으로 구성했다.

72%
54%
96%
82%
DHL
giz
amazon
Prime Air

CHAPTER 1
드론이
열어가는
새로운
21세기

1.
드론,
현대 전쟁의
게임체인저

MQ-1 Predator

AGM-114 헬파이어 미사일을 장착하고 아프가니스탄 남부 상공을 비행하는 MQ-1 프레데터. 프레데터는 9·11 테러 이후 아프가니스탄 상공을 누비며 정찰 임무와 함께 중요 목표물에 대한 핀셋 공습을 수행했다. 프레데터는 전자광학 및 적외선 감지기, 그리고 합성개구레이더를 장착하여 이전에는 볼 수 없었던 새로운 정찰 능력을 보여주었으며, 위성 데이터 링크와 통제체계를 사용해 미 본토에서도 실시간으로 정찰 임무를 확인할 수 있었다. 또한 특정 목표물에 대한 집중 감시 능력이 다른 정찰 수단들에 비해 매우 뛰어났고, AGM-114 헬파이어 미사일을 장착하면서 공격 능력까지 갖추게 되었다. 〈사진 출처: Public Domain〉

지난 20년 동안 드론은 미국과 같은 군사강대국들이나 현대화된 정규군만이 제대로 활용할 수 있는 최첨단 무기라는 고정관념이 있었다. 최첨단 기술이 집약된 만큼 천문학적인 가격은 물론 인공위성과 같은 인프라를 갖춰야만 제 성능을 발휘할 수 있었기 때문이다. 특히 미국은 9·11테러 이후 벌어진 테러와의 전쟁과 주요 저강도 분쟁에서 드론을 적극적으로 활용하고 있으며, '드론 = 최첨단 군사력 = 미국의 국력'이라는 불문율不文律을 만든 드론 운용의 종주국이다. 실제로 미국은 지난 2002년 11월 5일 예멘에서 MQ-1 프레데터Predator로 최초의 공대지 공격 임무를 성공적으로 수행한 이후 주요 군사작전에서 드론을 적극적으로 활용하고 있다.

영국 런던에 본부를 둔 비영리 뉴스조직인 '탐사저널리즘 사무소TBIJ, The Bureau of Investigative Journalism'에 따르면, 미국은 2015년 1월부터 2020년 2월 11일까지 아프가니스탄에서만 5,888회의 드론 공격 작전을 실시한 것으로 알려졌다. 참고로 1995년 미 공군에 처음 실전 배치된 MQ-1 프레데터는 같은 해 10월 종결된 보스니아 · 헤르체고비나 내전, 1999년 코소보 전쟁, 2001년 아프가니스탄 전쟁, 2003년 이라크 전쟁 등에서 활약했다.

또한 '하늘의 암살자'라고 불릴 만큼 현존하는 가장 강력한 공격용 드론으로 알려져 있는 MQ-9 리퍼Reaper는 2020년 1월 3일 새벽 0시 47분(현지 시각 기준)에 이라크를 비밀리에 방문한 거셈 솔레이마니Qasem Soleimani 이란 쿠드스군 사령관이 탑승한 차량을 공대지미사일을 발사해 명중시켜 솔레이마니는 물론 2대의 차량에 나눠 타고 있던 수행원, 경호원, 운전사 등 나머지 일행 9명을 그 자리에서 암살했다. 이 암살 작전은 인공위성을 통해 실시간으로 전달된 솔레이마니의 동선 정보를 토대로 미국 본토에 있는 드론 작전통제부의 드론 조종사들이 MQ-9 리퍼를 원격조종하여 AGM-114 헬파이어 미사일을 발사한 것으로 알려져 있다. MQ-9 리퍼 드론을 이용해 적국의 핵심 요인을 은밀히 핀셋 타격하여 제거한 이 암살 작전은 군사용 드론의 위력을 전 세계에 여실히 보여주었다.

MQ-9 Reaper

2020년 1월 3일 미국이 이란의 거셈 솔레이마니 장군과 일행을 암살하는 데 사용한 무기는 MQ-9 리퍼 드론이다. MQ-9 리퍼는 '하늘의 암살자'라고 불릴 만큼 현존하는 가장 강력한 공격용 드론으로 알려져 있다. 이 암살 작전에서는 인공위성을 통해 실시간으로 전달된 솔레이마니의 동선 정보를 토대로 미국 본토에 있는 드론 작전통제부의 드론 조종사들이 MQ-9 리퍼를 원격조종하여 AGM-114 헬파이어 미사일을 발사한 것으로 추정된다. MQ-9 리퍼 드론을 이용해 적국의 핵심 요인을 은밀히 핀셋 타격하여 제거한 이 암살 작전은 군사용 드론의 위력을 전 세계에 여실히 보여주었다. 〈사진 출처: General Atomics〉

기술 발전이 불러일으킨 나비효과

문제는 기술 발전과 다양한 상용 드론의 등장으로 인해 이제 중동의 테러리스트들조차도 마음만 먹으면 언제든 드론을 무기로 활용하고 있다는 것이다. 더 이상 드론이 군사강대국들의 전유물이 아니라는 의미다. 더욱이 드론을 활용한 전투 영역 역시 테러와 소규모 분대전투의 영역에서 국가 기반시설 타격과 같은 전략적인 영역으로 점차 확대되고 있는 추세다.

실제로 지난 2019년 9월 14일, 사우디아라비아 동부 아브카이크Abqaiq에 위치한 탈황시설과 쿠라이스에 위치한 정유시설에 10여 대의 드론이 자폭공격을 하는 사건이 벌어지기도 했다. 드론을 최첨단 순항미사일처럼 활용한 이 사건으로 사우디아라비아의 석유 생산은 큰 피해를 입었고, 생산능력은 하루 약 970만 배럴에서 절반 이하인 410만 배럴로 감소했다. 그동안 수십억 원짜리 최첨단 순항미사일이 아니면 불가능했던 공격을 시장가격 1,200만 원 내외의 상용 드론 10대를 활용해 700~1,200km 내외의 원거리에서 정확히 타격한 것이다.

예멘 후티 반군은 2019년 9월 14일 세계 최대 석유기업인 사우디아라비아 국영 석유회사 아람코의 주요 석유시설과 유전을 드론(무인기)과 순항미사일을 이용해 하이브리드 공격을 감행했다. 이번 드론 공격은 공격한 드론이 이륙지점으로 돌아가지 않고 목표물에 폭탄과 함께 자폭하는 '가미카제식 공격'이었다. 1만 달러에 불과한 값싼 드론이 사우디아라비아의 강력한 방공망을 뚫고 주요 석유시설과 유전을 정밀타격한 뉴스를 보고 전 세계가 충격을 받았다. 위 그림은 예멘 반군이 사우디아라비아 석유시설과 유전을 공격하는 데 사용한 것으로 추정되는 콰세프(Qasef) 드론이다. 콰세프 드론은 예멘 반군 후티가 이란의 드론 '아바빌(Ababil)'을 개조해 만든 것이다.

샤헤드 136은 이란의 이란항공기제조산업공사(HESA)에서 개발 및 제조한 자폭드론으로, 샤헤드는 순교자라는 뜻을 지니고 있다. 2024년 4월 13일 밤부터 4월 14일까지 실시된 '진실된 약속 작전'에서 이란은 순항미사일과 위력이 비슷한 값싼 샤헤드 136 자폭드론을 대량 투입해 이스라엘을 공격했다. 〈사진 출처: WIKIMEDIA COMMONS | CC BY 4.0〉

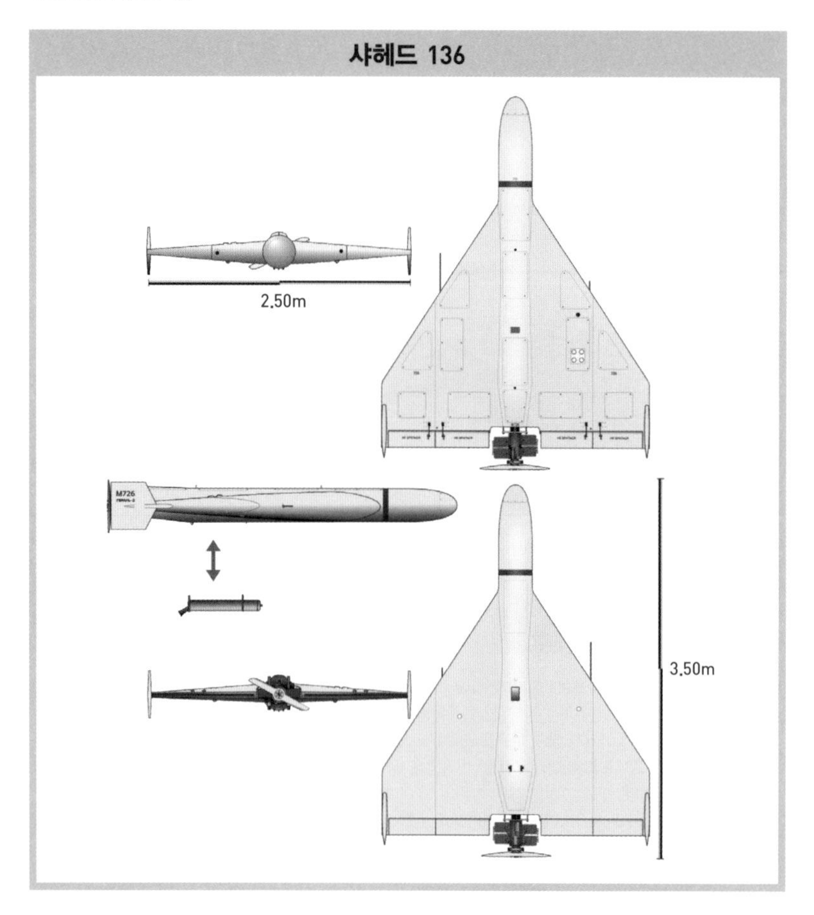

그리고 지난 2024년 4월 13일 오후 11시부터 14일 새벽 2시까지 이란은 110발의 탄도미사일과 36기의 순항미사일, 그리고 185대의 샤헤드 136 자폭드론을 동원해 이스라엘을 공격했다(이 수치는 이스라엘 국방부가 발표한 수치로, 미국 및 서방 언론이 보도한 탄도미사일 120기, 순항미사일 30기, 자폭드론 170대와 차이가 있음-저자주). 이슬람혁명수비대IRGC가 '진실된 약속 작전Operation True Promise'으로 명명한 이번 공격은 미국의 발 빠른 대응과 이스라엘의 철통같은 방어로 별다른 성과를 거두지 못했다. 하지만 1979년 이란 혁명 이후, 처음으로 이란이 이스라엘에 대한 직접 공격을 감행한 이번 '진실된 약속 작전'에서 값싼 샤헤드-136 자폭드론을 대량으로 투입해 순항미사일처럼 활용했다는 점은 주목할 만하다.

드론이 뒤바꾼 전쟁의 결과

지난 2020년 9월 27일부터 아르메니아와 아제르바이잔이 나고르노-카라바흐Nagorno-Karabakh 지역을 두고 정면충돌한 국경 분쟁은 드론이 미래 전쟁의 게임체인저Game Changer라는 사실을 새삼 확인하는 계기가 되었다. 군사강국도 아니고 독특한 전략이나 군사혁신 계획이 있는 것도 아닌 이들 국가가 국경 분쟁 동안 보여준 모습은 강대국들이 준비하고 있는 미래 전쟁의 축소판이었기 때문이다. 더욱이 실제 전투가 벌어지기 전까지 객관적인 전력은 아르메니아의 근소한 우세였지만, 드론을 앞세운 아제르바이잔의 파상공세에 아르메니아의 핵심 전력은 글자 그대로 풍비박산風飛雹散 났다. 전쟁 기간 동안 아제르바이잔의 드론은 아무런 제약 없이 전장을 넘나들며 아르메니아의 T-72 전차와 BMP-2 보병전투차는 물론 주요 진지와 대공시설을 무차별 폭격했고, 그 모습은 소셜 네트워킹 서비스SNS, Social Networking Service(이하 SNS)를 통해 전 세계에 공개되었다. 특히 아제르바이잔이 튀르키예에서 도입한 바이락타르Bayraktar TB2 드론은 이번 전쟁 기간 동안 기대 이상의 활약을 선보였고, 드론을 활용한 공대지 정밀공격이 더 이상 군사강대국들의 전유물이 아님을 확인시켰다.

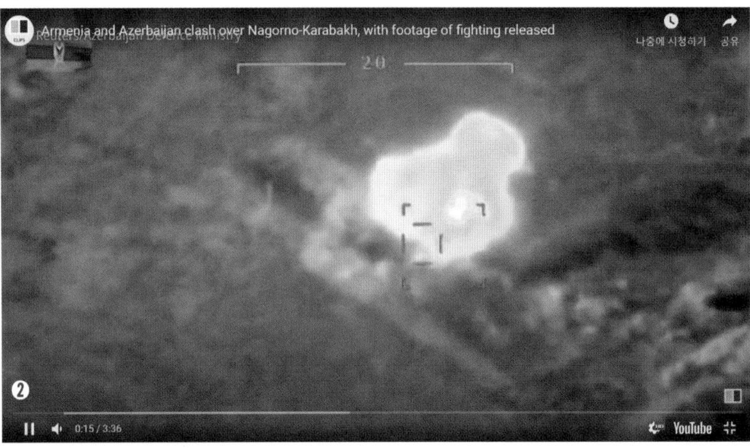

❶ 아제르바이잔이 2016년 튀르키예에서 도입한 바이카르(Baykar) 사의 바이락타르 TB2 무인기 〈사진 출처: Baykar〉 ❷ 아제르바이잔 전투 드론이 아르메니아군의 인원, 전투장비, 시설 등을 폭격하는 영상 〈사진 출처: 아제르바이잔 국방부〉 ❸ 아제르바이잔군은 전격적인 드론 전투로 공중을 활용하여 아르메니아군에 압승을 거두었다. 바이락타르 TB2 드론은 아르메니아-아제르바이잔 전쟁 기간 동안 기대 이상의 활약을 선보였고, 드론을 활용한 공대지 정밀공격이 더 이상 군사강대국들의 전유물이 아님을 확인시켰다. 〈사진 출처: 아제르바이잔 국방부〉

그리고 지난 2022년 2월 22일, 러시아의 무력침공으로 시작된 우크라이나-러시아 전쟁은 '미래 전쟁의 승패를 좌우하는 드론의 전략적 가치'를 더욱 부각시키고 있다. 우크라이나가 러시아의 침공에 맞서 싸울 수 있는 원동력 중 하나로 다종다양한 드론의 활용이 거론되고 있기 때문이다. 특히 수류탄 혹은 사재폭발물을 장착한 1인칭 시점FPV, First Person View 드론이 첨단유도무기를 대체하는 상황은 기술적 혁명이라 부르기에 부족함이 없다. 3년 차에 접어든 우크라이나-러시아 전쟁이 장기 교착상태에 빠진 상황에서 드론에 대한 의존도는 더욱 높아지고 있다. 이처럼 우크라이나-러시아 전쟁은 드론의 위력을 보여줌으로써 드론에 대한 사람들의 고정관념을 완전히 뒤바꾸고 드론 없는 미래 전쟁은 상상할 수조차 없게 만들었다.

전쟁의 양상을 바꾸고 있는 드론

공대지 공격이 가능한 무장형 드론과 자폭형 드론의 빠른 확산은 저강도 분쟁은 물론 재래식 전쟁의 양상까지도 변화시키고 있다. 여기에 세계 군용 드론 시장을 선점하고 있던 이스라엘과 틈새시장을 공략하고 있는 튀르키예, 중저가 취미용 드론 시장의 절대 강자인 중국 같은 후발 국가들이 치열한 경쟁을 펼치면서 군용 드론의 확산 속도는 더욱더 빨라지고 있는 상황이다.

제3세계 국가들이 확보할 수 있는 군용 드론의 성능은 점점 더 우수해지고, 반대로 가격은 점점 더 저렴해지는 추세다. 이는 불과 얼마 전까지만 해도 강대국의 상징과도 같았던 군용 드론을 이제는 제3세계 국가는 물론 테러 단체들조차도 다양한 종류의 군용 드론을 손쉽게 확보할 수 있게 되었다는 뜻이다. 영국 국방장관 벤 월리스Ben Wallace는 "시리아와 리비아 내전에서 보여준 튀르키예 드론의 활약은 두 전장의 전세를 바꾸었다"고 말한 뒤 "이러한 변화는 결코 환영할 만한 것이 아니며 잠재적인 위협이 될 수 있을 것"이라고 평가하기도 했다. 이란과 우크라이나는 국제 전

위 사진은 2024년 3월 우크라이나군에게 요격되어 우크라이나 빈니차(Vinnytsia)주에서 발견된 러시아제 게란(Geran)-2 자폭드론의 모습이다. 러시아제 게란-2 자폭드론은 이란제 샤헤드 136 자폭드론을 러시아에서 면허 생산한 것으로 항속거리가 줄은 대신 탄두 중량은 90kg으로 강화한 것이 특징이다. 〈사진 출처: WIKIMEDIA COMMONS | CC BY 4.0〉

자상거래 시장을 통해 확보할 수 있는 다양한 부품을 조합해 저렴하지만 치명적 성능을 갖춘 드론을 대량으로 생산하고 군사적으로 활용하는 수준까지 도달했다. 물론 드론이 전장에서 유의미한 능력을 발휘하기 위해서는 드론 자체의 우수한 성능은 물론, 드론의 능력이 110% 이상 발휘될 수 있는 전술 · 전략이 먼저 선행되어야 한다. 최근 드론의 활약이 두드러진 주요 전쟁 혹은 분쟁의 가장 큰 특징은 바로 드론과 전자전, 그리고 자주포의 결합을 통한 강력한 공격력의 집중이다. 하지만 이는 무방비 상태의 적에 대한 기습공격 이외에 대규모 군사작전 과정에서 드론 단독으로 의미 있는 전과를 거둔 사례가 거의 없다는 뜻이기도 하다. 만약 강력한 전자방해장치나 전자전 무기를 보유하고 있다면 아무리 강력한 드론이라도 추풍낙엽 신세를 피하기 어렵다.

드론을 활용한 필승의 조건

우크라이나-러시아 전쟁과 최근 벌어지고 있는 주요 분쟁을 분석한 대다수 군사전문가 역시 "드론은 단지 비용 대비 효과가 높은 소모품일 뿐이며 드론을 활용해 어떻게 전쟁에서 승리할 것인가?"라는 전략적 목표에 더 집중해야 한다고 지적한다. 미국을 선두로 세계 각국은 미래 전쟁에 대비하기 위해 노력하고 있으며, 가장 큰 화두는 바로 재래식 무기와 최첨단 무기를 효율적으로 융합시키는 군사혁신RMA, Revolution in Military Affairs이다. 그리고 드론은 다영역 전투Multi-Domain Battle 혹은 복합 전투Hybrid Combat 등으로 불리는 미래 전쟁에서 필승을 위한 핵심 조건 중 하나로 평가받고 있다.

하지만 드론은 만병통치약이 아니다. 최첨단 군용 드론의 보유가 곧 전쟁의 승리를 보장하는 것은 아니라는 뜻이다. 다양한 사례를 통해 우리는 드론이 가진 무기체계로서의 장점 혹은 전략적 우위가 언제든 상쇄될 수 있다는 사실을 확인할 수 있다. 드론이 21세기를 상징하는 신무기라는 사실에는 변함이 없지만, 드론으로 전쟁에서 승리하기 위해서는 철저한 준비와 충분한 검토 그리고 드론의 효과를 극대화할 수 있는 작전이 준비되어야 한다는 의미다.

기존 전쟁의 규칙을 바꾸고 있는 FPV 드론

2022년 2월, 러시아의 무력침공 이후 연일 치열한 전투가 벌어지고 있는 우크라이나에서 전쟁의 승패를 좌우하는 중요한 변수 중 하나로 1인칭 시

FPV Drone

우크라이나군이 처음 전쟁 무기로 활용하기 시작한 1인칭 시점(FPV) 드론은 최첨단 무기의 훌륭한 대체품이자 저비용 고효율 방어무기로 활용되고 있다. 일반적으로 FPV 드론은 사용자가 드론에 설치된 카메라에서 전송되는 영상을 안테나가 부착된 헤드셋이나 고글 형태의 영상수신장치를 통해 '1인칭 시점'으로 직접 보면서 실시간으로 원격조종할 수 있다. 〈사진 출처: 우크라이나군 합동군 페이스북(https://www.facebook.com/GeneralStaff.ua)〉

점FPV, First Person View(이하 FPV) 드론이 주목받고 있다. 전쟁 초기만 해도 존재하지 않던 FPV 드론이 갑자기 현대 전쟁의 패러다임을 바꾸는 게임체인저로 등장하게 된 배경에는 극심한 포탄 부족에 허덕이던 우크라이나군의 절박함이 있었다. 격렬한 전투가 계속되고 전쟁의 장기화와 서방세계의 군사적 지원이 한계를 드러내면서 불리한 전황을 극복하기 위한 대안으로 우크라이나군이 FPV 드론을 적극적으로 활용하기 시작한 것이다.

실제로 지난 2024년 1월 말, 도네츠크 남서쪽 노보미하일로프카Novomikhailovka 지역에서 T-72 전차 3대와 BMP-1 보병전투차 1대, MT-LB 장갑차 7대로 구성된 러시아군 제33차량화소총연대 소속 1개 중대가 공격을 개시했다. 이들의 공격은 순조롭게 진행되는 것 같았다. 그들의 진격을 방해하는 장애물이나 우크라이나군의 공격이 전혀 없었기 때문이었다. 하지만 우크라이나군이 설정한 방어선을 통과하는 순간 이들의 진격은 폭발물을 장착한 500달러짜리 FPV 드론에 의해 저지되었다. 단 한 대의 장갑차를 제외한, 공격 작전에 투입된 모든 전차와 대부분의 장갑차가 완전파괴되거나 기동 불가능한 수준의 손상을 입었으며, 생존자들은 허둥지둥 뛰어서 도망쳐야 했다. 현재 우크라이나군의 주요 방어진지에서 FPV 드론은 최첨단 공격 드론이나 대전차 미사일을 완전히 대체하고 있으며 저비용 고효율 방어무기로 활용되고 있다.

우크라이나군 장병들이 FPV 드론의 잠재적 가치를 인식한 것은 지난 2022년 중반으로 거슬러 올라간다. 최초 차세대 레이싱 스포츠를 목적으로 탄생한 FPV 드론을 일부 우크라이나군 장병들이 수류탄과 급조폭발물IED, Improvised Explosive Device을 장착해 러시아군을 공격한 것이다. 그리고 그 결과는 대성공이었다. 그 효과에 주목한 우크라이나군 수뇌부는 서방세계에서 지원하는 첨단무기와 포탄 공급에 차질을 빚기 시작하자 FPV 드론을 적극적으로 활용하기 시작했다. 한 대당 300~500달러 내외의 저렴한 가격과 레이더와 같은 탐지장비는 물론 가까이 근접해도 포착하기 힘든 은밀함, 최첨단 유도무기 못지않은 정밀공격능력, 마지막으로 변칙적인 공격과 임무가 실패해도 자폭 대신 다시 복귀시킬 수 있는 장점을 바탕으로 우크라이나군의 FPV 드론은 러시아군을 공포에 떨게 만들고 있다. 무엇보다도 국제 전자상거래 플랫폼에서 대량 구매가 가능하며 아무런 제약 없이 FPV 드론을 개조해 무기로 활용할 수 있다는 점 역시 우크라이나군의 선택에 힘을 실었다.

우크라이나군과 러시아군의 상반된 FPV 드론 운용 전술

FPV 드론을 활용하는 우크라이나군과 러시아군의 공격 전술 역시 큰 차이를 보인다. 먼저 우크라이나군의 경우 전차, 자주포, 방공 및 지휘체계, 보급기지와 탄약고 등 고가치 표적 공격에 FPV 드론을 적극적으로 활용하고 있다. 2024년 상반기에는 우크라이나군이 파괴한 러시아군 전차의 3분의 2 이상이 FPV 드론에 의한 것으로 집계되었을 정도다. 최첨단 유도무기는 물론 포탄과 총탄마저 부족한 상황에서 훌륭한 공격무기로 재탄생한 FPV 드론은 우크라이나군에 의해 최첨단 유도무기 못지않은 활약을 펼치고 있으며 이제는 표준화된 운용 절차와 체계화된 교전수칙까지 존재할 정도다. 실제로 우크라이나군은 FPV 드론을 전투부대에 정식 편성해 독자적인 정찰 및 원거리 타격 임무를 수행하거나 12~16명으로 구성된 우크라이나군 돌격대의 전투 임무를 6명 내외의 FPV 드론 조종사가 직접 지원하는 전투 교리까지 완성했다.

반면 2023년 5월부터 본격적으로 FPV 드론을 전선에 투입하고 있다는 러시아군의 경우, 우크라이나군의 방어진지 혹은 러시아군 보병부대의 공격을 지원하기 위한 대인공격 용도로 FPV 드론을 활용하는 사례가 압도적으로 많다. 참고로 러시아군의 FPV 드론 운용이 처음 확인된 것은 2022년 6월이지만 2023년 5월 전까지 월평균 2~3회에 불과해 큰 의미를 부여하기 힘들다. 2024년 2월까지 FPV 드론을 활용한 총 3,917건의 공격이 확인되었으며, 공격 성공률은 약 50% 수준이고, 치명적 공격은 479회(약 12%), 간접피해는 594건(약 15%)으로 알려졌다. 이처럼 FPV 드론을 무기로 활용하는 과정에서 우크라이나군과 러시아군의 전술에는 큰 차이점이 확인되고 있다. FPV 드론에 대한 인식 자체가 서로 다르기 때문이다. 실제로 우크라이나군의 경우는 서방세계의 지원에 전적으로 의존하고 있는 첨단무기와 포탄이 부족한 상황에서 FPV 드론을 대체품으로 활용하고 있다. 반면, 러시아군의 경우는 샤헤드-136과 자체 생산 중인 란쳇Lancet 등 더 우수한 성능과 파괴력을 갖춘 다수의 자폭 드론을 보유하고 있어 굳이 FPV 드론에 의존할 필요가 없다. 이러한 전력 격차를 극복하기 위해 우크라이나에서는 200개 이상의 회사가 드론 개발 및 양산에 참여하고 있으며, 현재 60종 이상의 드론이 개발 및 실전배치되었다. 또한, 우크라이나는 "국민의 FPVPeople's FPV"라는 구호 아래 일반 가정에서도 드론 조립을 적극적으로 권장하고 있다.

FPV 드론의 기술적 특징과 한계

일반적으로 FPV 드론은 사용자가 드론에 설치된 카메라에서 전송되는 영상을 안테나가 부착된 헤드셋이나 고글 형태의 영상수신장치를 통해 직접 보면서 실시간 통제가 가능하다. 1인칭 시점으로 드론을 원격제어할 수 있어 단 몇 초 만에 100km/h까지 가속하거나, 최대 200km/h의 속도로 역동적인 조작이 가능하고 비좁은 공간도 아무런 제약 없이 통과할 수 있는 것이 특징이다. 가장 널리 사용되는 중국 DJI에서 판매 중인 FPV 드론 기준으로 원격제어는 2.4GHz와 5.8Hz 대역을, 통신주파수는 40MHz 대역을 선택할 수 있으며, 최대 50Mbps의 속도로 동영상을 전송할 수 있다. 다만 안정적인 동영상 전송 거리가 평균 6km, 최대 10km 수준이며 송신기의 출력EIRP을 높이면 그 이상의 거리에서도 운용할 수 있지만, 동영상 끊김으로 인한 오작동, 배터리 용량 등의 문제로 인해 일반적으로 1~2km 내외에서 운용할 때가 가장 효율적이다.

놀라운 활약에도 불구하고 FPV 드론에 대한 우크라이나군과 러시아군의 공통된 평가는 매우 냉혹하다. 익명을 요구한 우크라이나군 장군은 언론과의 인터뷰에서 "FPV 드론은 미국이 중동의 테러리스트들을 공격할 때 사용하는 2,000만 달러짜리 고성능 프레데터가 아닙니다. 우리는 종종 영상이 끊기거나 안개나 연기, 화염으로 인해 눈뜬장님이 됩니다. 폭탄이 제대로 분리되지 않거나 터지지 않는 경우도 빈번합니다. 좁은 시야로 인해 엉뚱한 목표물을 공격하거나 이미 파괴된 표적을 다시 공격하는 사례도 있습니다. FPV 드론은 매우 가성비 높고, 우크라이나군이 선택할 수 있는 효율적인 무기지만, 155mm 포탄이나 대전차 미사일을 대체할 수는 없습니다"라고 말했다. 평균 400달러 내외의 FPV 드론은 처음부터 군사적 목적으로 개발된 것도 아니고 거리가 멀어질수록 영상을 보면서 원격제어하는 방식 자체가 문제가 되기 때문이다. 미국의 전문가들 역시 우크라이나군이 운용하는 FPV 드론의 정확도가 50% 미만이며, 직접 눈으로 표적을 보고 공격하는 특성상 운용 장병들의 높은 숙련도가 보장되어야 하는 것은 물론 이들의 스트레스 역시 매우 위험한 수준이라고 경고했다.

사실 FPV 드론의 활약은 극히 일부일 뿐이며, 우크라이나-러시아 전쟁을 기점으로 다종다양한 상용 혹은 취미용 드론이 실전에 투입되어 활약하고 있다. 특히 우크라이나는 스마트 기기와 다양한 가전제품의 부품을 조합해 만든 DIY^Do It Yourself^ 드론으로 지상전은 물론 해전의 판도까지 완전히 바꾸고 있다.

21세기 공중전의 새로운 주역, AI 무인전투기

공중무기체계 분야에서도 드론의 영향력은 점점 확대되고 있다. 그리고 인공지능AI(이하 AI)을 바탕으로 인간의 통제나 간섭 없이 스스로 임무를 수행할 수 있고 스텔스 능력Stealth Capability까지 갖춘 무인전투기의 등장이 눈앞의 현실로 다가오고 있다. 무인전투기의 성능을 좌우하는 AI의 발전 속도가 상상을 초월하고 있기 때문이다. 실제로 지난 2020년 미국 내 주요 항공우주 방위산업체와 IT 벤처기업 등에서 개발한 AI와 실전 경험을 갖춘 베테랑 F-16 전투기 조종사가 가상공간에서 모의 공중전을 펼쳤다.

인터넷을 통해 전 세계 사람들이 실시간으로 지켜보는 가운데 진행된

현재 AI 무인전투기 개발은 실제 전투기에 AI를 설치해 공중에서 모의 공중전을 펼치는 수준까지 발전했다. 실제로 2024년 4월, 미 공군은 AI를 탑재한 X-62A 자율비행 전투기를 활용해 인간 조종사와 AI 간의 모의 공중전 실험에 성공했다. 이번 테스트는 2022년 12월 시작된 ACE(Air Combat Evolution) 프로그램의 결과물이며, 시뮬레이션으로 공중전을 학습한 AI를 실험용 X-62A 자율비행 전투기에 설치해 이루어졌다. 〈사진 출처: 미 공군 홈페이지(https://www.af.mil/News/Photos/)〉

AI와 실전 경험을 갖춘 베테랑 전투기 조종사의 대결의 결과는 놀랍게도 AI의 5 대 0 전승으로 끝났다. 결과만 놓고 본다면 이번 모의 공중전은 21세기 공중전의 주역이 인간이 아닌 AI 무인전투기가 될 것임을 분명히 확인할 수 있는 충격적인 사건이었다. 이번 모의 공중전 이후 일부 언론과 연구소 등에서 "앞으로 무인무기체계UWS, Unmanned Weapon System(이하 UWS) 개발에 더욱 힘이 실리게 될 것"이라는 예측을 서둘러 내놓은 것도 이러한 배경 때문이다. AI를 갖춘 스텔스 무인전투기의 등장은 미래 공중전의 양상은 물론 전쟁의 판도까지도 뒤바꿀 수 있는 혁명적 사건으로 평가되고 있다.

그동안 인간과 인간이 만든 AI의 대결은 많은 사람들의 상상력을 자극하는, 흥미진진한 주제로 인식되어왔다. 상상의 영역이 아닌 현실 세계에서 AI는 절대 창조주인 인간을 능가할 수 없다는 믿음이 있었기 때문이다. 하지만 구글Google의 딥마인드DeepMind Technologies Limited가 개발한 AI 바둑 프로그램, 일명 알파고AlphaGo가 등장해 현존하는 세계 최고수들을 73승1패의 전적으로 격파한 이후 많은 사람들의 생각이 바뀌기 시작했다.

그리고 무명의 IT벤처기업이 만든 AI가 베테랑 F-16 전투기 조종사를 압도하는 상황이 현실이 되었다. 하지만 대다수 군사전문가들은 AI 바둑 프로그램이 세계 최고수들을 격파한 것과 모의 공중전에서 AI가 인간에게 일방적으로 승리한 것을 동일 선상에서 비교하는 것은 무의미하다고 말한다. 정해진 틀에서 승부를 결정하는 바둑에 비해 전장 환경 자체가 끊임없이 변화하는 공중전 상황은 경우의 수가 너무나 많기 때문이다. 결국 이번 결과에 집중하기보다는 거시적인 차원에서 AI가 공중전에서 불러올 변화를 예측하고 공중전투 양상이나 임무 수행 과정, 기술적 방향성 등을 살펴보는 것이 더 중요하다고 주장한다. 지금 당장 AI가 인간을 대체하는 것이 쉽지 않다는 뜻이다. 물론 최첨단 정보통신기술의 발전과 제4차 산업혁명의 영향 덕분에 인간의 능력을 초월하는 AI의 등장이 가능해진 것 역시 부정할 수 없는 사실이다. 그리고 미 방위고등연구계획국DARPA, Defence Advanced Research Projects Agency(이하 DARPA) 역시 다양한 계획을 통해 AI의 무궁한 발전 가능성과 이로 인해 변화될 미래를 현실로 앞당기기 위해 노력하고 있다.

이제 AI 무인전투기의 등장은 바로 눈앞의 현실이 되었다. 아직까지는 AI의 수준이 물리적 데이터를 기반으로 하는 비행체의 자동화 수준에 머물러 있지만, 조만간 낮은 단계의 유인·무인 무기체계의 통합은 물론 인간과 AI 간의 더 복잡한 협업이 가능해질 것으로 예상된다. 물론 지금 당장은 AI를 실전에 활용하는 것은 현실적으로 불가능하다. 하지만 지금과 같은 발전 추세를 감안하면 AI가 통제하는 무인전투기들이 하늘을 장악하는 것은 시간문제다.

세계 각국의 스텔스 무인전투기 개발 현황

현재 스텔스 무인전투기 개발에 가장 적극적인 국가는 미국이다. 무인항공기UAV, Unmanned Aerial Vehicle의 효용 가치를 직접 검증한 것은 물론 현재 다종다양한 UAV를 실전배치해 군사적 목적으로 운용하고 있는 국가가 미국이기 때문이다. 미 공군의 경우 여기에서 한 걸음 더 나아가 인간 전투기 조종사를 보조하는 역할의 드론 윙맨Drone Wingman 개념을 바탕으로 AI를 갖춘 무인전투기 개발을 추진하고 있으며, 미국 내 방위산업체들의 호응 역시 뜨겁다. 실제로 미 공군은 빠르면 2026년부터 AI 무인전투기를 실전배치해 유인전투기를 보조한다는 계획이다.

스카이보그 계획

2019년 미 공군이 공개한 스카이보그Skyborg 계획은 자율비행 및 전투능력을 갖춘 AI 무인전투기 개발하고 2023년까지 조기 운용능력EOC, Early Operational Capability을 확보하는 것이 목표다. 미 공군연구소AFRL, Air Force Research Laboratory가 스카이보그 계획을 주관하고 있으며, 지난 2019년 3월에는 전략개발 및 실험SDPE, Strategic Development Planning and Experimentation 사무국이 미국 내 주요 방위산업체와 AI기술업체를 대상으로 제안 설명서RFI, Request For Information를 발송하기도 했다.

현재까지 공개된 내용을 요약하면, 스카이보그는 완전 자율로 이착륙은 물론 다른 항공기 또는 지형지물을 회피하고 악천후 상황에서도 임무를 수행할 수 있는 능력을 갖추는 것이 목표다. AI 기반 자율 임무수행이 기본이지만, 필요할 경우 원격으로 제어가 가능하며 임무형 모듈Module 설계를 통해 간단한 장비 교체만으로도 다양한 임무를 수행할 수 있는 것이 특징이다. 미 공군 관계자들은 스카이보그가 "공중에서 항공기의 비행과 제어를 담당하는 단순한 알고리즘부터 특정 작전이나 하부 작전을 수행할 수 있는 복잡한 AI까지 포괄하게 될 것"이라고 설명한다.

자율비행 및 전투능력을 갖춘 AI 무인전투기 개발 및 획득을 목표로 한 스카이보그 계획의 일환으로 미 공군이 개발 중인 발키리 드론은 F-35 전투기 조종사를 보조하는 윙맨으로 활약할 수 있을 것으로 기대된다. 미 공군은 2023년 9월 2일 AI가 조종하는 실험용 무인전투기인 'XQ-58A 발키리'가 공중 전투 능력을 평가하는 시험 비행을 성공적으로 수행했다고 밝혔다. 〈사진 출처: 미 공군 홈페이지(https://www.af.mil/News/Photos/)〉

XQ-58A 발키리

현재 스카이보그 계획의 가장 유력한 후보는 미 공군과 미국 방위산업체인 크라토스 디펜스 & 시큐리티 솔루션즈Kratos Defense & Security Solutions가 함께 개발하고 있는 XQ-58A 발키리Valkyrie 스텔스 무인공격기다. XQ-58A 발키리는 본격적인 스텔스 무인공격기로, 현재 무인공격기로 활약하고 있는 MQ-1 프레데터나 MQ-9 리퍼보다 더 적대적인 작전 환경에서 임무를 수행하는 것이 목표다.

2개의 내부 무장창Weapon Bays에 각각 4개의 무장장착대Weapon Station가 있어 최대 8발의 공대공미사일이나 250kg급 합동직격탄JDAM, Joint Direct Attack Munition(이하 JDAM) 또는 GBU-39 소구경 직격탄SDB, Small Diameter Bomb(이하 SDB)을 장착할 수 있는 것으로 알려져 있다. 길이 8.8m, 폭 6.7m에 최고 속도는 마하 0.85(1,050km/h), 최대 항속거리는 3,941km, 최고 상승고도는 13,715m로 알려져 있다.

저가 소모성 항공기 기술LCAAT, Low Cost Attritable Aircraft Technology(이하

현재 미국 보잉(Boeing)사가 호주 공군과 함께 개발 중인 로열 윙맨(Loyal Wingman) 스텔스 무인전투체계는 인공지능(AI)을 바탕으로 단독 혹은 대규모 편대를 구성해 임무를 수행할 수 있는 것이 특징이다. 〈사진 출처: 보잉사 홈페이지(https://www.boeing.com/defense/airpower-teaming-system/index.page)〉

LCAAT) 계획의 일환으로 개발되고 있으며 지난 2019년 3월 첫 비행에 성공했고, 다양한 시험평가를 성공적으로 수행하고 있는 것으로 알려지고 있다. 본격적인 실전배치가 이루어지면 미 공군의 무인기 명명법에 따라 XQ-58A에서 MQ-58A로 이름이 바뀔 것으로 예상된다.

로열 윙맨

미 공군에 XQ-58A 발키리가 있다면, 미국의 대표적 방위산업체인 보잉Boeing사 역시 호주 공군과 함께 AI 기반의 스텔스 무인공격기를 개발하고 있다. 로열 윙맨Loyal Wingman으로 불리는 이 스텔스 무인전투체계는 보잉이 호주 공군을 위해 자체 개발 중인 무인 공군력 집단화 체계Airpower Teaming System의 일부이며, 단독 혹은 대규모 편대를 구성해 다양한 임무를 수행하는 것이 목표다. 현재까지 공개된 정보에 따르면, 전장 11.6m, 항속거리 3,700km 수준이며, AI를 기반으로 단독 혹은 유인기와의 통합운영이 가능하고 통합감지장치Sensor Package를 통해 정보정찰감시ISR 임무와 조기경보 임무도 자체적으로 수행할 수 있다.

2019년 2월에 호주 멜버른 국제 에어쇼(아발론AVALON 2019)에서 최초 공개되었으며, 2024년 4월에는 실제 비행 가능한 기체가 등장해 기대감을 고조시키고 있다. 완전 자율 비행이 가능한 로열 윙맨은 전투기 조종사의 원격제어가 불필요하며, 최근 호주 공군에 첫 번째 시제기가 인도된 것으로 알려지고 있다. 현재 호주 공군이 보잉에 주문한 로열 윙맨은 3대로 알려져 있으며, 시험평가 결과에 따라 그 수는 더욱 늘어날 것으로 예상된다.

무인전투기 개발과 미국의 거침없는 독주

미국 이외에도 앞서 언급한 호주와 중국, 일본 등이 스텔스 무인전투기 개발에 노력을 집중하고 있다. 스텔스 무인전투기의 중요성과 파급효과에 대해 충분히 주목하고 있기 때문이다. 하지만 미국이나 호주를 제외한 영국, 프랑스, 러시아, 중국, 일본 등의 스텔스 무인전투기 개발은 많은 부분이 베일에 가려져 있다. 영국 및 프랑스, 독일, 러시아 등은 2000년대 초부터 스텔스 무인전투기 개발을 위한 연구를 진행하고 있지만 시제기만 제작된 상태에서 계획이 중단되거나 2030년대 실전배치라는 추상적 목표만 제시하고 있는 수준이다. 중국이 개발 중인 스텔스 무인전투기는 지난 2008년부터 인터넷 등을 중심으로 사진이 돌아다니고 있지만 아직 구체적인 개발계획이나 성능은 알려진 것이 없다. 일본은 지난 2016년 공개한 항공자위대의 차기 기술 개발 계획을 통해 독자적 개념의 '전투지원 무인항공기'를 개발할 계획이다. 하지만 예산 확보 문제로 아직은 연구개발 단계에 머물러 있다.

반면, 무인전투기 개발 분야에서도 미국의 거침없는 독주는 계속되고 있다. 왜 그럴까? 스텔스 무인전투기를 구체화시키기 위한 이론 및 기술 그리고 법률과 제도가 튼튼한 버팀목 역할을 하고 있기 때문이다. 실제로 미 국방부는 2007년부터 2년마다 '무인체계 통합지침Unmanned Systems

Integrated Roadmap'을 발간하고 국가전략 차원에서 무인전투체계를 육성하고 있다. 또한 2012년에 발간한 '자율무기체계 관련 국방부 지침DOD Directive'을 통해 자율무기체계의 오작동 혹은 문제로 인한 의도하지 않은 전투 혹은 공격을 최소화하기 위한 다양한 대안을 마련하고 있다.

다양한 이론 역시 활발하게 연구되고 있다. 예를 들어 존스 홉킨스 대학 응용물리학 연구소의 '복잡한 환경 소프트웨어에서의 테스트 자율성TACE, Test Autonomy in a Complex Environment software' 혹은 미 공군과 신시내티 대학이 개발한 '유전적 퍼지Genetic Fuzzy' 또는 '유전적 퍼지 구조Genetic Fuzzy Tree' 알고리즘은 AI 무인전투기 개발에 다양한 가능성을 제공하고 있다. 이러한 이론을 바탕으로 '해브 레이더Have Raider'와 '자동 지상 및 공중 충돌회피 시스템Auto Ground and Air Collision Avoidance systems'과 같은 AI 항공기술이 개발되고 있으며 인간보다 250배나 빠른 의사결정 능력을 검증하기도 했다.

캘리포니아 에드워드 공군기지에 주둔하고 있는 미 공군 제412시험평가비행단412th Test Wing과 같은 조직 역시 방위산업체와 협력해 AI와 자율성, 자율비행과 협력비행 등을 시험평가하고 관련 업무를 지원하고 있다. 미국의 방위산업 및 무기체계 개발을 총괄하고 있는 DARPA(국방고등연구계획국)은 이러한 지원을 통해 미국의 주요 방위산업체 및 대학, 연구소 등이 절약하는 시험평가비용이 매년 수십억 달러 규모라고 밝히기도 했다. 여기에 더해 F-22와 F-35 또는 F-15EX와 같은 전투기들이 스텔스 무인전투기와의 통합운영능력을 갖출 수 있도록 기체와 프로그램을 개조 및 개량하는 사업 역시 전투기 제작사들과 논의하고 있다.

실전배치 앞둔 러시아의 비밀병기, S-70 아호트니크-B

미국을 선두로 세계 각국이 심혈을 기울여 개발하고 있는 무인전투항공기UCAV(이하 UCAV) 자타공인, 미래 항공전의 주역이다. 그런데 UCAV 개발 및 생산에서 후발 주자로 평가받는 러시아가 최근 UCAV 양산 및 실전배치를 앞둔 것으로 알려져 관심이 집중되고 있다. 특히 S-70 아호트니크Okhotnik-B로 알려진 러시아의 양산형 UCAV가 2023년 우크라이나에서 실전 평가까지 완료한 것으로 확인되어 충격을 주고 있다.

러시아어로 사냥꾼을 뜻하는 아호트니크는 러시아 항공우주산업의 쌍두마차라 할 수 있는 수호이Sukhoi와 미그MiG 설계국이 러시아항공우주군을 위해 공동개발 중인 차세대 UCAV다. 2014년, 지상 시험을 위한 실물 크기의 모형이 제작되었으며, 초기형 시제기Prototype는 2017년 7월 처음 일반에 공개되었다. 완전 자율 지상 시험은 2018년 11월 노보시비르스크 항공기 생산 연합 공장Novosibirsk Aircraft Production Association 활주로에서 진행되었으며, 당시 아호트니크-B는 최고 200km/h의 지상 활주 속도를 기록했다. 2019년 1월 18일에는 본격적인 비행시험을 위한 세 번째 시제기가, 6일 뒤에는 비행 가능한 또 다른 시제기가 확인되었다. 같은 해 5월부터 8월까지 활주로 주변에서 이착륙 및 장주비행Traffic Pattern 등 다양한 비행시험이 이루어졌으며, 8월 7일에는 러시아 국방부가 첫 비행 영상을 공개하기도 했다. 9월 27일에는 Su-57과 나란히 비행하는 동영상이 추가 공개되었으며, 러시아 국방부는 "아호트니크-B 시제기가 Su-57의 통제하에 다양한 공대공 및 공대지 임무 수행 능력을 시험했다"라고 밝혔다. 2021년 12월, 보다 성능이 개량된 아호트니크-B 시제기가 완성되었으며, 2023년 말까지 3대의 시제기가 추가로 제작되었다. 2021년까지 비유도 무기에 대한 시험이, 2022년까지 정밀유도무기에 대한 시험 및 평가가 진행되었으며 2023년 6월에는 우크라이나에서 실전에 투입되기도 했다.

독특한 외형의 아호트니크-B

본격적인 양산과 실전배치를 눈앞에 두고 있는 아호트니크-B는 미국이 자랑하는 RQ-170 센티넬Sentinel 혹은 X-47B 페가수스Pegasus 다목적 무인항공기MUAV, Multi Unmanned Aerial Vehicle와 유사한 외형이 특징이다. 일부 전문가들은 2011년 12월 5일, 이란이 나포한 RQ-170을 기반으로 역설계

2019년 9월 27일, 러시아 국방부가 공개한 무인전투항공기(UCAV)인 아호트니크-B의 시험비행 영상. 러시아 국방부는 "아호트니크-B 시제기가 Su-57의 통제 하에 다양한 공대공 및 공대지 임무 수행 능력을 시험했다"라고 밝혔다. 〈사진 출처: 러시아 국방부 홈페이지(https://eng.mil.ru/en/)〉

reverse engineering 방식으로 아호트니크-B의 원천기술을 확보한 것으로 추정하고 있다.

거대한 삼각자를 연상시키는, 수직 및 수평 꼬리날개가 없는 전익기 형태의 아호트니크-B는 복합소재와 스텔스 기술을 활용하여 레이더반사 면적RCS, Radar Cross Section을 극단적으로 감소한 것으로 추정된다. 길이 14m, 날개폭 19m에 기체 중량 20톤(추정)에 최대 이륙중량은 25톤, 각종 항공무장 2톤을 장착할 수 있는 것으로 추정된다. 새턴Saturn AF-41FM1 파생형 엔진 한 대가 동체 중앙에 장착되어 있으며 최고 속도 1,000km/h, 전투행동반경 3,500km에 최대 항속거리는 6,000km다. 하지만 아호트니크-B가 기존 다목적 무인항공기MUAV와 차별화되는 가장 큰 이유는 바로 정밀유도무기를 활용한 지상 폭격과 공대함 공격, 그리고 공대공 전투능력이다.

러시아 국방부는 아호트니크-B가 트리지콘Tzirkon 극초음속 대함미사일의 개량형인 라친카Larchinka-MD 및 그리민Gremin 미사일, 킨잘Kinzhal 극초음속 미사일을 소형화시킨 그라주GZUR 등의 운용능력을 확보했다고 주장하고 있다. 러시아 국방부는 스텔스 능력을 갖춘 아호트니크-B와 공대공 혹은 공대지 극초음속 미사일의 결을 통해 나토(NATO)는 물론 미군의 방공망을 뚫고 전략목표를 공격할 수 있다고 주장한다.

아호트니크-B의 실전배치를 서두르는 러시아

최초 계획보다 개발이 계속 지연되고 있음에도 불구하고 아호트니크-B를 제작하고 있는 수호이와 미그의 개발 의지는 확고하며 성공을 자신하고 있다. 실전배치와 함께 러시아항공우주군의 차세대 전투기인 Su-57과 유·무인 복합 전투체계MUM-T를 구성하는 것은 물론 Su-27, MiG-29 등 노후화된 구형 전투기들까지 대체할 계획이다. 여기에 더해 AI를 탑재해 단순한 유인 전투기의 보조 역할이 아닌 완전 자율 6세대 무인전투기의 진화까지도 목표로 하고 있다. 이 때문에 일부 전문가들은 아호트니크-B의 전략적 가치를 미 공군이 스카이보그 계획으로 개발 중인 무인전투기와 비교하기도 한다. 만약 아호트니크-B의 실전배치가 순조롭게 진행된다면 러시아 국방부의 미래 전쟁 대비 계획에도 숨통이 트일 것으로 전망된다. 지금과 같이 조종사들의 손실을 걱정하지 않으면서도 공세 혹은 방어와 관계없이 아호트니크-B를 대량으로 투입해 공중우세를 점할 수 있기 때문이다.

한편 일부 전문가들은 러시아가 S-70 아호트니크-B의 실전배치를 서두르고 있는 배경에는 교착상태에 빠진 우크라이나 전쟁의 국면전환보다 더 근본적인 이유가 있다고 지적한다. 그 근본적인 이유는 바로 다음 단계로 빠르게 진화하고 있는 미 공군의 항공우주전략 때문이라는 것이다. 지금까지 제공권air supremacy 장악을 위해서는 선제공격을 통해 적군의 방공망을 붕괴시키고 압도적 성능을 갖춘 제공 전투기를 선두로 적군의 전투기들을 격멸하는 것이 기본이었다. 실제로 F-22 및 F-35 스텔스 전투기와 B-2 스텔스 폭격기를 보유한 미 공군의 파상공세를 막을 수 있는 국가는 극소수에 불과하다. 하지만 가까운 미래에 미 공군은 B-21 레이더Raider 폭격기와 스텔스 UCAV를 적극적으로 활용해 아예 미래 공중전의 개념 자체를 완전히 뒤엎어버린다는 계획을 추진 중이다.

S-70 아호트니크-B와 러시아의 미래 공중전

미 공군이 준비하고 있는 미래 공중전은 적의 방공망을 뚫고 들어가 선제공격을 가한다는 점에서 현재의 공중전 전략과 별다른 차이점을 찾기 힘들다. 하지만 최첨단 과학기술의 발전 속도가 상상을 초월하는 지금, 이를 실행하기 위해서는 엄청난 기술적 진보는 물론 막대한 첨단무기가 사전에 준비되어야만 한다. 중요한 사실은 놀라운 기술적 진보를 통해 미국이 이러한 상상을 현실로 바꾸고 있다는 것이다. 하루가 다르게 미국과의 군사적 격차가 벌어지는 현실은 러시아 국방부가 환영할 만한 일이 아니다. 현실적으로 우크라이나와의 전쟁으로 발목이 잡힌 러시아 국방부가 새로운 첨단 무기체계를 도입하고, 최정예 조종사를 양성하며, 전력을 재편하는 것은 절대 쉬운 일이 아니다. 이러한 배경 때문에 점점 벌어지고 있는 미국과의 군사적 격차를 줄일 수 있는 유일한 대안으로 아호트니크-B가 주목받고 있다.

가까운 미래에 벌어질 공중전은 스텔스, 유·무인 복합 기술, 최첨단 차세대 통신 기술, 증강현실 및 가상현실 기술 등이 복합적으로 결합되어 전례를 찾기 힘들 정도로 급격한 변화를 맞게 될 것으로 전망된다. 러시아 국방부 역시 Su-57과 아호트니크-B의 조합을 통해 일련의 변화에 적응하기 위해 노력 중이며 시행착오 속에서도 구체적 성과를 하나둘 거두고 있다. 그리고 이러한 노력은 여전히 압도적 기술적 우위를 자랑하는 미 공군을 상대로는 쉽지 않은 싸움이 될 것이라고 인정한다. 하지만 미국 이외의 유럽 혹은 다른 서방세계 국가를 대상으로는 Su-57과 아호트니크-B의 조합을 통해 확실한 전술적 우위, 부분적 전략적 우위가 가능하다는 것이 러시아의 주장이다. 새로운 공중 위협에 대한 대비가 절실한 시점이다.

스텔스 무인전투기가 변화시킬 미래

현재 스텔스 무인전투기 개발에 참여하고 있는 미 공군 및 미국 방위산업체 관계자들 역시 이구동성으로 "유인전투기와 스텔스 무인전투기의 결합은 새로운 차원으로의 도약"이라고 평가하고 있다. 단적인 예로 현재 9GGravity 수준에 머물러 있는 유인전투기의 기동한계치는 스텔스 무인전투기 앞에서는 무의미한 숫자일 뿐이다. 사람이 탑승하지 않기 때문에 보다 급격하고 격렬한 공중기동이 가능해지며 이것은 유인전투기와의 공중전에서 스텔스 무인전투기의 절대적 우위를 보장할 수 있다.

흥미로운 사실은 다양한 이론과 AI의 학습능력Machine learning을 활용해 스텔스 무인전투기의 임무수행능력을 스텔스 유인전투기 이상으로 끌어올린다는 미 공군의 야심찬 계획이다. 현재까지는 유인전투기를 따라다니며 단순한 임무를 수행하는 수준에 머물러 있지만, 이러한 계획이 성공한다면 미 공군의 F-22 혹은 F-35와의 연계를 통해 대규모 공격편대군Strike Package을 구성하고 적극적인 제공전투까지도 가능할 것으로 예상된다.

이것이 전부가 아니다. E-3 혹은 E-737과 같은 공중조기경보통제기AEW&C, Airborne Early Warning & Control 또는 EA-18G와 같은 전자전기Electronic Warfare Aircraft와의 통합운영을 통해 보다 다양한 임무를 수행할 수 있을 것으로 예상된다. 예를 들면 폭격기, 공중급유기, 수송기와 같이 적 전투기의 공격에 취약한 아군기를 호위하거나 보호하는 단순 임무부터 적국의 방공망을 교란하는 것과 같은 고난도의 전자전을 수행할 수도 있다는 뜻이다.

막대한 예산과 시간이 소요되는 조종사 훈련 과정을 생략할 수 있기 때문에 전력 소모를 고려하지 않는, 보다 공격적인 공군력 운용이 가능해지며, 전투손실 역시 빠르게 보충할 수 있게 될 것이다. 이를 통해 선진국과 후진국 간의 전력 격차는 더욱 크게 벌어질 것이며, 무인전투기의 대량 물량공세가 가능해져 공중전의 개념은 물론 공군력의 정의 역시 크게 변화할 것으로 전망된다. 세계 각국이 스텔스 무인전투기의 발전 가능성과 그 미래에 주목하고 있는 것도 이러한 배경 때문이다.

2.
일상생활을 변화시키고 있는 상용 드론

현대 사회에서 드론의 역할과 용도는 실로 다양하며 활용 범위 역시 점점 더 확대되고 있는 추세다. 다종다양한 상용 드론이 등장해 광범위한 산업 분야에서 확실히 자리 잡아가고 있으며 특히 물류 분야에서는 지금까지 생각하지 못한 새로운 서비스를 통해 신세계를 열고 있다. 일례로 상용 드론을 이용한 단순 배달 서비스는 사물인터넷Internet Of Things, IOT 기술과 결합해 이제는 대형 화물 운송부터 개인 맞춤형 서비스까지 그 영역을 확장하고 있다. 이처럼 상용 드론 기술에 정보통신 기술과 인간의 상상력이 결합되면 드론을 활용한, 정확하고 신속하며 효과적이고 심지어 감동까지 주는 다양한 물류 서비스가 탄생할 것으로 기대된다. 드론은 경제와 산업에서 혁신의 도구가 되고 있다. 인간의 한계를 뛰어넘어 일상을 파고든 멀티플레이어 드론을 만나보자.

영상 촬영 드론, 매의 눈으로 시각 혁명을 이끌다

드론을 이용한 촬영은 영상 분야에서 그야말로 혁명적인 변화를 불러오고 있다. 그 덕분에 영상 산업 자체가 진화했다. 드론을 이용해 공중에서 사진, 동영상을 촬영하는 일은 이미 일반화되었다. 드론은 뉴스나 다큐멘터리, 영화의 차원을 바꾸고 있다. 인간의 접근이 어려운 원격지나 공중에 카메라를 띄워 과거에는 상상도 하지 못한 창의적이고 생생한 영상을 촬영해 확보하는 일이 가능해졌다. 드론은 특히 뉴스의 양상을 바꾸고 있다. 사건이 발생하면 사람이 접근할 수 없는 위치로 드론을 날려 보내 지상에서는 확인할 수 없는 물체의 위치, 상황, 움직임을 생방송으로 내보낼 수 있게 되었다. 시청자들이 상황을 말로 전해 듣는 것과 눈으로 직접 확인하는 것은 엄청난 차이가 있다.

조류의 비행을 다루거나 조감도를 바탕으로 하는 창의적인 자연 다큐멘터리 제작도 가능해졌다. 새의 눈으로 주변의 다른 조류나 지상을 관찰하는 자연 다큐멘터리도 더 이상 생소하지 않다. 또한 사람이 접근할 수 없는 체르노빌Chernobyl (1986년 우크라이나 체르노빌의 원자력 발전소 폭발 사고로 방사능이 유출되어 도시 전체가 큰 피해를 입음) 같은 위험한 재해지역에 접근해 생생한 화면을 확보할 수도 있다. 아울러 드론은 3D 작품의 제작도 훨씬 수월하게 해준다. 드론을 활용한 새로운 영상 세계나 탐사 보도의 개척도 가능할 것이다. 스포츠 중계에서 드론은 이미 혁신을 구현하고 있다. 드론 영상은 세계인이 즐기는 올림픽이나 FIFA 월드컵은 물론 다양한 종목의 재미를 극대화하고 있다. 이제 남은 것은 "인간이 어떻게 드론을 이용해 창의적인 영상을 만들고 이를 바탕으로 영상 작품을 풍성하게 만들 수 있느냐"로 요약할 수 있다.

재난구조 현장에서 활약하는 드론

재난구조 분야에서 드론은 더 이상 선택 장비가 아닌 필수 장비로 자리 잡았다. 2015년 4월 25일 규모 7.8의 대지진이 엄습한 네팔은 드론을 활용한 대대적인 재난 서비스가 진행된 현장으로 변했다. 네팔을 넘어 인근 인도, 부탄, 중국, 파키스탄, 방글라데시까지 영향이 미쳤던 네팔 대지진은 8,400명이 넘는 사망자와 1만 6,000명이 넘는 부상자가 발생했고 재산피해가 최대 35억 달러에 달했다. 인도의 국가재난대응팀은 뭄바이Mumbai에 자리 잡은 아이디어포즈가 제작한 드론을 투입했으며 조종사들은 네팔 수도 카트만두Kathmandu의 제어실에서 이를 원격조종해 확보한 데이터와 정보를 재난대응팀과 공유했다. 드론이 실종자나 긴급구호 대상자를 찾으면 40여 대의 헬기가 동원되어 구조와 구호 작업에 나섰다. 일부 지역에서는 드론을 이용해 의약품과 식량, 식수 등 긴급구호품을 난민들에게 운송하기도 했다.

이처럼 드론은 구조대가 쉽게 접근하기 힘든 위치에 고립된 실종자를 수색하고 위치를 확보하는 데 없어서는 안 될 장비로 자리 잡았다. 고립된 생존자에게 식수나 비상식량 등 긴급구호물품을 보내는 데도 드론은 필수불가결한 존재가 되었다. 2020년 1월 17일 네팔 안나푸르나Annapurna에서 하산하던 한국인 4명과 네팔인 가이드 3명이 눈사태에 휩쓸려 실종

드론은 구조대가 쉽게 접근하기 힘든 위치에 고립된 실종자를 수색하고 위치를 확보하는 데 없어서는 안 될 장비로 자리 잡았다. 고립된 생존자에게 식수나 비상식량 등 긴급 구호물품을 보내는 데도 드론은 필수불가결한 존재가 되었다. 〈사진 출처: 123rf〉

되는 안타까운 사고가 나자 산악인 엄홍길 대장이 이끄는 KT 드론 수색팀이 파견되어 실종자를 찾아 나섰다. 당시 투입된 대형 드론의 경우 체공시간이 긴 데다 뛰어난 열 감지 기능과 영상 줌 기능을 갖춰 수색에 힘을 더했다.

드론, 온라인 지도 제작의 핵심이 되다

드론은 '크라우드 매핑Crowd Mapping' 또는 '커뮤니티 매핑Community Mapping'으로 불리는 집단참여형 온라인 지도 제작에도 큰 힘이 되고 있다. 크라우드 매핑은 인터넷상에서 수많은 사람이 소셜 미디어나 통신 캡처 내용을 모은 뒤 지리적 데이터와 결합해 가장 최신의 디지털 지도를 생산하는 작업이다. 집단지성이 만드는 지도라고 할 수 있다. 인터넷에서 모인 대중이 어떤 목적을 달성하기 위해 자금을 모으는 크라우드 펀딩Crowd Funding 개념을 긴급 지도 제작에 활용한 셈이다.

스위스 취리히에 본사를 둔 VTOL 드론 전문기업인 윙트라(Wingtra) 사의 윙트라원(WingtraOne)은 공중 촬영 시 고해상도의 이미지 캡처와 정확한 정사영(orthomosaics) 및 3D 모델을 생성하는 최적의 기체로 3D 매핑 및 측량 등에 이용된다. 〈사진 출처: Wikimedia Commons | CC BY-SA 4.0 | Adyasha Dash〉

이는 기존의 도로나 접근로를 완전히 뒤바꿔버리는 지진이나 지진해일 같은 대형 재난 현장이나 분쟁 지역에서 실종자 수색과 인도주의 구호를 가능하게 하는 데 유용하다. 실제로 크라우드 매핑은 2010년 아이티 지진 때 구호에 처음 사용되었다. 당시 600여 명의 자원봉사자가 2개월 동안 기존 지도에서 150만 건을 수정했다.

크라우드 매핑에서 드론이 하늘에서 촬영한 사진과 동영상은 지상에서 촬영한 내용이나 텍스트보다 활용도가 비교할 수 없을 정도로 높다. 드론은 2015년 네팔 지진 현장에서 크라우드 매핑을 하는 데도 큰 도움을 줬다. 자원봉사자들과 비영리단체들이 나서서 지진으로 통행에 지장을 받은 지역의 지도를 새롭게 작성하고 무너지거나 위험한 건물이나 도로를 지도에 새롭게 표시해 구호활동가와 주민들의 안전한 이동을 도왔다. 네팔 대지진 당시에는 2,000명이 참여해 이틀 동안 300만 건 이상의 지도 정보를 수정했다.

구호 활동에서 드론을 동원한 크라우드 매핑의 중요성을 인식한 미국과 영국의 적십자사와 국경 없는 의사회 등 국제 인도주의 단체들은 데이터 공유 단체인 '인도주의 오픈스트리트맵Humanitarian OpenStreetMap'과 제휴해 긴급 구호 지역의 온라인 지도 업데이트 작업을 펼치고 있다.

인텔Intel은 중국 정부와 손잡고 2018년 1월 드론을 이용해 만리장성의 훼손 부위를 찾아 나섰다. 사람의 접근이 힘든 험준한 지형에 위치한 곳에서 문제점을 찾아 보완 공사를 할 수 있는 기초 자료를 만드는 작업이다. 인텔은 평창 동계 올림픽에서 드론을 이용한 오륜기 퍼포먼스를 펼쳐 열광적인 반응을 얻기도 했다.

공중 인터넷 사업을 이끄는 드론

드론은 공중 인터넷 사업을 가능하게 해주고 있다. 페이스북Facebook은 드론을 이용한 인터넷 서비스 사업에 나섰다. 페이스북은 유럽 항공기 제작사 에어버스Airbus와 손잡고 태양광을 에너지원으로 사용하는 드론으로 인터넷을 연결하는 방법을 연구하고 있다. 미국 IT 미디어인 테크크런치TechCrunch는 페이스북이 에어버스와 함께 2018년 11~12월 호주에서 인터넷 서비스를 위한 드론 시험 비행을 했다고 2019년 1월 21일 보도했다. 두 회사는 이에 앞서 위성 드론을 위한 통신 시스템 분야에서 서로 협력해왔다.

페이스북이 시험한 위성 드론은 '에어버스Airbus 제퍼Zephyr'로 고고도에서 태양전지로 초장시간 체공이 가능한 기종이다. 2017년 도입된 제퍼는 태양광과 연결된 재충전 배터리를 에너지원으로 사용하기 때문에 최장 3개월간 연속 비행할 수 있다. 고도 20km 이상의 고고도에서 비행이 가능해 '대기권 위성Atmospheric Satellite', 또는 '고고도 준위성HAPS, High Altitude Pseudo Satellite'으로 불린다. 페이스북이 채택한 제퍼 모델 S는 날개폭이 25m에 이르며, 대용량 데이터 통신이 가능한 극고주파를 이용해 지상과 교신한다.

제퍼는 10km 이상 고고도에서 태양열과 배터리를 이용해 사진촬영 및 통신 중계를 하는 위성 드론이다. 태양광 패널을 탑재하여 배터리를 충전한다. 리튬이온 전지의 대안으로 주목받는 리튬황 전지를 탑재하여 배터리 문제를 해결했다. 처음에는 영국의 방산업체 키네틱(QinetiQ)이 제퍼를 개발했으나 이후 항공기 제조업체인 에어버스가 키네틱을 인수했고, 2018년 9월 에어버스 제퍼가 21km 상공에서 25일 23시간 57분 연속 비행하는 데 성공함으로써 드론 최장 연속 비행 기록을 세웠다. 〈사진 출처: Airbus〉

'페이스북 제퍼' 프로젝트는 페이스북이 진행하다가 중도에 포기한 '페이스북 아퀼라Facebook Aquila' 프로젝트의 후속작이다. 페이스북은 2014년 태양광을 에너지원으로 쓰는 시험용 대기권 위성 드론인 아퀼라를 릴레이로 연결해 원격지까지 인터넷 서비스를 제공하는 계획을 발표했다. 전 세계 40억 명에게 인터넷 서비스를 제공하겠다는 야심한 구상이다. 이를 위해 아퀼라 드론을 개발해 2016년 첫 비행, 2017년엔 2차 비행까지 각각 성공했다. 아퀼라 드론은 지상 20km의 고도에서 반경 100km의 지상에 초당 10Gb 용량의 데이터를 제공할 예정이었다. 하지만 실용성이 요구 수준에 못 미치자, 페이스북은 2018년 6월 프로젝트를 중단했다. 그럼에도 페이스북은 또 다른 드론 인터넷 서비스 시험에 들어갔다. 이것은 드론의 상업적 성공 가능성을 잘 보여주는 사례라고 하겠다.

환경 드론, 하나뿐인 지구를 지킨다

드론을 바탕으로 환경 문제와 관련한 다양한 관측과 감시, 그리고 정책 구상과 추진이 가능해졌다. 드론을 이용해 대기오염 및 환경오염을 실시간으로 감시하는 것은 이제 기본이 되었다. 이를 통해 대중에게 대기오염 및 환경오염의 확산을 미리 경고할 수 있게 되었다. 아울러 환경의 변화를 더욱 생생하게 대중에게 전달해 환경 문제의 심각성을 공감할 수 있게 되었다. 정책적인 노력을 통해 생태계나 환경오염이 어떻게 개선되고 있는지도 생생하게 파악할 수 있게 되었다.

법집행 드론, 교통 · 소방 · 감시 · 질서 유지를 책임지다

교통 분야에서는 과거 고가의 헬기가 수행하던 정체 관측이나 회피 방법 정보를 비용이 적게 드는 드론을 통해 할 수 있게 되었다. 드론을 활용하면 정체된 고속도로에서 교통사고나 임상적인 문제를 겪는 환자를 긴급 이송하는 것도 가능할 것이다. 교통 정보 드론과 사람을 옮기는 드론 택시를 결합할 수도 있다. 더욱 발전할 경우 구급 드론의 출현도 머지않은 장래에 가능할 것이다. 폭발물이나 장애물 등 위험물을 제거하는 데에도 드론은 인간의 안전을 지켜주는 도구로서 기능하게 될 것이다.

드론은 소방, 국경 감시, 교정시설 관리 등 방재와 보안 분야에서 다양한 감시와 보안 활동을 효과적으로 수행할 수 있다. 특히 소방의 경우 화재 감시탑이 더 이상 필요하지 않는 새로운 시대를 맞게 된다. 홍수나 산사태, 가뭄, 지진, 지진해일 등 자연재해가 발생했을 때 현지 상황을 신속·정확하게 파악해 대책 마련에 도움을 줄 수도 있다. 도로 위를 상시 비행하다가 교통사고나 응급환자가 발생하면 구급차에 긴급연락을 할 수도 있다. 범죄가 발생하거나 도주자가 발생할 경우 범죄자나 도주자를 효과적으로 찾아낼 수도 있다. 수색, 인명 구조, 사람 찾기에도 드론의 효용은 갈수록 커질 것이다. 길을 잃은 사람을 드론을 이용해서 찾을 수도 있다. 폐쇄회로 텔레비전과 연결하면 시너지 효과를 얻을 수 있다. 노인 인구가 늘고 있는 시대에 드론을 이용해 사람을 찾는 시스템은 민간사업 모델로는 물론 지방자치체의 주민 서비스로도 효과가 크다.

정보통신 분야에서는 드론을 무선 인터넷 중계에 이용할 수 있을 것이다. 인터넷 연결 시설을 고정적으로 확장하려면 비용이나 시간이 들지만 드론을 이용하면 적은 비용으로 적시 확장에 가능하다. 갑자기 인터넷 연결 수요가 생긴 특정 지역이나 일시적으로 사람이 많이 모이는 행사장 등 수요는 얼마든지 있을 것이다.

농어업 드론, 6차 산업을 이끄는 견인차가 되다

농업에서는 종자와 비료, 농약 살포와 작황 관리, 농장 관리 등 다방면에 걸쳐 드론을 이용하고 있다. 파종 드론, 트랙터 드론, 방제 드론 헬기 등 다양한 농기구 드론이 등장하고 있으며 앞으로 더욱 새로운 종류가 개발될 것으로 전망된다. 대규모 농업은 농업 헬기나 경비행기 등 다양한 농기계로 기계화한 지 오래되었는데 현재 이를 드론으로 대체해 효율성과 경제성, 그리고 안전성을 높이는 작업이 진행되고 있다. 이 과정은 단순히 기계를 드론으로 바꾸는 작업을 넘어 농업을 네트워킹화하는 대대적인 혁신으로 이어질 전망이다.

인공위성과 함께 드론으로 확보한 특정 작물의 작황 정보는 지구 반대편의 계절이 반대인 지역의 파종 작물 선택을 비롯해 글로벌 농업과 농산물 교역에 결정적인 역할을 하고 있다. 장기적으로는 드론을 이용한 농산물 운송이나 소비자 직판에도 드론이 적극적으로 활용될 것으로 전망된다. 이를 통해 농업이 1차 산업을 넘어 다양한 기술과 개념, 산업과 서비스가 결합한 6차 산업으로 진화하는 데 드론이 결정적인 역할을 할 것으로 기대된다.

어업에서도 드론의 이용이 비약적으로 늘어날 것으로 보인다. 드론은 어군 탐지에 결정적인 역할을 하는 것은 물론, 효과적인 양식도 가능하게 해준다. 따라서 어업에서 드론 활용은 어업을 잡는 산업에서 기르는 산업으

이스라엘 민간항공국(CAAI, Civil Aviation Authority of Israel)의 인증을 받은 농업용 방제 드론. 최대25kg의 농약을 실을 수 있다. 농업이 1차 산업을 넘어 다양한 기술과 개념, 산업과 서비스가 결합한 6차 산업으로 진화하는 데 드론이 결정적인 역할을 할 것으로 기대된다. 〈사진 출처: Wikimedia Commons | CC BY-SA 4.0 | Agridrones Solutions Israel〉

로 전환하는 데 결정적인 요인으로 작용할 것으로 예상된다. 이를 통해 수산업이 친환경적이고 생태친화적인 산업으로 거듭나게 될 것으로 보인다.

보안 드론, 에너지 파수꾼이 되다

에너지 분야는 드론의 맹활약이 기대된다. 다양한 발전소의 보안과 환경오염, 거대 장치의 가동과 고장을 드론으로 살펴볼 수 있게 되었다. 드론을 활용하면 발전소와 송전선, 송전탑, 송유관, 가스관 등 에너지 분야의 소중한 전략시설의 문제를 사전에 발견해 사고를 예방할 수 있다. 드론을 이용하면 지상에서는 잘 보이지 않는 부분까지 살펴볼 수 있기 때문에 에너지 분야 보안 점검도 보다 효율적으로 할 수 있다. 한국에서 발생한 송유관 화재나 송전선에 의한 화재도 드론으로 점검했을 경우 대부분 조기에 파악해 사고를 최소화할 수 있었을 것으로 보인다.

드론은 건설 분야에서 시설물의 노화 모니터링 등을 통해 안전 시대를 열어줄 것으로 기대된다. 이 분야에서 드론은 도로, 철도, 다리, 댐 등 다양한 건설 현장의 안전 점검과 건설 과정에서 효과적인 감리를 가능하게 해줄 것이다. 이처럼 드론을 이용하면 불행한 사고를 막는 등 인간이 더욱 안전한 환경에서 살 수 있을 뿐만 아니라 어려운 공사도 쉽게 할 수 있는 길이 열릴 것으로 기대된다.

3.
드론,
배송 산업에
혁명을 불러오다

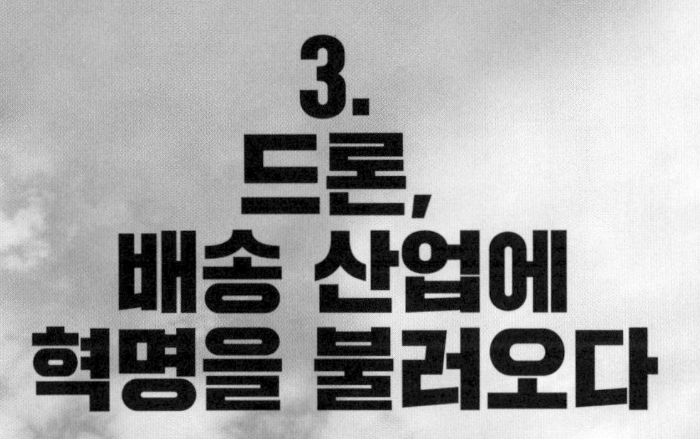

드론 배송은 일상 생활을 가장 혁신적으로 바꿀 수 있는 서비스다. 게임 체인저인 드론이 만들어가는 가장 가시적인 변화가 될 수 있다. 드론 배송은 이미 우리 눈앞에서 펼쳐지고 있으며, 머지 않는 장래에 삶과 배송 산업의 형식을 온통 바꿀 기세다.

배송 드론 · 드론 택시, 배송 · 운송 부문에 혁신의 바람을 몰고 오다

공중 운송 분야에서는 유통업체의 물류창고에서 고객이 원하는 지점까지 도어 투 도어door to door로 상품을 운반하는 배송 드론이 대중의 관심을 끌고 있다. 아마존은 드론 배달을 위한 '프라임 에어Prime Air 프로그램'을 가동하고 있다. BBC 방송에 따르면 아마존의 소비자 부문 최고경영자CEO인 제프 윌크Jeff Wilke는 2019년 6월 미국 라스베이거스에서 열린 컨퍼런스에서 자사의 배송 드론이 2.3kg 이하의 택배 상자를 들고 25km를 이동할 수 있다고 밝혔다. 아마존의 드론은 6개의 로터를 사용해 비행하며 영상과 자외선, 초음파 센서를 통해 주변을 감지해 자율운항할 수 있다. 인터넷을 통해 조종되지만 인터넷 연결이 끊겨도 자율적으로 장애물을 피해 목표로 비행할 수 있는 능력을 보유했다. 비행 환경에 변화가 생겨도 얼마든지 스스로 판단하고 생동하면서 위험을 회피하고 지시를 완수할 수 있다. 아마존의 드론은 사람과 개, 그리고 빨랫줄을 구분할 수 있는 능력을 갖췄다. 빨랫줄에 부딪히지 않고 비행하고 지상에서 개의 공격을 피하면서 물건을 놓을 수 있다는 이야기다. 아마존은 2016년 12월 영국 케임브리지에서 드론 택배 시험비행에 나서 13분 만에 배송을 성공적으로 완수했다. 미국 연방항공국FAA, Federal Aviation Administration은 아마존 프라임 에어 프로그램이 개발한 드론을 허용된 비행구역에서 연구와 개발, 훈련용으로 운영할 수 있도록 허가했다. 드론 배달은 이미 상용화 단계에 접어들었다.

드론 배송의 개념과 능력을 확장해 다량의 화물을 싣고 원하는 지점까지 운송하는 '화물 드론'의 개발도 이미 진행 중이다. 이동이 필요한 사람

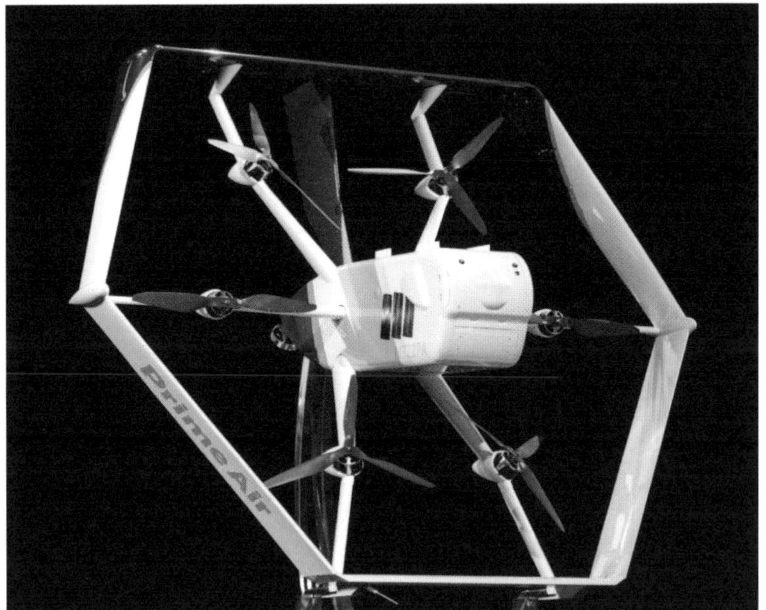

2019년 6월 미국 라스베이거스에서 열린 컨퍼런스에서 아마존 소비자사업부문 CEO 제프 윌크(위 사진)는 자사의 드론 프라임 에어가 2.3kg 이하의 택배 상자를 들고 25km까지 이동할 수 있으며, 소음을 최소화하여 제작했다고 말했다. 프라임 에어는 6개의 로터를 사용하며 영상, 열상, 초음파 센서를 통해 주변을 감지해 자율 운항할 수 있다. 〈사진 출처: AMAZON〉

2020년 1월 7일 미국 라스베이거스에서 열린 세계 최대 전자쇼 'CES 2020'에서 현대자동차가 우버와 함께 개발한 도심항공용 개인비행체(PAV) S-A1을 공개했다. S-A1은 길이 10.7m, 폭 15m이며, 프로펠러 8개로 움직이고, 수직이착륙할 수 있다. 최대 5명까지 탈 수 있다. 한번에 최대 100km를 비행할 수 있고, 300~500m 상공을 날며, 최고속도는 290km/h다. 2028년에 상용화할 예정이다.

을 태우고 원하는 지점까지 자율비행하는 '드론 택시'도 등장했다. 2016년 1월 미국 라스베이거스에서 열린 소비자가전전시회CES에서 자율비행 드론 택시 '이항 184EHang 184'가 전시되었는데, 이항 184는 사람 1명을 태우고 원하는 지점으로 이동할 수 있다.

국토부는 지난 2020년 2월 29일, 정보통신 기술 기반의 첨단 이동수단인 '도심항공교통UAM, Urban Air Mobility' 도입을 발표했다. 6월 4일에는 K-드론 시스템을 조기 구축해 2025년까지 드론 택시를 상용화하고 드론 택배도 앞당기기로 했다. 11월 11일에는 UAM 실증비행 행사로 서울 여의도 한강공원에서 드론 택시 '이항 216'의 시범비행을 실시하기도 했다. 드론 택시는 이날 시범비행에서 고도 50m로 약 7분 동안 밤섬 일대를 3.6km 비행했다. 실제 2인승으로 제작되었으나 이날 안전상 사람 몸무게에 해당하는 20kg 쌀 4포대를 실어 시범비행했다.

UAM이 실제 운용에 들어가면 차로 1시간 이상 걸리는 서울 도심에서 인천공항까지의 이동 시간을 드론 택시를 이용해 15분 이내로 단축시킬 수 있을 것으로 예상된다. UAM은 수직이착륙이 가능한 개인용 비행체인 PAV를 이용해 도심 내 짧은 거리를 빠른 속도로 이동하는 차세대 교통수단으로 주목받고 있다. 특히 UAM은 인구집중으로 인한 대도시의 지상 교통 혼잡 문제를 해결할 수 있는 새로운 대안으로 떠오르고 있다. 국토교통부 주도로 지난 2020년 6월 도심항공교통 민관협의체인 'UAM 팀 코리아'가 출범했으며 현재 항공우주연구원, 항공안전기술원과 지방자치단체, 현대자동차, 한화시스템, 대한항공, SK텔레콤, 두산모빌리티이노베이션 등이 참여하고 있다. 2025년 드론 택시 시범 서비스를 목표로 기체 제작은 현대차동차와 한화시스템에서, 운항 시스템 개발, 통신 네트워크 구축, 버티포트 운영은 대한항공, SK텔레콤, 한국공항공사가 각각 담당하고 있다. 이처럼 드론이 교통과 운송의 패러다임을 대대적으로 전환할 수 있다는 점에서 획기적이다.

드론, 섬으로 코로나19 방역용 마스크 배송

드론은 2020년 한국에서 벌어진 코로나19와의 방역전에서 맹활약을 했다. 코로나19 장기화로 인해 마스크 공급 물량이 부족하고 사재기가 극성을 부려 가격이 천정부지로 오르는 등 마스크 대란이 벌어지자, 정부는 3월 6일부터 약국과 농협하나로마트, 우체국에서 공적 마스크를 매주 생년에 따라 서로 다른 요일에 1인당 2장씩 제한적으로 판매하도록 규제했다.

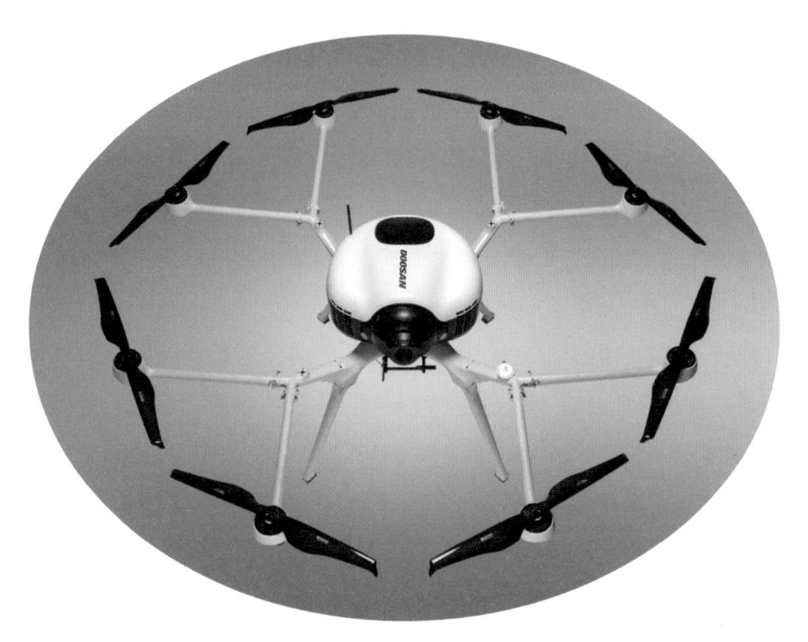

제주도 공적 마스크 배송에 사용된 두산모빌리티이노베이션의 수소연료전지 드론 DS30. 수소연료전지로 모터를 가동해 최고 40km/h의 속도로 최대 2시간 정도 비행이 가능하며, 최대 4.99kg까지 물품을 실어나를 수 있다. 〈사진 출처: 두산모빌리티이노베이션〉

문제는 일부 섬 지역에는 약국도, 하나로마트도, 우체국도 없다는 점이다. 제주도의 경우 부속 도서인 기파도 · 마라도 · 비양도에 이런 공적 마스크 판매 시설이 없다. 이들 도서는 연육교로 연결되지 않아 오직 배로만 사람과 물자를 나를 수 있을 뿐이다.

그러자 제주도는 4월 16일 이런 '섬 속의 섬' 주민들을 위해 민간기업인 두산모빌리티이노베이션과 손잡고 드론을 이용한 마스크 배송에 나섰다. 드론은 이날 오전 10시쯤 제주도 서귀포시 대정읍 모슬포 항의 환태평양 평화 소공원에서 이륙해 가장 먼저 2.9km 떨어진 가파도로 공적 마스크를 옮겼다. 이날 부피와 바람 등을 고려해 한 차례 비행에 300매씩 두 차례에 걸쳐 600매를 운반했다. 드론은 이어 마라도의 선착장과 비양도의 한림초등학교 비양분교에도 마스크를 각각 300매씩 성공적으로 옮겼다.

이날 마스크 배송에 투입된 두산모빌리티이노베이션의 드론(모델명 DS30)

2019년 10월 1일 미국의 글로벌 화물운송업체인 UPS의 드론 배송 자회사인 UPS 플라이트포워드는 미국 연방항공청(FAA)으로부터 '드론을 이용한 포장 배송(Part 135)' 사업을 처음으로 정식 승인받았다. 미국 내에서 원격조종을 통한 드론 배달 네트워크 서비스를 무제한으로 할 수 있는 면허를 받은 셈이다. FAA의 정식 승인을 받았다는 것은 기술적 · 행정적으로 안전한 드론 배송을 위한 연방 정부의 까다로운 기준을 통과했다는 의미다. 당국의 규제를 넘어서서 드론 운송 서비스의 시대가 본격적으로 열린 것이다. 사진은 UPS의 메디컬 드론의 모습. 〈사진 출처: UPS〉

은 최대이륙중량이 24.99kg, 길이 2.6m의 대형 기종이다. 드론 자체 무게가 20kg이므로 한 차례에 화물을 최대 4.99kg씩 적재하고 비행할 수 있다. 이 드론은 수소연료전지로 모터를 가동해 비행하며 최고 40km/h의 속도로 최대 2시간 정도 비행이 가능하다. 비가 오거나 최대풍속이 8m/s가 넘으면 비행할 수 없는 제한이 있다.

제주도는 드론을 이용한 배송으로 3개 부속 도서 주민이 매주 2개씩 석 달간 사용할 수 있는 1만 5,000개의 마스크를 배송했다. 도서 지역 마스크 배송으로 드론은 코로나19 극복에 기여할 수 있었다. 특별한 지원이 필요한 코로나19의 위기 속에서 드론이 그 효용성을 입증하며 한 발 더 우리의 생활 속으로 파고들었다.

UPS 플라이포워드, 드론 운송 서비스 선두주자로

미국 연방항공청FAA은 2019년 10월 1일 '드론을 이용한 포장 배송Package Delivery by Drone (Part 135)' 사업을 처음으로 정식 승인했다. 미국의 글로벌 화물운송업체인 UPSUnited Parcel Service의 드론 배송 자회사인 UPS 플라이트포워드UPS Flight Forward가 첫 승인을 받은 주인공이다. FAA의 정식 승인을 받으면 원격조종 드론 항공사의 운영과 함께 드론과 비행 허브의 무제한 보유, 그리고 야간 비행까지 가능해진다. 미국 내에서 원격조종을 통한 드론 배달 네트워크 서비스를 무제한으로 할 수 있는 면허인 셈이다. 앞서 2019년 4월 구글 지주회사인 알파벳Alphabet의 자회사인 윙Wing이 FAA로부터 제한적이고 한시적인 사업 드론 운송 사업 승인을 받았지만 무제한의 사업을 허용하는 전면적인 사업 승인은 UPS 플라이트포워드가 처음이다.

UPS 플라이트포워드는 승인 즉시 본사가 위치한 조지아주에서 노스캐롤라이나주로 의약품을 배송하는 시범사업에 들어갔다. UPS는 이미 2018년 의약품 드론 배송 전문업체인 집라인Zipline과 제휴해 벽지로 의약품을 운송하는 시험 운영을 수행했다.

2019년 3월 드론 스타트업인 메터네트Matternet와 제휴하고 FAA와 노스캐롤라이나주 교통국의 임시 허가를 받아 노스캐롤라이나주의 웨이크메드 병원WakeMed Health & Hospitals에서 드론으로 혈액을 비롯한 임상병리용 검체를 운송하는 사업을 시험적으로 운영했다. 드론은 미리 정해진 경로를 비행해 이 병원의 본관에서 병리실험실까지 검체를 운송했다. 메터네트는 2018년 8월 FAA가 규정한 무인 항공 시스템의 통합 파일럿 프로그램에 맞춰 드론 시험 비행을 수행한 경험이 있다. FAA의 승인을 받은 유리한 고지에 올라선 업체다.

메트네트와 제휴한 시험 운영으로 자신을 얻은 UPS는 2019년 7월 드론을 이용한 소포 운송 사업을 핵심으로 하는 자회사인 UPS 플라이트포워드를 설립했으며 단시일 안에 FAA의 정식 사업 승인까지 얻었다. FAA의 승인을 받았다는 것은 기술적·행정적으로 안전한 드론 배송을 위한 연방 정부의 까다로운 기준을 통과했다는 의미다. 당국의 규제를 넘어서서 드론 운송 서비스의 시대가 본격적으로 열렸다.

구글 윙, 한시적 사업승인 받아 도심 운송 시작하다

구글의 지주회사인 알파벳의 실험적 연구개발 자회사인 X는 2014년 8월 28일 드론을 이용한 도시 내 신속 배달 프로그램인 '프로젝트 윙Project Wing'을 발표했다. X는 프로젝트 발표에 앞서 이미 비밀리에 2년에 걸쳐 개발 작업을 수행했으며, 호주에서는 전면적인 시험 운행을 마쳤다. X의 드론은 수직으로 이륙해서 목적지까지 수평으로 비행한다. 목적지에 다다르면 물품을 밧줄로 지상에 내려놓고 다시 돌아가는 방식이다. 사람이 접근하기 힘든 재난 지역에 구호 물품을 전달하거나 상품을 배송할 때 적용이 가능하다.

프로젝트 윙의 드론 배송은 2019년 4월 미국 연방항공청FAA으로부터 한시적 사업 승인을 받았다. 아마존을 비롯한 경쟁 업체의 추격을 따돌리고 미국에서 처음 FAA의 승인을 획득했다. 2년 기간의 한시적 승인으로 낮 시간대에만 운용할 수 있고 인구 밀집 지역에서는 비행할 수 없는 조건이다.

프로젝트 윙은 2018년 7월 윙Wing이라는 알파벳 자회사로 독립해 본격적으로 사업에 들어갔다. 윙은 2018년 12월 핀란드 헬싱키Helsinki, 2019년 4월에는 호주 캔버라Canberra와 브리즈번Brisbane의 로건시티Logan City에서 드론을 이용한 상업 배송 서비스에 들어간 데 이어 2019년 10월 18일에는 미국에서도 서비스를 시작했다. 이 회사는 미국 버지니아주에 있는 인구 2만 2,000명의 소도시인 크리스천스버그Christiansburg에서 미국에서 처음으로 상업용 드론 배송 서비스에 나섰다.

윙은 이 도시에서 미국의 운송업체인 '페덱스 익스프레스FedEx Express', 일반 의약품과 건강·미용 제품, 그리고 식료품을 파는 드러그 스토어 체인인 월그린Wallgreen, 그리고 지역 베이커리인 슈거 매그놀리아Sugar Magnolia의 상품을 드론으로 배송하기 시작했다. 무게 1.5kg 이하의 물품을 소비자가 스마트폰 앱을 통해 주문하면 몇 분 안에 목적지로 배달하는 것이 목표다.

Google Wing Delivery Drone

〈사진 출처: https://x.company/projects/wing/〉

구글의 지주회사인 알파벳의 실험적 연구개발 자회사인 X는 2014년 8월 28일 드론을 이용한 도시 내 신속 배달 프로그램인 '프로젝트 윙'을 발표했다. X의 드론은 수직으로 이륙해서 목적지까지 수평으로 비행한다. 목적지에 다다르면 물품을 밧줄로 지상에 내려놓고 다시 돌아가는 방식이다. 프로젝트 윙의 드론 배송은 2019년 4월 미국에서 처음으로 연방항공청(FAA)으로부터 2년 기간의 한시적 사업 승인을 받았다. 낮 시간대에만 운용할 수 있고 인구 밀집 지역에서는 비행할 수 없는 조건이다. 프로젝트 윙은 2018년 7월 윙이라는 알파벳 자회사로 독립해 본격적으로 사업에 들어갔다. 무게 1.5kg 이하의 물품을 소비자가 스마트폰 앱을 통해 주문하면 몇 분 안에 목적지로 배달하는 것이 목표다. 〈사진 출처: https://x.company/projects/wing/〉

윙의 드론은 날개 길이 1.5m, 무게 4.5kg의 소형으로 최대 시속 70마일(약 113km)의 속도로 비행할 수 있다. 작동이 중지돼도 추락을 막을 수 있도록 예비 모터를 장착해 안정성을 높였다. 1회 비행 반경은 4마일(약 6.4km)에서 시작해 장차 12마일(약 19.3km) 이상으로 늘릴 계획이다. 조종사가 드론을 원격조종하지만 장기적으로는 인공지능AI를 이용해 무인 조종하게 될 것으로 예상된다.

아마존, 베저스 회장의 드론 배송 야심

아마존은 드론과 위성항법장치GPS 시스템을 결합한 첨단 기술로 자율 택배 시스템을 구축하고 있다. 아마존의 드론 배송 자회사인 아마존 프라임에어Amazon Prime Air는 도심에서 드론 자율비행으로 물품을 주문 받은 지 30분 안에 고객에게 배달하는 서비스를 추진하고 있다. 이 기준을 맞추기 위해 상품의 무게는 5파운드(약 2.25kg) 이하로 제한되며 크기도 드론의 적재함에 들어갈 수 있어야 한다. 거기에 더해 배송 지점도 아마존의 물류 센터에서 15마일(약 24km) 반경 안에 있어야 한다.

아마존 소비자사업부문 CEO 제프 윌크Jeff Wilke는 2019년 6월 4~7일 미국 라스베이거스 아리아 호텔에서 개최한 '리:마스Re:MARS' 컨퍼런스에서 몇 달 안으로 드론 배송 서비스를 시작할 것이라고 밝혔다고 BBC방송이 보도했다. 이 컨퍼런스는 머신러닝Machine Learning, 자동화Automation, 로봇공학Robotics, 우주탐사Space를 주제로 매년 진행된다.

윌크 CEO는 아마존 프라임에어가 수년간 시험 운용해온 MK27 드론이 영상과 열상감지 및 초음파 센서를 통해 사람과 개, 빨랫줄 등 장애물을 스스로 감지하고 회피하는 능력이 있다고 밝혔다. 통신 장애로 인터넷 연결이 일시적으로 끊기더라도 알아서 주변 상황을 자율적으로 인식하고 장애물을 피할 수 있다는 이야기다.

아마존 프라임 에어는 2019년 8월 초 FAA에 사업 공식 허가를 요청했다고 미국 항공 전문 인터넷 매체인 에비에이션 투데이Aviation Today가 보도

아마존의 드론 배송 자회사인 아마존 프라임 에어는 도심에서 드론 자율비행으로 물품을 주문 받은 지 30분 안에 고객에게 배달하는 서비스를 추진하고 있다. 이 기준을 맞추기 위해 상품의 무게는 5파운드(약 2.25kg) 이하로 제한되며 크기도 드론의 적재함에 들어갈 수 있어야 한다. 거기에 더해 배송 지점도 아마존의 물류 센터에서 15마일(약 24km) 반경 안에 있어야 한다. 아마존 프라임에어가 수년간 시험 운용해온 MK27 드론은 영상과 열상감지 및 초음파 센서를 통해 장애물을 스스로 감지하고 회피하는 능력이 있어 통신 장애로 인터넷 연결이 일시적으로 끊기더라도 알아서 주변 상황을 자율적으로 인식하고 장애물을 피할 수 있다. 〈사진 출처: Amazon Prime Air〉

했다. 아마존은 2016년 12월 영국 케임브리지에서 주문 13분 만에 드론 배송을 완료하는 시험에 성공했다.

아마존은 2014년 7월 FAA에 드론 시험 운항을 위한 드론 테스트 금지규정 면제청원을 제출해 2015년 3월 허가를 얻었다. 하지만 FAA는 아마존에 미국 내에서 드론을 운영할 수 있는 임시 허가만 내줬을 뿐이다. FAA는 아마존 프라임 에어가 MK27 드론을 연구개발과 훈련용으로 허가된 비행 구역에서만 운항할 수 있도록 허가했다. 그나마 1년 한시 허가를 내주고 매년 갱신하도록 했다. 안전과 관련한 기준을 완전하게 충족하지 못했기 때문인 것으로 추정된다.

사실 아마존은 일찌감치 드론 배송 사업에 뛰어들었다. 미처 미국에서 관련 법규가 정비되기도 전의 일이다. 게임체인저로서 민간 드론 사업의 미래를 알아본 인물은 아마존 창업자 제프 베저스Jeff Bezos다. 베저스는 2013년 12월 1일 미국 시사 프로그램 '60분60 Minutes'과의 인터뷰에서 드론 배송 업체인 아마존 프라임 에어의 사업 구상을 처음 밝혔다. 아마존 프라임 에어는 드론 배송 사업을 위해 미국 항공우주국NASA와 유럽의 단일영공 항공관리 프로젝트를 수행하는 '유럽단일영공 ATM 연구소SESAR, Single European Sky ATM Research'와 손잡고 아마존의 항공 교통 시스템을 실험했다. 아마존은 이를 통해 드론 배송을 넘어 아예 자율 운송까지 갈 수 있는 기술을 축적하기 시작했다.

2015년 3월 FAA는 아마존에 미국 내에서 드론 서비스를 시험할 수 있도록 허용했다. 이어 미국 연방정부는 부랴부랴 드론 관련 법규 정비에 들어갔다, 미국 의회는 FAA에게 2015년 9월까지 민간 드론을 국가 항공 시스템과 통합하라고 지시했고 FAA는 관련 법규를 만들거나 정비했다. 2016년 8월 미국 의회는 드론 기술의 민간 사용을 합법화하면서 드론 사업의 길을 열었다. 민간이 정부의 법규 정비를 재촉한 셈이다.

전 세계에서 드론 배송 붐이 일다

미국의 드론 배송업체 집라인Zipline은 아프리카에서 대도시와 벽지 병원 사이를 드론으로 연결하는 사업을 벌이고 있다. 2014년 설립된 집라인은 미국 사우스 샌프란시스코에 본부를 두고 있으며 드론 설계와 제작, 운송 모두에서 경험을 축적했다. 특히 2016년 아프리카 르완다에서 혈액을 벽지로 운송하는 사업을 시작했다. 이 분야에서 가장 풍부한 경험을 쌓았다. 2019년 5월 르완다에서 전체 혈액 수송의 65%를 집라인 드론으로 수행했다. 가나에선 2019년 4월 드론을 이용한 백신, 혈액, 그리고 의약품 운송 사업을 시작했다. 집라인은 아프리카 르완다와 가나에 드론 배송 센터를 두고 있다. 교통 인프라가 비교적 열악한 아프리카 지역에서 드론을

미국의 드론 배송업체 집라인은 아프리카에서 대도시와 벽지 병원 사이를 드론으로 연결하는 사업을 벌이고 있다. 2014년 설립된 집라인은 미국 사우스 샌프란시스코에 본부를 두고 있으며 드론 설계와 제작, 운송 모두에서 경험을 축적했다. 특히 2016년 아프리카 르완다에서 혈액을 벽지로 운송하는 사업을 시작했다. 교통 인프라가 비교적 열악한 아프리카 지역에서 드론을 통한 혈액과 의약품 운송 사업은 지역 주민의 보건의료 서비스를 향상하는 데 기여하고 있다. 〈사진 출처: https://flyzipline.com〉

독일 운송회사 DHL이 운영하는 무인택배 드론 파셀콥터. 파셀콥터(Parcelcopter)는 소포(parcel)와 헬리콥터(helicopter)의 합성어다. 2013년 12월 마이크로드론사와 아헨공대가 참여한 파셀콥터 프로젝트가 시작되었으며, 2014년 9월 27일 독일 운송회사 DHL이 미국에서 무인택배 드론으로는 처음으로 정부 허가를 받고 소포 배달을 시작했다. 파셀콥터는 무선 조종을 하지 않고 탑재된 컴퓨터에 입력된 경로를 따라 비행하며 혹독한 기후를 견딜 수 있도록 달걀 모양의 소포함이 동체 아래에 달려 있는 것이 특징이다. 〈사진 출처: https://www.dpdhl.com〉

통한 혈액과 의약품 운송 사업은 지역 주민의 보건의료 서비스를 향상하는 데 기여하고 있다.

독일의 국제운송사업 기업인 DHL은 자체 미디어인 디스커버Discover에서 자사가 개발 중인 배송 드론인 파셀콥터Parcelcopter를 소개했다. 파셀콥터는 일찍이 2013년 12월 운송함에 의약품을 싣고 라인Rhein강을 건너 목적지에 무사히 착륙하는 실험에 성공했다. 2014년 9월에는 출발지에서 12km 떨어진 섬까지 물품을 배달했다.

차량 공유 서비스 업체로 출발한 우버Uber는 맥도널드McDonald's와 손잡고 인구밀도가 높은 도시 지역에서 햄버거 등을 배달하는 서비스를 추진하고 있다. 스마트폰 앱으로 주문한 햄버거와 감자튀김, 그리고 너겟을 집에서 드론으로 받아 먹는 시대가 조만간 열리게 되었다.

중국 최대 전자상거래 업체인 알리바바Alibaba의 인터넷 쇼핑몰 자회사인 타오바오Taobao는 2015년 2월 드론 배송을 시작했다고 CNBC가 보도했다. 타오바오는 베이징北京, 상하이上海, 광저우廣州 등 대도시에서 주문 1시간 안에 드론을 이용해 생강차를 시험 배달했다. 2018년 5월에는 드론을 이용한 음식 배달 서비스를 선보였다.

알리바바에 이어 중국 2위의 전자상거래 업체인 징동닷컴JD.com은 장쑤성江蘇省 등에서 수만 건의 드론 배송으로 경비를 30% 절감했다고 이코노미스트The Economist가 2018년 2월 보도했다.

국내도 드론 배송 준비가 한창이다. CJ대한통운은 3kg 무게의 물품을 최고 시속 60km의 속도로 반경 20km 지역에 운송할 수 있는 물류 드론을 개발했다. 2014년 5월 첫 시험 비행에서 물류 드론은 GPS에 입력된 주소로 의약품을 정확하게 배달했다. CJ그룹은 국민안전처와 협약을 맺고 재난 발생 시 이재민 고립 지역 등에 드론으로 구호품을 운송해주기로 했다.

실내를 비행하며 박스를 옮기는 드론은 이들 물류업체의 창고 정리에도 필수적인 장비가 되고 있다. 이 때문에 인터넷 쇼핑과 택배 물량의 증가분을 저비용 드론이 처리하게 될 것으로 전망된다.

4.
군집 드론, 드론의 신세계를 확장하다

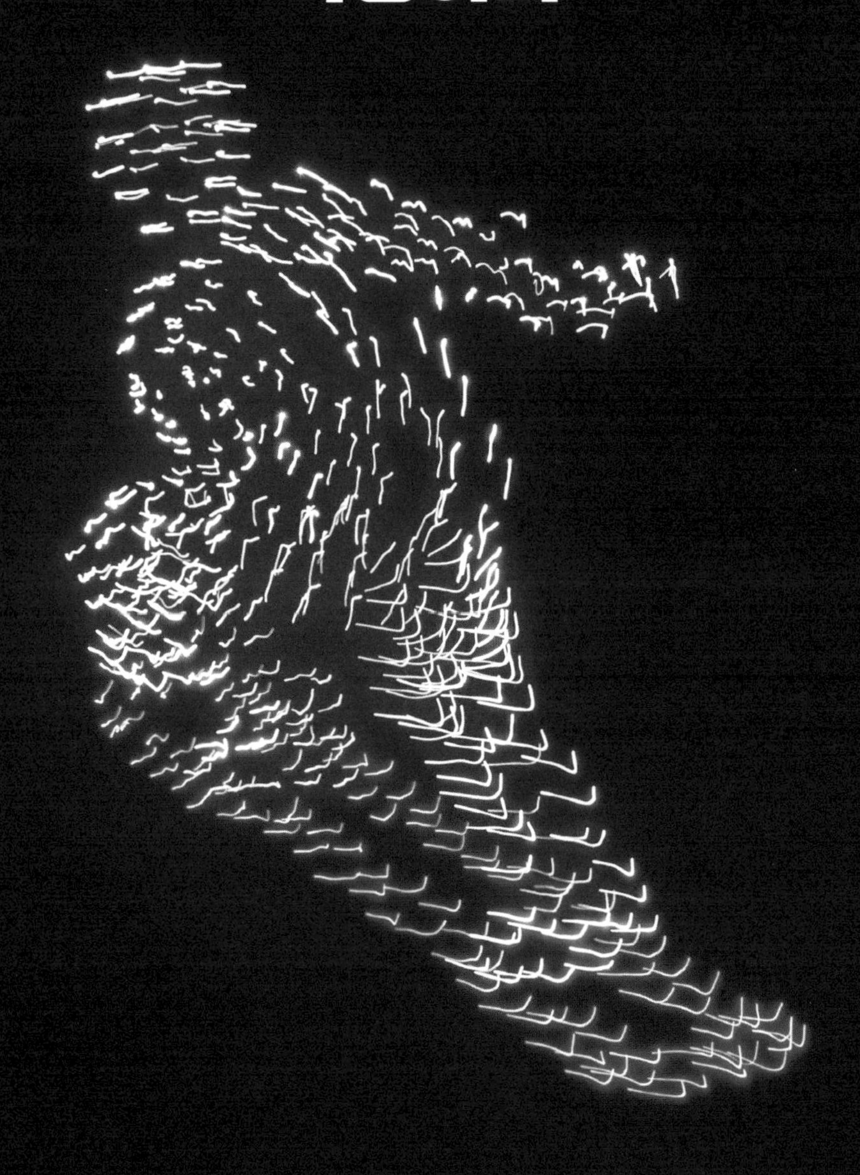

2018년 2월 9일 평창 동계올림픽 개막식 군집 드론 비행 쇼 장면 〈사진 출처: Intel Corporation〉

평창 동계올림픽 개막식 밤하늘을 수놓은 군집 드론 비행 쇼

2018년 2월 9일, 강원도 평창에서 열린 동계올림픽 개막식의 하이라이트는 식전행사 '제3막-행동하는 평화 코너'였다. 강원도 주민 1,000여 명이 촛불을 들고 무대에 올라 거대한 비둘기의 형상을 이루고, 그 가운데에서 가수들이 평화의 노래인 존 레논의 〈이매진Imagine〉을 한 소절씩 나눠 부르면서 분위기가 한껏 무르익었다. 주민들이 비둘기 풍선을 날려 보내고 스노보더와 스키어들이 조명을 달고 눈 덮인 슬로프를 내려왔다. 그동안 하늘에서는 발광 다이오드 LED 조명을 장착한 1,218대의 드론이 스노보드와 스키 등의 서로 다른 겨울 스포츠 형상을 연출했다. 그 다음 슬로프를 내려온 스노보더들과 스키어들이 지상에서 오륜기 모양을 만들자, 군집 드론은 오륜기 형상을 이뤄 밤하늘을 수놓았다. 가장 많은 군집 드론의 비행으로 기네스북에 오르는 순간이었다. 군집 드론이 보여준 겨울 스포츠와 오륜기 영상은 비록 영상이기는 했지만 한 명의 엔지니어가 원격 조종으로 이런 장관을 연출했다는 점에서 드론 역사에서 한 획을 긋는 순간이었다. 인텔Intel 사의 드론들이 연출한 이 장면은 성화 점화와 함께 평창 동계올림픽 개막식을 대표하는 감격의 순간으로 자리 잡았다. 첨단 기술과 예술, 그리고 스포츠 정신이 결합해 만든 감동의 장면이었다. 이를 계기로 전 세계에서 야간 축제나 행사에서 LED를 장착한 군집 드론이 공연을 하는 것이 보편화되었다.

군집 드론 공연, 2012년 오스트리아에서 시작

'드론 군집 비행Drone Display'이 드론 활용의 새로운 경지를 열고 있다. 군집 드론은 드론 응용의 지평을 넓히는 것은 물론 드론이 다양한 기술과 어떻게 결합해 얼마나 새로운 장르를 만들어낼 수 있는지를 여실히 보여준다. 군집 드론은 복수의 드론이 와이파이Wi-Fi로 연결된 한 대의 컴퓨터의 명령으로 서로 부딪히지 않고 비행하면서 임무를 수행하는 것을 말한다. 군집 드론 공연은 LED 조명을 장착한 드론들이 야간에 군집 비행을 하며 야간에 공연한다. LED 조명을 장착한 드론의 군집 비행 공연은 오랜 노력의 결과다.

군집 드론은 오스트리아 린츠Linz에 자리 잡은 문화·교육·과학 연구소인 아르스 엘렉트로니카Ars Electronica가 선발 주자다. 아르스 엘렉트로니카는 미래박물관Museum of the Future이 자리 잡은 아르스 엘렉트리카 센터Ars Electronica Center에 1979년 설립된 연구소다. 이 기관은 퓨처랩Futurelab이라는 연구·개발 뉴미디어 아트 분야 실험실을 운영하고 매년 축제를 개최하면서 예술과 기술, 그리고 사회를 연결하는 작업을 해왔다.

아르스 엘렉트로니카의 퓨처랩은 2012년 9월 린츠에서 스팩셀스SPAXELS, Space Elements라는 이름의 드론 49대에 LED를 장착하고 세계 최초의 군집 드론 공연을 했다. 그 여세를 몰아 2013년 3월에는 영국 런던의 타워브리지Tower Bridge 인근에서 열린 영화 〈스타트렉 다크니스Star Trek Into Darkness〉의 시사회 행사에서 50대의 스팩셀스를 동원해 공연했다. 이어 같은 해 8월에는 호주 브리즈번Brisbane에 위치한 퀸즐랜드 공대Queensland University of Technology의 새 캠퍼스 개장 행사에서 30대의 스팩셀스로 공연했다. 2015

년 11월에는 아르스 엘렉트로니카 퓨처랩이 인텔을 위해 100대의 스팩셀스를 동원해 공연하고 '드론 100'이라는 부문으로 기네스 세계기록에 등재되었다.

인텔, 슈팅스타 개발해 군집 드론 공연 주도

스팩셀스를 앞세운 퓨처랩의 바통은 인텔이 이어받았다. 인텔은 슈팅스타Shooting Star라는 이름의 쿼드콥터Quadcopter 드론을 개발해 이를 앞세운 군집 쇼를 선보였다. 스티로폼과 경량 플라스틱으로 제작한 슈팅스타는 군집 공연을 할 수 있도록 LED를 장착했다. 한 사람이 한 대의 컴퓨터를 이용해 다수의 슈팅스타를 한꺼번에 조종할 수 있도록 시스템을 구성했다. 내장 LED로 40억 개 이상의 색상을 조합할 수 있다. 수많은 드론이 비행하며 비행경로를 최적화하고 안무를 구성할 수 있도록 시스템 알고리즘을 구성했다.

2018년 평창 동계 올림픽 개막식에서 1,218대의 슈팅스타 드론이 펼친 라이트 쇼는 2016년 11월에 500대의 인텔 드론 공연이 세운 기네스 '최다 무인항공기 공중 동시 비행Most Unmanned Aerial Vehicles airborne simultaneously' 부문 세계 기록을 갈아치웠다. 군집 드론은 규모를 키우는 것에서 그치지 않고 기술적 · 예술적 가치를 높임으로써 중요한 순간에 항상 대중과 함께 있는 '필수적인 공연'으로 자리 잡아가고 있다.

드론 기술의 결집체인 군집 드론

도대체 어떤 기술을 적용했기에 그렇게 많은 드론이 서로 부딪히지 않고 일사분란하게 군집 비행이 가능한 것일까? 군집 드론은 여러 대의 드론이 와이파이로 연결된 한 대의 메인 컴퓨터와 통신하면서 서로 부딪히지 않고 일사분란하게 비행하면서 계획된 퍼포먼스를 하게 된다. 드론 간의 위치정보와 경로는 사전에 입력한다. 인텔 2.4GHz 인터넷망을 이용해 각

평창 동계올림픽 군집 드론 쇼에 사용된 인텔 쿼드콥터 드론 슈팅스타는 스티로폼과 경량 플라스틱으로 특별히 제작하여 무게가 330g밖에 나가지 않는다. 한 사람이 한 대의 컴퓨터를 이용해 다수의 드론을 한꺼번에 조종할 수 있다는 것이 가장 큰 특징이다. 〈사진 출처: Intel Corporation〉

드론에는 GPS 정보를 송신하고 드론으로부터는 잔여 배터리와 내부 온도 등의 정보를 수신한다. 드론 간 150cm의 간격을 계속 유지하도록 했다. 각 드론에는 GPS와 카메라, 그리고 센서가 달려 있다. 주변의 드론을 살피는 리얼센스 카메라가 있어 드론이 바람 날려도 이에 맞춰 다른 드론과 추가로 거리를 띄우기 때문에 서로 충돌을 막을 수 있다.

군집 드론의 핵심적인 기술이 군집Swarms 기술이다. 군집 드론 비행에는 첫째 충돌을 막기 위해 서로 일정 거리를 두고 비행하는 분리 기술, 서로 너무 멀어지지 않도록 하는 응집 기술, 동시에 일정한 방향이나 속도로 일제히 움직이는 정렬 기술이 필수적이다. 분리, 응집, 정렬을 유지하며 드론을 군집 비행시키려면 조종·제어 기술은 물론 실시간 통신 기술, 그리고 'RTKReal-Time Kinematic(실시간운동)-GPSGlobal Positioning System(위성항법시스템)' 기술이 필요하다.

RTK-GPS 기술은 위성 기반의 위치 시스템인 GPS에서 나온 위치정보의 정밀도를 향상시키기 위한 고도위성항법 기술이다. 위성항법장치인 GPS에서 입수한 물체의 위치정보를 오차 몇 cm의 범위에서 3차원으로 보정한다. 일반적인 GPS는 전리층과 대류권, 그리고 위성궤도 등에서 큰 오차가 생겨 군집 드론에 적용할 수 없다.

그렇다면 어떻게 그 많은 드론을 한 명이 한꺼번에 움직일 수 있을까? 그 기술의 하나로 조종자가 한 대의 '리더 드론'을 움직이면 다른 '추종 드론'들이 리더 드론과 일정한 거리와 각도, 방향을 유지하면서 함께 움직이도록 설계하는 선도추종 제어기법이 있다. 드론의 수를 계속 늘리기에 유리한 기법이다. 이와는 달리 각 드론이 서로 개별적으로 주변과 거리, 각도, 속도, 방향 등만 유지하면서 움직이게 하는 기법도 있다.

군집 드론은 이런 기술을 바탕으로 앞으로 공연을 넘어 다양한 분야에서 새로운 용도를 개척해나갈 것으로 전망된다. 농업 분야에서는 군집 드론을 이용해 농경지의 정밀 상황도를 작성해 이를 바탕으로 외과수술식 정밀 제초제 살포가 가능할 것으로 기대된다. 제초제를 적정량만 사용해 비용도 아끼고 환경도 지킬 수 있을 것으로 전망된다.

국방 분야에서는 군집 드론을 이용한 기만전술로 적의 화력을 오인 소진하게 할 수도 있다. 또 군집 드론을 통신과 레이더 교란에 동원할 수도 있고, 정보 수집 임무와 수송에도 활용할 수 있다. 한국항공우주연구원은 이미 2013년에 군집 드론 기술을 개발했으며, 민간 기업인 파블로항공PABLO AIR과 유비파이UVify도 기술을 축적하고 있다. 이처럼 군집 드론이 엔터테인먼트, 산업, 국방 분야에서 새로운 게임체인저로 부상하고 있다.

CHAPTER 2

드론이란 무엇인가

1. 드론의 정의와 개념

드론의 정의와 용어들

드론은 도대체 무엇인가? 드론은 종류와 쓰임새가 다양하다. 개념부터 정리하지 않으면 혼란스럽기 짝이 없다. 드론이라는 용어의 기본적인 정의는 "인간이 탑승하지 않고 외부 또는 자율 조종이 가능한 무인항공기"다. 인간 조종사가 탑승하지 않거나, 탑승할 필요가 없는 모든 종류의 항공기를 포함한다. 옥스퍼드 영어사전에 따르면, 드론은 "조종사가 탑승하지 않고 원격조종으로 유도하는 항공기나 비행체"를 가리킨다. 이미 1946년에 나온 오래된 사전적인 정의다.

영어권에서는 일반적으로 사람이 탑승하지 않은 무인항공기Unmanned Aerial Vehicle를 머리글자를 따서 UAV로 줄여 부른다. 하지만 이는 공식 용어일 뿐, 대중적으로는 드론이라는 용어를 일반적으로 쓰고 있다.

사실 드론을 가리키는 용어는 다양하고 복잡하다. 오랫동안 정리와 통일의 필요성이 제기되어왔지만 생각처럼 쉽지가 않았나 보다. 여기에서 그간 나온 용어를 한번 목록을 정리해보자. 드론을 가리키는 용어 가운데 UAV만큼 자주 쓰이는 것이 '무인항공기 시스템UAS, Unmanned Aircraft Systems'

드론이란 "인간이 탑승하지 않고 외부 또는 자율 조종이 가능한 무인항공기"를 말한다. 인간 조종사가 탑승하지 않거나 탑승할 필요가 없는 모든 종류의 항공기를 포함한다. 〈사진 출처: 123rf〉

이다. UAS는 미국 국방부와 미국 연방항공국FAA, Federal Aviation Administration이 2005년 채택한 행정 용어다. 영국 민간항공관리국CAA, Civil Aviation Authority도 이 용어를 사용한다. 유럽연합EU에서도 이 용어를 사용한다. EU의 단일유럽영공SES, Single-European-Sky 항공관제관리ATM, Air-Traffic-Management 보고서에서도 이 용어를 채택했다. 국제민간항공기구ICAO, International Civil Aviation Organization는 '원격조종 항공기 시스템RPAS, Remote Piloted Aircraft Systems'이라는 독자 명칭을 내놨지만 UAS라는 용어도 함께 사용한다. 여기에서 알 수 있듯이 드론을 지칭하는 용어는 통일되어 있지 않으며, 서로 생각하는 개념도 조금씩 다르다.

UAS라는 용어는 무인항공기 기체를 넘어 드론 비행을 가능하게 하는 다양한 요소들의 중요성에 무게를 싣는다. 즉, 무인항공기와 지상의 조종과 통제장치, 그리고 이 둘을 연결하는 데이터 링크과 그외 다른 지원 시스템 모두를 포괄적으로 가리키는 용어다.

이런 개념에 따르면, 기체인 드론은 UAS의 한 구성요소다. UAS는 무인 비행체와 지상(공중이나 해상, 수중일 수도 있다)에 기반을 둔 조종장치, 그리고 이 둘 사이를 연결하는 통신 시스템을 가리킨다. UAS의 드론 통제 방식은 크게 인간이 무선 네크워크를 통해 원격으로 기체를 제어하는 방법과 탑재된 비행 컴퓨터가 입력된 명령에 따라 스스로 비행하는 방법으로 구분할 수 있다. 드론에 어느 정도의 자율성을 부여할 것인가에 따라 인간의 개입이 확대될 수도 있고 반대로 인간의 개입을 최소화할 수도 있다. 이처럼 UAS는 드론 기체에 국한되지 않고 드론을 운용하는 시스템 전체를 의미하는 용어다.

유도 가능한 미사일도 드론인가

유·무인 비행체에 대한 개념이 계속 변화하면서 일부에서는 인간이 외부에서 통제할 수 있는 미사일을 드론의 범주에 포함 시키자는 주장을 하고 있다. 이러한 질문에 대해 미국 국방부 용어 사전은 UAV를 정의하면서 드론과 미사일을 명확하게 구분한다. 드론에 대한 이 사전의 정의는 다음과 같다.

"동력을 이용해 비행하는 항공기로 인간 조작자를 태우지 않고 공기역학을 이용해 항공기를 띄우며, 자율비행이나 원격조종이 가능하고, 소모하거나 회수할 수 있으며, 치명적이거나 비치명적인 화물을 실을 수 있다. 탄도 또는 준準탄도미사일, 순항미사일, 그리고 포 추진체는 무인비행기로 간주하지 않는다."

미사일이나 포 종류는 비록 무인비행을 하고 일부는 원격으로 조종이 되지만 그 자체로 무기체계이고 재사용되지 않는다는 점에서 드론의 일종으로 포함하지 않는다.

미국 국방부 장관실이 2005년 펴낸 '무인항공기 시스템 로드맵Unmanned Aircraft Systems Roadmap' 보고서는 순항미사일과 드론을 구분하는 기준을 명쾌하게 제시한다.

"순항미사일은 인간이 탑승하지 않는다는 이유로 때때로 UAV 무기체계와 혼동된다. 핵심 구분 요령은 첫째, UAV는 비행을 마친 다음에 귀환할 의도로 장비가 구성되는 반면, 순항미사일은 그렇지 않다. 둘째, UAV의 기체는 운반하는 탄약과 통합되지 않는 반면, 순항미사일의 탄두는 동체와 통합된다. 이러한 기준에 따라 UAV와 순항미사일은 분명히 구분할 수 있다."

이처럼 순항미사일이나 유도미사일은 기술적으로 드론과 유사하거나 공통되는 부분이 많지만 사용 목적과 내부 구조가 완전히 다르기 때문에 드론에 포함되지 않는다.

인간이 탑승하지 않고 조종할 수 있는 것으로 원격조종 모형 항공기도 있다. 원격조종 모형 항공기는 드론의 범주에 포함될 수도 있고, 그렇지 않을 수도 있다. 관계가 명확하지 않다는 이야기다. 어떤 경우에는 무게나 크기를 포함의 기준으로 삼기도 한다. 하지만 미국 연방항공국FAA은 크기와 무관하게 모든 무인항공기를 UAV로 간주해 규제의 대상으로 삼는다. 일반적으로 레저용 드론은 1인칭 비디오를 장착하거나 자동비행 능력이 있거나 양쪽을 다 갖춘 경우다.

드론의 기능은 유인여객기에 적용하는 자동운항 기능과 중복되는 부분이 많다. 기존의 유인기에 무인조종장치를 탑재해 드론으로 전환하려는 연구가 활발하게 진행 중이다.

이 밖에도 드론을 부르는 용어는 다양하게 존재한다. 무인항공기 시스템UAVS, Unmanned Aircraft Vehicle System, 원격조종 항공기RPAV, Remotely Piloted Aerial Vehicle, 원격조종 항공기 시스템RPAS, Remotely Piloted Aircraft System을 비롯한 수많은 용어가 혼재한다. 무인비행체는 드론 외에도 이처럼 다양한 이름이 있지만, 일반적으로는 같은 개념을 서로 다른 용어로 가리키는 것이다.

드론이라는 개념은 어떻게 생겨났나

그렇다면 드론이라는 개념은 어떻게 생기게 되었을까? 드론은 인간이 탑승해서 조종하는 유인항공기의 반대 개념으로 시작했다. 조종사가 탑승하지 않는 드론의 등장으로 조종사가 기내에 탑승해 조종하는 재래식 비행기를 유인항공기로 부르게 되었다. 현재는 무선 조종하는 항공기와 구분해 자율성을 지닌 기체를 드론으로 호칭하는 경향도 있다.

드론의 비행 방식은 유인항공기와 여전히 닮았다. 드론도 고정익기의 경우 유인항공기처럼 이착륙 시 지상을 활주하는 경우가 많다. 소형 기체는 트럭 등에 탑재하고 캐터펄터Catapulta(사출기)를 이용해 이륙시키는 경우가 일반적이다. 아주 작은 기체는 손으로 던져서 날리기도 한다. 회수 방법은 소형 드론의 경우 기체를 그물망에 걸리게 하거나, 기체에 갈고리를 설치해 지상에 와이어에 걸리게 해 회수하기도 한다. 미국의 AAI와 이스라엘의 IAI가 합작 개발해 1986년 미군이 도입한 드론 정찰기인 RQ-2 파이오니어는 캐터펄트를 이용하거나 활주로에서 이륙하는데 수상함에서 이륙한 경우 그물망을 통해 회수한다. 유인항공기와 무인항공기를 결합한 하이브리드형 항공기인 '선택 조종 항공기OPV, Optionally Piloted Vehicle'도 출현했다.

드론도 동력이 많이 필요한 대형 기체의 경우는 유인항공기에서 쓰는 것과 같은 가스터빈 엔진이나 피스톤 엔진을 사용한다. 하지만 무게가 가벼운 경량 드론은 전동모터를 쓰는 경우가 많다. 상업적 용도의 중·소형 드론은 전동모터와 배터리 혹은 연료전지를 사용해도 큰 문제가 없기 때문이다. 하지만 군사적 용도의 대형 드론이 충분한 성능을 발휘하기 위해서는 무겁고 복잡한 기계장치와 다량의 연료를 필요로 하는 엔진은 필수다. 문제는 엔진의 성능에 비례해 드론 자체의 중량 역시 증가한다는 것이다. 최근 가볍고 크기도 작은 고성능 전동모터와 고효율 연료전지의 등장으로 인해 대형 드론도 점차 엔진 대신 전동모터를 사용하는 추세다. 물론 모터의 수명과 내구성, 안정성 등 다양한 요소를 충분히 검토하면서 변화가 이뤄질 것으로 보인다. 그 변화는 의외로 빠를 가능성이 크다. 이미 자동차에서 급격한 변화가 일어나고 있기 때문이다. 대형 드론의 전동모터화가 이뤄지면 중량이 가벼워진 드론의 활동 범위와 영역이 더욱 확대되고 연결성connectivity도 확장될 수밖에 없다. 누구도 생각하지 못한 미

미국의 AAI와 이스라엘의 IAI가 합작 개발해 1986년 미군이 도입한 드론 정찰기인 RQ-2 파이오니어는 캐터펄트를 이용하거나(사진 ❶) 유인항공기처럼 활주로에서 이륙하는데(사진 ❷) 수상함에서 이륙한 경우 그물망을 통해 회수한다(사진 ❸). 〈사진 출처: Wikimedia Commons〉

사진은 세계 최대 항공기 제작사 보잉이 2019년 1월 23일 시험비행에 성공한 하늘을 나는 자율비행 택시 PAV(Personal Air Vehicle)의 모습. 보잉의 PAV는 도심에서 사용할 수 있는 수직이착륙기로 2인승, 4인승, 그리고 최대 227kg의 화물을 실어나를 수 있는 화물형 드론 버전이 있다. 시제품은 길이 9m, 폭 8.5m 크기에 프로펠러와 고정익 등을 갖추고 있고, 최대 80km를 자율비행할 수 있으며, 전기로 동력을 얻는다. 이처럼 드론은 인간 조종자의 탑승 여부를 떠나 인간의 조종이나 조작, 도움 없이도 스스로 외부 환경을 인식해 상황을 판단하고 자율조종에 따라 이동과 작업을 수행하는 기기로 진화하고 있다. 〈사진 출처: Boeing〉

래가 펼쳐질 수 있다.

드론은 프로그램에 맞춰 자율비행을 하는 경우와 일부만 자동화해 자율비행과 반자율비행을 겸하는 기체가 공존한다. 위성 회선을 이용해 눈으로 볼 수 없는 원거리에서도 조종할 수 있는 초원격조종 기종도 있다. 사전에 입력된 프로그램에 따라 정해진 항로를 오가는 드론도 있고, GPS를 장착해 위치를 수정해가며 자율비행하는 기종도 실용화가 이뤄지고 있다. 자세와 항로를 유지해 비행하면서 충돌의 위험이 있을 때는 스스로 정지하거나 회피하며 자율비행하는 기종도 있다. 인공지능AI 시스템을 적용해 외부의 사물을 스스로 인식하면서 비행하는 완전자율비행 드론도 개발 중이다.

드론은 유인항공기에 비해 아직까지는 신뢰성이 떨어지며 특히 충돌 회피를 제대로 하지 못한다는 평가를 받는다. 이에 따라 신뢰성을 높여줄 운항 관리 프로그램의 개발과 충돌 회피 프로그램의 연구 개발이 진행 중이다.

이러한 연구는 드론의 자율성을 향상시키는 데 일조하고 있다. 드론이 인간의 통제 없이도 스스로 외부 환경을 인식하고, 상황을 판단해 위험을 회피할 수 있으며, 주어진 임무를 수행할 수 있는 수준으로 진화하고 있는 것이다. 지금과 같은 발전 추세라면 가까운 미래에 드론은 '자율운항이 가능한 모든 무인이동체'를 의미하게 될 것이다.

드론은 기존의 항공기에 정보통신기술ICT을 바탕으로 하는 다양한 소프트웨어와 5G에 이르는 초고속 네트워크 통신과 데이터 저장, 음성영상 시스템, 센서 분야의 신기술에 힘입어 급속도로 성능이 향상되고 있다. 아울러 인공지능AI, 사물인터넷IoT, 로봇공학Robotics, 빅데이터Big Data 등 첨단 기술과 융합되면서 4차 산업혁명의 주역으로 부상하고 있다. 드론은 이를 통해 지능화, 네트워크화, 고속화를 이루면서 적용 영역을 전방위로 확장하는 추세다. 드론은 기술의 급속한 발달 및 융합을 통해 패러다임 전환을 겪으면서 혁명적인 변화를 겪고 있다. 이에 따라 그 정의와 개념은 지금도 진화 중이다.

2.
군용 드론의 탄생과 확산

드론은 어떻게 탄생했나

'원격제어가 가능한 무인자율비행체'를 뜻하는 용어로 자리 잡은 드론은 언제, 어떻게 탄생해서 사용되었을까? '수벌'을 뜻하는 영어 단어 'drone'을 어원으로 하고 있으며 무인비행체의 등장과 함께 사용되기 시작했을 정도로 오래되었다. 드론은 군함의 대공포 사격 훈련에서 표적기로 이용된 원격조종 무인항공기를 가리키는 용어로 처음 사용되기 시작했다. 기록에 따르면 이 용어는 1930년대 영국 공군에서 사용했던 '페어리 퀸Fairey Queen'과 '드 하빌랜드 퀸 비de Havilland Queen Bee'라는 무인표적기에 처음 사용되었다.

영국은 1918년 육상기 겸 해군기로 실전배치해서 사용하던 페어리 III 복엽 정찰기를 1931년 무선으로 조종하는 '페어리 퀸'으로 개조해 표적기로 사용했다. 영국은 페어리 퀸 무인표적기는 3대만 사용했지만, 1935년 채택한 '드 하빌랜드 DH.82B 퀸 비' 무인표적기는 대량으로 사용했다. 드 하빌랜드 DH.82B 퀸 비는 영국의 항공기 설계자 제프리 드 하빌랜드Geoffrey de Havilland가 개발하고 하빌랜드 항공사Havilland Aircraft가 제

제2차 세계대전 중이던 1941년 6월 윈스터 처칠 영국 총리가 무선으로 조종되는 표적 드론인 드 하빌랜드 퀸 비의 이륙을 기다리고 있다. 〈사진 출처: Public Domain〉

작해 1931년 시험비행을 하고 이듬해부터 생산에 들어간 '드 하빌랜드 DH.82B 타이거 모스Tiger Moth' 복엽기를 무선 조종하는 표적기로 개조한 기종이다. 숫벌을 의미하는 드론drone이라는 용어는 '여왕벌'이라는 이름의 '퀸 비' 표적기에서 나온 것이라는 주장이 강하다. 표적기의 이름에 여왕벌을 뜻하는 '퀸 비queen bee'라는 말이 있으니 무인기를 같은 벌 종류인 '드론'으로 불렀다는 이야기다. 미 해군도 이와 비슷한 시기인 1936년 무선으로 조종하는 공중 목표물을 '드론'으로 불렀다는 기록이 있다.

이 두 종류의 표적기에 이어 영국은 제2차 세계대전 당시 에어스피드Airspeed 퀸 와스프Queen Wasp와 마일스 퀸 마티네트Miles Queen Martinet라는 이

제2차 세계대전 당시(1939년경) 영국 원격조종 무인표적기 에어스피드 퀸 와스프.
〈사진 출처: Public Domain〉

1952년 영국과 호주 합작품으로 호주의 정부항공기제조공장(GAF)에서 생산한
원격조종 무인표적기 GAF 진디비크. 〈사진 출처: Public Domain〉

름의 기종을 사용했다. 1952년부터는 호주의 정부항공기제조공장GAF, Government Aircraft Factories에서 생산한 원격조종 무인표적기 GAF 진디비크Jindivik를 영국, 호주 미국, 스웨덴에서 장기간 사용했다. 드론이라는 용어는 이처럼 표적기의 별명에서 시작해 지금은 무인항공기 시스템을 가리키는 용어로 대중의 뇌리에 확실하게 각인되고 있다.

드론의 확산 배경은

그렇다면 드론은 현대에 와서 왜 대대적으로 확산되었을까? 조종사가 탑승하지 않은 무인비행은 원래 인간이 수행하기에 지나치게 지루하거나, 더럽거나, 위험한 일을 맡기기 위해 고안되었다는 것이 드론 확산의 배경이다. 미국 국방부 장관실이 2005년 펴낸 '무인항공기 시스템 로드맵 Unmanned Aircraft Systems Roadmap' 보고서는 왜 무인항공기가 필요한지에 대해서도 분명하게 설명한다. 아무리 훈련된 정예 전투조종사라고 해도 공중임무를 수행하는 과정에서 발생할 수 있는 비행착각, 판단력 저하, 일시적인 시력 및 의식 상실 등의 문제를 피할 수는 없다. 인간의 육체가 갖고 있는 한계 때문이다. 하지만 원격으로 제어되는 무인항공기, 즉 UAV는 이러한 '인간적인 문제'에 거의 영향을 받지 않는다. 따라서 미국 국방부는 "지루하고, 더러우며, 위험한 항공 임무는 유인항공기보다 UAV에 더 적합하다"는 결론을 내리고 드론의 군사적 활용 범위를 확장하기 위해 노력하고 있다.

지루하고 피곤한 장시간 비행이 드론을 불렀다

고도의 집중력을 요구하는 장시간 비행은 조종사들을 지치고 피곤하게 만든다. 가장 대표적인 사례로 대륙과 대륙을 30시간 이상 비행하며 폭격임무를 수행한 미국의 B-2 스텔스 전략폭격기 사례를 들 수 있다. 지난 1997년에 실전배치된 B-2 스텔스 폭격기는 핵 투발 기능이 있는 전략폭격기이지만 대테러전쟁 등 재래식 폭격임무에도 수시로 동원되고 있다. 1만 2,000피트 상공에서 고고도 폭격 임무를 수행한다.

B-2 승무원들은 34일에 걸친 코소보 분쟁 당시 미국 본토의 미주리주의 기지에서 발진해 공격 목표인 세르비아에 이르는 왕복 30시간의 장시간 비행을 해야 했다. 따라서 중간에 공중급유를 받아야 했다. 생리작용은 기내에 화장실이 있어 해결할 수 있었지만 장시간 비행에 따른 피로는 어떻게 할 수 없었다. B-2에는 통상 2명의 조종사가 탑승한다. 조종석 왼쪽에는 조종사가 앉고, 오른쪽에는 공중 임무 지휘관이 앉는다. 당시 장시간

2007년 8월, 이라크 수도 바그다드 북쪽 60여 km에 있는 발라드(Balad) 공군기지에서 미국 공군 제46원정 정찰비행대 소속 장교들이 MQ-1 프리데터(Predator)를 원격조종하고 있다. 이처럼 드론은 장시간 비행에 따른 조종사의 지루함과 피로, 더럽고 위험한 물질에 오염될 수 있는 문제와 위험한 임무 수행에 따른 부담 및 인명 피해를 해결할 수 있는 좋은 대안으로 개발되어 널리 사용되었다. 〈사진 출처: U. S. Air Force〉

비행에 따른 피로감을 고려해 탑승 승무원을 3명으로 늘렸지만, 부대 지휘관은 승무원의 피로 관리에 신경을 쓸 수밖에 없었다. 지휘관들은 40시간 임무 수행을 승무원의 최대 한계로 간주했다.

코소보 분쟁이 끝난 다음 RAND 연구소는 항공기에 2인 1조 2개 팀을 태워 교대로 임무를 수행하게 하거나 예비 승무원을 추가로 태우는 방안이 필요하며, 이를 위해 B-2 조종사를 추가로 양성해야 한다고 건의했다. 그렇지 않을 경우 출격 횟수나 비행시간을 줄여야 하며, 이를 제대로 하지 못할 경우 작전 숙달도와 전문성을 제대로 보장할 수 없다고 지적했다.

이와는 반대로 아프가니스탄과 이라크 상공에서 하루 종일 비행했던 드론 MQ-1의 경우 거의 2년 가까운 운용 기간 동안 조종요원들은 미국에 있는 조종실에서 4시간 단위로 교대하면서 작전에 임했다. 드론 조종요원은 항상 최적의 상태로 작전에 임할 수 있었다. 이들은 미국의 조종실에 앉아 위성통신을 이용해 드론을 조종하면서 정찰은 물론 요인 암살, 수송차량 저지 등 다양한 임무를 수행할 수 있었다.

대당 최고 7억 3,700만 달러나 하는 초고가의 스텔스 전략폭격기도 장시간 비행에 따른 조종사의 지루함과 피로는 어떻게 할 수가 없었다. 드론은 이 문제를 손쉽게 해결했다.

'더러운 물질' 회피가 드론 사용을 이끌었다

더러운 것과 관련한 사례는 핵물질과 관련한 것이다. 미국 육군항공대(1947년 9월 이전)와 공군(1947년 9월 이후), 그리고 해군은 1946~1948년에 걸쳐 핵폭탄이 폭발한 지 몇 분 뒤 핵구름 상공을 비행하며 방사능 물질 표본을 수집하는 임무를 수행했다. 이는 유인항공기를 투입할 경우 조종사가 방사선에 피폭될 가능성이 큰 위험한 임무였다. 미국 육군항공대와 공군은 제2차 세계대전 중 주력 대형 폭격기였던 보잉 B-17 플라잉 포트리스Flying Fortress를, 미국 해군은 그러먼Grumman F6F 헬캣Hellcat 함상 전투기를 무인항공기(드론)로 개조해 작전에 투입했다. 더러운 작전에 투입하기 위해 드론을 활용한 사례다.

핵구름 상공에서 작전을 마치고 기지로 귀환한 드론은 호스를 통해 철저하게 물청소를 한 것은 물론 수집한 핵물질 표본은 기계 팔을 이용해 드론에서 하역했다. 육상근무요원들을 방사선에서 보호하기 위한 조치였다.

1948년 미국 공군은 이 작전에 따른 항공요원들의 위험은 관리가 가능한 수준이라고 판단해 드론 대신 유인제트기인 리퍼블릭Republic F-84 썬더젯Thunderjet을 투입했다. 조종사는 방사선으로부터 몸을 보호하기 위해 30kg에 가까운 두툼한 납조끼를 착용하고 임무를 수행했다. 문제는 사고로 추락할 경우 무거운 납조끼 때문에 제대로 탈출하기가 어려울 뿐 아니라 장시간에 걸친 방사선 노출로 목숨을 잃기도 했다는 사실이다. 유인항공기 핵 낙진 샘플 채집은 1990년대까지 계속되었다.

조종사의 위험을 피하려다 보니 드론에 눈길이 갔다

위험과 관련한 요인은 정찰 임무와 관련이 있다. 비행 역사에서 가장 위험한 임무는 정찰이었다. 제2차 세계대전 중 미국 육군항공대 제3정찰그룹의 조종사 희생 비율은 25%로 독일 상공에서 임무를 수행했던 폭격기 부대의 5%보다 훨씬 높았다. 폭격기는 비교적 고고도에서 작전을 수행할 수 있었지만, 가급적 접근해서 사진 촬영을 해야 했던 정찰 임무는 위험도가 높았다. 비교적 고고도를 비행하는 폭격기는 주로 대공포나 적기의 공격이라는 위험을 겪었다. 심지어 적의 고사포 포탄 최대상승한계를 넘는 초고고도에서는 안전한 비행을 할 수 있었다. 반면 저고도를 비행해야 했던 정찰기는 적의 고사포는 물론 심지어 기관포나 기관총 사격으로 희생될 수도 있었다. 게다가 정찰기가 다녀가면 곧바로 수집해간 정보를 바탕으로 폭격이 시작되므로 수비하는 측의 입장에서는 무슨 수를 써서라도 정찰기를 격추시키는 것이 중요했으므로 필사적으로 격추시키려고 노력할 수밖에 없었다.

미국의 유인정찰기는 냉전시대에도 대거 활용되었다. 미국의 고고도 정찰기는 소련 영공을 유유하게 비행하며 유용하게 정보를 수집했다. 소련의 고사포는 물론 지대공미사일도 닿지 못하는 초고고도에서 작전을 펼칠 수 있었기 때문이다. 하지만 미국 유인정찰기는 1960년대 갑자기 작전을 중단하게 되었다. 미국은 1960년 5월 1일 록히드Lockheed U-2 고고도 정찰기가 소련 상공에서 격추되는 사건이 발생하면서 유인 정찰을 중단했다. 당시 U-2기는 소련 영공에서 정찰 임무를 수행하다 우랄 산맥 인근 스베르들롭스크Sverdlovsk의 7만 피트(약 2만 1,330m) 상공에서 소련의 S-75 드비나Dvina 지대공미사일에 격추되어 낙하산으로 탈출했던 조종사 프랜시스 게리 파워스Francis Gary Powers는 소련군에 생포되었다. 미국 정찰기가 소련 땅에 추락한 사건은 정치적으로 예민한 문제였다. 이 사건으로 미국과 소련은 치열하게 충돌할 수밖에 없었다.

사실 냉전 시절 미국 정찰기의 추락은 U-2기가 처음은 아니었다. 냉전 당시 정찰 임무를 수행하다 격추된 미국 유인정찰기는 23대에 달하며, 희생된 항공요원은 179명에 이른다. U-2기 격추 사건을 계기로 미국은 적극적으로 무인정찰기 개발에 나섰다. 그 결과 AQM-34 파이어비Firebee와

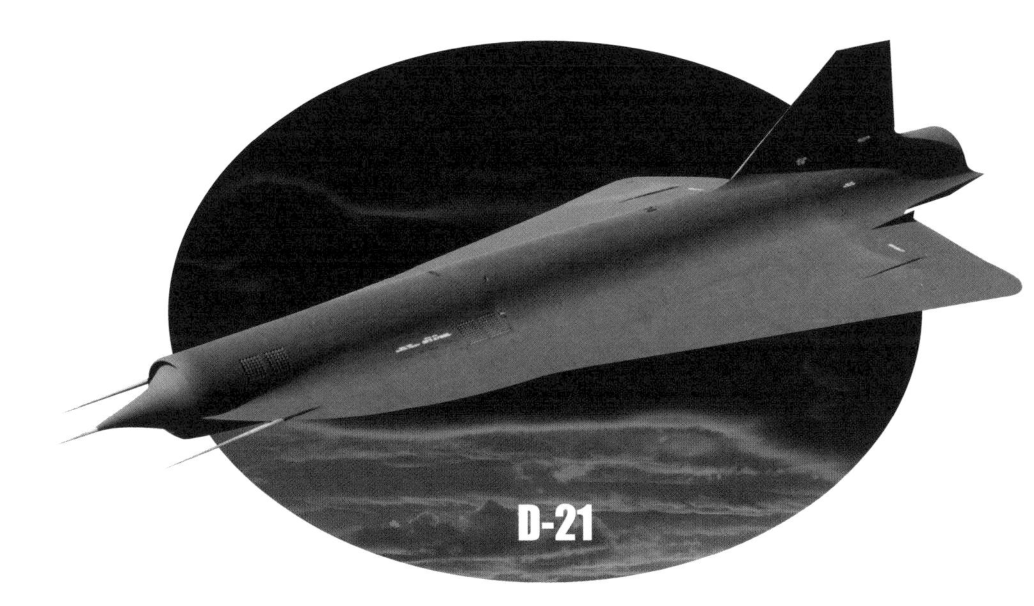

마하 3 이상의 초음속 정찰 드론인 록히드 D-21은 1960년 5월 1일 미국의 록히드 U-2 고고도 유인정찰기가 소련 상공에서 소련의 지대공미사일에 격추되는 사건을 계기로 유인정찰기가 수행하기 어려운 임무를 대행하기 위해 1962년 10월에 개발되기 시작했다. 무인정찰기는 조종사가 탑승하지 않기 때문에 유인정찰기처럼 격추되거나 문제가 발생했을 때 조종사가 생포되어 정치적 문제를 일으키거나 정보를 노출할 염려가 없으며, 인명 피해가 없다는 것이 장점이다. 모기(母機)인 M-21로부터 발사되도록 설계된 D-21은 당시로서는 최신형 항법장치와 고해상도 정찰 카메라를 장착했지만, M-21과의 문제와 잦은 추락으로 결국 개발 계획은 취소되었지만 이후 미국의 무인정찰기 개발의 계기가 되었다. 〈사진 출처: Public Domain〉

록히드 D-21 무인정찰기가 등장했다.

무인정찰기는 유인정찰기에 비해 정치적으로 비교적 둔감하다. 잡아뗄 수도 있을뿐더러, 조종사가 없기 때문에 조종사가 인질이 되어 정치적인 문제를 일으키거나 정보를 노출할 염려도 없다. 미국은 1965년에서 1971년 사이에 중국 상공에서 정찰 임무를 수행하던 무인기 7대를 잃었지만, 국제 사회의 이목을 피할 수 있었다. 30년이 지난 2001년 4월 1일 일본 오키나와沖繩의 가데나嘉手納 공군기지에서 이륙한 미 해군 소속 EP-1 정찰기가 남중국해에서 중국의 J-8 전투기와 공중 충돌한 뒤 하이난섬海南島의 링수이陵水 비행장에 불시착한 사건이 발생했다. 이 사건으로 중국은 미국의 정찰기를 노획해 정보를 입수했으며, 24명의 미군 요원이 생포되었다가 나중에 석방되었다. '하이난섬 사건'으로 불리는 이 사건은 평화 시 유인정찰 작전이 여전히 위험한 임무이자 정치적으로 민감하다는 사실을 상기시켰다. 정찰기 세계에서 유인기의 한계와 무인기의 효용을 새삼 확인하는 사건이었다.

위험성이 높은 것으로 나타난 또 다른 작전이 방공망 제압SEAD, Suppression of Enemy Air Defenses이다. SEAD는 전쟁 개전 초기에 아군의 공중 전력이 적국 상공에서 안전하게 작전할 수 있도록 적의 지대공 방공망과 관련 조기경보 레이더, 그리고 지휘·명령 시스템을 폭격이나 전자전을 통해 무력화하는 작전을 가리킨다.

SEAD는 베트남전과 이스라엘-아랍 전쟁에서 수많은 항공요원이 희생된 위험한 작전이다. 이에 따라 인명 손실을 막기 위해 이 작전에 유인항공기 대신 드론을 투입했다. 군대에서 정찰 드론을 가장 먼저, 가장 많이 개발해 사용하고 있는 직접적인 배경이다.

이러한 사례들을 살펴보면 군사용 드론의 개발과 배치는 유인항공기 투입에 따른 인명 손실을 막아보자는 시도에서 비롯되었음을 알 수 있다. 지루하고, 더러우며, 위험한 작전에 오랫동안 공들여 양성한 항공요원을 투입하는 대신 드론을 이용해 인간의 피로와 희생을 줄이는 것이 가장 우선적인 목표였다. 결국 군사용 드론의 확대는 작전에 따른 위험을 줄이고 임무 성공률을 높이려는 의도에서 비롯되었다.

드론은 이처럼 군사적 임무를 수행하기 위해 고안되었지만 농업과 상업, 과학기술, 레크리에이션 등 다양한 분야로 이용 범위가 확산되고 있다. 항공 사진, 보안 감시, 상품 운송, 드론 레이싱 등 미디어와 레저, 그리고 산업 분야에 폭넓게 활용되고 있다.

3.
군용 드론,
전장의 판도를 바꾸는
게임체인저

드론, 군사강대국의 필수무기로 부상하다

드론은 처음 군용으로 개발되어 활용 범위를 넓혀나갔다. 군사용 드론은 실로 다양한 유형으로 개발되어 광범위한 임무를 수행하고 있다. 이에 따라 군사용 드론은 전쟁의 양상을 바꾸면서 군사 분야의 중요한 게임체인저로 자리 잡고 있다.

드론은 유형과 종류가 다양하지만 이를 나누는 기준은 제각각이다. 드론의 유형을 분류하는 방식은 국제 표준이 따로 없다. 다양한 기관이 각자 필요에 따라 수많은 기준을 바탕으로 드론을 분류한다. 군은 군대로, 민간은 민간대로 각자의 분류 기준을 가지고 드론을 분류한다. 군에서는 주로 크기, 고도, 항속거리, 체공시간 등에 따라 드론을 분류하는데, 크기에 따라 분류하자면 극소형 드론, 소형 드론, 중형 드론, 대형 드론으로 나눌 수 있다. 극소형 드론은 마이크로 드론 또는 나노 드론으로 부르기도 한다. 소형 드론은 미니 드론이라고도 한다. 중형 드론 이상은 현대 과학기술이 총집결한 첨단 비행체인 경우가 대부분이다. 단순히 크기만 큰 것이 아니고 이에 걸맞은 엄청난 능력을 발휘하도록 설계했기 때문이다. 항속거리와 체공시간에 따라서는 저가 근접 드론, 근접 드론, 단거리 드론, 중거리 드론, 장시간 체공 드론으로 나눌 수 있다. 드론을 분류하는 다양한 기준을 좀 더 자세히 살펴보자.

목적에 따른 군용 드론의 유형

군용 드론은 활용 목적에 따라 이렇게 나눌 수 있다.

- **연구개발 드론:** 신형 드론을 개발할 때 성능을 시험하거나 개량할 필요가 있는 부분을 파악하기 위해 이용하는 드론이다. 시제품일 경우가 있고, 특정 성능을 시험하기 위해 제작되는 경우도 있다.
- **표적 드론:** 대공포나 전투기, 미사일의 사격 훈련에서 적 항공기나 미사일 역할을 맡는 드론이다. 아군의 대공 공격을 피하다가 격추되는 것이 임무다. 천으로 만든 대공 사격 표지보다 훨씬 사격 훈련 효과가 크다. 드론의 발달사에서 초기 드론이 가장 많이 쓰인 분야이기도 하다.

크라토스(Kratos)가 개발한 최신 표적 드론 MQM-178 파이어제트(Firejet). 지대공·공대공미사일 및 대항공기 무기체계 훈련에 사용된다. 능동·수동 레이더, 견인식 적외선 및 레이더 센서, 기수 부위 열 발생 장치, 채프(chaff), 플레어(flare) 등의 표적용 장비를 탑재하고 사격점수 측정 기능을 보유하고 있다. 〈사진 출처: Kratos〉

- **정찰 드론:** 전쟁 지역이나 위험 지역 등 정보 수집과 정찰, 감시가 필요한 지역에서 적의 정보나 동향을 파악할 수 있는 사진이나 동영상, 신호정보 등을 수집하는 드론이다. 군용 드론에서 가장 많은 비율을 차지하는 것이

정찰 드론이지만 갈수록 쓰임새가 늘면서 추세에 변화가 감지된다.

과거에는 정찰 활동이 끝난 뒤 기지로 귀환해 수집한 자료(녹화한 VCR 등)를 정보분석요원에게 넘겼으나, 지금은 암호화한 데이터 통신을 이용해 수집 즉시 본부나 전방 기지의 정보분석요원에게 전송하거나 공유한다. 초기에는 사전에 프로그램된 항로만 비행하면서 지상을 촬영했지만, 성능이 강화되면서 다양한 방식의 비행을 실시하고 있다.

• **전투 드론:** 미사일 등을 장착해 공격 능력을 확보한 드론이다. 적의 요인이나 이동장비, 고정 목표물 등을 무력화하는 임무를 수행한다. 전투기나 헬기를 보낼 경우 발각되거나 손실을 입을 가능성이 큰 위험 지역이나 임무에 드론을 대신 투입해 은밀한 작전을 펼치고 만일의 경우 격추되더라도 인명 손실이 없다는 것이 큰 장점이다.

전쟁이 시작될 때 공격기로서 적의 방공망을 무력화하는 작전에 투입되기도 한다. 목표물에 직접 공격을 하지 않고 공격 대상 표지만 투입하는 경우도 있다. 이스라엘군은 레바논 전쟁 당시 미리 드론을 투입해 적의 방공망을 무력화하는 작전을 펼침으로써 그 뒤 이어진 유인공격기의 폭격에서 상당한 성과를 거두고 피해를 최소화했다. 적 레이더 신호를 따라가서 방공망에 자폭하는 방식도 있다.

러시아의 대형 스텔스 전투 드론 Su-70 오호트니크(사냥꾼이라는 뜻). 길이는 19m, 날개 길이 14m, 최대이륙중량 20~25톤, 최고비행속도 약 1,000km/h이다. 복합소재로 만들었고, 스텔스 기능까지 갖춰 탐지가 어려우며, 제트 추진 엔진을 장착해 특정 목표 타격 임무를 수행할 수 있다. 정보·정찰·감시(ISR)장비와 함께 첨단 공대지미사일을 탑재할 수 있다. 2025년 실전 배치될 예정이다. 〈사진 출처: The Ministry of Defence of the Russian Federation〉

폭탄을 탑재해 목표물에 폭탄을 떨어뜨리는 폭격기 드론, 지대지미사일이나 지대공미사일을 탑재해 지상이나 공중의 목표물을 공격하는 전투기 드론도 있다. 폭격기와 전투기 드론은 기존의 유인전투기를 대체할 것으로 전망된다.

• **병참 드론:** 전쟁터에서나 훈련 지역에서 각급 부대에 장비나 탄약, 물자를 운반하는 드론이다. 미래에 활용도가 더욱 확대될 것으로 전망되는 드론이다.

전략 드론과 전술 드론

미군은 활용 방식에 따라 드론을 이렇게 분류하기도 한다.

• **전략 드론**Strategic UAV**:** 전략정보 수집 활동을 수행해 조기경보 등 전략적 목적의 임무를 수행하는 드론이다. 광범위한 지역에서 정찰, 감시, 추적 활동을 할 때 사용한다. 항속거리가 길고 장기 체공하며 임무를 수행할 수 있는 고고도 장기 체공 능력을 갖춘 드론이다.

• **전술 드론**Tactical UAV**:** 전술적 목적에서 군단 또는 사단 작전용 정찰 등을 위해 활용하는 드론이다. 순항거리는 주로 근거리이며 고도도 중고도 이하의 드론이다.

항속거리에 따른 드론 유형

• **근거리**CR, Close Range **드론:** 항속거리가 50km 미만의 전술용 드론으로, 사단급 이하 부대를 지원한다.

• **단거리**SR, Short Range **드론:** 항속거리가 50~200km인 전술용 드론으로, 군단급 이하 부대를 지원한다.

• **중거리**MR, Medium Range **드론:** 항속거리가 200~650km인 드론으로, 상당히 넓은 지역에서 정찰, 감시, 추적 활동을 수행한다.

• **장거리**LR, Long Range **드론:** 항속거리가 650~3,000km인 드론으로, 광범위

한 지역에서 정찰, 감시, 추적 활동을 수행하면서 전략정보 지원임무를 맡는다.

비행고도에 따른 정찰 드론 유형

- **저고도**Low Altitude **드론:** 최고고도 6,200m 이하의 비교적 저고도에서 활동하는 드론으로 전자광학E/O 카메라, 적외선IR 센서 등을 탑재해 정보를 수집한다.
- **중고도 장기체공**MALE, Medium Altitude Long Endurance **드론:** 최고고도 1만 3,950m 이하의 대기권에서 활동하는 드론으로, 전자광학 카메라, 적외선 센서 외에 고해상도 합성개구레이더SAR, Synthetic-Aperture Radar도 활용해 지상 정보를 파악한다.
- **고고도 장기체공**HALE, High Altitude Long Endurance **드론:** 성층권인 지상 1만 3,950m 이상에서 활동하는 드론으로, 고해상도 합성개구레이더 등을 활용해 지상 정보를 정밀하게 파악한다.

고고도 장기체공(HALE) 드론인 보잉(Boeing) 팬텀 아이(Phantom Eye). 세계 최초로 액체수소를 연료로 사용하는 고고도 장기체공 정찰 드론으로, 수소연료 추진 시스템은 휘발유처럼 수소를 엔진에서 직접 연소시켜 추진력을 얻으며 기존 휘발유 엔진보다 효율이 두 배나 높다. 적 레이더에 방해받지 않고 높은 고도에서도 정보 수집, 정찰 감시, 통신 등을 수행할 수 있고 각종 레이더와 전자광학, 적외선 센서를 통해 고해상도로 공중과 지상의 이동목표를 식별해낼 수 있다. 〈사진 출처: Boeing〉

미군의 성능에 따른 드론 분류법

미군은 각 군에 따라 서로 다른 드론 분류 기준을 적용한다. 기체의 성능에 따라 드론을 다음과 같이 분류하기도 한다.

- **핸드헬드Handheld 드론:** 최고상승고도 600m 이하에 항속거리 2km인 드론이다. 기본 비행이 가능한 수준이며, 휴대할 수 있고 손으로 날릴 수 있는 드론이다.

에어로바이론먼트(AeroVironment)의 RQ-11 레이븐은 사람이 휴대하고 손으로 날릴 수 있는 소형 경량의 핸드헬드 드론이다. 길이 109cm에 무게 1.9kg에 불과한 RQ-11 레이븐은 병사가 손으로 던져서 이륙을 하며 주야간 구분 없이 실시간에 가까운 전술용 비디오 화면을 제공하고 정보 수집, 정찰 및 감시 임무를 수행한다. 2002년 이후부터 미 육군과 특수부대원들이 실전에서 운용하고 있으며 영국, 호주, 덴마크, 네덜란드 등 전 세계 10여 개국에서 군용으로 운용 중이다. 〈사진 출처: Public Domain〉

- **근접Close 드론:** 핸드헬드 드론에서 조금 더 성능을 더한 수준의 드론이다. 최고상승고도가 600~1,500m에 항속거리가 10km 정도다.
- **나토 타입 드론:** 최고상승고도 1,500~3,000m에 항속거리 10~50km인 드론이다.
- **전술Tactical 드론:** 최고상승고도 3,000~5,500m에 항속거리 50~ 160km인 드론이다.

- **중고도 장기체공**MALE, Medium Altitude Long Endurance **드론:** 최고상승고도 3,000~9,000m, 항속거리 200km 정도로 24~48시간 체공이 가능하다.
- **고고도 장기체공**HALE, High Altitude Long Endurance **드론:** 최고상승고도 9,000m 이상, 항속거리 200km 이상, 체공시간은 24시간 이상이다.
- **극초음속 고고도 드론:** 최고상승고도 1만 5,200m 이상에 항속거리 200km 이상으로 최고고도에서 탄도비행을 할 수 있으며, 마하 1~5의 속도나 심지어 마하 5 이상의 극초음속으로 비행할 수 있는 드론이다.
- **지구궤도**Orbital **드론:** 마하 25 이상의 속도로 지구 저궤도를 비행할 수 있는 드론이다. 우주개발용이다.
- **지구와 달 사이 공간**Cislunar Space **드론:** 지구에서 발사되어 달 주변까지 갔다 올 수 있는 드론이다. 우주 개척에 필요하다.

이륙 방식에 따른 군용 드론의 분류

- **수동 이륙 드론:** 손으로 던져 이륙하는 초소형 드론이다.
- **발사대 이륙 드론:** 드론 전용 발사대에서 캐터펄트catapult(항공기 사출장치)를 이용해 이륙하는 드론이다. 소형 드론에 많이 적용한다.

이스라엘 에어로노틱스(Aerornautics) 사가 개발한 정보·감시·정찰·수집(ISTAR) 임무용 소형 드론 오비터 2(Obiter 2). 전용 발사대에서 캐터펄트를 이용해 이륙한다. 전기 프로펠러를 장착해 소음이 적어 저공 정찰용으로 운용한다. 〈사진 출처: Aeronautics Group〉

• **지상 활주 이륙 드론:** 고정익 유인항공기처럼 지상이나 해상의 활주로를 달려 이륙하는 드론이다.

• **회전익 이륙 드론:** 회전익 드론은 그 자체로 수직이착륙하기 때문에 달리 활주로나 발사대 없이 바로 이착륙할 수 있다.

• **공중 투하 드론:** 수송기 등을 이용해 작전 지역까지 이동해 공중에서 투하되면서 곧바로 비행에 들어가는 드론이다.

• **수직이착륙 드론**Vertical Takeoff/Landing UAV: 수직이착륙이 가능한 드론이다. 로터를 사용하는 드론이 이에 해당한다.

최근 대서양 상공에서 시험비행을 마친 미 해군의 신형 장거리 수직이착륙 드론 V-배트(V-Bat). 서류가방 안에 있는 콘솔을 통해 원격조종되며, 단발 엔진으로 팬을 추진하도록 설계되었다. 9m^2 구역 안에서, 심지어 빽빽한 도시 지형에서도 발사하고 회수할 수 있다. 탑재량이 8파운드이며, 한 번에 8시간 비행할 수 있다. 〈사진 출처: U. S. Navy〉

착륙 방식에 따른 드론 유형

• **그물망 회수 드론:** 활주로가 없는 함선에서 이용하거나 초기 드론에서 사용하던 방식으로 그물망을 쳐서 거기에 걸리게 해 회수하는 드론이다.

• **지상 활주 착륙 드론:** 고정익 항공기처럼 지상이나 해상의 활주로를 이용해 착륙하는 드론이다. 활주 거리를 줄이기 위해 바퀴에 브레이크 장치를

장착하거나, 활주로에서 낙하산을 펴기도 하고 항공모함처럼 훅을 사용하기도 한다. 인간 조종사가 타지 않는 드론은 대부분 자동 이착륙 시스템을 장착해 사용한다. 지상에서 원격조종하는 경우도 마찬가지지만 비상시에는 수동 착륙을 할 수 있다.

- **회전익 착륙 드론:** 회전익 드론은 그 자체로 수직이착륙이기 때문에 착륙 방식이 달리 필요 없다.
- **수직이착륙VTOL 드론:** 수직이착륙기처럼 착륙해 회수를 쉽게 하는 방식이다.
- **낙하산 전개 착륙 드론:** 활주 착륙이 힘든 경우 낙하산으로 지상에 귀환하는 방식이다. 비상시에 적용하기도 한다.

미국 국방부의 5단계 드론 분류법

미국 국방부는 크기와 최대이륙중량, 통상 작전고도, 그리고 속도에 따라 5단계의 드론 분류 방식을 채택하고 있다.

- **그룹 1**은 소형으로 최대이륙중량 0~20파운드, 통상 작전고도 표고(저고도에서 적용) 1,200피트, 속도 100노트 이하다.
- **그룹 2**는 중형으로 최대이륙중량 21~55파운드, 통상 작전고도 표고 3,500피트 이하, 속도 250노트 이하다.
- **그룹 3**은 대형으로 최대이륙중량 1,320파운드 이하, 통상 작전고도 해발(고고도에서 적용) 1만 8,000피트, 속도 250노트 이하다.
- **그룹 4**는 대형에 최대이륙중량 1,320파운드로 그룹 3과 동일하지만 통상 작전고도가 해발 1만 8,000피트 이하에 속도는 제한이 없다.
- **그룹 5**는 대형에 최대이륙중량 1,320파운드로 그룹 3이나 그룹 4와 동일하지만 통상 작전고도가 해발 1만 8,000피트 이상에 속도는 제한이 없다.

펜스테이트의 4단계 드론 분류법과 유형

드론을 크기에 따라 분류하기도 한다. 미국 펜실베이니아 주립대Pennsylvania

State University(펜스테이트PennState)의 지구과학 및 광산학 대학 지리학과가 마련한 분류 기준에 따르면, 드론은 초소형 드론Very Small UAVs, 소형 드론Small UAVs, 중형 드론Medium UAVs, 대형 드론Large UAVs으로 나뉜다.

미군은 소형 드론군을 세부적으로 나노 드론NAV, Nano Air Vehicle과 마이크로 드론MAV, Micro Air Vehicle, 그리고 소형 드론으로 다시 분류한다. 이는 미국방부 산하 기관으로 군에서 사용하기 위한 신기술의 연구·개발을 담당하는 방위고등연구계획국DAPPA, Defence Advanced Research Projects Agency의 기준이다. 나노 드론은 길이 75mm 이하, 최대이륙중량 10g 이하의 극초소형 드론이 해당한다. 마이크로 드론은 길이 150mm 이하의 초소형 드론을 가리킨다. 나노 드론과 소형 드론의 중간형이다. 소형 드론은 마이크로 드론의 기준인 길이 150mm보다는 크지만 비교적 소형이다.

곤충 수준의 초소형 드론

펜스테이트 분류법에 따르면 가장 작은 것이 초소형 드론이다. 조금 큰 곤충만한 50cm 이하 크기다. 초소형 드론은 곤충과 비슷하게 크기도 작고 무게도 가벼워 은밀한 스파이 활동이나 생물학적 전쟁을 수행할 때 사용할 수 있다. 이 초소형 드론의 비행 날개는 펄럭거리는 형태나 회전형 중 용도에 맞게 선택할 수 있다. 펄럭거리는 형태의 날개를 가진 드론은 공중에 일시 머물 수 있으며 좁은 공간에 사뿐하게 착륙할 수 있다.

이스라엘 IAI 산하 무인기 업체인 말라트Malat가 개발한 모스키토Mosquito는 폭 35cm의 펄럭거리는 날개를 채택했으며 약 40분 정도 체공할 수 있다. 미국 오로라 플라이트 사이언시스Aurora Flight Sciences 사의 초소형 드론인 스케이트Skate는 날개폭 60cm에 길이 33cm다. 호주의 사이버 테크놀로지Cyber Technology 사의 사이버쿼드 미니CyberQuad Mini는 가로 세로 42cm 크기다. 모스키토는 1개의 프로펠러, 스케이트는 2개의 프로펠러를 가동하며, 사이버쿼드 미니는 4개의 수평 프로펠러를 돌리는 쿼드콥터다.

초소형 드론은 눈의 잘 띄지 않아 은밀한 정보수집 작전이나 군사 작전에 투입할 수 있다. 미국이나 이스라엘은 이를 정보수집용으로 개발하고

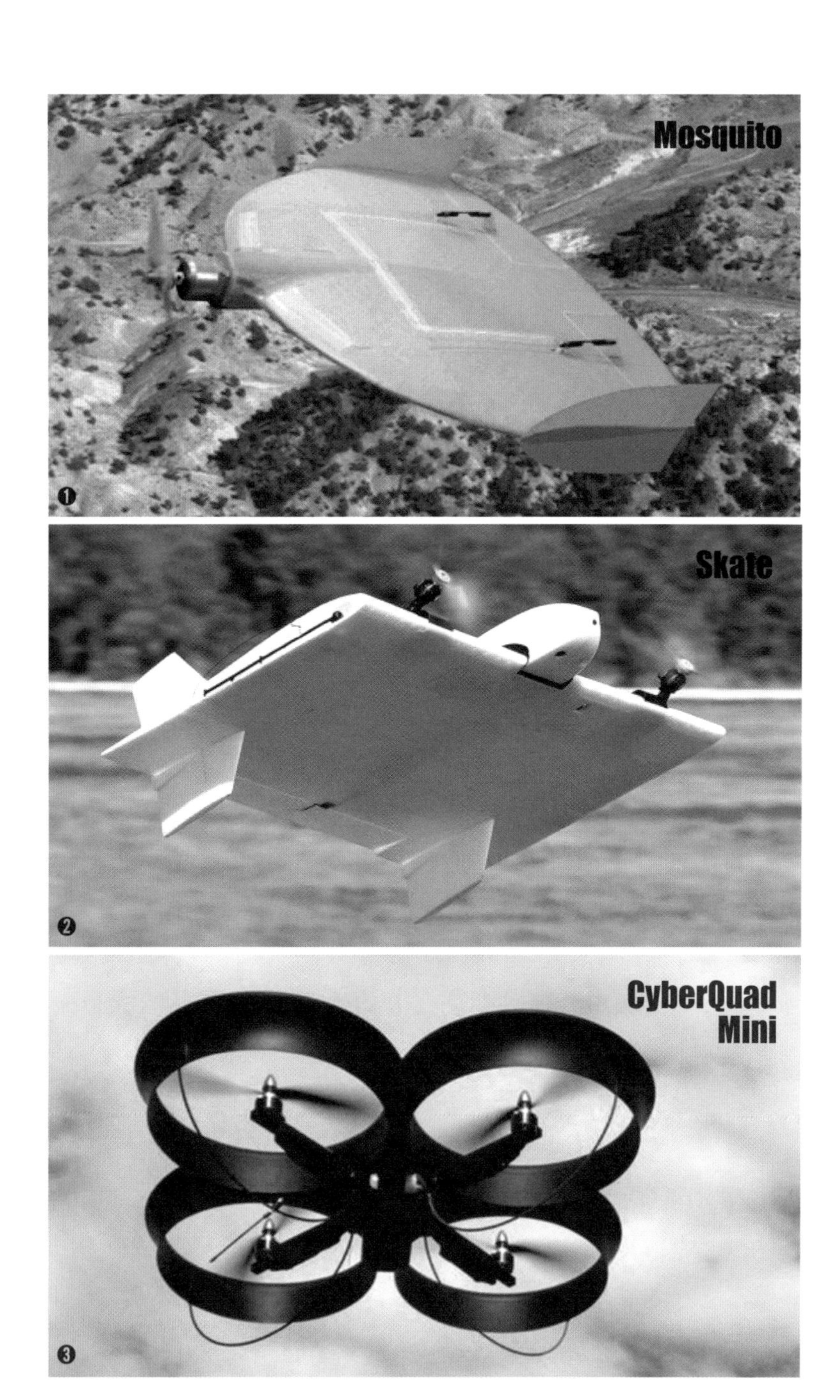

초소형 드론은 눈의 잘 띄지 않아 은밀한 정보수집 작전이나 군사 작전에 투입할 수 있다. 크기도 작을 뿐 아니라 엔진이나 장비 소음이 약간 나더라도 이를 들은 사람이 벌레 소리로 여겨 대수롭지 않게 생각하는 경향이 있다. ❶ 이스라엘 IAI 산하 무인기 업체인 말라트가 개발한 초소형 드론 모스키토. 〈사진 출처: IAI〉 ❷ 미국 오로라 플라이트 사이언시스가 개발한 초소형 드론 스케이트. 〈사진 출처: Aurora Flight Sciences〉 ❸ 호주 사이버 테크놀로지가 개발한 초소형 드론 사이버쿼드 미니. 〈사진 출처: Cyber Technology〉

있다. 암살 작전에서는 최종 목표물 확인 등에 초소형 드론을 투입할 수 있다. 크기도 작을 뿐 아니라 엔진이나 장비 소음이 약간 나더라도 이를 들은 사람이 벌레 소리로 여겨 대수롭지 않게 생각하는 경향이 있다. 일부 정보기관에서는 인간이 생각할 수 없을 정도로 작은 극소형 드론도 개발해 사용하는 것으로 알려져 있다.

작지만 강력한 성능의 소형 드론

미니 드론으로도 불리는 소형 드론은 가로나 세로 중 하나가 50cm보다는 크지만 5m는 넘지 않는 드론을 가리킨다. 소형 드론의 상당수는 고정익 형태이며 대부분 손으로 공중에 날려 이륙시키는 방식을 채택하고 있다. 여기에 해당하는 기종인 미국 에어로바이론먼트AeroVironment 사가 개발한 RQ-11 레이븐Raven은 길이 1m, 날개폭 1.4m의 크기다. R은 정찰Reconaissance기를 가리키며, Q는 드론을 의미한다.

미국과 호주, 그리고 스웨덴 육군이 운용하는 AAI RQ-7 섀도Shadow의 경우 길이 3.41m, 날개폭 3.87m, 높이 1m의 소형에 자기 무게가 77kg의 소형 드론이다. 군대에서 사단급 정찰드론으로 사용한다. 최고속도 200km/h에 순항속도 130km/h로 6~9시간을 체공할 수 있다. 2002년 배치된 이래 정찰, 감시, 표적 획득, 공격 손상 측정 등 다양한 임무를 수행하고 있다. 아메리칸 에어로스페이스American Aerospace 사의 RS-16 드론도 날개폭 3.69m다. 중형 드론과 초소형 드론의 중간급에 해당하는 크기다.

소형 드론 실제 활용 사례: 보병용 소형 드론, 스위치블레이드

지난 2022년 4월 16일(현지 시각), 조 바이든Joe Biden 미국 대통령의 우크라이나 추가 지원 계획이 발표된 이후 추가 지원 품목에 포함된 최신형 자폭드론에 관심이 집중되고 있다. CNN, NBC 뉴스 등 미국의 주요 언론은 8억 달러(약 9,720억 원) 규모의 우크라이나 추가 지원 품목에 '스위치블레이드Switchblade'로 불리는 최신형 자폭드론 100기가 포함되었다고 보도했다. 스위치블레이드는 지난 2007년, 미 공군 특수전사령부AFSOC의 요

소형 드론은 가로나 세로 중 하나가 50cm보다는 크지만 5m는 넘지 않는 드론을 가리킨다. 소형 드론의 상당수는 고정익 형태다. ❶ 미국 에어로바이론먼트(AeroVironment)사가 개발한 RQ-11B 레이븐(Raven). 〈사진 출처: Wikimedia Commons | Public Domain〉 ❷ 미국과 호주, 그리고 스웨덴 육군이 운용하는 소형 드론 AAI RQ-7 섀도. 〈사진 출처: Wikimedia Commons | Public Domain〉 ❸ 아메리칸 에어로스페이스가 개발한 소형 드론 RS-16. 〈사진 출처: Wikimedia Commons | Public Domain〉

청으로 에어로바이런먼트AeroVironment사에서 개발이 시작되었으며, 2012년부터 미 육군과 해병대에 실전배치가 시작된 소형 다목적 자폭드론이다. 스위치블레이드는 지난 10여 년 동안 미 육군과 미 해병대, 미 특수작전사령부USSOCOM 등에서 수차례 실전을 통해 그 성능이 검증되었음에도

Switchblade 300 Block 20

미국 에어로바이런먼트의 스위치블레이드는 휴대와 사용이 간편하고 정밀공격이 가능하며 지난 10여 년간 미군이 실전을 통해 성능을 검증한 소형 다목적 자폭드론이다. 스위치블레이드는 원통형 발사관에 수납된 소형 드론으로, 날개를 펼쳐 활공할 수 있으며 원격으로 제어하거나 공대지미사일처럼 사용할 수 있다. 대인공격용 스위치블레이드 300은 길이 43.5cm, 무게는 2.5kg에 최대 비행반경은 10km, 순항속도는 101km/h에 표적 공격속도는 160km/h이며, 최대 비행시간은 15분 내외로 알려져 있다. 〈사진 출처: 에어로바이런먼트 홈페이지(https://www.avinc.com/)〉

불구하고 해외에 판매되거나 외부에 거의 공개된 적이 없다. 이는 한마디로 오직 미군, 그중에서도 특수부대가 주로 사용하는 고성능 무기라는 뜻이다. 이번 군사지원을 통해 우크라이나는 미국 외에 스위치블레이드를 실전에 사용하는 첫 번째 국가가 되었다. 군사전문가들과 마니아들은 미국이 스위치블레이드를 지원 무기 목록에 포함시킨 것을 두고 사회관계망서비스SNS, Social networking service(이하 SNS)를 중심으로 갑론을박을 벌이고 있다.

사실 스위치블레이드는 전쟁의 판도를 뒤집을 정도로 파괴력이나 영향력을 갖춘 무기가 아니기 때문이다. 실제로 대인공격용 스위치블레이드 300은 40mm 유탄 수준의 파괴력을, 탄두의 위력이 강화된 스위치블레이드 600조차도 대전차미사일 수준으로 알려져 있다. 또한 스위치블레이드는 전동 모터와 충전지를 결합한 프로펠러 추진 방식으로 비행하기 때문에 상승 고도에 한계가 있고 속도가 느리다는 단점이 있다. 이러한 배경 때문에 일부에서는 미국의 스위치블레이드 지원 결정이 다른 무기체계와 달리 큰 효과를 보기 힘들 것이라고 단정하고 있다. 우크라이나에 대한 스위치블에이드 지원은 사실 2022년 3월 12일, 우크라이나 키이우Kyiv 지역에서 발견된 러시아군 KYB 자폭드론에 대한 맞대응 차원이라는 주장도 있다. 하지만 반론도 만만치 않다.

스위치블레이드, 우크라이나의 새로운 희망?

우크라이나에 대한 스위치블레이드 지원이 결정된 2022년 4월 당시 러시아군은 우크라이나 수도 키이우를 공격하기 위한 공세를 중단하고 북부지역에서 철수했다. 하지만 여전히 병력과 장비가 부족한 우크라이나군은 대대적인 반격에 나서기는 어려웠고 전열을 재정비하고 있는 러시아군의 강력한 재공격이 언제 다시 시작될지 알 수 없었다. 이러한 상황을 근거로 대규모 전투보다는 소대 단위 이하의 소규모 교전이나 특수전, 혹은 비정규전에 최적화된 스위치블레이드가 활약할 기회가 여전히 열려 있다는 것이 반론의 핵심이다.

또한, 다양한 무기체계가 상호 보완적으로 결합할 때 전과를 극대화할 수 있는 만큼 스위치블레이드를 통해 그동안 우크라이나군의 약점으로 지적되던 공중감시 및 정밀타격 능력을 보완할 수 있다는 주장도 있다. 그동안 우크라이나군이 적극적으로 운용하던 바이락타르Bayraktar TB2의 경우 우수한 성능에도 불구하고 경비행기 수준의 크기로 인해 러시아군 방공망에 90% 이상이 요격된 것으로 알려졌다. 반면, 바이락타르 TB2에 비해 크기가 작은 스위치블레이드라면 러시아군의 방공망을 피해 은밀한 정찰 및 수색작전이 가능하다는 것이다. 스위치블레이드를 활용해 적진을 염탐하고, 수집된 영상 정보를 바탕으로 더 효과적인 공격작전을 펼칠 수 있으며, 필요할 경우 적 지휘부에 대한 직접 정밀타격도 가능하다는 주장도 있다. 지원이 결정되기 전 10여 명의 우크라이나군 장병들이 스위치블레이드를 포함한 다양한 미국제 무기의 사용법을 훈련받았다는 사실도 이러한 주장에 힘을 더하고 있다.

미국은 항공 지원이 불가능하거나 어려운 소대급 작전에서 활용할 수 있는 소형 저비용 다목적 드론으로 개발된 스위치블레이드를 LMAMSLethal Miniature Aerial Munition System(살상력을 가진 소형 자폭드론)로 분류하고 있다. 일반적으로는 자폭형 무인항공기Kamikaze Drone 또는 배회폭탄Loitering Munition으로 분류하기도 한다. 소대 혹은 분대 단위의 소규모 부대 작전 시 단거리 항공정찰 및 표적식별이 필요할 경우 내장된 폭탄으로 공대지미사일 수준의 정밀공격이 가능하다. 우크라이나군 역시 스위치블레이드에 대한 기대를 감추지 않고 있다. 스위치블레이드 도입 전 우크라이나 국방부는 2022년 4월 1일 기준, 최소 7명 이상의 러시아군 장군과 수십 명의 영관급 장교를 사살했고, 스위치블레이드가 도입된다면 보다 더 효과적으로 (아군 인명 손실을 최소로 하면서) 러시아군 지휘부를 정밀공격할 수 있으며, 이를 통해 전쟁을 승리로 이끌 수 있을 것이라고 전망했다.

새로운 개념의 다목적 소형 드론, 스위치블레이드

스위치블레이드는 원통형 발사관에 수납된 소형 드론으로, 날개를 펼쳐

활공할 수 있으며 원격으로 제어하거나 공대지미사일처럼 사용할 수 있는 다목적 드론이다. 대인공격용 스위치블레이드 300은 길이 43.5cm, 무게는 2.5kg에 최대 비행반경은 10km, 순항속도는 101km/h에 표적 공격속도는 160km/h이며, 최대 비행시간은 15분 내외로 알려져 있다. 대전차공격용 스위치블레이드 600은 길이 1.3m, 무게는 22kg에 최대 비행반경은 32km, 순항속도는 113km/h에 표적 공격속도는 185km/h이며, 최대 비행시간은 40분 이상으로 알려져 있다.

스위치블레이드는 머리 부분에 EO/IR 카메라 및 각종 센서가 장착되어 있으며 일반 드론과 같이 모니터가 내장된 조종기를 사용해 원격제어할 수 있다. 미리 입력한 좌표를 따라 정해진 경로를 비행하거나 일정 지역을 선회비행할 수 있으며 표적을 발견하면 별도의 명령 없이도 스스로 공격할 수 있는 능력을 갖추고 있다. 파생형으로 스위치블레이드 TMSTactical Missile System과 대함 및 대잠작전용 블랙윙 AWESUMAdvanced Weapons Enhanced by Submarine UAS against Mobile targets이 있다.

미 육군과 해병대는 보병부대의 전장 감시 및 표적식별 능력을 확장하고 전투력 강화를 위한 목적으로 2012년부터 스위치블레이드를 도입하기 시작했다. 미 육군 내에서 가볍고 휴대 및 운용이 간편하며 필요할 경우 자폭공격도 가능한 스위치블레이드에 대한 평가는 단순한 정찰 및 감시 기능만 있는 RQ-20 푸마Puma보다 높다. 참고로 미 육군이 스위치블레이드 50대를 획득하기 위해 사용한 예산은 1,000만 달러(약 114억 원)이며, 스위치블레이드 300 기준 대당 가격은 7만 달러(약 8,560만 원)로 알려져 있다. 하지만 공개된 정보를 바탕으로 확인된 스위치블레이드의 최대 고객은 미 특수전사령부USSOCOM다.

스위치블레이드와 미래 전쟁

2017년 미 특수전사령부USSOCOM는 스위치블레이드 350기를 추가로 구매했다. 2021년부터는 미 특수전사령부의 요구에 따라 스위치블레이드 600을 미 해군 특수전NSW 함정에 통합하는 개량 작업이 진행되고 있으

대전차공격용 스위치블레이드 600은 길이 1.3m, 무게는 22kg에 최대 비행반경은 32km, 순항속도는 113km/h에 표적 공격속도는 185km/h이며, 최대 비행시간은 40분 이상으로 알려져 있다. 스위치블레이드는 머리 부분에 EO/IR 카메라 및 각종 센서가 장착되어 있으며 일반 드론과 같이 모니터가 내장된 조종기를 사용해 원격제어할 수 있다. 미리 입력한 좌표를 따라 정해진 경로를 비행하거나 일정 지역을 선회비행할 수 있으며 표적을 발견하면 별도의 명령 없이도 스스로 공격할 수 있는 능력을 갖추고 있다. 〈사진 출처: 에어로바이런먼트 홈페이지(https://www.avinc.com/)〉

며, 이와는 별도로 2023년 1월까지 스위치블레이드 600 TMS 수백 기가 납품될 예정이다. 군사전문가들은 이구동성으로 휴대와 사용이 간편하고, 적진을 은밀하게 정탐할 수 있으며, 필요에 따라 가시선 너머의 표적을 정밀 공격할 수 있는 스위치블레이드에 대한 미 특수전사령부의 평가가 매우 높다고 말한다. 스위치블레이드는 자체의 능력이 미미할지는 몰라도 다른 무기체계와 함께 사용될 경우 특수부대의 전투력을 극대화할 수 있다는 점에서 매력적이다. 그리고 지난 10여 년 동안 미군, 그중에서도 특수부대가 축적한 스위치블레이드의 사용 경험은 러시아군의 침공에 맞서 싸우는 우크라이나군에 큰 도움이 될 것이라는 평가다.

사실 스위치블레이드와 같은 자폭형 무인항공기 또는 배회폭탄이 전혀 새로운 것은 아니다. 미국은 물론 러시아, 중국, 이스라엘 등의 국가에서 이미 다양한 형태의 자폭형 무인항공기 또는 배회폭탄이 등장해 활용되고 있기 때문이다. 하지만 미국은 다양한 무기체계의 유기적인 결합을 통해 전과를 극대화하고 있는데, 스위치블레이드 역시 승리를 위한 다양한 수단과 방법 중 하나일 뿐이다. 주목할 만한 것은 현재 미 특수전사령부가 다양한 형태의 드론을 시험평가 중이라는 사실이다. 스위치블레이드를 능가하는 성능을 갖춘 새로운 드론의 등장이 전혀 이상하지 않다는 뜻이다. 일부 군사전문가들은 스위치블레이드의 우크라이나 제공을 두고 "세대교체를 위한 재고 소모"라고 평가하기도 하지만, 무기 자체의 성능보다도 "어떻게 싸워 승리할 것인가?"라는 전략 개념이 더 중요한 화두로 떠오르고 있다.

가공할 성능의 중형 드론

중형 드론은 날개폭이 5~10m이고 유효 탑재량이 100~200kg인 드론을 가리킨다. 한 사람이 들기 힘들 정도로 크고 무겁지만 여전히 경항공기 수준의 크기밖에 안 되는 드론이 여기에 해당한다. 이 정도 크기의 드론은 내부 장비도 충분히 들어갈 수 있기 때문에 유용성과 정밀도 수행 임무의 난이도가 상당히 높다.

여기에 해당하는 드론으로는 1990년대 중반에 개발된 RQ-5 헌터Hunter 드론이 있다. 고정익기인 헌터 드론은 미 육군의 의뢰로 이스라엘의 IAI 사가 미국의 TWR 사의 협력을 얻어 개발한 중형 드론이다. 길이 7.01m, 날개폭 10.57m, 높이 1.9m의 크기에 중량이 727kg이고 최대이륙중량이 885kg에 90kg의 장비를 적재할 수 있다. 최고속도가 170km/h에 순항속도가 93~165km/h, 작전고도 5,500m로 최대 21시간 체공하며 125km 반경의 지역에서 임무를 수행할 수 있다. 중형 드론은 소형 드론에 비해 크기만 큰 게 아니라 작전 능력도 월등하다.

MQ-5 헌터는 정찰기인 RQ-5 헌터를 바탕으로 개량해 20kg 무게의

중형 드론은 날개폭이 5~10m이고 유효탑재량이 100~200kg인 드론을 가리킨다. 이 정도 크기의 드론은 내부 장비도 충분히 들어갈 수 있기 때문에 유용성과 정밀도, 수행 임무의 난이도가 상당히 높다. ❶ 미 육군의 의뢰로 이스라엘의 IAI 사가 미국의 TWR 사의 협력을 얻어 개발한 중형 드론 RQ-5 헌터. 〈사진 출처: IAI〉 ❷ 정찰기인 RQ-5 헌터를 바탕으로 개량해 20kg 무게의 GBU-44/B 레이저 유도 폭탄을 장착한 공격용 드론 MQ-5 헌터. 〈사진 출처: MBDA〉 ❸ 영국 육군이 전술용 드론으로 사용하는 탈레스 워치키퍼 WK450. 〈사진 출처: Wikimedia Commons | OGL v1.0 | Andrew Linnett〉

GBU-44/B 레이저 유도 폭탄을 장착한 공격용 드론이다. 애초 미 육군은 헌터를 주력 전술용 드론으로 사용하기로 하고 10억 달러의 구매 계약을 할 계획으로 개발을 의뢰했으나 1996년 최종 결정 과정에서 이를 취소했다. 하지만 여러 차례 군사 훈련을 거치면서 헌터 드론이 정보 수집과 감시 능력이 뛰어나다는 사실이 확인되자 뒤늦게 재구입을 추진했고 취소된 예산을 다시 확보하고 전력화하는 과정에서 우여곡절을 겪었다. 미군을 위해 이스라엘제 드론 구매를 대행해온 미국 군수업체 노스럽 그러먼Northrop Grumman 사는 14~24대의 헌터 드론을 6,000만~7,000만 달러에 구매할 의사를 2006년 이스라엘 측에 밝혔다.

이스라엘 일간지 《하레츠Ha'aretz》에 따르면 미군 소속 헌터 드론은 2003년 이라크 전쟁 당시 맹활약했다. 190회를 출격해 가장 많은 출격 횟수를 기록한 드론이 되었다. 대중에 잘 알려진 중고도 장시간 체공형 드론인 MQ-1 프레데터Predator는 그 다음으로 많은 93회를 출격했다. 이라크 전쟁 당시 헌터는 총 3대가 추락했는데 2대는 이라크군의 공격으로, 1대는 기계 고장으로 추락했다. 헌터 외에도 3대의 MQ-1 프레데터와 1대와 이스라엘 IAI와 미국 AAI가 합작개발한 RQ-2 파이오니어Pioneer 드론 1대, 그리고 2대의 영국 드론이 이라크 전쟁 기간 중 추락했다.

영국 육군이 전술용 드론으로 사용하는 탈레스Thales 워치키퍼Watchkeeper WK450 전술용 드론도 중형에 해당한다. 이 전천후 드론은 2010년부터 영국 육군의 정보, 감시, 표적 획득, 정찰 등 이른바 ISTARIntelligence, Surveillance, Target acquisition, and Reconnaissance 임무에 투입되고 있다. 이스라엘의 엘비트Elbit 사와 영국의 탈레스 사가 엘비트의 장시간 체공형 중형 전술 드론인 헤르메스Hermes 450을 바탕으로 공동개발한 중형 전술 드론이다. 길이 6.1m, 날개폭 10.51m에 중량이 450kg이다. 150kg의 장비를 싣고 최고속도 175km/h로 최고고도 5,500m까지 상승해 비행할 수 있으며 17~20시간 체공이 가능하다.

미 해군과 해병대, 육군이 사용했던 정찰 드론인 RQ-2 파이오니어Pioneer는 길이 4.3m, 날개폭 5.151m, 높이 1m, 중량 205kg의 중형 드론이다.

❶ 미 해군과 해병대, 육군이 사용했던 정찰 드론 RQ-2 파이오니어. 〈사진 출처: Public Domain〉 ❷ 미 해군의 수직이착륙 드론 프로젝트의 일부로 개발된 벨 헬리콥터 사의 중형 드론 이글아이. 〈사진 출처: Wikimedia Commons | CC BY-SA 4.0 | Lestocq〉 ❸ 2009년부터 미군이 운영하고 있는 중형 드론 헬기 노스럽 그러먼 MQ-8 파이어 스카우트. 〈사진 출처: Public Domain〉

작전반경이 185km에 이르고 최고 4,600m까지 상승할 수 있다. 이스라엘 IAI와 미국 AAI가 공동 개발한 정찰 드론이다. 처음에는 미 해군이 마지막으로 운용했던 전함인 아이오와Iowa 함을 비롯한 아이오와급 전함에 배속해 함포 사격 시 탄착 관측과 손실 확인, 수륙양용 작전 시 정찰 및 감시에 사용했으나 활용 범위를 넓혀 근접공중지원과 수색구조 지원, 심리전 지원 등에 다양하게 활용했다. 작전을 마치고 귀환할 때 그물을 이용해 회수한다. 1986년부터 운용되기 시작하여 2007년에 퇴역했다.

벨 헬리콥터Bell Helicopter 사가 개발한 벨 이글아이Eagle Eye는 헬기처럼 로터로 기동하는 중형 드론이다. 길이 5.56m, 날개폭 7.37m, 높이 1.88m인 무인헬기다. 최고속도 360km/h에 최고 6,096m까지 상승할 수 있으며 6시간을 체공할 수 있다. 미 해군의 수직이착륙 드론 프로젝트의 일부로 개발되었다. 벨 헬리콥터 사 내부에서는 '모델 918'로 불리었다. 수직이착륙이 가능하고 속도가 빨라 미 해군의 함재 드론과 해병대의 전술 드론으로 주로 사용되었다. 뛰어난 성능 때문에 미국 해안경비대에서도 이를 도입했다.

미국의 노스럽 그러먼 MQ-8 파이어 스카우트Fire Scout는 2009년부터 미군이 운영하고 있는 중형 드론 헬기다. 길이 7.3m에 높이 2.9m, 중량 940.3kg으로 이륙중량이 1,430kg에 이른다. 최고속도 213km/h로 최고 6,100m까지 상승할 수 있다. 작전반경이 203.7km에 이르며 일반적으로 8시간, 장비와 연료를 가득 실으면 6시간 정도 체공할 수 있다.

1970년대 영국의 BAE 시스템스Systems가 개발해 미국과 영국에서 운영했던 스카이아이Skyeye R4E도 길이 4.1m, 날개폭 7.32m에 무게 570kg의 중형 드론이다. 최고속도 200km/h로 비행해 최고 4,600m까지 상승하며 8시간 이상 체공할 수 있다. 미국 맥도넬 더글러스McDonnell Douglas 사도 생산에 참여했다.

중형 드론 실제 활용 사례: 우크라이나군에게 전쟁영웅으로 칭송되는 바이락타르 TB2

우크라이나 군인들이 흥겨운 목소리로 승리의 노래를 부른다. 그들이 칭송하는 전쟁영웅의 이름은 기수旗手(깃발을 든 자)를 뜻하는 바이락타르다. 흥미로운 것은 우크라이나 군인들이 칭송하는 영웅의 존재가 사람이 아닌, 튀르키예가 만든 중고도 정찰·지상공격용 무인항공기 바이락타르 TB2라는 사실이다. 항공정찰·감시ISR 임무는 물론 표적 획득과 조준, 직접 타격까지 가능한 바이락타르 TB2는 러시아의 우크라이나 침공 초기 러시아군 기갑부대를 상대로 눈부신 전과를 올렸다. 특히 러시아의 우크라이나 침공 초기, 우크라이나군 지휘부가 선전전 목적으로 관련 동영상을 인터넷을 통해 공개하면서 우크라이나 국민 사이에서 성자 재블린과 함께 조국을 위기에서 구한 무기 중 하나로 칭송받고 있다.

사실 바이락타르 TB2의 활약이 이번이 처음은 아니다. 지난 2019년 시리아 내전과 리비아 내전에서 활약한 이후 세계 각국에서 벌어진 주요 분쟁에서 바이락타르 TB2가 활약하며 전쟁 승리에 기여하고 있다. 특히 2020년 아르메니아-아제르바이잔 전쟁과 2022년 러시아의 우크라이나 무력침공 이후 보여준 바이락타르 TB2의 놀라운 활약은 군사전문가들은 물론 일반인들의 이목을 집중시키기에 충분했다.

여기에 바이락타르 TB2의 탄생 배경 역시 흥미롭다. 튀르키예가 미국으로부터 MQ-1 프레데터급 무인항공기의 도입이 무산되면서 그 대안으로 자체개발한 것이 바로 바이락타르 TB2이기 때문이다. 최초 개발 당시에는 약점으로 지적되었던 성능 역시 엔진을 제외한 주요 장비의 높은 국산화율 덕분에 지금은 장점으로 평가되고 있다. 미국을 비롯한 선진국들의 기술 및 수출통제에서 바이락타르 TB2는 비교적 자유롭기 때문이다.

튀르키예가 만들고 제3세계 국가들이 구매하다

그동안 군용 무인항공기 분야는 사실상 미국과 이스라엘이 양분하고, 여기에 러시아와 중국, 이란 등의 후발 주자들이 뒤쫓는 형국이었다. 군용 무인항공기 분야에서 튀르키예의 존재감은 미미했다. 그런 튀르키예가 만든 바이락타르 TB2가 주요 분쟁에서 자타공인 전쟁 승리의 1등 공신으로 불리게 된 비결은 무엇일까?

대다수 전문가는 '철저한 시장분석과 틈새시장 공략', '개발자와 최종 사용자의 소통과 협업을 통한 지속적인 성능 개량', '고객에 대한 변함없는 지원과 신뢰관계 유지'를 바이락타르 TB2 성공의 비결로 손꼽고 있다. 성능은 동시대 군용 무인 항공기에 비해 동등하거나 약간 열세임에도 불구하고 정치적 이해관계 때문에 미국, 러시아, 중국, 이스라엘 등에서 무인항공기 도입이 불가능한 제3세계 시장을 적극적으로 공략한 것이 주효했다는 분석도 있다.

실제로 바이락타르 TB2의 주요 도입국가들로는 카타르, 리비아, 우크라이나(이상 2019년 도입), 아제르바이잔(2020년 도입), 트루크메니스탄, 모로코, 에티오피아, 카자흐스탄, 소말리아, 이라크(이상 2021년 도입), 파키스탄, 지부티, 부르키나파소, 르완다, 토고, 니제르, 나이지리아, 폴란드, 알바니아(이상 2022년 도입) 등 16개국이 있다. 현재 도입을 검토하고 있는 국가들로는 루마니아, 쿠웨이트, 인도네시아 등이 거론되고 있다. 현재까지 300대 이상이 생산되어 튀르키예 육·해군 및 해안경비대, 경찰 등에서 260대 이상을 운용하고 있으며 수출 역시 순조롭게 진행되고 있다.

국산화를 통한 안정적 군수지원 보장

튀르키예에 대한 미국의 오랜 무기 금수 조치는 엉뚱한 곳에서 나비효과를 불러일으켰는데, 바이락타르 TB2 역시 그중 하나다. 특히 바이락타르 TB2는 무인기 개발이 시작된 2007년부터 2021년 납품 계약이 체결되기 전까지 정부 지원 없이 무인항공기 전문 방산업체인 바이카르Baykar 자체 예산으로 완성되었다는 특징이 있다. 이러한 배경 때문에 수출 과정에서 튀르키예 정부의 승인이 필요 없다는 장점이 있으며, 튀르키예 정부 역시 바이락타르 TB2 수출에 무관하다는 '면피성plausiable deniablity 전략'을 쓰고 있다. 덕분에 바이락타르 TB2를 도입한 국가는 국제정세나 무기 금수 조치 등과는 무관하게 튀르키예로부터 기술지원과 소모품에 대한 안정적인 후속 군수지원을 보장받을 수 있다. 실제로 아제르바이잔과 우크라이나는 바이락타르 TB2 운용에 있어 어떠한 문제도 발생하지 않았다

바이락타르 TB2 기본 제원

제작사	바이카르-마키나(Baykar-Makna)-칼레 그룹(Kale Group)
전장	6.5m
전고	3.2m
전폭	12m
최대 이륙중량	700kg
지상통제요원	3명
무장탑재량	150kg
엔진	1×100hp (75kW) Rotax 912-iS internal combustion engine
연료	300리터(79 US gal/휘발유)

바이락타르 TB2 기본 성능

최고 속도	220km/h
순항 속도	130km/h
작전반경	3.2m
최대 통신반경	300km(지상통제소 기준)
최고 상승고도	7,620m
작전고도	5,486m
최대 작전시간	27시간(고고도 감시 임무)
탑재 장비	EO/IR/LD 혹은 다목적 AESA 레이더

고 호평하고 있다.

사실 바이락타르 TB2는 제작비 절감을 위한 간단한 기체 구조 덕분에 비슷한 동급 무인항공기에 비해 정비 소요가 적다는 장점이 있다. 기본적으로 가오리를 연상시키는 유선형의 동체wing body에 2개의 테일 붐tail boom 끝단에 위치한 꼬리날개는 ∧자 형태를 취하고 있다. 후방 동체 중앙에 위치한 로탁스Rotax 912 피스톤 엔진은 105마력급으로 최고 속도 220km/h(120노트knots), 순항속도 130km/h(70노트)를 낼 수 있다. 동체와 주날개는 탄소섬유 복합재와 방탄성 케블러Kevlar 소재로 제작되어 가볍고 튼튼하며 내구성을 요구하는 주요 부품은 알루미늄 합금을 사용했다. 또한, 주익을 비롯한 주요 동체 구성품은 150분 이내에 모두 분해·조립이 가능하도록 설계되어 있다.

오랜 개발 기간과 검증된 기술

바이락타르 TB2는 2007년부터 개발이 시작되어 2009년 6월 첫 비행에 성공한 바이락타르 무인기에 무장 운용능력을 결합하는 형태로 진행되었다. 바이락타르 블록 2Block 2로 명명된 양산형의 개발은 2012년 1월부터 시작되어 2014년 4월 완료되었으며, 명칭 역시 바이락타르 TB2로 결정되었다. 양산형의 첫 비행은 2014년 8월에 성공했으며 2015년 6월 튀르키예 육군에 6대가 실전배치되었다.

바이락타르 TB2의 특징 중 하나는 삼중 중첩방식의 신뢰성 높은 항공전자장비다. 자동 활주에서 이착륙은 물론 자율비행까지 가능하며 각종 센서를 통해 수집된 정보를 실시간으로 분석해 비행에 활용할 수 있다. 또한, GPS 신호가 교란되거나 전자전 공격을 받으면 사전에 입력된 비행 계획에 따라 정보융합능력을 활용해 최초 출격한 기지로 복귀할 수 있다. BGAMBaykar Real Time Imagery Transmission System으로 불리는 실시간 영상전송 체계도 바이락타르 TB2의 특징 중 하나다. 고해상도 실시간 영상을 최대 300km 거리의 지상통제소 혹은 지휘소로 암호화해 송출할 수 있으며, 인터넷망을 통해 네트워크 장비 혹은 윈도우 기반 태블릿으로도 영상을 시청할 수 있다. 바이락타르 TB2는 차량용 블랙박스처럼 각종 영상 정보를 30분 단위로 저장할 수 있으며 지상통제요원은 필요한 영상을 따로 확인할 수 있다. 해당 영상에는 영상을 촬영한 해당 기체의 정보가 워터마크watermark 형태로 자동으로 입력된다.

무장은 튀르키예 무기체계 전문 방위사업체인 로켓산Roketsan과 협력하여 소형 스마트 미사일을 뜻하는 MAMMini Akilli Muhummat-L/C 레이저 유도 폭탄, UMTAS 공대지 대전차 유도미사일, 70mm 시릿Cirit 다목적 로켓, BOZOK 레이저 유도 로켓 등을 운용할 수 있는 능력을 갖추고 있다. 바이락타르 운영체계는 바이락타르 TB2 6대와 2대의 지상통제소GCS, Ground Control Station, 3대의 지상 데이터 터미널GDT, Ground Data Terminal, 2대의 원격 비디오 터미널RVT, Remote Video Terminal, 지상지원장비로 구성된다. 20피트 높이의 컨테이너와 같은 외형의 지상통제소는 표준형 NATO ACE III 셸터shelter와 호환되며 유압식으로 작동되는 12m 대형 안테나가 설치되어 있다.

2019년 6월, 바이락타르 TB2는 튀르키예산 무인항공기 최초로 10만 시간 비행을 달성했으며, 시리아에서 실시된 '올리브 가지 작전Operation Olive Branch' 기간 중에는 전투비행 5,300시간을 달성하기도 했다. 튀르키예군의 경우 2014년부터 2019년까지 86대의 바이락타르 TB2를 도입했으며, 2023년 기준 그 수는 튀르키예 육·해군 및 해안경비대, 경찰 등을 포함해 260대 이상으로 확인되고 있다.

바이락타르 TB2의 놀라운 전자전 극복 능력과 가격 경쟁력

2020년, 아제르바이잔과 아르메니아 사이에 벌어진 나고르노 카라바흐Nagorno Karabakh 전쟁 당시 아제르바이잔군의 바이락타르 TB2는 24일 동안 전차 114대, 장갑차 및 기갑차량 43대, 42개의 대공방어무기 및 249대의 트럭을 파괴하는 전과를 올렸다. 특히 러시아의 우크라이나 침공 이후 바이락타르 TB2가 보여준 놀라운 성능 중 하나는 바로 전자전 극복 능력이다. 러시아군의 지속적인 전자방해에도 불구하고, 실제로 우크라이나군의 바이락타르 TB2가 공격 임무를 수행하는 데 전혀 장애가 되지 않았기 때문이다. 아르메니아의 총리 니콜 파시냔 역시 2020년 12월 언론과의 인터뷰 도중 "러시아에서 도입한 Repellent EW 대드론 전자전 체계가 바이락타르 TB2를 상대로 한 실전에서는 무용지물이었다"라고 언급하기도 했다.

물론 바이락타르 TB2가 무적이라는 뜻은 아니다. 우수한 성능만큼 그 한계도 분명하기 때문이다. 실제로 러시아의 우크라이나 침공 초기 큰 활약을 보였던 바이락타르 TB2는 러시아군이 전열을 재정비한 2022년 6월 이후부터는 활동에 제약이 걸리기 시작했다. 그럼에도 불구하고 러시아군을 상대로 하는 우크라이나군 바이락타르 TB2의 존재감은 여전히 강력하다. 최초 500만 달러 수준이었던 바이락타르 TB2의 가격이 대량생산이 이루어지면서 200만 달러 수준까지 낮아진 것도 강력한 경쟁력이 되고 있다. 비슷한 성능의 미국제 군용 무인기의 경우 2,000만 달러, 이스라엘제의 경우 1,000만 달러 수준이다.

바이락타르 TB2의 파생형인 함재기형 바이락타르 TB3의 등장

튀르키예 해군 강습양륙함 L-400 TCG 아나돌루Anadolu에 탑재 예정인 함재기형 바이락타르 TB3에 대한 관심 역시 높아지고 있다. 미국의 무기금수 조치로 인해 F-35 도입이 불가능해지면서 그 대안으로 검토되고 있는 바이락타르 TB3는 최소 30대에서 최대 50대가 실전배치될 것으로 예상된다. 바이락타르 TB3의 실전배치를 통해 무인기 전용 항모에 대한 관심 역시 함께 높아지고 있다.

이처럼 바이락타르 TB2의 놀라운 활약과 파생형의 등장은 이제 국가간에 일부 최첨단 기술을 제외한 대부분의 군사기술의 격차가 사라지고 있다는 것을 의미하는 상징적 사건으로 평가된다. 과거 미국과 러시아, 영국, 중국, 프랑스, 독일, 이스라엘 등 일부 군사강대국들이 독점하고 선도하던 군사과학기술 분야의 문턱이 점점 낮아지고 있다는 뜻이다. 여기에 더해 개발자와 최종 사용자의 소통과 협업을 통한 지속적인 성능 개량,

바이카르사는 항공모함 혹은 비행갑판이 있는 군함에서 기존 바이락타르 TB2를 함재기처럼 운용이 가능하도록 개량한 바이락타르 TB3의 개발을 진행하고 있다. 〈사진 출처: 바이카르사 홈페이지(Baykartech.com)〉

그리고 무엇보다도 고객에 대한 변함없는 지원과 신뢰관계 유지는 국제 방위산업 분야에서 튀르키예의 존재감을 더욱 강화시키고 있다.

실제로 튀르키예는 바이락타르 TB2 운용요원의 훈련을 자국 내에 설치된 훈련센터에서 진행하고 있으며 관련 기술 및 생산, 유지보수, 현대화 시설의 이전도 적극적으로 추진하고 있다. 이는 특정 국가의 특정 무기체계에 대한 의존도가 점점 더 낮아질 수 있다는 뜻이다. 이것은 가까운 미래에 벌어질 전쟁의 승패에도 밀접한 영향을 미칠 것으로 예상된다.

대형 드론 프레데터, 정찰을 넘어 공격용 드론의 문을 열다

대형 드론으로 미 공군과 중앙정보국CIA이 1995년부터 2018년까지 기본 드론으로 사용했던 제너럴 아토믹스General Atomics MQ-1 프레데터Predator가 있다. 길이 8.23m에 날개폭이 14.8m(블록별로 차이가 있음), 높이 2.1m의 크기다. 장비를 탑재하면 중량이 1,020kg에 달한다. 최고속도 217km/h에 순항속도 130km/h로 1,250km 범위를 비행하며 최고고도 7,600m로 24시간 정도 체공한다.

무인 비행을 하는 드론이지만 지상에서는 원격 조종사와 센서 조작자, 그리고 정보 분석가 등 3명이 한 팀을 이뤄 작전에 투입된다. 그 밖에 여러 명의 지원요원이 투입되어 운용과 작전을 지원한다.

초기에는 카메라와 센서를 장착하고 정보수집과 정찰, 전방 항공감시에 주로 사용했다. 하지만 1995년 이후에는 AGM-114 헬파이어Hellfire 미사일이나 4기의 AIM-92 스팅어Stinger 미사일, 또는 6기의 AGM-176 그리핀Griffin 미사일 등 공대지미사일을 장착하고 공격 작전에 투입되었다. 헬파이어 미사일은 사거리가 499m~11km의 단거리 미사일이다. 헬기 등에 장착되던 헬파이어 미사일은 드론이 본격적으로 공격 작전에 투입되는 문을 열었다.

1992년 발발했던 보스니아 내전에 미국을 비롯한 북대서양조약기구NATO 회원국들이 1995년 이후 공중 작전을 펴면서 MQ-1 프레데터는 정보수집과 정찰, 감시 임무에 적극 활용되었다. 그 뒤 2발의 헬파이어 미사일을 장착하고 일부 공격 임무에도 투입되었다. 1998~1999년 코소보 사태와 코소보 전쟁 때에도 다양한 작전에서 활약했다.

2001년 9·11 테러 뒤 '테러와의 전쟁'이 이어지면서 MQ-1 프레데터는 적극적으로 활용되었다. 아프가니스탄 전쟁 과정에서 아프가니스탄은 물론 인근 파키스탄의 탈레반과 파슈툰Pushtun족 지역을 감시하고, 테러 조직 관련자를 공격하는 데 투입되었다. 2003년 이라크 침공 당시에도 활약했다. 예멘에서도 알카에다Al-Qaeda 아라비아 반도 지부 소속 요원들을 추적해 무력화하는 데 투입되었다. 소말리아, 리비아, 이란, 시리아, 필리핀 등 미국이 사태에 개입하거나 정보 파악이 필요한 거의 모든 국가와 지역에 파견되어 활용되었다.

공격 작전은 주로 휴민트HUMINT(인적정보)나 통신감청, 시긴트SIGINT(신호

AGM-114 헬파이어 미사일을 장착하고 아프가니스탄 남부 상공을 비행하는 MQ-1 프레데터. 프레데터는 9·11 테러 이후 아프가니스탄 상공을 누비며 정찰 임무와 함께 중요 목표물에 대한 핀셋 공습을 수행했다. 프레데터는 전자광학 및 적외선 감지기, 그리고 합성개구레이더를 장착하여 이전에는 볼 수 없었던 새로운 정찰 능력을 보여주었으며, 위성 데이터 링크와 통제체계를 사용해 미 본토에서도 실시간으로 정찰 임무를 확인할 수 있다. 또한 특정 목표물에 대한 집중 감시 능력이 다른 정찰 수단들에 비해 매우 뛰어났고, AGM-114 헬파이어 미사일을 장착하면서 공격 능력까지 갖추게 되었다. 〈사진 출처: Public Domain〉

정보) 등을 통해 공격 대상 인물의 위치나 행선지를 확보한 뒤 드론을 보내 정보를 확인하고 그 즉시 헬파이어 미사일 등을 통한 공격으로 무력화하는 순서로 이뤄진다. 정보를 수집하고 파악하고 확인하는 드론이 바로 공격 임무까지 수행하는 일체형 작전은 의사결정의 시간을 절약해 작전의 효율을 극대화할 수 있다. 드론은 이동하는 적을 추적해 무력화하는 능력에서 탁월한 능력을 발휘했다. 하지만 이 과정에서 숱한 오폭으로 적지 않은 민간인도 희생되었다는 사실도 무시할 수 없다. 이 작전은 미국 중앙정보국CIA이 주로 맡았다. CIA 요원들은 9·11테러를 기획한 알카에다의 지도자 오사마 빈 라덴Osama bin Laden을 추적해서 제거하는 작전도 오랫동안 주도했지만 결국은 드론이 아닌 미 해군 특수전개발단 소속 SEAL 6팀이 투입되어 은신처에서 그를 사살했다.

RQ-4 글로벌 호크, 현대 첨단기술의 총집결체

대형 드론은 대부분 군에서 작전용으로 사용된다. 미 공군이 운용하는 노스럽 그러먼 RQ-4 글로벌 호크Global Hawk는 길이 14.5m, 날개폭 39.9m, 높이 4.7m에 최대중량이 14.6t이나 된다. 최고속도 628km/h, 순항속도 570km/h의 고속으로 최고 1만 8,000m 고공까지 비행할 수 있다. 연료 소모를 줄이는 로이터 비행을 통해 32시간 이상 장시간 체공하며 2만 2,789km를 비행할 수 있다. 한반도 절반 크기의 광범위한 지역을 하루에 정밀 감시할 수 있다. 록히드 마틴Lockheed Martin의 유인 고공 정찰기인 U-2기의 역할을 대신할 수 있는 드론이다.

고해상도 합성개구레이더SAR, Synthetic-Aperture Radar를 통해 주야간과 악천후에 상관없이 지상 지형 패턴을 파악하고 지표를 관측하며 이동목표추적TMI, Moving Target Indicator 임무를 수행한다. 합성개구레이더는 지상과 해양에 순차적으로 레이더파를 발사한 뒤 굴곡면에 반사되어 돌아오는 미세한 시간차를 이용해 지표를 관측하는 레이더다. 지상이나 해상의 굴곡면의 모습을 고해상도로 파악하는 능력이 뛰어나다. 장거리 전자광학/적외선EO/IR 센서를 이용해 지상이나 해상의 영상 정보도 수집한다.

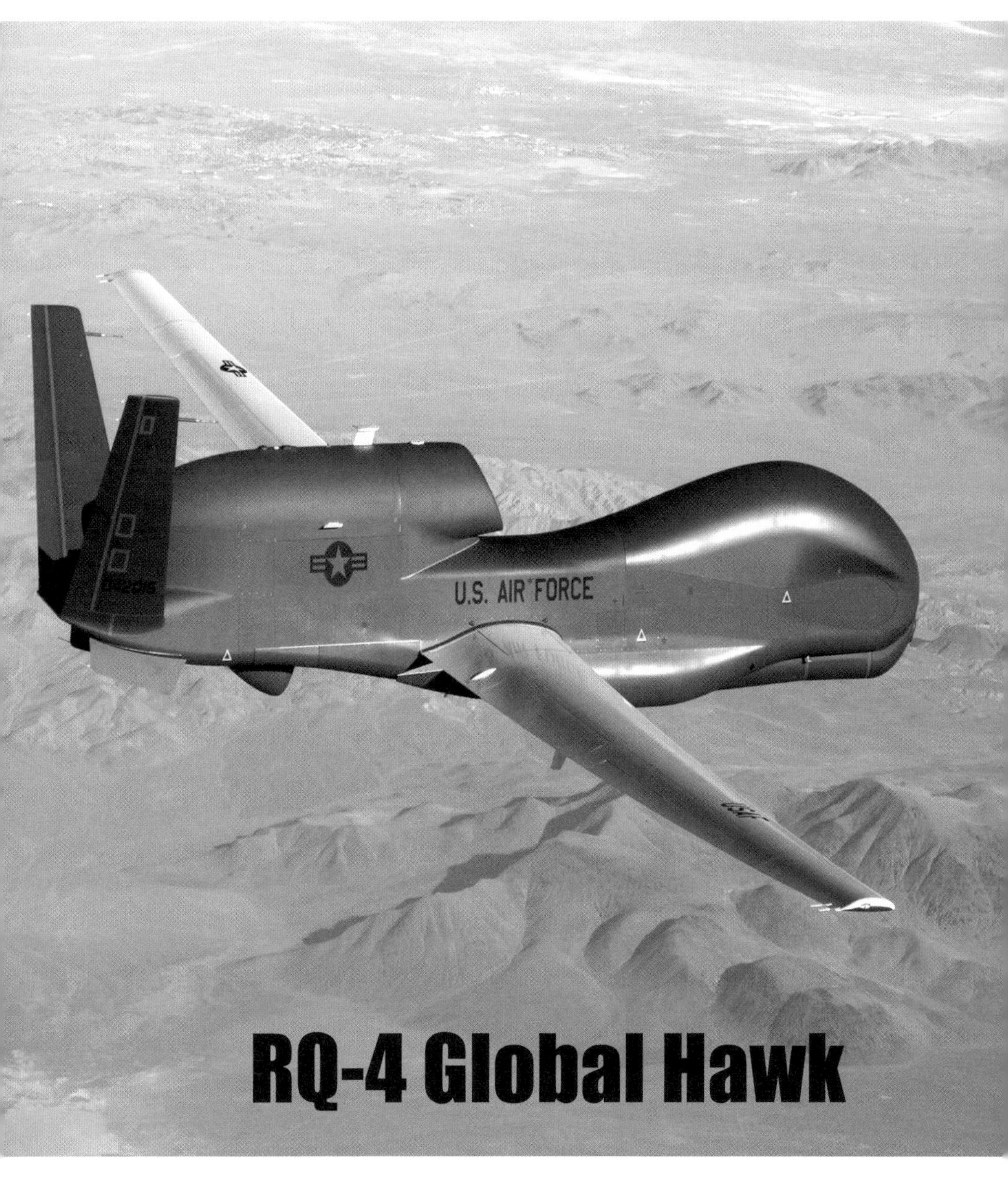

노스럽 그러먼 사가 개발한 현존 최고 성능의 고고도 장기체공 대형 정찰 드론 RQ-4 글로벌 호크. 첨단 영상 레이더, 전자광학·적외선 감시장비, 추적신호방해장비 등을 갖추고 전천후, 주야간 정보, 감시, 정찰(ISR)을 실시한다. 2019년 연말부터 우리나라에 도입되기 시작한 RQ-4 글로벌 호크는 북한 전역의 군사 도발 움직임을 실시간 감지할 수 있는 '첩보위성급' 고고도 무인정찰기로 평가받고 있다. 〈사진 출처: Public Domain〉

4.
상용 드론의 탄생과 확산

상용 드론의 탄생

되돌아보면 1990년대는 우리가 드론이라고 부르는 현대적 개념의 무인항공기가 탄생한 시기다. 이 시기 내내 몇몇의 발명가들과 대학의 연구자들은 전기모터로 구동되며 실내비행이 가능한 무인항공기 혹은 비행로봇을 개발하고자 했다. 하지만 1990년대에 그 누구도 다음 세기에 무인항공기가 대세가 될 것이라고 예측하지는 못했다.

1999년 유럽 무인기시스템 협회 회장이었던 블렌버그Peter van Blyenburgh는 "지금까지 무인항공기에 대한 개발비는 주로 국방 분야에 국한되어 지원되었으며, 이러한 추세는 당분간 계속될 것이다"[1]라고 말했다. 그동안 정찰·훈련 분야에 제한적으로 활용되던 무인항공기가 걸프 전쟁에서 다양하게 활용되었기 때문에 이러한 블렌버그의 예측은 별 무리가 없어 보였다. 그는 민수용 무인기 활용은 무인기 교통관제UAV air traffic management, 비싼 가격high acquisition cost, 높은 운용비용과 보험 문제로 인해 제한받을 것이라고 평가했다. 10여 년이 지나지 않아 민수용 무인기, 즉 민수용 드론의 시대가

---

1 Peter van Blyenburgh, "UAVs: an overview".

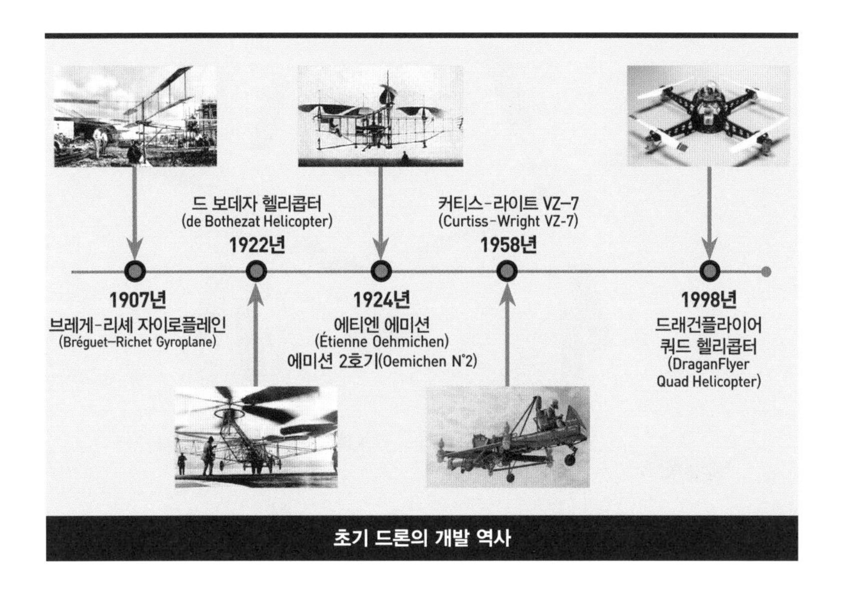

초기 드론의 개발 역사

열릴 것이라는 것을 그가 예측하지 못한 것은 어쩌면 당연한 것이었다.

이렇게 무인항공기가 군용 대형 기체를 중심으로 발전하고 있을 무렵, 새로운 혁신은 전혀 예상하지 못한 곳에서 싹트고 있었다. 이러한 혁신의 중심에는 일군의 발명가들, RCRemote Control 마니아들, 그리고 대학에서 실내에서 비행 가능한 소형 수직이착륙eVTOL, electric Vertical Take-Off & Landing 무인기 개발을 추진하던 일단의 연구자들이 있었다. 이러한 혁신은 대부분의 경우와 유사하게 군사적·상업적 활용을 목표로 개발된 것은 아니다. 20세기 말과 21세기 초에 실내에서 운용 가능한 소형 전동 무인기에 대한 관심은 특정한 목적이 아니라, 순수한 호기심이나 취미, 그리고 새로운 기술을 시험할 수 있는 테스트베드test bed를 개발하려는 목적으로 수행되었다. 그리고 이 혁신은 쿼드로터quadrotor, 혹은 쿼드콥터quadcopter라 불리는 비행체로 구현되었다.

노벨상 수상자이면서 초기 항공기술 발전에 공헌한 인물이기도 한 샤를 리셰Charles Richet[2]의 지도를 바탕으로 브레게Bréguet 형제는 1907년에 브레

2 샤를 리셰는 프랑스의 생리학자로서 면역학에 대한 공로로 1913년 노벨 생리·의학상을 수상했으며, 초기 항공기술 발전에 공헌한 인물이기도 하다.

오늘날 쿼드콥터 방식의 드론과 유사한 4개의 회전날개를 이용하여 떠올랐던 브레게-리셰 자이로플레인. <사진 출처: Wikimedia Commons | CC BY-SA 3.0 | PHGCOM>

게-리셰 자이로플레인Bréguet-Richet Gyroplane을 개발했다. 브레게-리셰 자이로플레인은 2개의 프레임을 십자형상으로 배치하고, 각 끝부분에 2개의 프로펠러를 배치한 형상이었다. 수직상승하는 비행기 개발을 목표로 한 브레게-리셰 자이로플레인은 45마력의 엔진으로 구동되었으며, 크기는 약 8.1m 정도이고, 중량은 510kg 정도로 알려져 있다.[3] 이 자이로플레인은 약 1.5m 정도의 수직비행에 성공했다.

브레게 형제의 뒤를 이어 러시아 출신 미국인 드 보데자de Bothezat 교수는 비 공군의 전신인 육군항공부Army Air Service의 요청으로 수직이착륙이 가능한 비행기 개발에 착수한다. 드 보데자 교수는 6개의 프로펠러를 가진 로터 시스템을 십자 모양의 프레임에 배치했다. 180마력의 로터리 엔

3 R. Trummer, "Design and Implementation of The JAviator Quadrotor an Aerial Software Testbed", PhD Thesis to Univ. of Salzburg, 2010.

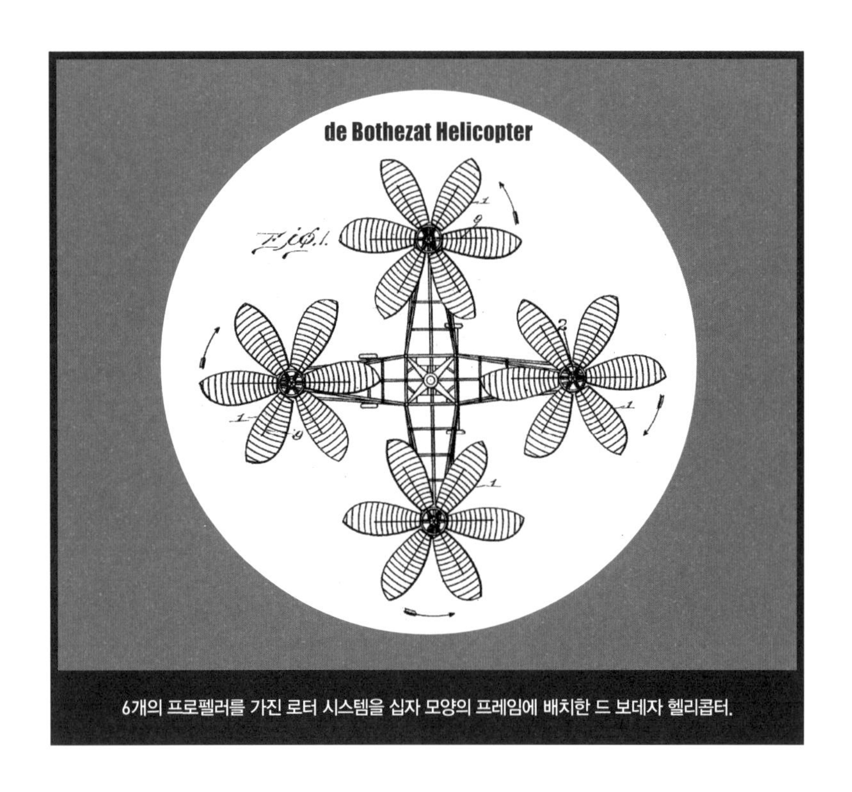

6개의 프로펠러를 가진 로터 시스템을 십자 모양의 프레임에 배치한 드 보데자 헬리콥터.

진을 사용한 비행체는 드 보데자 헬리콥터de Bothezat Helicopter로 불렸으며, 18m 크기에 중량은 1,600kg 정도였다. 드 보데자 헬리콥터는 프로펠러의 독특한 모양 때문에 '하늘을 나는 문어flying octopus'라는 별칭으로 불리기도 했다. 1922년에 수직으로 1.8m 상승한 후 1분 42초간 수평으로 약 150m 거리를 날았으며, 최종적으로는 6m 수직상승해 2분 45초간 비행하는 데 성공한 것으로 기록되어 있다. 하지만 이 비행체는 조종하기가 매우 어렵고, 방향을 쉽게 바꿀 수 없으며, 비행시간도 경쟁기종에 비해 매우 짧은 치명적인 단점을 갖고 있었다.

드 보데자와 유사한 시기에 프랑스의 에티엔 에미션Étienne Oehmichen도 4개의 프로펠러가 장착된 수직비행을 위한 비행체를 개발했다. 에미션의 헬리콥터는 180마력의 로터리엔진에 총중량이 800kg이고 길이는 16m였다. 에미션은 비행체의 안정성을 높이기 위해 큰 플라이휠fly wheel을 달았다. 에미션의 헬리콥터는 1924년 15m의 높이에서 14분간 1.6km 정도를 날았다.

1956년 콘버타윙스Convertawings사는 쿼드로터 방식의 비행체를 개발했다. 이 당시에는 이미 우리가 익숙한 헬리콥터가 보편화된 시기였다. 하지만 헬리콥터는 조종을 위해 로터의 피치각을 바꾸는 복잡한 장치인 스와시 플레이트swash plate 등이 필요하다. 이러한 헬리콥터의 조종방식은 제작비를 증가시키고 정비를 어렵게 하는 단점이 있었다. 콘버타윙스사는 이 장치들을 제거한 헬리콥터를 만들고자 했고, 쿼드로터 방식을 채용했다. 모델 A로 명명된 이 비행체는 4개의 프로펠러를 약간 안쪽으로 틀어 배치했다. 중량 998kg에 길이 7.93m, 폭 5.91m인 이 비행체는 기존의 쿼드로터들이 가진 비행 불안정성을 대부분 해결했다.

또 다른 쿼드로터가 유사한 시기에 개발되었다. 커티스-라이트Curtiss-Wright 사가 미 육군의 요청으로 개발한 VZ-7AP는 '하늘을 나는 지프flying Jeep'라는 애칭으로도 불리었다. 1958년에 개발된 이 비행체는 4개의 프로펠러로 구동되었으며, 425마력의 터보샤프트엔진이 장착되었고, 총중량 952kg이었다. VZ-7AP는 4개의 프로펠러의 속도를 조절하는 방식을 선택했다. 이는 지금의 쿼드콥터 드론과 거의 유사한 방식이다. VZ-7AP는 조종성과 안정성에서 매우 만족스러운 성능을 낸 것으로 전해진다. 하지만 전진속도와 상승최대고도service ceiling 등에서 육군이 요구하는 성능을 만족시키지 못해 추가 개발은 진행되지 않았다.

초기 수직이착륙이 가능한 비행체를 개발하려는 목적으로 4개 이상의 프로펠러를 수직으로 장착한 멀티콥터형 비행체들이 헬리콥터와 경쟁했다. 멀티콥터형 비행체들이 개발된 이유는 무엇보다 엔진추력의 한계 때문이었다. 항공역사의 초기에는 경량으로 많은 힘을 낼 수 있는 엔진이 존재하지 않았다. 이 때문에 하나의 거대한 로터로 비행체를 들어 올릴 수 있는 헬리콥터가 상용화되지 못했고, 그 대신 4개 이상의 엔진을 사용하는 멀티콥터에 대한 개발이 꾸준히 추진되었다. 하지만 1939년 9월 14일 이고르 시콜스키가 세계 최초로 실용적인 헬리콥터인 VS-300의 개발에 성공했고, 그 결과 헬리콥터가 수직이착륙이 가능한 비행체의 주류로 자리 잡게 되

▲ 에티엔 에미션(왼쪽 사진)의 수직이착륙 비행체인 에미션 2호기(오른쪽 사진).

▲ 콘버타윙스의 유인 모델 A 쿼드로터

▲ 커티스-라이트 사의 유인 쿼드콥터 VZ-7AP

었다. VS-300에는 90마력의 프랭클린Franklin 엔진[4]이 탑재되었다. 엔진의 마력이 충분히 올라가게 됨에 따라 에너지효율과 안정성 면에서 탁월한 헬리콥터가 수직이착륙형 비행체 경쟁에서 우위를 점하게 된 것이다.

RC 쿼드로터

이후 4개의 프로펠러를 수직 방향으로 장착한 쿼드로터들은 오랫동안 항공기 개발 역사에서 비주류로 취급받았고 1990년대가 되어서야 다시 역사의 전면에 등장하게 되었다. 오늘날 우리가 드론을 아주 광범위하게 사용하게 된 배경에는 어느 이름 없는 혁신가의 역할이 결정적이었다. 1990년대 미국 미네소타의 발명가인 마이클 대머Michael Dammar는 소형 쿼드콥터 개발에 매진했다. 대머는 1991년에 최초의 쿼드로터 모델을 완성했지만, 안정적인 비행에는 성공하지 못한 것으로 알려졌다. 원인은 유인 쿼드로터에서 겪었던 불안정성이 가장 큰 문제였다. 대머는 충분한 비행안정성을 확보하기 위해 기계식 자이로gyro를 장착했는데, 중량 등의 제한으로 충분한 성능을 구현하는 데는 실패했다.

그런데 대머의 연구를 크게 진전시킨 기술이 1990년대 초반에 등장했다. solid-state-gyro라고도 불리던 MEMSMicro Electro Mechanical System 자이로가 상용화되기 시작한 것이다. 게다가 1990년대 초반 등장 당시에 매우 고가였던 MEMS 자이로의 가격이 빠른 속도로 하락하기 시작했다. 그 덕분에 1990년대 말 대머는 HMX-4라는 이름의 제품을 개발하여 판매할 수 있게 되었다. 이후 프레임 변경 모델의 판매를 드래건플라이어DraganFlyer에 위탁하여 드래건플라이어라는 이름의 제품이 판매되기도 했다. 대머의 이러한 노력은 그가 2002년 "Four Propeller Helicopter"라는 명칭으로 특허를 출시함으로써 결실을 맺게 된다. 우리가 현재 드론이라고 부르는 쿼드로터, 혹은 4개의 프로펠러가 장착된 헬리콥터는 1990년

---

4 Franklin 4AC-199-E 엔진이며 공랭식의 피스톤엔진이었다.

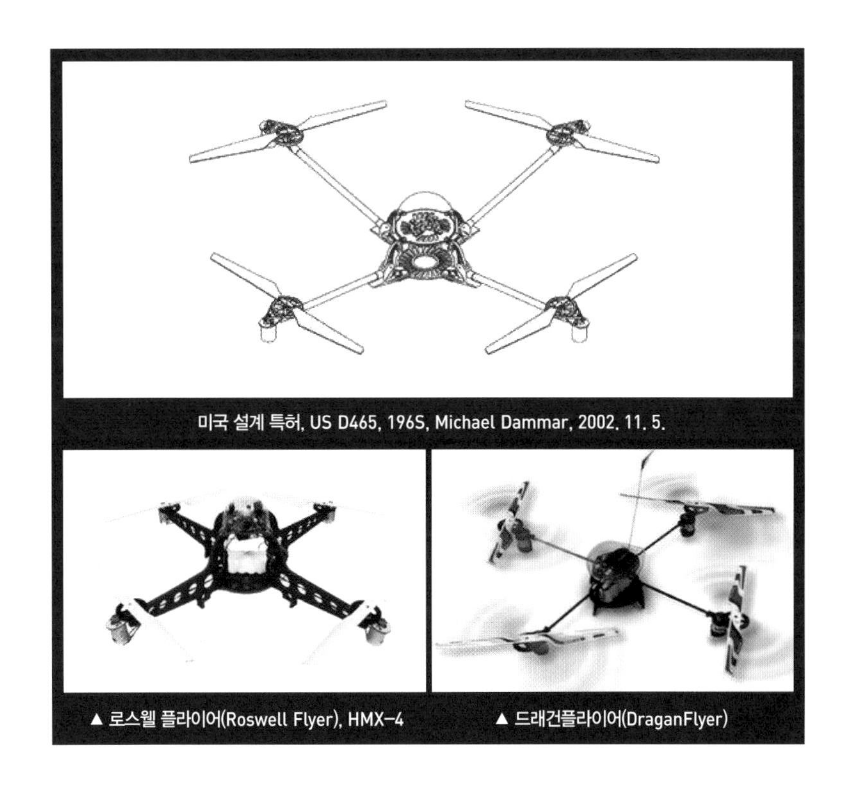

미국 설계 특허, US D465, 196S, Michael Dammar, 2002. 11. 5.

▲ 로스웰 플라이어(Roswell Flyer), HMX-4 ▲ 드래건플라이어(DraganFlyer)

대에 이 문제에 집중했던 한 혁신적인 발명가 덕분에 출현할 수 있었다.

HMX-4는 많은 수량은 아니지만, MIT나 벤더빌트 대학Vanderbilt University 등의 연구자들에게 꾸준히 판매되었다고 한다. 대머의 HMX-4는 전기모터로 구동되었으며, 전력원은 리튬-폴리머Li-Po 이차전지를 사용했다. MEMS 자이로로 기체를 안정화시켰으며, 모터의 제어를 위해 싱글보드컴퓨터를 사용했다. 현재 상용 드론에 기초가 되는 대부분의 기술들이 이미 대머의 HMX-4에서 구현되어 있었다. 프로펠러와 전기모터는 벨트기어로 연결되었는데, 이 당시에 고속회전이 가능한 높은 토크의 모터가 출시되지 않았기 때문으로 추측된다. 하지만 이 모터 문제는 몇 년 지나지 않아 해결된다.

쿼드로터의 역사에서 가장 신비한 것은 다양한 형태의 무선조종RC, Remote Control 헬리콥터가 존재했고 그 성능도 뛰어났음에도 불구하고 4개의 프로펠러가 장착된 헬리콥터, 즉 쿼드로터가 개발되었고 많은 연구자들에 의해 빠르게 확산되었다는 것이다. 쿼드로터의 가장 큰 단점은 비행시간이 짧다는 것이다. 비행기에 있어서 에너지 효율은 고정익기, 헬리콥터, 쿼드로터 순이다. 이 에너지 효율에 따라서 비행시간 등이 결정된다. 쿼드로터는 비행시간 면에서 다른 형태의 비행체에 비해 크게 손해를 볼 수밖에 없다. 이는 상용 무인기 운용자 입장에서는 매우 큰 단점이다. 이 때문에 1990년대에는 많은 연구자들이 헬리콥터를 자동화하는 프로젝트를 수행했다. 군용 분야에서는 노스럽 그러먼Northrop Grumman 사의 파이어 스카우트Fire Scout, 보잉Boeing 사의 A160 허밍버드Hummingbird 등이 이미 개발되었으며, 벨 헬리콥터Bell Helicopter 사는 유인 틸트로터tilt-rotor를 무인화한 이글 아이Eagle Eye의 개발을 완료한 바 있다. 민수 분야에서도 일본의 야마하가 R-50/R-MAX 무인헬리콥터를, 우리나라의 성우엔지니어링이 리모-HREMO-H(2006년)와 스완SWAN(2016년)을 출시했는데, 이것들은 농업 방제용으로 활발하게 사용되고 있다.

그럼에도 불구하고 쿼드로터가 연구자들 사이에서 급속하게 확산된 배경에는 몇 가지 이유가 있다. 먼저 그 당시 상용화된 대부분의 무인헬리콥터는 엔진으로 구동되었는데, 대학이나 작은 회사의 연구자들은 실내에서 비행 가능한 작고 다루기 쉬운 무인헬리콥터를 원했다. 자동조종 알고리듬algorithm, 탑재 MEMS센서, 영상항법 등의 기술 개발에 관심이 많았던 연구자들은 야외에 나갈 필요가 없으며, 조종이 쉽고, 가격이 저렴하며, 정비나 조립이 쉬운 플랫폼을 원하고 있었다. 엔진으로 구동되는 무인헬리콥터는 종류와 크기에 관계 없이 배기가스 때문에 실내에서 비행이 거의 불가능했다. 소형 무인 혹은 RC헬리콥터들은 메탄이나 가솔린, 그리고 항공유 등을 사용했기 때문에 실내 공기뿐 아니라, 광학 기반 센서들의 렌즈를 오염시켜 장기간의 실험이 불가능했다. 게다가 엔진으로 구동되는 헬리콥터는 진동이 심하다는 약점도 가지고 있었다. 기술이 막 개발되는 시점에서 충분한 물리적 안정성을 확보하기 어려웠던 MEMS 자이로, 광학 카메라, 탑재 컴퓨터 등은 진동에 다소 취약한 면이 있었다. 이 때문에 많은 연구자들은 전동모터로 구동되는 비행 플랫폼을 요구하게 되었다. 이외에도 무인헬리콥터는 단점이 몇 가지 더 있었다. 먼저 조종이 쉽지 않아 모든 비행시험에는 전문적으로 훈련된 조종사가 필요했다. 작은 연구실에서 충분히 훈련된 조종사를 고용하거나, 원하는 시기에 연구에 적합한 실력을 갖춘 조종사를 찾는 것은 매우 힘든 일이었다. 무인헬리콥터의 또 다른 단점은 그 당시에는 대학 실험실에서 구입하기에는 너무나 고가였다는 것이다. 2000년대 초반에 전기모터로 구동되며 자동 비행이 가능한 헬리콥터는 미국의 로토모션Rotomotion 사의 SR20[5]나, NRINeural Robotics Inc.에서 출시한 Express E[6] 등이 있었다. 하지만 너무 고가이고 크기도 1.5~2m 내외로 여전히 커서 강의실 수준의 실내 공간에서 연구개발에 활용하기에는 적합하지 않았다.

이런 면에서 토론토 대학에서 개발한 RC헬리콥터를 개조한 테스트베드 모형은 꽤 흥미롭다. 토론토 대학의 연구팀은 TSK Mystar 60 RC헬리콥터에 자동비행 프로그램을 탑재하는 프로젝트를 진행했다. 이들의 목적 또한 실내에서 비행 가능한 소형 무인항공기를 개발하는 것이었다. 토론토 대학은 RC헬리콥터를 지상전원에 테더케이블tether cable로 연결해 비행하는 것에 만족해야 했다. RC헬리콥터의 비행에 충분한 전력을 공급할 수 있는 전력원이 아직은 확보되지 않았기 때문이다. 이에 반하여 마이클 대머의 HMX-4는 비록 3분여 정도지만 자유로운 비행이 가능했다. 요즘 활용되고 있는 상용 드론에 비하면 짧은 비행시간이었지만, 수직이착륙기의 자동조종 알고리듬을 연구하거나 MEMS센서를 연구하는 그룹들에게는 매우 유용했다. 이 최초의 드론은 비록 베스트셀러가 되지는 못했지만, 많은 연구자들과 그룹들에게 영감을 제공했다. 2000년대가 되자, 마이클 대머의 혁신을 기반으로 더 많은 연구자들이 4개의 프로펠러로 구동되는 쿼드콥터의 개발에 뛰어들게 되었다.

---

5 로토모션 사의 SR205는 중량이 8kg이고 16,500달러(USD)에 판매되었다.
6 NRI의 Express E는 중량이 7kg이고 16,700달러(USD)에 판매되었다.

AUVS 공중로봇 경진대회

1990년대에 실내 무인항공기에 대한 관심이 집중된 계기는 미국의 무인 시스템협회AUVS, Association for Unmanned Vehicle Systems[7]가 주최한 공중로봇 경진대회를 빼놓을 수 없다. AUVS는 1991년부터 공중로봇aerial robotics 경진대회를 개최하기 시작했다. 이 대회는 실내에서 지상에 끈으로 연결되지 않고untethered 자율적으로autonomous 움직이며 주어진 임무를 수행할 것을 요구했다. 1991년의 임무는 배구 코트 크기의 공간에 배치된 가로 세로 높이가 각각 1.8m인 바구니 2개 중 하나에 지름 7.5cm 크기의 금속 디스크 3개를 넣은 상태에서 무인비행체가 이 금속 디스크 3개를 다른 바구니로 옮기는 것이었다. 이 임무 수행에 소요되는 비행시간은 3분으로 제한되었으며, 비행체를 준비하는 시간은 최대 6분이 주어졌다. 무인비행체는 비상시에는 사람이 조종할 수 있도록 요구되었는데, 이는 돌발상황에 대비하기 위함이었다. AUVS는 사람이 관여하는 시간을 최소화하는 팀에게 가점을 부여하는 방식으로 무인비행체의 지능화 기술 개발을 독려했다.

1991년에는 텍사스 대학, 조지아 공대, MITMassachusetts Institute of Technology, 데이튼 대학, 그리고 캘리포니아 폴리텍 대학이 예선을 통과했다. 텍사스 대학은 테일시터tail-sitter와 유사한 방식의 무인기를 사용했는데, 이 무인비행체는 금속 디스크를 운반하는 과정에서 바구니의 가장자리를 건드려 이륙 후 6초 만에 추락했지만 경진대회에 참가한 다른 기종 중에서 가장 우수한 성적을 기록했다. 조지아 공대의 무인헬기도 주목을 받았지만, 관성항법장치INS의 고장으로 바구니 근처에도 가보지 못하고 이륙 후 6초 만에 추락했다. 이 경진대회를 계기로 실내에서 자율비행이 가능한 비행체에 대한 연구가 더 많이 이루어졌다. 미시간 대학의 요한 보렌스타인Johann Borenstein 교수도 그중 한 명이었다.

---

7 미국의 육·해·공 무인이동체 시스템을 아우르는 기업과 연구단체의 협회다. 이후 국제적으로 확장해 AUVSI(Association for Unmanned Vehicle Systems International)가 되었다.

호버봇

미시간 대학의 요한 보렌스타인 교수는 1992년 호버봇Hoverbot에 대한 연구 결과를 짧은 보고서로 발표했다.[8] 호버봇은 완전자율이나 반자율로 움직이며, 수직이착륙이 가능하고, 이륙을 위한 별도 장치 없이 발사가 가능하며, 한 위치에서 정지비행hovering이 가능한 비행체다. 1990년대 초에 유사한 연구들이 진행되고 있었으나, 대부분은 가솔린엔진으로 구동되는 RC헬리콥터를 개량하는 방식으로 진행되었다. 이에 반해 호버봇은 전기모터로 구동되는 방식을 채택했다.

보렌스타인 교수는 실내에서 운용이 가능하고, 상대적으로 조용하며, 쉽게 비행이 가능하도록 4개의 전기모터로 구동되는 '4개의 로터를 수직으로 장착한 헬리콥터' 방식을 제안했다. RC헬리콥터는 비행이 불안정하고 조종이 쉽지 않아 비행시험을 위해서는 숙련된 조종사가 필수적으로 필요했기 때문에 대학의 학술적 연구에는 적합하지 않았다. 보렌스타인은 4개의 모터를 각각 제어함으로써 안정적으로 비행이 가능한 수직이착륙 비행체를 구현하고자 했다. 보렌스타인은 니켈카드뮴NiCd 배터리로 구동되며 3분간 비행이 가능한 쿼드로터를 구현했다고 주장하고 있다. 호버봇에서 가장 큰 문제는 충분한 에너지를 공급할 수 있는 배터리를 구할 수 없었다는 점이었다. 이 당시에는 충분한 에너지 효율을 가진 리튬이온 배터리가 상용화되기 전이었다. 보렌스타인 교수는 한 가지 아주 흥미로운 사실을 발견했다. 동일한 중량을 가진 쿼드로터는 싱글로터 헬리콥터와 비교해서 매우 큰 관성량을 가지며, 이 때문에 훨씬 조종하기가 쉽다는 것이다. 구동 모터가 중심에 집중된 헬리콥터와 비교 시 쿼드로터는 4개의 모터가 코너에 분산되기 때문이다. 하지만 호버봇은 1993년 이후에는 더 이상 연구가 진행되지 않았다. 보렌스타인 교수가 비행로봇에 대한 관심을 접었기 때문이다.

---

8 J. Borenstein, "The HoverBot - An Electrically Powered Flying Robot", Univ. of Michigan.

쿼드콥터를 진화시킨 연구자들

마이클 대머의 플라이어가 성공적으로 비행한 이후에 몇몇 대학들이 유사한 프로젝트를 진행하기 시작했다. 미국의 스탠포드 대학, 호주의 국립호주대학, 펜실바이니아 주립대, 미시간 대학, 그리고 스위스 연방공대들이 이 새로운 비행체에 대한 연구를 주도했다. 스탠포드 대학의 메시콥터Mesicopter, 호주국립대학의 X4 플라이어Flyer, 그리고 스위스의 로잔 공대의 OS4 등이 이 시기에 드론과 관련된 주된 연구개발 프로젝트다. HMX-4 플라이어가 비록 성공적으로 비행에 성공하기는 했지만, 여전히 다소 불안정했고, 비행시간은 짧았다. 물론 초창기 쿼드콥터의 이러한 단점들은 이후 여러 대학의 연구자들에 의해 대부분이 개선되었다.

스탠포드 대학의 메시콥터와 STARMAC

1999년 스탠포드 대학교 연구팀은 메시콥터 프로젝트를 공개했다. 미 항공우주국NASA의 지원으로 시작된 이 프로젝트는 자체 동력으로 비행하며, 센서를 탑재한 60g 미만의 초소형 회전익기를 개발하는 것이 목적이었다. 일란 크루Ilan Kroo 교수가 이끈 이 프로그램은 1990년대에 급속도로 발전한 MEMS센서 기술을 초소형 비행체에 적용하는 것이 우선적인 목표였다.[9] NASA는 이 초소형 비행체를 행성 탐사나 대기 연구에 활용하고자 했다. 화성과 같은 행성 탐사 시 NASA의 가장 큰 고민은 탐사를 위한 로봇이나 비행체를 탐사 행성까지 운반하는 데 너무 많은 비용이 소요된다는 것이었다. 그래서 초소형 경량 비행체 개발을 원하고 있었다.

메시콥터Mesicopter의 메시mesi는 중간middle이라는 의미의 라틴어 메소meso로부터 유래했다. 크루 교수는 마이크로보다는 크지만, 기존의 항공기보다는 작은 크기, 즉 센티미터 단위의 비행체를 의미하는 의미에서 메시콥터라고 명명했다고 설명했다. 초소형 비행체를 행성에 대량으로 살포하

---

9 Ilan Kroo & Peter Kunz, "Development of the Mesicopter: A Miniature Autonomous Rotorcraft", Stanford Univ.

고, 각각의 비행체가 수집한 정보를 모으겠다는 계획이었다. 기존에는 하나의 대형 비행체에 고해상도 카메라나 고성능 센서를 탑재해 정보를 모으는 방식이었으나, NASA는 다수의 소형 비행체에 저해상도 카메라나 저가 센서를 탑재해 정보를 모아 통합하는 방식으로 전환하고자 했다. 이러한 방식은 몇 개의 비행체를 손실해도 전체 정보를 구성할 수 있다는 분명한 장점이 있다. 물론 지구 밖의 행성으로 비행체를 운반하는 비용이 크게 절감되는 것도 큰 장점 중 하나다. 하지만 각 센서의 정보를 통합하기 위해 센서별로 측정한 위치와 시간을 정확하게 파악하고, 촬영각도와 촬영시간이 상이한 영상들을 이어 붙여 정확한 영상정보를 얻는 것은 쉬운 일이 아니다. 이렇게 다수 센서들로부터 생산된 정보나 영상을 통합하는 기술은 최근 기계학습 등의 인공지능 기술 덕분에 상용화가 가능한 수준에까지 이르렀다.

스탠포드 대학 연구팀은 센티미터급의 비행체로 회전익기rotary wing만을 고려한 것은 아니었다. 1999년 당시에는 우리가 MAVMicro Air Vehicle이라고 부르는 초소형 비행체가 고정익기 형태로 존재했다.[10] 일란 크루 교수는 몇 가지 이유 때문에 회전익기를 선정했다고 밝히고 있다.

먼저 비행체의 크기가 작아지면 고정익기와 회전익기의 에너지 효율이 유사해진다. 큰 비행체의 경우에는 고정익기가 회전익기에 비해 비행 시 에너지 효율이 5~10배 정도 좋다. 하지만 작은 비행체의 경우에는 이 차이가 최소화되며, 센티미터 이하에서는 거의 동일하다. 회전익기는 행성 탐사 시 정지비행hovering이 가능해 보다 안정적으로 영상 촬영이 가능하다. 반대로 희박한 대기를 가진 화성에서 고정익기는 아주 치명적인 단점이 있다. 화성에서는 비행이 가능한 최소 속도가 음속의 0.5 이상이며, 비행체의 크기도 매우 커져야 한다. 고정익기는 조종을 위해 별도의 조종기를 필요로 한다. 이 조종기와 이를 작동시키는 엑추에이터actuator는 지구의 대기권을 이탈하고 화성에 진입하는 과정에서 발생하는 진동과 충

---

10 1990년대에 미국 MLB 사는 15cm 크기에 리튬 배터리로 구동되는 소형 무인기 트로초이드(Trochoid)를 개발해 비행시험에 성공했다.

〈2000년대 개발된 초소형 무인비행체(MAV)〉

사진	외형에 따른 분류	장점	단점
	고정익(Fixed-wing) (Aero Vironment)	단순한 메커니즘, 조용한 작동	정지비행(호버링) 불가
	싱글 로터(Single rotor) (A. V. de Rostyne)	우수한 조종성 및 기동성	복잡한 메커니즘, 큰 로터, 긴 테일붐(tail boom)
	축류식 로터(Axial rotor) (Maryland Univ.)	단순한 메커니즘, 초소형	복잡한 공기역학
	동축 로터(Coaxial rotors) (EPSON)	단순한 메커니즘, 초소형	복잡한 공기역학
	탠덤 로터(Tandem rotors) (Heudiasyc)	우수한 조종성, 단순한 공기역학	복잡한 메커니즘, 큰 사이즈
	쿼드로터(Quadrotor) (EPFL-ETHZ)	우수한 기동성, 단순한 메커니즘, 증가된 탑재량	고에너지 소비, 큰 사이즈
	블림프(Blimp) (EPFL)	저출력, 긴 비행운용시간, 오토 리프트(auto-lift)	큰 사이즈, 기동성이 떨어짐
	하이브리드 쿼드로터-블림프 (Hybrid quadrotor-blimp) (MIT)	우수한 기동성 및 생존성	큰 사이즈, 기동성 떨어짐
	조류형(Bird-like) (Caltech)	우수한 기동성, 초소형	복잡한 메커니즘, 까다로운 조종
	곤충형(Insect-like) (UC Berkeley)	우수한 기동성, 초소형	복잡한 메커니즘, 까다로운 조종
	물고기형(Fish-like) (US Naval Lab)	멀티모드 이동성 (Multi-mode mobility), 효율적인 공기역학	까다로운 조종, 기동성 떨어짐

격에 매우 취약한 것으로 예상되었다. 이에 반해 4개의 프로펠러가 달린 회전익기는 전동모터의 회전수를 조절해서 조종이 가능하며, 작은 크기로도 비행이 가능했다. 스탠포드 대학 연구팀은 총중량이 3g에서 100g까지의 다양한 모델을 제작해 시험했다. 최종적으로 65g 모델이 선정되었는데, 현재의 소형 드론과 비교해 그 구성품들이 매우 유사하다. 브러쉬리스 모터brushless motor를 사용했으며, 니켈카드뮴Ni-Cd 전지로 동력을 공급했다. 모터의 PWMPulse Width Modulation(신호의 진폭에 따라 펄스폭을 변화시키는 변조 방식) 제어를 위해 PIC17 마이크로콘트롤러Micro Controller를 사용했으며, 조종은 418MHz 주파수를 사용하는 후타바Futaba의 디지털 조종기를 사용했다. 개발자들에 따르면 이 초소형 비행체는 조종하기가 매우 까다롭고 불안정했으며, 센서를 통한 안정화가 필요했다. 그들은 CMOSComplementary Metal-Oxide Semiconductor 영상센서를 통한 안정화도 시도했는데, 이 당시 사용한 마이크로콘트롤러의 성능이 데이터를 전송하고 처리하는 데에는 충분하지 못했다고 한다. 하지만 이 초소형 비행체는 HMX-4의 출시 이후에 개발된 최초의 연구용 쿼드콥터였으며, 이후 많은 연구자들에게 쿼드콥터의 가능성을 각인시켜주었다.

스탠포드 대학은 메시콥터 이후에 좀 더 현실적인 방향으로 드론 개발을 변경한다. 행성 탐사라는 목표로부터 현실적으로 지구에서 비행 가능한 '4개의 프로펠러를 장착한 수직이착륙형 회전익기'의 개발로 방향을 전환했다.[11] 이 프로젝트는 2단계로 분리되어 수행되었다. 먼저 1단계에서는 드래건플라이어를 개조해 성능을 향상하는 STARMAC I이 2004년까지 완료되었다. 그 당시 드래건플라이어는 최대 추력 1kg으로 10분 정도의 비행이 가능했다. 스탠포드 대학은 자체 제작한 탑재전자보드를 장착함으로써 비행을 위한 센서와 추력조절, 통신 등의 성능을 강화할 수 있었다. 스탠포드 대학은 지상조종기와 드론 간의 통신으로 블루투스 클래스 2를

---

11 Menno Wierema, "Design, implementation and flight test of indoor navigation and control system for a quadrotor UAV", TUDelft, Master Thesis, 2008.

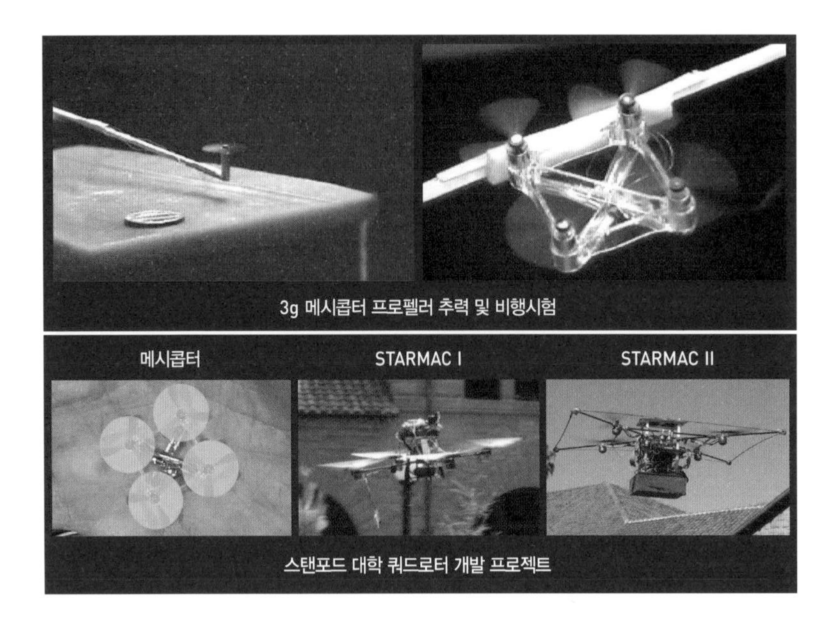

3g 메시콥터 프로펠러 추력 및 비행시험

스탠포드 대학 쿼드로터 개발 프로젝트

사용했다. 통신은 150ft(45m)까지 가능했고, 동시에 4대가 운용 가능하도록 채널을 설정했다. 위치 정보는 3DM-G 모션센서와 3축 자이로, 가속도계와 자기센서를 사용해 측정했으며, 보조장비로 GPS가 사용되었다. 비록 보조센서로 채택되었지만 GPS를 채택했다는 것은 큰 진전이었다. 이 모든 센서 정보는 40MHz의 마이크로콘트롤러에 의해 제어되었다.

2단계인 STARMAC II에서는 브러쉬리스 모터가 채택되어 총추력이 4kg으로 상승되었다. 전체 추력이 상승됨에 따라 보다 고성능의 계산능력을 가진 온보드컴퓨터의 탑재가 가능해졌다. 브러쉬리스 모터는 PWM 신호에 따라 제어를 수행했으며, 다양한 센서 정보는 리눅스Linux가 탑재된 싱글보드컴퓨터인 스타게이트Stargate 1.0에 의해 처리되었다. 이는 다양한 복잡한 알고리듬 기반의 비행을 가능케 했다. STARMAC II에서 이루어진 또 하나의 진전은 블루투스 대신에 와이파이를 통해 통신하기 시작했다는 것이다. STARMAC II는 보다 정교한 위치 계산이 가능해지고, 그 이전보다 계산능력이 확대됨에 따라 PIDProportional-Integral-Derivative를 이용한 제어가 가능해졌다. 이 또한 스탠포드 대학의 연구에서 이룬 또 하나의 진전이었다.

호주국립대학의 X4 플라이어

2000년대 초기의 쿼드콥터 드론의 선구적인 연구집단으로 호주국립대학교ANU, Australia National University 연구팀을 빼놓을 수 없다. 호주국립대 연구팀은 MARK I부터 시작해 MARK II 등을 개발함으로써 쿼드콥터 발전에 큰 기여를 했다. MARK II는 X4 플라이어Flyer라고도 불렸는데, 총중량이 4.34kg으로 그 당시 기준으로는 기체 크기가 너무 큰 편이어서 비행에 성공할 수 있을지 의문이었지만 성공적으로 비행했다. 호주국립대학팀이 마주한 가장 큰 난관은 추력을 증가시키는 것과 대형 기체를 안정화시키는 것이었다. X4 플라이어는 'Jeti Phasor 30-3' 삼상 브러쉬리스 모터로 구동되었다. 이 모터는 큰 추력을 제공했고, 그 덕분에 기어 없이[12] 직접 프로펠러를 구동하는 것이 가능해졌다. 동력원으로 2000mA 리튬

호주국립대학교 MARK II X4 플라이어

12 X4 플라이어 이전의 드라간플라이어, STARMAC I 등의 기체는 모두 기어를 사용해서 회전수를 감속해 토크를 키워 추력을 얻었다. 고토크의 모터가 적용되지 않았기 때문이었는데, 이를 호주국립대학 연구팀이 최초로 해결했다.

폴리머 배터리셀 24개가 사용되었다. 전기는 3.7V로 제공되었으며, 최대 4.2V에서 시작해 3V에서 공급이 중단되었다. X4 플라이어는 블루투스를 사용해 통신했으며, 텔레메트리telemetry(먼 거리나 접근할 수 없는 지점에서 일어나는 것의 감시, 표시 또는 기록을 위해서 측정하고 자료를 모아 수신 장치에 전송하는, 고도로 자동화된 통신 방법) 적용해 기체 정보가 지상의 컴퓨터로 전달되어 실시간으로 도시圖示되었다.

스위스 로잔 공대의 OS4

2000년대에 수행된 선구적인 드론 개발 프로젝트 중에 스위스 로잔 공대에서 개발한 OS4도 매우 성공적인 프로젝트 중 하나였다. 로잔 공대의 이 프로그램은 실내에서 자동 이착륙이 가능한 드론을 개발하는 것이 목표였다. 로잔 공대는 이를 위해 다양한 시뮬레이션 기법 등을 동원해 조종 기술을 개발했다. 로잔 공대는 처음에는 드라간플라이어를 사용했는데, 이후 그들만의 독자 기체를 개발해 사용했다. 그들은 OS4를 실내 테스트벤치에 연결해 그들이 구성한 조종 로직을 검증했다. 이외에도 토론토 대학이나, UC버클리, MIT 등도 드론의 초기 역사를 개척한 수많은 기여자들 중 하나로 기록될 수 있다.

스위스 로잔 공대의 OS4(왼쪽)와 지상 테스트벤치(오른쪽)

〈OS4와 다른 초기 선구적 쿼드로터 드론 비교〉

	OS4 (로잔 공대)	X4 플라이어 (호주국립대)	드래건플라이어 (DF Inn.)	STARMAC II (스탠포드대)
총중량(kg)	**0.65**	4.34	0.52	1.3
배터리 중량(kg)	**0.23**	1	0.11	0.26
배터리 중량/총중량비	**0.35**	0.23	0.21	0.2
모터 중량(kg)	**0.07**	1.45	0.19	0.2
모터 중량 기여도(%)	**11**	33.4	36.1	15.4
추력 여유(%)	**53**	55	19	55

오픈소스(공개개발) 프로젝트

지금은 우리가 드론을 이야기할 때 오픈 아키텍처open architecture 하드웨어인 픽스호크Pixhawk, 아두파일럿ArduPilot, PX4를 떠올리는 것은 너무나 자연스럽다. 현재와 같은 드론의 광범위한 성공에는 '오픈소스(공개개발) 프로젝트Open Source Project'의 역할이 매우 컸다. 오픈소스 프로젝트는 드론의 하드웨어나 소프트웨어, 그리고 통신 프로토콜 등을 공개하고, 이를 기반으로 다양한 사람들이 참여하는 개발 방식을 의미한다. 2000년대 중반부터 드론의 핵심 부품에 대한 하드웨어 스펙과 물리적 인터페이스 등이 공개(공유)되고, 비행조종을 위한 소프트웨어, 그리고 통신규약들이 공유되기 시작했다. 이러한 기술 개발 결과를 공유하고 공개하는 문화는 소프트웨어 개발에서는 아주 오랜된 전통이다. 우리가 사용하는 스마트폰의 운영체계인 안드로이드Android가 오픈소스 OS인 리눅스 기반으로 개발되었다는 것은 이미 널리 알려진 사실이다.

드론 분야에서 가장 먼저 시도된 오픈소스 프로젝트는 미크로콥터Mikro-Kopter[13] 프로젝트다. 독일에서 2006년에 3명의 파일럿의 주도하에 설립된

13 www.mikrokopter.com

미크로콥터를 개조한 드론

이 회사는 자신들이 개발한 멀티콥터들의 하드웨어와 소프트웨어 들을 공개했다. 미크로콥터를 구매한 사용자들은 소프트웨어를 자신의 특정한 요구에 따라 변경할 수 있었다. 드론을 이용해 영화를 촬영하려는 사용자들은 자신이 선호하는 촬영용 카메라를 미크로콥터의 기체와 연동이 가능해졌다. 또 드론을 이용해 자동항법이나 자율주행을 연구하는 그룹들도 미크로콥터의 기체들을 개조해 사용하기 시작했다.

이외에도 RC 하비스트가 주도한 오픈파일럿openpilot, 프랑스국립항공대인 ENACÉcole Nationale de l'Aviation Civile이 개발한 파파라치paparazzi 등이 대표적인 공개개발된 드론 조종 소프트웨어들이다. 이 중에서 가장 유명한 것은 아무래도 스위스의 로렌츠 마이어Lorenz Meier가 주도한 픽스호크와 멕시코 이민자인 호르디 무뇨스Jordi Muñoz가 개발한 아두콥터Arducopter가 가장 광범위하게 사용되는 공개된 비행조종 소프트웨어다.

픽스호크

드론의 대중적인 확산에 가장 큰 기여를 한 프로젝트를 꼽으라면 누구나 주저 없이 픽스호크Pixhawk를 고를 것이다.[14] 2008년 로렌츠 마이어[15]는 스위스 취리히 연방 공과대학의 컴퓨터 영상 및 기하 연구실 석사과정 학생이었다. 컴퓨터 영상을 이용해 드론의 자율비행을 구현하기 위한 연구를 진행하던 마이어는 자신의 목적을 달성하기 위해서는 드론과 비행 소프트웨어, 그리고 지상조종기의 개발이 필요하다는 결론에 이르렀다. 그는 곧 이러한 목표는 자신 혼자만으로는 달성할 수 없으며 다양한 분야의 전문가들의 도움이 절실함을 깨닫게 된다. 그 당시는 아이폰이 발매된 지 겨우 1년밖에 되지 않았고, 로봇 운영체계로 유명한 ROS는 수많은 경쟁 체계 중 하나에 지나지 않았으며, 저가의 MEMS 센서들이 막 출시되기 시작한 상태였다. 아직 드론을 자동조종할 소프트웨어와 자동비행 하드웨어는 세상에 존재하지 않았다. 그는 14명의 다른 학생들을 규합해 드론 자동비행을 위한 하드웨어와 소프트웨어 개발을 진행하기 시작했다. 그들의 목표는 2009년도 유럽 마이크로항공기 경진대회European Micro Air Vehicle Competition[16]에 출전하는 것이었다. 이렇게 구성된 취리히 공대 학생들의 팀명이 픽스호크Pixhawk이며, 이후 이 이름은 드론 분야 오픈소스 프로젝트를 대표하는 이름이 되었다. 이들은 9개월 후에 네덜란드 델프트 대학에서 개최된 2009년 대회에서 실내 부문 우승을 차지한다. 픽스호크 팀은 비행조종 소프트웨어는 자신들이 직접 개발했지만, 이 과정에서 많은 오픈소스 드라이버open source driver와 아키텍처에 의존했음을 밝히고 자신들이 개발한 비행조종 소프트웨어를 공개하기로 결정했다.

---

14 Lorenz Meier 외, "PIXHAWK: A System for Autonomous Flight using Onboard Computer Vision", IEEE International Conference on Robotics and Automation May 2011.

15 Lorenz Meier, Computer Vision and Geometry Lab, ETH Zürich, http://auterion.com/the-history-of-pixhawk/ 참고.

16 유럽 마이크로항공기 경진대회는 2001년부터 초소형 비행체에 대한 워크숍과 경진대회가 병행해서 진행되었다. 이후 미국과 유럽이 참가하는 대회에서 국제대회로 확대되었다. www.imavs.org에서 매년 수행된 대회 내용을 파악할 수 있다.

2009년 픽스호크 드론

마이어는 2009년 당시에는 드론에 탑재되는 비행 소프트웨어와 전자 시스템에 스스로가 만족하지 못했으며, 여러 가지 불만을 가지고 있었다고 이야기하고 있다.[17] 이에 마이어와 픽스호크팀은 외부의 기여자들과 함께 계속적인 개발을 진행하기로 결정했다. 마이어는 2011년 지금까지의 구조를 버리고 비행조종 소프트웨어를 완전히 새로 개발해 공개하기로 결정한다. 이 과정에서 탄생한 것이 PX4다. PX는 픽스호크의 약자이고 4는 네 번째 버전을 의미한다. 공개개발 방식으로 진행된 이 프로그램은 2013년에 이르러 완성된 형태로 개발되어 공개되었다. 이 과정에서 개발된 하드웨어는 드론 제작사인 3D로보틱스3DRobotics에서 제품 형태로 출시되도록 협력관계가 구축되었다. 이후 그들은 픽스호크뿐만 아니라 아두파일럿 등에서도 사용되고 있는 통신 프로토콜인 MAVLINK도 개발해 공개했다. 그리고 지상조종 프로그램인 Q그라운드콘트롤을 개발한다.

---

17 마이어에 따르면 아키텍처가 불충분했고, 스케일 이슈가 있었다고 한다.

마이어가 개발한 오픈소스 프로젝트형 비행조종 소프트웨어와 하드웨어는 드론코드Dronecode[18] 프로젝트를 통해서 공개되고 있다. PX4의 구조를 간략하게 살펴보면 다음과 같다. PX4의 SW는 기본적으로 운용OS를 중심으로 하드웨어HW와 연결하는 미들웨어middleware, 혹은 드라이버driver 등이 존재한다. 운용OS는 실시간운영체계인 RTOS 혹은 리눅스의 사용이 가능하다. 현재 PX4는 NuttX를 표준으로 사용하고 있으나, 리눅스를 사용하는 것도 가능하다. 미들웨어는 로봇운영체계인 ROS나 장치별로 각각 개발된 드라이버를 사용할 수 있다. 운영체계와 미들웨어를 바탕으로 비행조종이나 상태추정 등의 응용 소프트웨어SW를 설치해 운용이 가능하다. 각각의 응용 프로그램과 OS, 그리고 미들웨어 간의 데이터는 uORB라는 프로토콜을 통해 전달이 가능하다. PX4 체계와 외부의 통신은 MAVLINK를 통해 수행되며, 픽스호크 하드웨어 외부에 장착되는 하드웨어는 UART나 CAN 통신 등을 통해 연결된다.

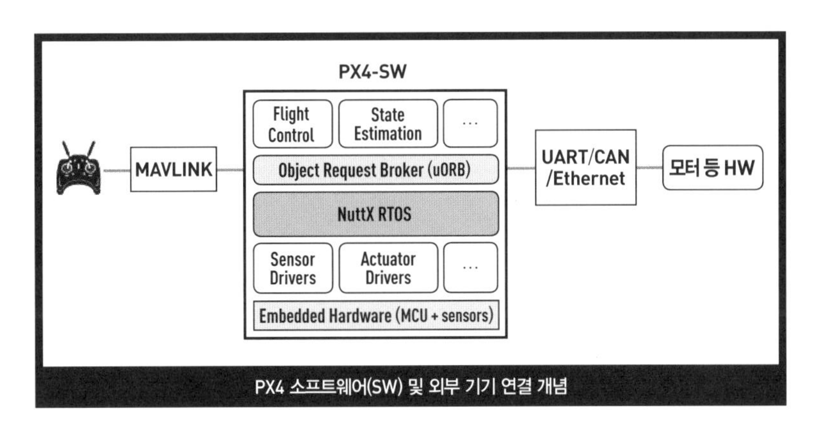

PX4 소프트웨어(SW) 및 외부 기기 연결 개념

이처럼 PX4는 개방형의 공개된 구조를 가지고 설계되어 있다. 이는 오픈소스 프로젝트가 가지는 가장 큰 장점 중 하나다. 각각의 응용 프로그램이나 하드웨어 드라이버가 폐쇄적인 단일한 팀에서 개발될 경우에는 PX4

18 드론코드 프로젝트는 dronecode.org를 통해 확인할 수 있으며, PX4, MAVLINK, Qground Control, MAVSDK 등이 드론코드에서 수행 중인 오픈소스(공개개발) 프로젝트들이다.

와 같이 계층화되고 모듈화된 구조로 개발되지 않는 경우가 대부분이다. 폐쇄적인 개발 과정을 통해서 시스템이 계층화·모듈화되지 않으면 전체 시스템을 확장하거나 변경하는 경우에 다양한 문제에 부딪히게 된다. 특정한 기기나 기종에 특화된 소프트웨어의 경우에는 대부분 다시 개발할 필요가 있게 되며, 모듈화되지 않은 소프트웨어들은 단일 프로그램의 크기나 기능이 너무 커지거나 복잡해질 수 있다. 또 특정 개발자나 개발팀의 취향이나 선호도가 강하게 반영되어 제삼자가 재사용하기 어렵게 프로그램이 개발될 가능성이 크다. 컴퓨터 구조를 전공한 마이어는 이러한 문제를 다양한 하드웨어 개발자, 항공공학자 들과 협업해 오픈소스 프로젝트를 수행함으로써 극복해나갔다. 이제 PX4/픽스호크는 세계의 수많은 드론 개발자들이 가장 선호하는 드론 조종 하드웨어와 소프트웨어 구조가 되었다.

아두콥터

아두파일럿ArduPilot으로 불리는 아두콥터Arducopter는 2007년 멕시코 이민자인 호르디 무뇨스가 2007년 자신이 개발한 비행조종 소프트웨어를 웹사이트에 올리며 공개되었다. 멕시코 타우하나에서 태어나 캘리포니아 리버사이드로 이주한 무뇨스는 8개월간 그린카드 발급을 기다리는 처지로 취업이나 학업을 수행할 수 없었다. 모형 항공기에 심취해 있던 그는 8개월 동안 닌텐도 위nintendo wii에서 센서를 가져와 모델 헬리콥터를 자동 조종할 수 있는 온보드 컴퓨터를 제작하게 된다. 그는 자신이 제작한 온보드 컴퓨터가 장착된 모델 헬리콥터가 비행하는 영상을 한 웹사이트[19]에 주기적으로 업로드하기 시작했다. 이 사이트를 운영하던 크리스 앤더슨 Chris Anderson은 미화 500달러를 무뇨스에게 보내 개발을 계속할 수 있도록 지원했다. 무뇨스는 이 돈으로 가정용 오븐을 구매했다. 온보드 컴퓨터를 제작하기 위해서는 높은 온도에서 프로세서칩을 전자보드에 연결해야

---

19 이 웹사이트는 당시 《와이어드(Wired)》의 편집장이었던 크리스 앤더슨(Chris Anderson)이 운용하고 있던 DIYdornes.com이었다.

미국 캘리포니아주 버클리에 있는 3D로보틱스 사에서 3D로보틱스의 아이리스(IRIS) 쿼드콥터를 배경으로 사진을 찍은 호르디 무뇨스(왼쪽), 브랜든 바소(가운데), 그리고 크리스 앤더슨(오른쪽). 2009년에 호르디 무뇨스와 크리스 앤더슨이 창립한 3D로보틱스는 미국 드론 기업이자 DJI의 경쟁사로서 2015년 쿼트콥터형 드론을 출시했으나, DJI와의 경쟁에서 밀려 드론 제조를 중단하고 지금은 드론 소프트웨어 개발에 집중하고 있다. 〈사진 출처: DIYdrone.com〉

했기 때문이다. 무뇨스가 처한 환경과 그의 탁월한 엔지니어링 지식이 결합되어 아주 저가의 드론 탑재 컴퓨터가 탄생할 수 있었다. 그는 이렇게 제작된 온보드 컴퓨터에 자신이 개발한 자동비행 소프트웨어를 탑재해 판매하기 시작했다. 미화 1달러의 제작비를 들여서 그는 아주 잘 작동하는 드론용 자동비행 세트를 판매할 수 있었다. 무뇨스와 앤더슨은 2009년에 3D로보틱스Robotics를 창업한다. 그때까지 그들은 한 번도 만난 적이 없었다고 한다. 3D로보틱스는 자가조립 키트DIY의 형태로 드론을 판매하기 시작한다. 이 키트에는 3D로보틱스에서 제작한 아두콥터 세트가 장착되었다. 3D로보틱스의 이 자가조립 키트에는 야외활동전용 카메라인 고프로GoPro를 탑재할 수 있었다. 그 덕에 3D로보틱스는 세계 제2위의 드론 기업으로 성장할 수 있었다.

드론의 탄생에 기여한 기술적 진보들

아주 다양한 기술들이 융합되어 현재의 상용 드론이 탄생했다. 그 과정은 선형적이지만은 않았으며 그 과정에서 아주 다양한 시도들이 이루어졌다. 드론의 탄생에 기여한 기술들을 전부 언급하기에는 지면의 한계가 있으므로 현재 시점에서 중요한 핵심 기술 몇 가지만을 다루고자 한다. 물론 드론의 탄생에서 항공공학 기술이 가장 중요한 역할을 한 것은 사실이지만, 여기에서는 항공공학 기술을 제외한 기술들 중에서 드론의 탄생에 기여도가 큰 기술인 MEMS 센서, 리튬이차전지, 마이크로컨트롤러, 와이파이, 그리고 오픈소스 소프트웨어에 대해 살펴보겠다. 드론의 발전 과정을 보면 드론은 그 자체의 기술 진보보다는 타 기술 분야나 산업 분야에서 이루어진 혁신적 기술들이 도입되면서 매우 빠르게 발전했음을 알 수 있다. 이처럼 다양한 기술과 융합을 통해 발전하는 양상은 기존의 항공우주나 방산기술과 드론이 구분되는 가장 큰 특징이다.

MEMS 센서

드론에서 가속도, 속도, 각 속도 등의 운동량을 측정하는 것은 매우 중요하다. 이들 운동량을 정확하게 측정해야만 원하는 장소까지 안전하게 비행할 수 있고, 비행 중에 발생하는 불안정한 움직임의 제어가 가능해진다. 운동량 중에 항법을 위해서는 물체의 각도와 관련된 물리량의 측정이 필요하다. 각도를 측정하는 센서는 크게 세 가지로 분류된다. 운동하는 물체의 물리적 특성을 이용한 기계적 자이로mechanical gyro와, 광간섭 효과인 사냑 효과Sagnac effect[20]를 활용한 광학 자이로optical gyro 그리고 기계적 자이로를 마이크로 이하의 단위로 축소한 MEMS 센서가 현재까지 사용되고 있는 각운동량angular momentum 센서다.

---

20 프랑스 물리학자인 조르주 사냑(Georges Sagnac)에 의해 발견되었으며, 반대방향으로 전파되는 2개의 광신호는 회전에 의해 위상차가 발생하는 것을 의미한다.

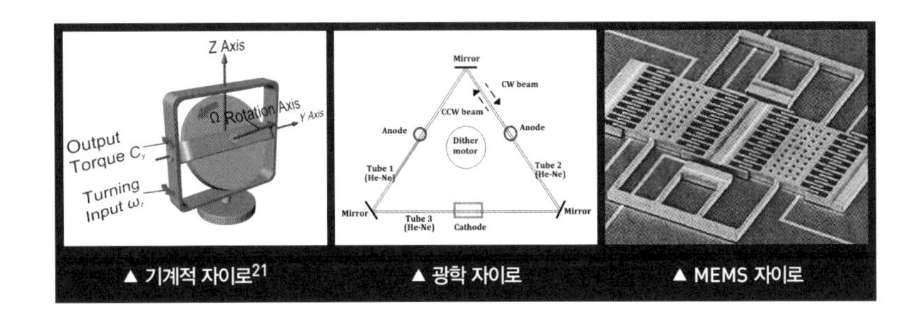

▲ 기계적 자이로[21] ▲ 광학 자이로 ▲ MEMS 자이로

최초의 무인항공기였던 스페리Sperry[22]의 경우에는 미 해군 구축함에 사용되던 기계적 자이로를 사용했다. 빠른 속도로 회전하는 물체의 특성을 이용한 기계적 자이로는 선박의 항해를 위해 고안되었다. 이후 기계적 자이로는 항공기의 오토파일럿autopilot에 사용되었다. 항공용 자이로를 생산하던 스페리 자이로스코프Sperry Gyroscope 사는 자사의 기술을 이용해 세계 최초의 무인기를 개발해 비행에 성공했다.[23] 비교적 최근까지도 대부분의 고성능 유무인항공기와 전략 미사일들은 여전히 기계적 자이로를 사용한다. 기계적 자이로는 매우 높은 정밀도와 안정성을 가지고 있지만, 매우 고가이며 소형화가 힘들다는 단점이 있다.

1960년대 광신호를 사용한 광학 자이로가 개발되었다. 반대 방향으로 전파되는 광간의 간섭을 이용한 광학 자이로는 기계적 자이로와 비교해서 소형화가 가능했다. 상업화된 광학 자이로는 광섬유 자이로fiber optic gyro와 링레이저 자이로ring laser gyro를 들 수 있다. 링레이저 자이로는 1970년대 개발되었으며, 현재 민항기나 전투기 등에 주로 사용되고 있다. 하지만 광학 자이로도 여전히 가격과 크기 면에서 대중화되기는 어렵다.

MEMS[24] 자이로는 기계적인 센서를 미세공정을 이용해 칩 형태로 구현한

---

21 출처 : Vittorio M. N. Passaro 외, "Gyroscope Technology and Applications: A Review in the Industrial Perspective", Sensors 2017, 17, 2284; doi:10.3390/s17102284

22 1917년에 초도비행한 세계 최초의 무인항공기로 미 해군에 자이로스코프를 납품하던 스페리 자이로스코프(Sperry Gyroscope) 사에서 개발했다.

23 https://en.wikipedia.org/wiki/Hewitt-Sperry_Automatic_Airplane

24 MEMS는 Micro Electro Mechanical System의 약자이며, 마이크론(1,000분의 1mm)이나 나노(100만 분의 1mm)의 크기를 가지며 기구물과 전자기기가 결합된 부품을 의미한다.

것이다. 가속도와 각속도 등을 측정하는 MEMS 센서들은 1980년대까지는 주로 우주 분야에 사용되었다. MEMS 센서는 비록 안정성과 정확도 측면에서는 기계적 자이로나 링레이저 자이로에 비해 뒤처졌지만, 소형화가 가능하고 저렴한 비용으로 대량생산이 가능하다는 큰 장점을 가지고 있다. 이 두 가지 장점으로 인해 1990년대 MEMS 센서에 대한 연구개발이 활발해졌고, 몇몇 응용 분야를 대상으로 한 저가이며 소형의 제품들이 개발되기 시작했다. 1990년 MEMS 압력센서가 상용화된 이후로 가속도계 등도 상업용으로 사용 가능한 수준으로 개발되기 시작했다. 최초로 양산된 MEMS 센서는 개당 5달러 수준이었다. 현재에는 운동량을 측정하는 MEMS 센서의 경우 군용 전술급tactical grade[25] 자이로는 개당 5,000달러 내외이나, 상업용consumer grade는 5~100달러 수준이다. 앞서 언급했듯이 드라간플라이어의 주요 고객은 MEMS 센서나 소형 무인기의 조종제어를 연구하는 대학원들의 실험실이었다. 초기에 사용된 저가의 MEMS 센서들은 아날로그 디바이시스Analog Devices 사[26]나 엡슨Epson 사[27] 등에서 개발된 제품들이 주로 사용되었다. 이러한 면에서 드라간플라이어의 개발 및 판매는 드론의 개발을 촉진하는 촉매제 역할을 했으며, 특히 MEMS 센서를 활용해 실내비행이 가능한 소형 무인기 개발에 많은 연구자들이 참여하는 시발점이 되었다.

리튬이차전지

2010년 이전에는 RC 헬리콥터를 개조해 자동비행이 가능한 무인기를 개발하려는 시도가 광범위하게 진행되었다. 엔진으로 구동되는 무인헬리콥터들은 이미 일본 야마하Yamaha의 R-MAX가 1990년대에 개발되었으며, 스위스 쉬벨Schiebel 사의 S-100도 양산되어 판매되기 시작했다. 전기 동력으로 구동되는 RC 헬리콥터들도 존재했는데, 트렉스Trex-450, 라마

25 전술급은 가속도 안정성이 0.1~1mg, 각도 안정성이 시간당 1~10도 이하를 의미하고, 상업용은 가속도 안정성이 10~100mg, 각도 안정성이 시간당 30~100도 이하를 의미한다.

26 미국의 아날로그 반도체 전문회사로 ADXL 시리즈 등을 생산.

27 XV-3500 등의 자이로센서를 생산.

Lama-V4 등이 대표적이었다. 이차전지로 구동되던 이 RC 헬리콥터들은 비행시간이 10분을 넘지 못해 RC 헬리콥터로서는 크게 각광을 받지 못했지만, 많은 연구자들이 자동조종이나 실내항법 등을 위해 개조해 연구에 사용하곤 했다.

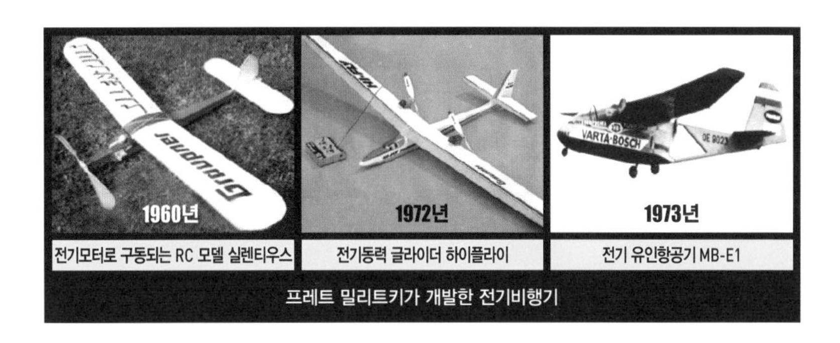

프레트 밀리트키가 개발한 전기비행기

한편 내연기관 엔진이 아닌 전기모터와 배터리를 활용하는 비행기를 개발하려는 노력은 꽤 일찍부터 시도되었다. 독일의 프레트 밀리트키Fred Militky는 전기모터로 구동되는 RC 모델인 실렌티우스Silentius, 전기동력 글라이더인 하이플라이Hi-Fly, 그리고 전기 유인항공기인 MB-E1을 연속해서 개발해 비행에 성공한 바 있다. 1973년에 밀리트키는 니켈카드뮴Ni-Cd 전지를 장착하고, 8~10kW급의 보쉬Bosch KM77 전기모터로 구동되는 MB-E1을 개발했다. 이 비행기는 그해 10월 23일, 380m의 고도에서 12분간 비행하는 데 성공했다. 1960년대 개발된 HB-3 동력 글라이더를 개조한 이 전기비행기는 최초로 비행에 성공한 유인항공기로 기록되었다. HB-3의 최대체공시간이 6시간임에 비해 니켈카드뮴전지를 사용해 기록한 12분은 실용화되기에는 매우 부족한 시간이었다.

현재 스마트폰 등 다양한 전자기기에 사용되고 있는 리튬 계열의 이차전지가 상용화되기 전에는 니켈카드뮴전지가 폭넓게 사용되었다. 하지만 니켈카드뮴전지는 에너지밀도specific energy가 40~60Wh/kg정도다. 이는 리튬이온전지의 30%에 지나지 않는다. 만약 MB-E1의 전지를 리튬이온전지로 교체한다면 30~40분가량의 비행이 가능하다. 물론 최대 40분의

〈리튬이온전지의 주요 연혁〉

연도	1991년	1996년	1999년	2003년	2009년
유형	원통형	각형	파우치(폴리머)형	공구용, 원통형	전기차용 중대형
제품 형상					
개발사	SONY	SANYO	SONY	SANYO	LG화학
용도	캠코더, 노트북	휴대폰, PDA	휴대폰, PDA	전동공구	전기차
총생산량	0.1억개	1.2억개	4.1억개	13.2억개	32.4억개
시장 규모	1.5억달러	12억달러	27억달러	33억달러	100억달러
전지 용량	1,000mAh	1,200mAh	1,800mAh	2,200mAh	3,000mAh

〈출처: 한국전자정보통신산업진흥회, 2009.11〉

비행시간도 석유 기반의 엔진을 사용할 경우 가능한 최대비행시간 6시간에 비하면 매우 짧은 편이다. 리튬이온전지는 1991년 소니SONY에서 원통형으로 최초로 출시했다. 소니는 캠코더나 노트북 등에 이 전지를 사용하고자 했다. 이후 산요SANYO와 소니가 휴대폰이나 PDA 등에 장착할 수 있는 각형이나 파우치형 리튬이온전지를 출시했으며, 2010년경에는 전기차용 중대형 리튬이온전지도 상품화되었다.

리튬이온전지가 출시됨에 따라 기존의 니켈카드뮴전지에 비해 3배 이상의 비행시간이 가능해졌다. 리튬이온전지를 드론의 발전을 가속화시킨 핵심기술 중 하나로 꼽는 데는 누구도 이의를 달지 못할 것이다.

마이크로 컨트롤러

이전의 RC 모델 항공기와 드론의 가장 큰 차이점은 자동화에 있다. RC 항공기는 외부의 조종자로부터 전달되는 명령을 충실히 이행한다. 이에 반해서 드론은 다양한 수준의 자동화된 비행을 수행한다. 드론의 위치와 자세 등을 인식해서 이를 바탕으로 비행체를 안정화시키거나 조종사로부터 전달된 명령을 수행한다. 이 때문에 드론에서는 다양한 센서값을 읽어 이를 처리하거나 이러한 정보를 바탕으로 스스로 조종신호를 만들어내는 등의 임무를 수행해야 한다. 드론은 초기부터 다양한 입력값과 출력값을 처리하고 명령을 수행할 수 있는 마이크로컴퓨터microcomputer가 필요했다. 다양한 입력값과 출력값을 처리하는 것이 매우 중요했기 때문에, 초기의 드론 개발자들은 이에 특화된 마이트로컨트롤러microcontroller를 탑재하게 된다. 연산 기능으로 특화된 마이크로프로세서microprocessor와는 다르게 다양한 산업 현장에서 센서값을 읽어들이고, 이를 바탕으로 자동화 업무를 수행하기 위해 개발된 마이크로컨트롤러들은 드론이 요구하는 기능을 가장 잘 구현할 수 있었다. 아래 그림은 드론 탑재 컴퓨터에서 필요한 센서와 입력구조, 그리고 조종 및 운영에 필요한 출력값들을 보여주고 있다.

드론 개발 초기부터 이러한 다양한 데이터를 입력하고 출력하기 위해 아주 다양한 마이크로컨트롤러가 사용되었다. 공장자동화나 실험기기 등에 광범위하게 사용되던 마이크로컨트롤러는 별도의 추가 개조 없이 드

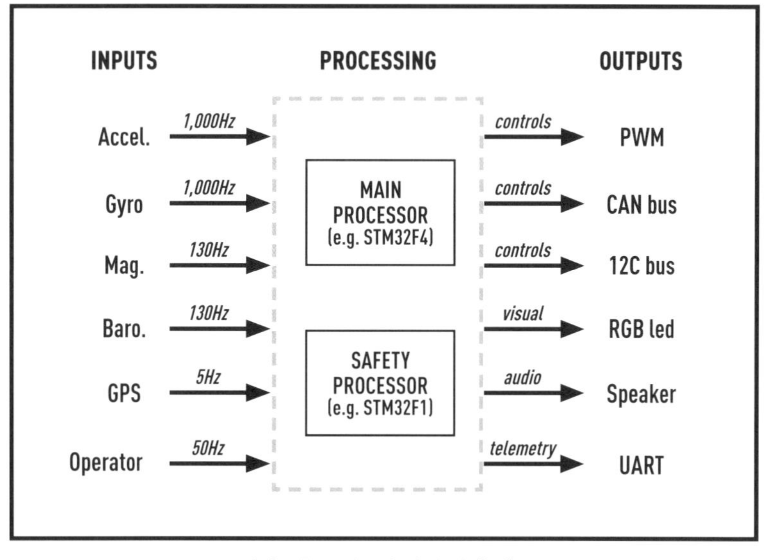

〈픽스호크 시스템 입력 및 출력〉

론 제어에 사용될 수 있었다. 초기에는 조종법칙이 복잡하지 않아 연산능력보다는 데이터를 입출력하고 저장하며 모터 조종 신호를 발생하는 것이 더 중요했다.

아래 그림은 비교적 초기에 개발된 JAviator의 탑재 컴퓨터 모듈이다. JAviator는 3개의 마이크로컨트롤러 모듈을 사용했다. 주 마이크로컨트롤러로 로보스틱스robostics를 사용했으며, 통신신호처리, 모터 제어, 관성센서 제어 등을 담당했다. 부 마이크로컨트롤러도 로보스틱스를 사용했으며 카메라와 레이저 센서를 제어했다. GPS 모듈은 검스틱스Gumstix로 처리했다. 3개의 모듈 간의 통신은 RS232를 사용했다. 개발자들이 사용하는 마이크로컨트롤러는 제각각이었지만 그 구조는 매우 유사했다. 이후 픽스호크팀이 조종 소프트웨어와 하드웨어를 표준화한 구조를 제안하게 되었다.

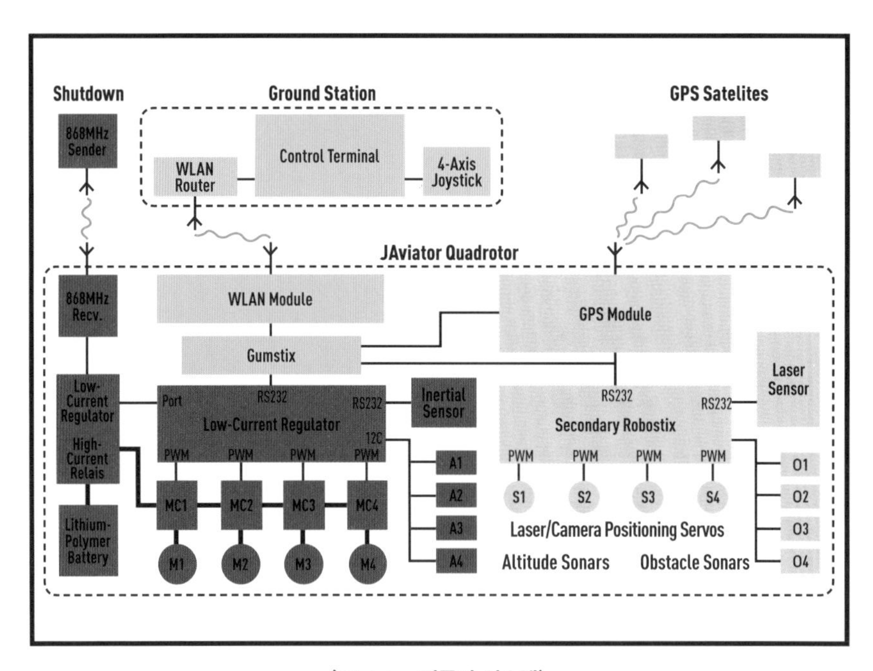

〈JAviator 컴퓨터 시스템〉

픽스호크 이후에는 자동조종autopilot을 위한 마이크로컨트롤러와 영상 처리 등과 같은 보다 복잡한 임무 수행을 위한 임무컴퓨터가 분리된 구조로 개발되기도 했다. 다음 표는 픽스호크와 유사 시스템 간의 구성을 비교한 것이다. 자동조종 모듈에서 센서 입력과 모터 제어 출력 등을 담당하고, 이외의 출력값들은 임무컴퓨터에서 담당하는 방식으로 발전했다.

〈픽스호크와 유사 시스템 간의 구성 비교〉

	픽스호크	Asct. Pelican	AR. Drone	Mikrokopt.	Arducopt.
System CPU	CORE 2 Duo	Intel Atom	ARM9	ARM9	–
CPU Cores	2	1	1	1	–
CPU MHz.	1.86GHz	1.2GHz	486MHz	90MHz	–
RAM	2GB	1GB	128MB	96KB	–
Peak Consumption	27W	11W	1W	0.2W	–
USB ports	7	7	1	1	–
PCIe ports	0	1	0	0	–
S-ATA ports	1	0	0	0	–
UARTs	4	2	0	2	–
Autopilot	ARM7	ARM7	PIC24	ATMega	ATMega
AP MHz	60MHz	60MHz	24MHz	16MHz	16MHz
AP RAM	32KB	32KB	8KB	96KB	8KB
3D Gyro	x	x	x	x	x
Accelerometer	x	x	x	x	x
Compass	x	x	–	x	x
Open HW	x	–	–	–	x
Open SW	x	o	o	o	x
Typ. Max. Weight	1.5kg	1.5kg	0.6kg	1.5kg	1.5kg
Typ. Prop. Diam.	10"	10"	7"	10"	10"

디지털 통신 및 기타

드론에 있어 가장 중요한 기능은 지상의 조종사와 통신하는 것이다. 드론은 크게 세 가지 통신 방식을 사용한다. 드론의 모터를 제어하는 조종채널control & command, C2과 드론의 상태를 나타내는 텔레메트리telemetry, 그리고 탑재 카메라로부터 영상이 전달되는 임무통신이다. 상용 쿼드콥터 드론이 광범위하게 확산되기 전에는 조종채널 및 업링크uplink의 주파수[28]로는 72MHz가 주로 사용되었으며, 다운링크downlink의 주파수는 900MHz에서 4.7GHz까지 다양하게 사용되었다. 72MHz 조종기는 RC 모델 항공기에서도 주로 사용되었는데, 주로 아날로그 통신으로 조종신호를 RC 항공기에 전달했다. 아래 표는 군용과 민수용 무인항공기들의 통신 주파수다. 기종별로 아주 다양한 주파수가 통신에 사용되었음을 알 수 있다.

〈군용 및 민수용 무인항공기들의 통신 주파수〉

무인기	조종 및 업링크	다운링크(상태 · 임무정보)
캠콥터(CamCopter)	72MHz	2450, 4620MHz
파이어 스카우트(Fire Scout)	396.8MHz	428, 2210, 2286MHz
헌터(Hunter)	4415, 4755MHz(UHF 백업)	4415, 4755MHz
레이븐(Raven)	395MHz	1787.5MHz
알맥스(Rmax)	72~73MHz	2498, 1281MHz
스캔이글(ScanEagle)	902~928MHz	902~928MHz

RC 고정익기에서는 3~4개의 채널을 이용해서 조종이 수행되었다. 각 채널은 엔진 출력, 엘리베이터elevator, 러더rudder, 에일러론aileron에 조종신호를 보내고, 이 신호를 수신받아 각각의 조종면을 작동시켰다. 기존 RC 항공기는 조종채널과 조종면을 일대일로 매칭시키는 것이 가능했다. 쿼드콥터의 경우에는 각각의 모터와 조종채널을 일대일로 매칭시키는 것은 실용적이지 않았다. 대신에 쿼드콥터는 상승·하강, 회전, 전·후진, 좌우이동 등을 각각의 채널에 할당했다. 이는 아날로그 통신 대신에 디지털 통신을 사용하고, 수신된 신호를 쿼드콥터 드론의 비행조종 컴퓨터에서 분석해 각각의 모터를 제어하는 신호를 발생시키는 방식으로 대체되었다.

---

28 업링크는 조종기에서 드론(무인기)으로 전송하는 통신을 의미하고, 다운링크는 드론에서 지상으로 보내는 통신을 의미한다. 업링크는 조종신호, 다운링크는 상태정보(telemetry) 및 임무정보(mission data)를 의미한다.

드론에는 2.4GHz와 5.8GHz 비면허 대역의 통신이 광범위하게 사용되고 있다. 주로 조종통신과 임무영상데이터 통신에 주로 사용된다. 조종통신은 디지털화된 통신에 FHSS[29], DSSS[30] 모듈화 기술을 도입해 사용하고 있다. 모듈화를 통해 타 드론과의 혼선을 방지할 수 있어 한 공간에서 더 많은 드론의 비행이 가능해졌다. 드론의 확산에 결정적 역할을 한 것은 드론이 촬영한 영상을 실시간전송streaming을 통해 바로 시청이 가능해졌다는 점이다. 드론이 촬영한 영상을 바로 시청할 수 있고, 또 영상을 보며 조종할 수 있다는 것은 많은 이들이 드론에 빠져들게 되는 계기가 되었다. 이는 2.4GHz, 혹은 5.8GHz 대역에서 제공되는 와이파이Wi-Fi 기술을 드론이 채용함으로써 가능해졌다. 일반 무선 인터넷에 사용되는 와이파이 기술을 사용함에 따라서 비교적 매우 저렴한 비용으로 영상데이터 전송이 가능해졌다. 와이파이 기술은 영상 전송 거리나 화질에서 뚜렷한 한계가 있었지만, 부품을 값싸게 구할 수 있고, 또 간편하게 영상 전송이 가능해 많은 분야에서 드론이 활용될 수 있는 기반이 되었다.

이 밖에도 GPS(위성항법장치)의 채택도 드론의 대중화에 크게 이바지했다. 드론의 개발이 비록 실내비행이 가능한 소형 무인비행체에 대한 연구자들의 요구로부터 시작되었지만, 드론이 대중적으로 확산될 수 있었던 것은 GPS가 쿼드콥터 드론에 도입되었기 때문이다. 하지만 드론이 개발되던 초기에 이미 GPS는 대형 군사용 무인기에 광범위하게 사용되고 있었다. 또 고정익 방식의 소형 무인기 등에 적용할 수 있는 경량의 조종 컴퓨터 등이 2000년대 초반에도 출시되어 있었다.[31] 야외비행을 위해 쿼드콥터 드론에 GPS를 적용하는 것은 매우 자연스러운 일이었다.

---

29 Frequency Hopping Spread Spectrum(주파수 도약 스펙트럼): 반송파가 짧은 영역에서 자동적으로 변하는, 대역을 확산하여 일어나는 변조. 전송할 정보에서 요구되는 대역폭보다 훨씬 더 넓은 주파수 대역을 차지하는 주파수군에서 가상의 임의 방법으로 이루어진다.

30 Direct-Sequence Spread Spectrum(직접 확산 스펙트럼): 원래의 신호에 주파수가 높은 디지털 신호(확산 코드)를 곱(XOR)하여 확산(Spreading)시키는 대역확산 변조 방식으로서, FHSS보다 전력 효율이나 대역폭 효율 면에서 월등하여 이동통신 CDMA와 거의 같은 의미로 받아들여진다.

31 마이크로파일럿(Micropilot) 사의 MP2000 등이 GPS를 사용한 경로비행(way point navigation)이 가능한 대표적인 경량 비행조종 컴퓨터였다.

디지털 카메라도 드론의 대중화에 크게 기여한 기술 중 하나다. 1990년대 말부터 디지털 카메라는 필름카메라를 세상에서 밀어내고 있었다. 디지털 카메라가 드론에 장착되자 고화질 영상이나 이미지를 촬영해 드론에 장착된 메모리에 저장할 수 있게 되었다. 이는 지도 제작, 영화 촬영은 물론이고 아주 다양한 드론 응용 산업을 창출해냈다. 짐벌 기술과 결합한 디지털 카메라는 처음에는 무인헬기에서 광범위하게 채용되었다. 무인헬기로 영화를 촬영하거나 지도를 제작하고, 건축 현장의 진도 등을 점검하는 등 아주 다양한 서비스가 시작되었다. 이후 드론의 비행시간이 길어지고 탑재할 수 있는 임무중량이 증가함에 따라서 무인헬기는 급속하게 쿼드콥터 드론으로 대체되었다.

상용 드론이 산업 발전에 미친 영향

다양한 산업 분야에서 활약하고 있는 상용 드론

2010년 초반이 되자 쿼드콥터형 상용 드론의 대중화가 빠르게 이루어졌다. 픽스호크의 사례에서도 보듯이 2010년대 초에는 드론 기체 형상, 조종 소프트웨어와 하드웨어 등은 대부분 표준화되거나 유사한 형상으로 수렴되기 시작했다. 서로 다른 기업들 간에 수렴이 이루어졌다는 것은 산업과 기술 전반에서 최적의 드론에 대한 공감대가 확산되기 시작했다는 것을 의미한다. 이 시기에 중국의 DJI, 프랑스의 패럿Parrot, 그리고 미국의 3DR 등이 전 세계 시장의 강자로 부상한다.

2010년대는 드론을 이용한 응용 산업이 시작되고 발전한 시기다. 드론을 이용한 응용 산업이 시작된 분야는 영화 및 광고 촬영으로 볼 수 있다. 2000년대 말에 많은 영화와 광고 촬영 감독들이 DIY 드론으로 영화와 광고를 촬영하기 시작했다. 드론을 사용하기 이전에는 헬리콥터가 공중촬영에 사용되었다. 드론은 헬리콥터에 비해 촬영 대상에 훨씬 더 가까이 접근할 수 있고, 헬리콥터보다 촬영 대상에 훨씬 더 적은 영향을 미쳤다. 헬리콥터는 하강풍이 매우 강하며, 소음도 커서 근접촬영에는 적합하지 않았다. 하지만 훨씬 소형이며 자동조종되는 드론은 상대적으로 하강풍도 그리 크지 않았고 작은 소음만 발생했다. 그리고 무엇보다도 드론은 안전성을 보장해준다는 큰 장점을 가지고 있다. 다양한 각도에서 촬영하기 위해서는 카메라 촬영기사가 높은 곳에 올라가거나 좁은 난간에 의지하는 등 위험을 감수할 수밖에 없다. 하지만 영상촬영용 드론을 사용하면 그럴 필요가 없다. 지상에서 모니터를 보며 안전하게 촬영이 가능하다. 이러한 장점으로 할리우드를 중심으로 영상촬영용 드론의 사용이 아주 급속하게 확산되었다. 또한 드론은 비용절감 측면에서도 아주 유용하다. 영화 촬영 시 헬리콥터를 이용할 경우 하루 이용 비용이 15만~20만 달러 정도인 데 반해, 영상촬영용 드론을 이용할 경우에는 4,000~5,000달러의 비용이면 충분하다.

드론이 도입되기 이전에는 지미집Jimmy Zip 카메라나 크레인이 수직촬영에 사용되었다. 지레 위에 카메라를 설치하는 지미집 카메라는 회전반경 등이 고정되어 카메라 각도 등이 제한적인 범위 내에서만 가능했다. 그렇기 때문에 다양한 촬영 각도나 카메라 워크를 구현하기 위해서 많은 수의 다양한 지미집 카메라가 동원되었다. 드론은 다양한 각도에서 다양한 경로로 피사체를 쫓아다니며 촬영이 가능하다. 드론이 영화에 도입되자 곧이어 뉴스나 다큐멘터리 촬영 등 보도 분야에도 확산되었다. 이로 인해 드론 저널리즘drone journalism이라는 신조어가 2010년대 초에 등장하기까지 했다. 드론 저널리즘이란 드론을 이용해 얻은 다양한 정보를 뉴스 등에 사용하는 것을 말한다. 드론 응용 분야는 이후 빠른 속도로 확장되었다. 드론이 활용되기 시작한 대표적인 분야는 농업, 인프라 관리, 산림 관리, 환경 모니터링, 실종자 수색, 화재현장 감식 등을 들 수 있다.

상용 드론이 이처럼 다양한 분야에서 활용되는 이유는 무엇일까? 그렇게 될 수 있었던 드론의 가장 중요한 특성은 공중에서 영상 촬영을 하면서 데이터를 획득할 수 있는 능력을 지녔다는 점이다. 드론이 대중화되기 이전에는 공중에서 사진이나 영상은 인공위성이나 유인항공기를 이용해 촬영했다. 촬영에 사용되는 저궤도 인공위성은 지표면으로부터 200~2,000km 상공에서 지구를 주기적으로 공전한다. 하루에 15회가량 지구를 공전하는 인공위성은 전 세계 대부분의 지역에 대한 촬영이 가능하다. 인공위성은 한꺼번에 아주 큰 지역을 촬영할 수 있으며, 주기적으로 모니터링할 수 있다는 장점이 있다. 인공위성의 위치가 아주 정확하게 유지되기 때문에 영상 품질이 매우 균일하다는 장점이 있다. 하지만 인공위성은 구름 등 기상현상에 의해 지표면이 가려질 경우 촬영이 어렵다는 단점이 있다.

또 높은 고도로 인해 해상도에 일정 정도 한계가 있다. 인공위성에 탑재된 임무장비는 발사된 이후에는 교체가 불가능하다는 것도 인공위성이 가지는 한계다. 이에 반해 드론은 인공위성이나 유인항공기에 비해 한번에 촬영할 수 있는 지역은 매우 좁을 수밖에 없다. 비행시간과 통신거리 한계 등으로 장거리 비행이 불가능하기 때문이다. 또 균일한 품질의 영상을 얻는 것도 쉽지 않다. 비록 GPS 등과 같은 위성항법장치의 도움으로 촬영 시 드론의 위치를 기록할 수 있기는 하지만, 인공위성과 비교하면 그 정밀도는 낮을 수밖에 없다. 그럼에도 불구하고, 드론은 원하는 시간에 원하는 종류의 영상 촬영이 가능하다는 아주 큰 장점을 가진다. 또 낮은 고도에서 촬영하기 때문에 아주 고해상도의 이미지를 얻을 수 있다. 드론이 가지는 가장 큰 장점은 역시 저렴한 비용으로 공중촬영 영상을 얻을 수 있다는 것이다.

드론이 가진 또 다른 특성은 위험한 지역이나 기존의 유인항공기가 접근하기가 용이치 않은 지역에 접근이 가능하다는 것이다. 유독가스가 누출되어 사람의 접근이 불가능한 지역에도 드론은 접근할 수 있다. 또 대형 화재나 지진, 홍수 등의 재난이 발생해서 접근이 용이치 않은 지역에도 드론을 보내 상황 등을 파악하는 것이 가능하다. 대형 송전시설, 공장의 높은 굴뚝, 그리고 대형 교각 하단 등 사람이 접근하기 위해서는 위험을 무릅써야 하는 장소도 드론은 쉽게 접근할 수 있다. 전기모터로 구동되는 드론은 고정된 사물에 매우 근접하게 접근할 수 있다. 드론에 장착된 카메라의 줌 기능을 사용할 경우 고배율의 사진을 얻는 것도 가능하다. 자동비행이나 자율비행 기능을 통해 드론은 다양한 임무수행이 가능하다. 특정한 지역이나 사물을 장기간에 걸쳐 관측하거나 촬영해야 할 경우, 유인항공기는 조종사가 매우 큰 업무 부담을 지게 된다. 장기간에 걸친 감시비행은 조종사에게

〈공중촬영 수단인 저궤도 인공위성과 드론 비교〉

촬영 수단	저궤도 인공위성	드론
촬영 범위	광역 영상	국소 영상
촬영 가능 지역	지구 전역	비행허가지역, 타국 등은 제한적
탑재 장비	최초 탑재 장비 한정	탑재 장비 변경 용이
영상 품질	균일	비균일
촬영 주기	주기적	비정시
해상도	30cm 이상	7cm 이상
촬영 비용	고가	저가
촬영 기간	순간	장시간

는 대표적인 3D[32] 업무로 분류된다. 빠른 속도로 지구를 공전하는 저궤도 위성은 한 지점을 장기간에 걸쳐 촬영하는 것 자체가 불가능하다. 드론의 경우에는 간단한 정점체공 기능이나, 자동비행 등을 통해서 장기간에 걸친 감시나 촬영이 가능하다. 드론은 통신 네트워크에 쉽게 결합할 수 있고, 비행 중에 획득한 데이터를 무선 네트워크로 실시간으로 전송하거나 공유할 수 있다. 영국의 혁신 프로그램인 이노베이트 UKInnovate UK는 드론을 "영국 산업을 혁신할 IoT(사물인터넷)로 연결된 빅데이터Big Data의 팔과 다리[33]"라고 표현하고 있다. 드론은 다양한 산업현장에서 아주 여러 가지의 데이터를 지속적으로 모을 수 있는 수단이다. 드론은 이전에는 인간이 접근할 수 없거나, 접근이 가능한 경우라도 그 비용이 너무 커서 경제적 타당성이 떨어지는 데이터를 빠른 시간 내에 저렴한 비용으로 획득할 수 있게 해주고 있다. 이렇게 취합된 데이터를 빅데이터로 가공해서 새로운 부가가치를 창출하거나, 현재까지는 불가능했던 새로운 서비스를 창출할 수 있다.

---

32 3D는 근로자들이 일하기를 꺼리는 업종을 지칭하는 신조어로, 더러움을 뜻하는 dirty, 힘듦을 뜻하는 difficult, 위험함을 뜻하는 dangerous의 앞글자를 따서 만들었다.

33 "RAS 2020", Innovate UK, July 2014, "Acting as the arms and legs of 'Big Data', connected in 'The Internet of Things', RAS is a ubiquitous and underpinning technology that can fuel the UK's Industrial Strategy. RAS는 robotic and autonomous system의 약자이며, 드론 등의 육·해·공 무인이동체와 산업용 로봇 등을 통칭하는 말이다.

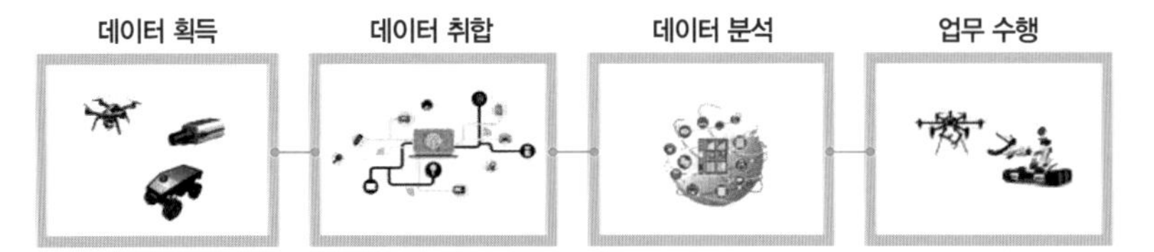

〈드론 IoT 빅데이터 생태계〉

드론 응용 산업 전망

드론 산업은 크게 군수와 민수로 구분된다. 민수는 다시 취미용과 상업용으로 나눠진다. 취미용 드론은 개개인이 여가나 취미활동을 위해 구매하는 드론이며, 상업용 드론은 공공서비스를 제공하거나 영리활동을 하는데 사용하는 드론을 의미한다. 초기 드론 민수시장은 취미용 드론이 성장을 주도했다. 3kg 내외의 드론을 구매해 영상을 찍고, 조종을 하는 수많은 마니아들이 시장을 이끌었다. 하지만 앞으로의 시장은 상업용 드론이 주도할 것으로 예상된다. 드론 자체보다는 드론을 활용해 새로운 부가가치나 서비스를 창출하는 응용시장의 성장이 가파를 것으로 예상된다. 드론 시장 예측 기관[34]들의 예상을 종합하면 2016년 62억 달러 규모였던 드론 시장이 2025년에는 403억 달러 규모로 성장할 것으로 보인다. 연평균 17% 이상의 급속한 성장이 예상된다. 2025년 시장 전망치는 민수 부분에서 상업용 시장이 취미용 시장의 4배 정도 더 클 것으로 예상한다. 2016년 드론 민수시장의 대부분이 취미용 시장임을 감안하면 앞으로 드론 시장은 상업용 드론이 성장을 주도할 것임을 알 수 있다.

드론 응용 산업은 인프라 관리, 농업, 수송, 보안경비, 그리고 스포츠문화 분야에서 크게 발달할 것으로 예상된다. 우리가 큰 기대를 하고 있는 수송 분야는 기술적 문제보다는 제도적 문제로 인해 성장이 예상보다는 더딜 것으로 예측된다. 앞으로 몇 년간은 영상센서를 기반으로 한 인프라 관리나 방제를 중심으로 한 농업 분야가 드론 산업의 성장을 견인할 것으로 예측된다.

---

34 PwC, Market & Market, 그리고 Teal-Group의 예측치를 참고했다.

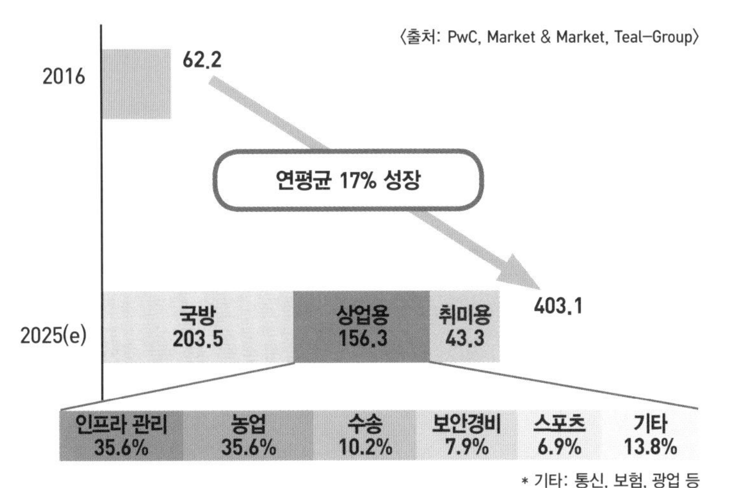

〈2016년과 2025년 드론 시장 비교 및 전망〉

제조			운영			서비스	
부품	드론 기체	임무 장비	운용 시설	관제 시스템	운용사	지원사	데이터 서비스
• 모터 • 배터리 • 센서	• 취미용 • 상업용 • 군용	• EO, IR • Lidar • 분광 등	• 비행장 • 통신시설 • 항법시설	• 통합관제 • 드론 ID • 불법대응	• 드론 조종 • 영상 촬영	• 드론 정비 • 부품 지원 • 교육훈련	• 영상 처리 • 빅데이터 • 데이터 보급

〈드론 산업 생태계의 구성〉

드론 응용 산업에 주목하는 이유 중 하나는 고용 창출 능력이 크기 때문이다. 드론과 관련된 산업 생태계는 부품과 완제기 제작, 임무장비 제작, 드론 운용, 정비, 드론 서비스 등으로 구성된다. 제작과 정비 분야가 공학과 관련된 일자리를 창출한다면, 드론의 운용이나 서비스 부분은 조종사뿐만 아니라 드론 데이터 분석가, 드론 엔터테이너 등 아주 다양한 분야의 일자리를 창출한다. 최근에 국내에서는 드론조종교육원과 드론방제서비스 등을 중심으로 많은 일자리들이 창출된 바 있다. 미국 연방항공국FAA에 따르면, 2019년 말 기준으로 미국 내 상업용으로 등록된 드론은 42만 대이며, 인증된 드론 조종사는 16만 명에 이른다고 한다.[35] 여기서 드론 조종사는

35 FAA, "UAS by the Numbers", faa.gov/uas/resources/by_the_numbers, 2019.12.101,509,617 Drones Registered (420,340 Commercial Drones, 1,085,392 Recreational Drones), 160,748 Remote Pilots Certified.

취미로 드론을 날리는 개인조종사가 아닌, 영리 목적으로 드론을 운용하는 조종사를 의미한다. 드론 응용 기업에는 조종사 이외에도 정비사, 데이터 해석가 등이 필요하기 때문에 미국 내에서 드론 응용 산업은 이제 상당한 수준의 고용을 창출하고 있음을 알 수 있다. 미국 연방항공국의 발표에서 확인된 바와 같이 등록된 드론의 수에서 상업용 드론은 30% 정도를 차지하고 있다. 상업용 드론에 대한 등록이 2016년경부터 시작된 것을 고려하면 이 수는 매우 빠른 속도로 증가하고 있음을 알 수 있다. 비슷한 사례는 유럽에서도 목격되고 있다. PwC의 연구에 따르면, 2030년까지 영국 내 상업용 드론은 최대 8만 대까지 증가할 것으로 예상되며, 62만 8,000개의 일자리를 창출할 있을 것으로 예상된다.[36] 우리보다 6배 많은 인구를 가진 미국과 우리와 비슷한 인구수를 가진 영국의 사례를 감안하면, 우리나라도 드론과 관련된 일자리가 매우 급속하게 증가할 것으로 예상된다. 정부는 2021년을 전후로 해서 상업용 드론 조종사는 5만여 명, 관련 일자리는 50만 개 정도가 창출될 수 있을 것으로 예측하고 있다.

〈2030년 영국의 각 부문별 활용 드론 추정 대수〉

부문	2030년 드론 추정 대수
영국 내	**76,233대**
공공서비스 및 국방, 보건, 교육, 기타 서비스	27,521대
농업, 광업, 에너지(가스, 전기)	25,732대
수송 및 배송	11,008대
건설 및 제조	4,816대
기술, 미디어, 그리고 전기통신	4,541대
금융, 보험, 전문 서비스 및 행정 서비스	2,514대

PwC는 해당 연구에서 2030년 영국에서 공공서비스, 국방, 보건, 교육 분야에서 약 2만 7,000대의 드론이 활용될 것으로 예측하고 있으며, 농

---

36 PwC UK, "Skie without limits, Drones taking the UK's economy to new heights".

업, 광업, 에너지 인프라 부분에서 약 2만 5,000대, 그리고 수송 및 배송 분야에서 약 1만 1,000대의 드론이 활용될 것으로 예상하고 있다. 아마도 창출되는 일자리도 이에 비례할 것으로 예상이 가능하다.

드론 응용 산업의 발전은 기능별로 구분하면 센싱sensing, 수송, 작업 등으로 구분할 수 있다. 센싱은 영상이나 비영상 센서 등을 이용해 다양한 데이터를 획득하고 이를 가공해 부가가치나 새로운 서비스를 제공하는 것이다. 중량물을 하나의 지점에서 다른 지점으로 이동시키는 업무는 수송이다. 로봇팔이나 분사장치 등을 이용해 업무를 수행하는 작업 분야도 드론에서 유망한 분야로 볼 수 있다. 각각의 기능에 의한 응용 분야를 정리하면 다음과 같다.

〈핵심 기능에 의한 드론 응용 분야 및 기술적 과제〉

핵심 기능	탑재장비	응용 분야	기술적 과제
센싱	• 광학 카메라, 열화상, 라이다(Lidar), 분광 • 기상, 대기, 오염	• 영화 촬영 • 인프라 관리 • 공공서비스 • 농림수산업 등 1차 산업	• 다양한 경량·저전력 센서 출시로 응용 분야 다변화
수송	• 캐빈 • 수화물 탑재장치	• 택배 • 드론 택시 • 화물드론	• 짧은 비행시간 극복이 핵심 과제 • 드론용 차세대 배터리, 수소연료전지 등이 필요
작업	• 로봇팔 • 분사장치	• 농업방제, 씨뿌기리 • 양식업 • 폭발물 제거 등	• 분사장치는 농업 분야에서 응용 활성화 • 경량·저전략 로봇팔의 개발 선행이 필요

농업 등 1차 산업

농업은 민수 드론이 가장 먼저 활용된 분야다. 1990년대 개발된 일본의 야마하 RMAX 무인헬기는 항공방제crop dusting 혹은 aerial spraying를 무인화하기 시작했다. 논농사와 산림 병충해 방제 등에 무인헬기가 도입되면서 일본과 한국에서 빠르게 농가에 보급되기 시작했다. 국내에서도 농업방제용 무인헬기인 리모에이치Remo-H가 2000년대에 개발되어 보급되었다.

당시 무인헬기를 이용한 방제는 하루에 작업할 수 있는 면적이 대당 7

(주)성우의 농업방제용 무인헬기 리모에이치(Remo-H)

만 평에 달했다. 일반 농부가 하루에 분무기 등으로 작업할 수 있는 양이 3,000~5,000평 정도임을 고려하면, 작업효율성이 엄청나게 향상되었음을 알 수 있다. 수작업으로 방제할 경우에는 최소 3인의 인력이 필요하다. 무인헬기를 사용할 경우에도 최소 3인의 인력이 필요하지만 작업 면적이 최대 25배가량 증가한다. 또 수작업으로 방제할 경우 많은 양의 농약을 흡입하는 것이 불가피하나, 무인헬기를 사용할 경우에는 원격 작업이 가능해 농약을 흡입할 가능성이 그만큼 낮아진다. 무인헬기로 방제 작업을 할 경우의 장점은 강력한 하강풍을 이용할 수 있다는 것이다. 대부분의 병해충은 태양의 직사광을 피할 수 있는 잎의 하단면에 기생한다. 기존의 항공방제나 수작업 방제는 농약을 살포 시 농약 대부분이 윗면에 살포되어 그 효과가 반감되곤 했다. 하지만 무인헬기로 방제 작업을 할 경우 강력한 하강풍이 지면에 반사되어 위쪽으로 향하면서 농약의 많은 양이 농작물 잎사귀의 하단면에 살포된다. 이 때문에 무인헬기를 이용할 경우 더 적은 양의 농약을 살포하고도 효과는 배가된다.

2015년경부터 농업방제 분야에 쿼드콥터 드론이 도입되기 시작했다. 무인헬기가 하루에 훨씬 더 많은 면적의 작업이 가능했음에도 불구하고 상대적으로 가격이 비싸고 조종하기가 어렵다는 것이 대중적인 확산에 장애가 되었다.[37] 저렴한 가격과 3~4개월 정도의 교육을 받으면 충분히 조종이

---

37 무인헬기는 2억 원대, 쿼드콥터 드론은 2,000만 원대의 가격으로 판매되고 있다.

국산 농업방제 드론 (좌 천풍드론, 우 메타로보틱스 드론)

가능한 드론이 농업 분야에 도입되자 농업용 무인헬기는 서서히 드론으로 대체되고 있다. 보다 정확하게는 기존에 수작업으로 방제를 하던 농가들이 드론을 이용한 농업방제로 전환하기 시작했다. 많은 드론 조종사들이 연합해서 드론방제단을 조직해 활동하기 시작한 것도 최근의 일이다. 드론은 무인헬기보다는 세기가 약하긴 하지만 하강풍 효과를 얻을 수 있다는 면에서 방제효과도 매우 좋은 것으로 알려져 있다.

농업 분야에서 드론의 활용 가능성은 농업방제에만 국한되지 않는다. 농경지를 드론에 근적외선NIR, Near Infra-Red 카메라를 장착해 촬영하여 병충해, 가뭄, 잡초 등을 조기에 탐지하는 기술이 아주 빠르게 도입되고 있다. 농작물은 근적외선 영상을 가장 많이 반사한다. 농작물이 병충해에 감염되거나, 공급되는 수분의 양이 모자르게 되면 근적외선 영상부터 달라지기 시작한다. 이에 착안해 근적외선 영상으로 농작물의 건강상태를 진단하는 기술이 1970년대부터 유럽에서 연구되기 시작했다. 근적외선 영상을 통해 건강상태가 좋지 않은 농작물을 선별하고, 선별된 농작물에만 농약, 비료, 그리고 수분을 살포한다. 이를 정밀농업precision agriculture라고 하는데, 이를 통해 농약, 화학비료, 용수 등의 공급을 최소화할 수 있게 된다. 하지만 근적외선 영상을 이용한 정밀농업의 상용화에는 큰 난관이 있었다. 근적외선 영상 촬영 비용이 너무 고가이거나 원하는 시간에 원하는 영상을 얻기가 매우 어렵다는 점이 바로 그것이었다. 저궤도위성이나 유인항공기는 너무 고가이고 원하는 촬영장비를 탑재하기가 쉽지 않았던 것이다. 하지만 드론이 도입되자 이러한 한계는 쉽게 극복되었다. 이제 원하는 시간에 원하는 영상을 얻게 된 것이다. 농업과 같은 1차 산업 분야에서 드론 활용 확산이 순조롭게만 이루어지고 있는 것은 아니다. 현재 드론의 1차 산업 활용에서 가장 걸림돌이 되고 있는 것은 고가의 임무장비다. 실제로 농업 분야에서 가장 많이 사용되는 근적외선 카메라는 낮은 해상도와 높은 가격이 빠른 시일 내에 해결되어야 할 과제로 지적되고 있다. 현재 근적외선 카메라는 640×480의 해상도가 주로 사용되고 있는데, 이보다 더 높은 해상도의 열화상 카메라는 매우 고가이며 미국 국방성에 의한 수출통제 품목으로 관리되고 있다. 그 무엇보다도 드론 탑재가 가능한 저렴한 고해상도 근적외선 카메라 개발이 시급하게 이루어질 필요가 있다.

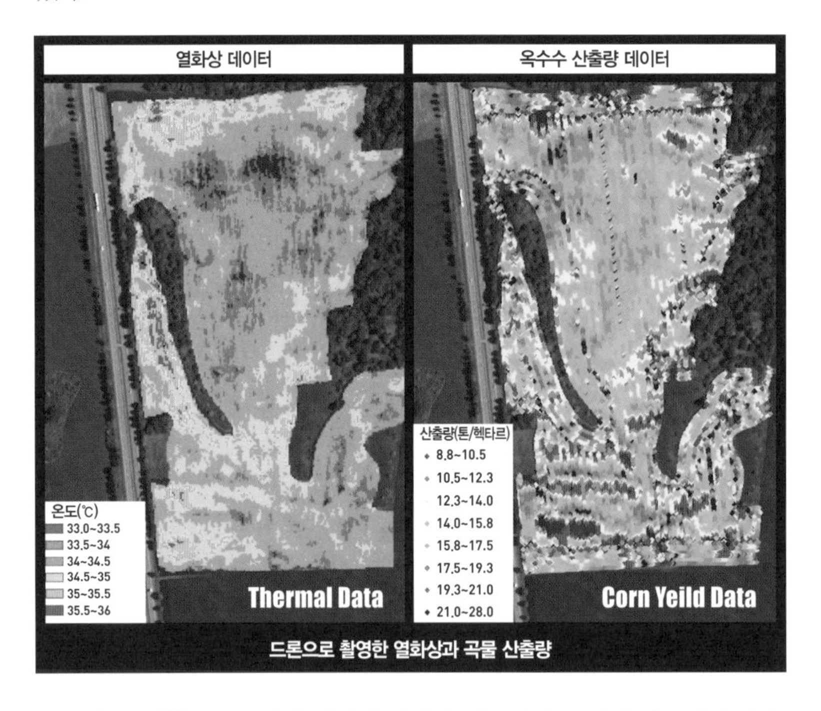

드론으로 촬영한 열화상과 곡물 산출량

위의 그림[38]은 드론에서 촬영한 열화상 데이터와 동일한 장소에서 옥수

38 S. Khanal 외, "An overview of current and potential applications of thermal remotesensing in precision agriculture", Computers and Electronics in Agriculture vol. 139, 2017.

수의 산출량을 보여준다. 열화상 데이터와 산출량 간에는 어느 정도 상관관계가 있는 것으로 확인되었지만, 정확한 예측은 아직까지 어려움을 알 수 있다. 이러한 한계를 극복하기 위한 노력들이 다양하게 진행 중이다. 산출량에 영향을 미치는 다양한 데이터들, 예를 들면 토질 데이터, 기후 데이터, 종자 데이터 등과 열화상 데이터를 연계하는 것이다. 즉, 빅데이터 기술을 도입해 예측의 정확도를 높일 수 있다.

드론을 이용한 정밀농업 기술은 위성 영상과 빅데이터 기술과 접목되면서 혁신적인 변화가 이루어지고 있다. 이제 농업에서 드론의 역할은 단지 최초의 데이터를 획득하는 것에 머무르지 않는다. 드론에 의해 확보된 데이터는 빅데이터 시스템에 의해 취합되고 가공된 후에 다시 드론이나 무인농기계 등에 의한 농작업으로 이어진다. 드론으로 시작하여 무인농기계로 이어지는 이러한 시스템을 변량기술VRT, Vailable Rate Technology이라고 부른다. 변량기술은 농지의 각 구역에 농약, 용수, 비료 등의 투입량을 서로 다르게 하는 것이다. 현재의 농업은 단위 농지에 동일한 양의 투입량을 살포한다. 현재의 농업 방식은 필연적으로 과도한 농약과 비료의 사용이 불가피하다. 따라서 친환경적인 농업의 구현을 위해서는 변량기술이 필요하다. 하지만 이는 인력에 의한 단순작업이나, 지능화되지 못한 농기계를 사용해서는 구현될 수 없다. 드론의 데이터 획득능력과 빅데이터 기술, 자율비행기술, 그리고 타 무인이동체와의 협업기술을 통해서 진정한 정밀농업과 변량기술이 구현될 수 있다.

〈드론 중심의 농업 IoT-빅데이터 시스템의 구성〉

이처럼 드론이 농업에 도입됨에 따라 농업 분야의 생산성이 빠르게 개선되고 있다. 호주의 한 연구[39]에 따르면 5만 달러의 비용으로 농업용 드론을 활용해서 산출량이 10% 증가했고, 매출액이 45만 달러 증가했다고 한다. 드론을 농업에 활용하면 농작물 작황을 조기에 예측할 수 있고 적기에 수확이 가능해진다. 또한 유통업체들은 농작물의 저장이나 운송을 위한 계획을 사전에 수립할 수 있다. 이처럼 농업용 드론은 단지 농부들에게만 이득을 주는 것이 아니다.

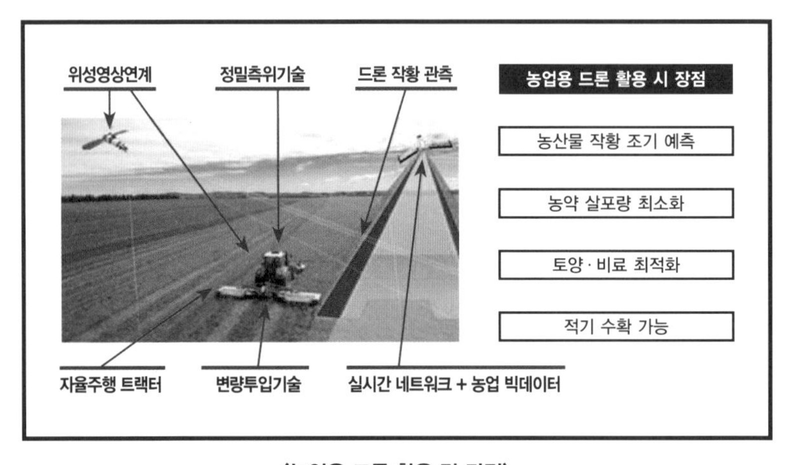

〈농업용 드론 활용 및 장점〉

식량농업기구는 단위면적당 농업 생산량 증대와 기후변화 및 물 부족 대응, 밀집 사육의 부작용 해소, 수산업 생산량 확대 및 임야의 활용을 통한 경작지 확대 등을 위해 드론 기술과 센서를 기반으로 한 IoTInternet of Things(사물인터넷) 등 다양한 최신 기술을 1차 산업에 도입할 것을 권고하고 있다. 농업 이외에도 축산업에서는 방대한 방목지에서 GPS를 부착한 가축에 대한 위치 추적, 모니터링, 도난 방지 등에 드론을 활용할 수 있다. 수산업에서는 방대한 해양 지역에서 유해생물, 수산 정보 및 양식업 모니터링을 위해 다양한 드론이 활용 가능하다. 사람이 접근하기 힘든 임야

39 AgriFutures Australia 2018

지역의 현황 파악, 위험 분석 및 생물학적 파악과 식재, 벌목 등 임작업에도 드론은 활용 가능하다.

국토 및 인프라 관리

드론을 이용한 촬영 기술들은 다양한 응용 분야를 창출하고 있다. 공중에서 촬영된 사진으로는 디지털 지도를 제작한다. 대규모 송전을 위한 철탑이나 천연가스 등의 파이프라인을 근접촬영하고 그 영상을 분석해 유지보수에 활용한다. 지구 자기장 지도를 드론으로 구축해 자원 탐사 등에 활용하는 것도 가능하다. 드론으로 영상정보를 획득하고 이를 가공하는 프로세스는 다음과 같다.

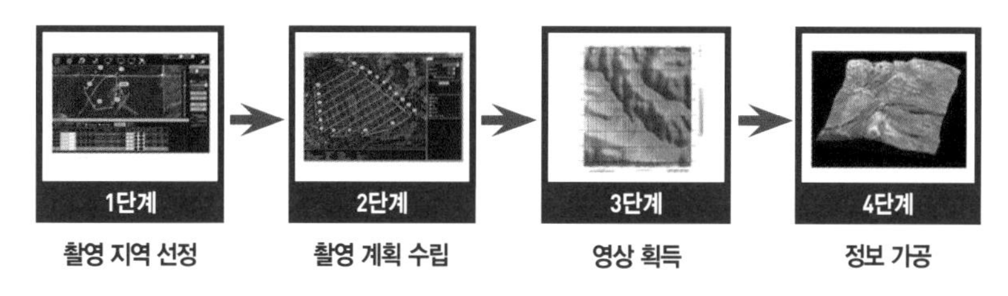

먼저 드론으로 얻고자 하는 정보가 확정되면, 이를 위해 탑재장비와 촬영 지역을 선정하게 된다. 사용할 드론, 임무장비, 그리고 원하는 데이터의 품질 등이 확정되면 이를 바탕으로 비행 계획을 수립한다. 비행경로 등은 다양한 운용 소프트웨어를 통해 자동으로 생성이 가능하다. 드론을 원하는 장소에서 비행하며 촬영을 수행한다. 촬영된 영상을 분석해 원하는 정보를 얻게 된다. 드론을 이용해 국토 인프라를 관리하기 위해서는 목적에 적합한 임무장비를 사용해야 한다. 전자광학 카메라EO, Electro-Optical Camera, 적외선 열화상 카메라Infra-Red Thermal Imaging Camera, 라이다Lidar, 그리고 분광 카메라Spectral Camera 등이 주로 탑재되는 임무장비들이다.

기존에는 단순한 영상 촬영에 머물던 드론을 이용한 국토 및 시설관리 분야에서는 디지털 매핑 기술이 도입되고, 적외선 열화상 카메라, 라이다, 분광 카메라 등 임무장비가 다양화됨에 따라 그 응용 범위가 급속도로 확

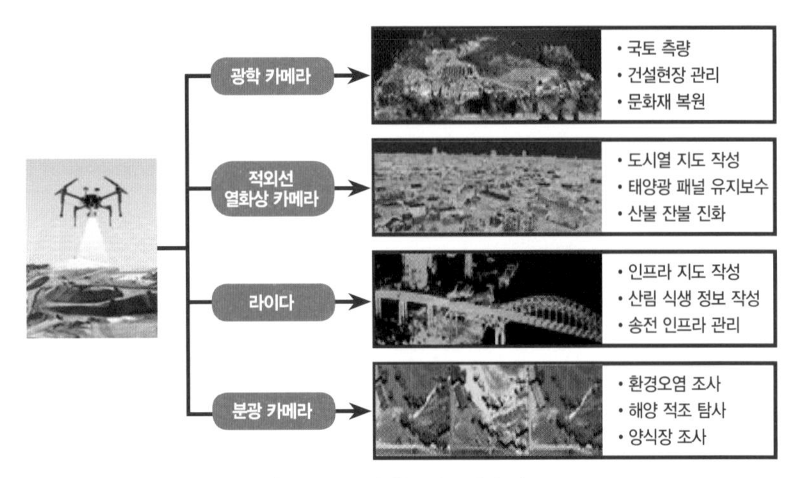

〈드론에 탑재되는 임무장비들〉

대되고 있다. 기존에는 광학 카메라로 근접해 시설물을 촬영하고 이를 사람이 눈으로 조사해서 결함 등을 찾아내곤 했다. 하지만 다양한 인공지능 기술을 이용해 원하는 결함요소를 분석 컴퓨터가 자동으로 찾아낸다. 또 촬영된 지형 정보는 매핑 소프트웨어로 가공되어 디지털 정보로 원하는 사용자에게 제공되고 있다. 드론에서 촬영된 광학영상을 이용해 국토에 대한 디지털 맵을 작성하거나, 문화재를 복원하고, 건설현장을 관리하는 작업들은 현재 이미 보편화된 드론 서비스로 자리 잡고 있다.

적외선 열화상 카메라를 탑재한 드론은 단지 농업 분야에서만 활용되는 것은 아니다. 드론의 열화상 영상은 도시 관리나 인프라 관리에도 유용하게 사용된다. 태양광 패널을 열화상으로 촬영하면, 고장이나 결함에 의해 발전이 되지 않는 부분을 쉽게 찾아낼 수 있다. 이 밖에도 야간에 도심을 열화상으로 촬영하면 도시 내에 국부적으로 형성되는 열섬thermal island을 확인할 수 있다. 확인된 열섬은 관계시설을 신설하거나 교통을 제한하는 등의 방법으로 온도를 낮추는 것이 가능하다. 산불과 같은 재난의 발생 시에도 드론에서 촬영된 열화상은 유용하게 사용될 수 있다. 주간에는 소방헬기 등으로 산불을 진화하고, 야간에는 드론을 이용해 열화상을 촬영한다. 촬영된 영상으로 육안으로는 확인되지 않는 잔불의 존재 여

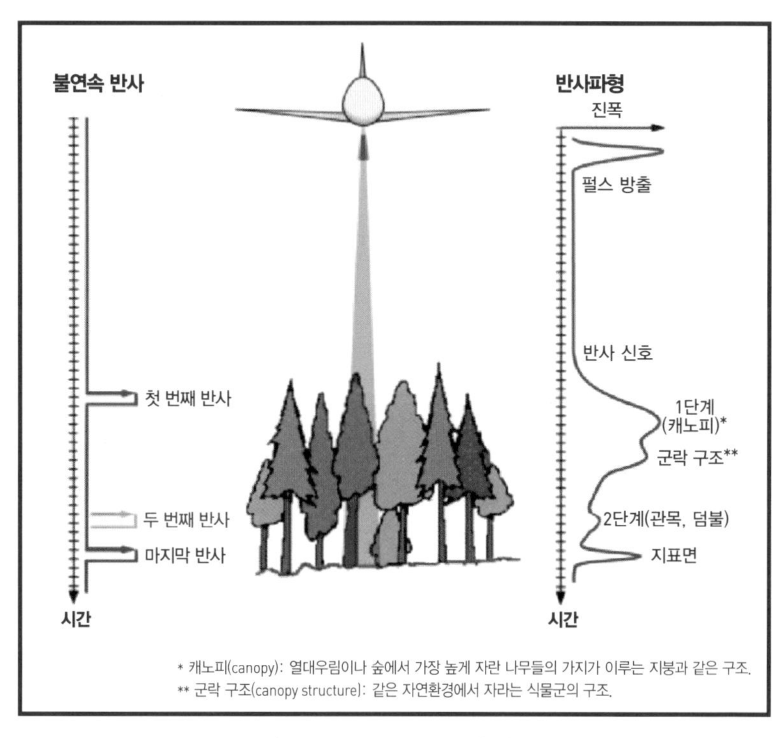

〈라이다를 이용한 산림 측정〉

부를 파악할 수 있다. 잔불이 존재하는 장소를 국소적으로 진화해 추가로 산불이 확산되는 것을 막을 수 있게 된다.

자율주행차의 충돌회피 센서로 널리 알려진 라이다는 원래 항공기에서 지표면이나 수심을 측정하기 위한 장비로 널리 쓰였다. 라이다는 레이저 광원이 피사체에서 반사되는 시간과 파형을 측정한다. 이를 통해 지형이나 수심, 식생 상태 등을 측정할 수 있다. 또 금속 구조물의 경우 가는 선 구조물 등을 정확하게 측정할 수 있어 송전선 등을 탐지하는 데 적절하다. 최근 라이다가 특히 더 각광을 받고 있는 것은 산림이나 농작물의 성장 정도를 측정할 수 있는 능력 때문이다. 다음 그림과 같이 라이다로 나무들을 촬영하면 세 가지 서로 다른 반사파를 얻을 수 있다. 레이저 펄스를 발사하면 나뭇가지와 잎이 시작되는 부분에서 한 번, 나무의 기둥이 드러나는 곳에서 한 번, 그리고 지표면에서 한 번, 이렇게 세 번 그 빛이 반사된다. 이러한 라이다의 특성을 이용하면 산림의 생육 정도를 매우 정확하게 파악할 수 있다. 이 원리는 농작물에도 적용된다. 특정 시기에 농작물의 생육 정도를 라이다를 통해 측정하는 것이 가능하다.

라이다는 피사체와 센서 간의 거리, 작은 직경의 구조물을 정확하게 측정할 수 있다는 특성을 가지고 있다. 따라서 라이다를 이용할 경우 지표 고도나 수심뿐만 아니라, 송전선이나 철도 관련 인프라 등을 매우 정확하게 측정할 수 있다.

〈라이다를 이용한 송전 인프라와 주변 지표 고도 측정〉

라이다 탑재 드론을 응용한 분야는 점점 더 확대되고 있다. 그럼에도 불구하고 라이다의 대중화에 가장 큰 걸림돌은 비싼 가격이다. 드론에 탑재해 임무장비로 사용할 수 있는 라이다의 경우에는 5만~30만 달러에 판매되고 있다. 대중화를 위해서는 현재 가격의 10% 정도 되는 임무용 드론 라이다를 개발할 필요가 있다.

드론에 장착 가능한 초분광 카메라hyperspectral camera에 대한 수요도 점점 더 증가하고 있다. 분광 카메라는 적외선부터 가시광선 대역을 파장대별로 촬영할 수 있다. 적외선이나 근적외선 영상을 녹색green이나 적색red 광과 비교해 분석할 수 있다. 초분광 카메라를 사용할 경우에는 단순한 근적외선 카메라나 광학 카메라로 촬영한 영상보다 한 단계 더 심층적인 분석이 가능해진다. 유럽우주국ESA, Europe Space Agency은 해양과 지표면의

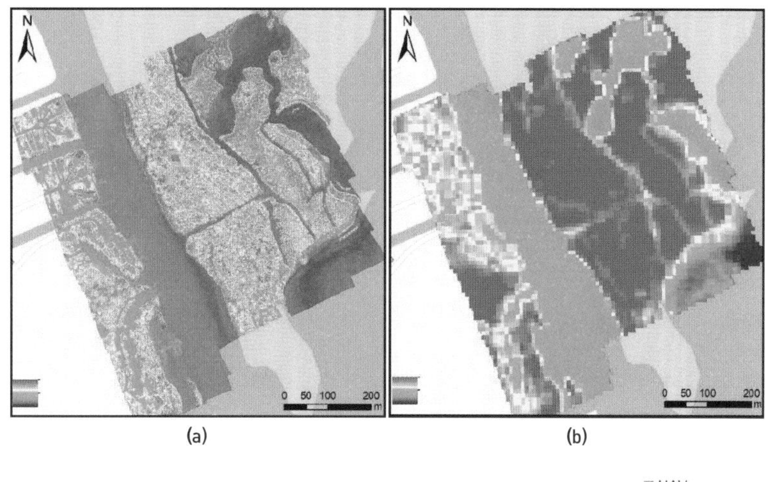

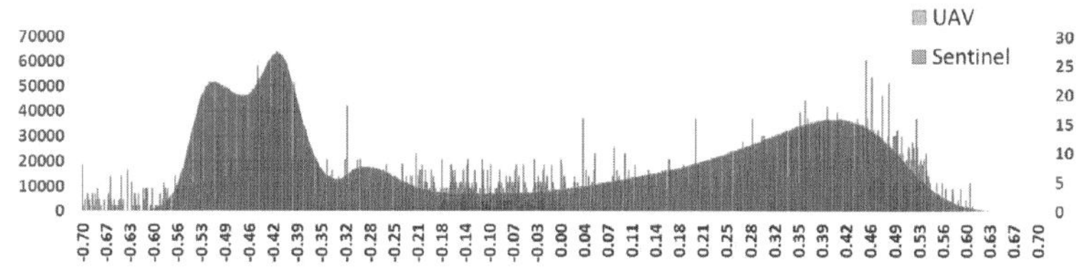

출처: Drones, July 2019

《(a) 드론의 초분광 카메라와 (b) 유럽우주국의 센티넬-2 위성 원격 센싱으로부터 얻은 영상 비교》

오염 등을 측정하기 위해 초분광 카메라가 장착된 센티넬Sentinel-2[40] 위성을 2017년에 발사한 바 있다. 센티넬-2에서 탐지한 초분광 영상과 드론에서 촬영한 영상을 비교분석하면 해상도와 분광능력 등에서 드론 영상이 월등한 정밀도를 보여줌을 알 수 있다.[41] 물론 위성은 드론에 비해 광범위한 지역을 촬영할 수 있으며, 지구의 대부분 지역을 촬영할 수 있다는 아주 큰 장점을 가지고 있다. 따라서 이러한 광범위한 지역의 위성 영상을 드론 영상 정밀도를 이용해 보정하는 기술들이 각광받고 있다. 초분광 카메라는 특정한 화학물질이 반사하는 특정한 파장을 감지할 수 있다.

---

40 센티넬-2(Sentinel-2) 위성 탑재 카메라에 대한 자세한 스펙은 위키페디아의 해당 페이지인 en.wikipedia.org/wiki/Sentinel-2에서 확인 가능하다.

41 B. Yang 외, "Using object-oriented classification for coastal management in the east central coast of florida: A quantitative comparison between UAV, Satellite, and Aerial Data", Drones, July 2019.

이러한 능력으로 인해 초분광 카메라는 지표면이나 수면, 그리고 공중에 존재하는 오염원을 탐지하는 데 사용된다. 석유 등이 누출된 해양에서 오염된 범위와 확산 정도를 정확하게 측정하는 데 초분광 카메라를 장착한 드론이 아주 유효한 수단으로 부상하고 있다.

운송

항공기의 가장 핵심적인 기능은 물건이나 사람을 나르는 것이다. 드론을 이용해서 물건을 나르려는 시도는 아주 일찍부터 수행되었다. DHL은 2014년부터 독일의 북해에서 교통 상황이 좋지 않은 섬들에 의료품을 배송하는 서비스를 시범적으로 실시한 바 있다.[42] 육지로부터 10여 킬로미터 정도 떨어진 유이스트juist 섬에 파셀콥터Parcelcopter를 이용한 배달을 선보였다. DHL에 앞서 아마존Amazon이나 구글Google 윙Wing 등은 드론을 이용한 도심 택배 서비스를 발표한 바 있다. 최근 온라인 쇼핑을 중심으로 이커머스e-commerce가 급속하게 성장함에 따라 소형 화물에 대한 택배물량이 전 세계적으로 급증하고 있다. 소형 화물에 대한 택배 비용을 줄이는 것이 미래의 이커머스 시장을 장악할 수 있는 최고의 수단이라는 인식이 폭넓게 공유되고 있다. 아마존과 구글은 택배에서 가장 많은 시간과 비용을 소모하는 최종배송 단계[43]에 드론을 투입해 비용과 시간을 절약하고자 한다. 드론을 이용해 소형 화물을 운반하겠다는 계획을 최초로 발표한 것은 아마존이었다. 2013년 아마존의 CEO인 제프 베조스Jeff Bezo는 CBS의 언론인 찰리 로즈Charlie Rose와의 인터뷰에서 옥토콥터Octocopter 드론을 이용한 배송 계획을 발표했다.[44] 이후 구글, DHL, UPS 등이 도심

---

42 Business Insider, "A German Company Just Left Amazon's And Google's Drone Delivery Plans In The Dust", 2014. 9. 25.

43 라스트 원 마일(last-one-mile)로 지칭되며, 일반적으로 택배기사가 최종

44 Rose,C.(2013) "Amazon's Jeff Bezos looks to the future", https://www.cbsnews.com/news/amazons-jeff-bezos-looks-to-the-future/.

▲ 택배용 드론 시범기 구글 윙(Wing) 〈사진 출처: wing.com〉

▼ 택배용 드론 시범기 아마존 프라임 에어(Prime Air) 〈사진 출처: amazon.com/Amazon-Prime-Air〉

Prime Air

에서 드론을 이용한 운송계획을 발표하게 된다. 이후 구글은 드론 택배를 전담할 구글-윙Goole-Wing[45]이라는 회사를 창업했으며, 아마존은 프라임 에어Prime Air를 설립했다. 이후 아마존과 구글은 영국에서 드론 택배 시범 서비스를 선보이고 있다.

이러한 거대 IT기업의 노력에도 불구하고, 드론 택배는 아직 상용화되지 못하고 있다. 도심에서 드론 택배를 상용화하기 위해서는 몇 가지 극복해야 할 문제가 존재한다. 먼저 드론의 짧은 비행시간과 제한적인 탑재중량을 들 수 있다. 15kg 내외의 중량을 가지는 드론들은 최대 2.5kg 정도를 탑재하고, 30분가량 비행이 가능하다. 이러한 제한적인 운송능력은 드론 택배의 현실화를 제약하는 가장 큰 장애다. 물론 아마존이 자체 물량을 분석한 결과에 따르면 택배 물량의 86%가 5파운드(대략 2.5kg) 이하라고 한다. 월마트Wal-mart(고객의 70%가량이 물류센터로부터 5마일(대략 8km)이내인 것으로도 알려졌다. 현재의 드론을 이용할 경우 충분히 배송이 가능한 중량과 거리다. 도심 내에서 드론 택배를 가로막는 가장 큰 장애는 현재까지 BVLOS[46]라 불리는 시계밖비행이 금지되어 있는 것이다. 드론 택배는 지상조종사의 BVLOS 비행이 필수다. 물류센터에서 이륙한 드론은 1km 이상을 날아서 배송지로 이동해 정밀하게 착륙해야 한다. 배송 목적지에 도달해서는 택배물품의 소유주를 확인하고 인계해야 한다. 배송지 상공으로의 이동은 디지털맵을 사용한 자동경로비행을 통해 가능하다. 배송지 상공에 도달하면 지상이나 택배함 등으로 착륙해야 한다. 자동착륙은 자동경로비행을 통해서는 불가능하고, 영상기반항법이나 지상에 설치된 특수 센서나 가이드장치를 사용해야 한다.

하지만 현재까지 일반 주거지에서 안전하게 사용할 만큼의 정밀이착륙

---

45 실제 회사명은 윙(Wing)이며 구글의 지주회사인 알파벳(Alphabet)의 자회사다.

46 Beyond Visual Line of Sight의 약자를 의미한다. 미국과 유럽의 항공당국들은 드론은 비행조종사, 혹은 보조 관측자가 육안으로 확인할 수 있는 범위 내에서 비행할 것을 요구하고 있다. 일반적으로 매우 좋은 시계조건에서 1km이내, 일반적인 상황에서 400m 이내 정도가 시계내비행(VLOS)이 가능한 범위다.

기술은 개발되지 않고 있다. 도심에서 시계외비행을 위해서는 건물, 보안 시설, 많은 대중이 왕래하는 장소 등을 자동으로 회피해서 비행해야 한다. 이는 위성항법 기반으로 지오펜싱Geo-fencing[47]을 통해 구현된다. 이처럼 도심 내에서 BVLOS 비행을 위해서는 UTM 체계[48]가 구축되어야 한다. 드론을 도심에서 운용하기 위해서는 무엇보다도 사람에 대한 안전이 확실하게 보장되어야 한다. 현재 드론 비행과 관련된 규정에는 많은 대중이 모여 있는 장소에서 드론을 비행하는 것은 금지되어 있다.[49] 도심에서는 대중이 모이는 장소가 시시각각으로 변할 수 있다. 이를 실시간으로 드론이 확인해 지오펜싱을 설정하는 등의 기술들이 필요하다. 드론을 이용할 경우 자동차를 이용한 경우보다 빠른 시간 내에 배달이 가능한 것은 사실이나, 그 효용에 대해서는 의견들이 엇갈리고 있다. 스위스의 우정국이 마터넷Matternet 사와 공동으로 진행한 혈액운송 시범사업에서는 루가노Lugano에서 배달시간이 택시 이용 시 최대 45분이던 것이 드론 이용 시 3분으로 줄었으나, 베른Bern에서는 택시 이용 시 15분, 드론 이용 시 6.5분으로 그 효용성이 확실하게 입증되지 못했다.[50]

드론 택배의 또 다른 장점인 배출가스와 에너지 사용을 최소화할 수 있다는 점도 부각되고 있다. 자동차를 사용할 경우 대형 차량을 이용해 많은 택배물량을 한꺼번에 운송해야 한다. 이때 많은 에너지가 낭비되고, 내연기관 자동차를 사용하면 배기가스도 다량 방출된다. 바로 이 점이 드론 택배가 각광받는 또 하나의 이유다. 그럼에도 불구하고 도심에서 안전성 확보 문제, UTM체계의 미비, 물건을 배송받을 고객에게 정확하게 배달해야 하는 문제 등으로 인해 아직도 드론 택배 서비스는 현실화되지 못하고 있다.

---

47 지오펜싱(Geo-fencing)은 디지털 위치데이터를 바탕으로 특정한 좌표구역 내에서 비행을 금지시키는 기술을 의미한다. 일반적으로 드론의 FCC에 비행금지 좌표를 설정하는 방식으로 작동한다.

48 UAV Traffic Management system을 의미하며, 관련된 사항은 관련된 장에서 보다 자세하게 설명했다.

49 미국 연방항공국(FAA)는 "대중이 모여 있는 장소에서 드론의 비행을 금지"하고 있다.

50 Roca-Riu 외 "Logistic deliveries with drones : State of the art of practice and research", Institute for transport planning and systems, 19th Swiss Transport Research Conf., 2019. 5월.

집라인 사의 의료품 드론 배송 서비스.

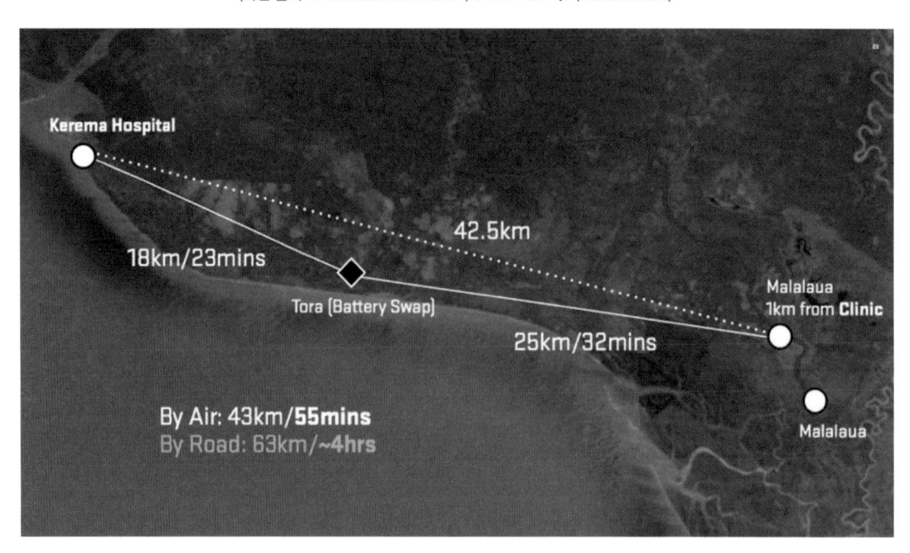

유엔이 수행한 파푸아뉴기니 드론 의료물품 배송 서비스.

드론을 이용해 오지에 보내는 긴급물량 드론 배송이 아프리카나 파푸아뉴기니 등에서 실용화되고 있다. 샌프란시스코에 위치한 집라인Zipline 사는 드론을 이용한 의료품 배송 서비스를 아프리카 가나에서 수행하고 있다.[51] 집라인은 가나 정부와 협력해 드론 30대를 이용해서 2,000여 개의 의료센터에 혈액과 백신, 그리고 의약품을 매일 배송한다. 집라인 사의 CEO에 따르면, 하루에 600여 회의 비행을 수행해 1,200만 명에게 의료 서비스를 제공하고 있다. 이외에도 집라인 사는 르완다에서도 유사한 서비스를 제공하고 있다. 유엔은 2016년 파푸아뉴기니에서 드론 의료품 배송을 시범적으로 수행한 바 있다. 유엔은 한 병원으로부터 의료 서비스가 제공되지 않는 지역까지 의료품을 드론으로 배송했다. 차량으로는 63km 거리를 달려서 4시간 이상 걸리는 의약품 배송시간을 드론을 이용해 55분으로 단축할 수 있음을 보여주었다. 30분 이상 비행이 불가능한 드론 특성상 중간에 착륙해 배터리를 교체하는 바람에 배송시간이 조금 지체된 것으로 보인다. 아프리카나 파푸아뉴기니 등은 도로와 같은 인프라가 미비된 지역들이 매우 많다. 이 때문에 육상이나 해상 교통수단으로 접근할 수 없는 지역이나, 많은 시간이 소모되는 지역을 중심으로 드론을 이용한 의료품 배송 서비스는 매우 유용하다. 비록 드론을 이용한 도심 택배는 본격적인 서비스가 지체되고 있으나, 드론을 이용한 의료품 배송 등은 특정한 곳에서 인류의 삶에 꼭 필요한 서비스로 자리잡고 있다.

문화 · 스포츠

매년 10월이면 세계적인 드론 조종사들이 영월에 모인다. DSIDrone Sports International[52]가 주최하는 국제드론스포츠 챔피언십 대회에 참석하기 위해서다. 강원도 영월읍 스포츠파크에서 개최된 2019년 대회에는 전 세계

---

51 TechCrunch, "Drone delivery startup Zipline launches UAV medical program in Ghana", 2019년 4월 24일.

52 DSI는 대한민국의 드론협회가 주도해 설립한 국제드론스포츠 관련 단체다.

2019년 영월에서 개최된 제4회 국제드론스포츠 챔피언십 대회.

16개국 20개팀 80여 명이 참여했다. 이 대회에서는 500m 트랙을 빠르게 도는 스피드레이싱과 장애물을 통과하는 익스트림 뫼비우스가 펼쳐졌다. 강원도는 도민체전에 드론 레이싱을 종목화할 계획도 가지고 있다. 드론 레이싱은 유튜브 등의 인터넷 동영상 서비스 뿐만 아니라, 최근에는 공중파에서도 중계되는 등 아주 빠르게 성장하고 있다.

해외에서도 드론 레이싱은 많은 인기를 얻고 있다. 세계적으로 널리 알려진 DRLDrone Racing League[53]은 미국과 유럽의 주요 도시에서 경기를 진행한다. 미국의 유명 방송사인 NBC와 스카이스포츠 등이 중계하기도 한다. DRL은 최근 '인공지능 로봇 레이싱A.I. robot racing 대회를 개최하기도 했다. FPVFirst Person View[54] 방식으로 조종하는 드론 레이싱은 스포츠와 드론, 그리고 고글을 이용한 AR기술 등이 융합되어 21세기에 각광받은 스포츠로 발전하고 있다.

---

53 DRL은 파일럿이 고글로 전송되는 영상을 보면서 성능을 개조한 드론을 90마일 이상의 속도로 네온 라이트 장애물 코스 사이로 비행하는 세계적 수준의 전문가급 경기대회다. DRL은 미국 뉴욕에 기반을 둔 스타트업으로 2015년 니콜라스 호르바체프스키(Nicholas Horbaczewski)가 설립했으며, 2016년 1월 세계 최초로 전문 드론 레이싱 대회 조직을 출범시켰다.

54 FPV는 고글로 전송되는 영상을 보면서 조종하는 방식을 의미한다.

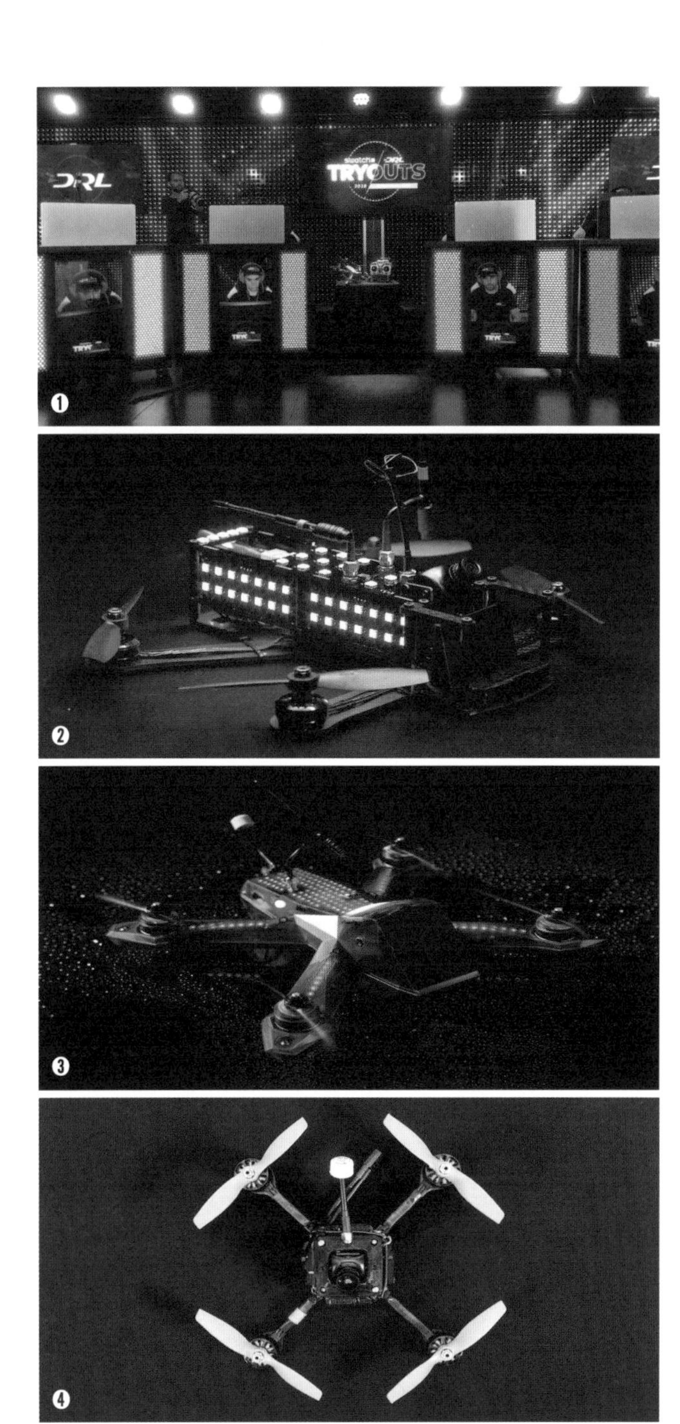

❶ 뉴욕에 있는 마이크로소프트 스튜디오에서 열린 2018 드론 레이싱 리그(DRL).
❷ 2016년 마이애미에서 열린 시즌1 첫 경기에 등장한 레이싱용 드론 DLR 레이서2(DLR Racer2). 최고속도 시속 80마일. ❸ 2017년 시즌2에서 등장한 DLR 레이서3(DLR Racer3). 최고속도 시속 90마일. ❹ 2017년 7월, DRL의 라이언 게리(Ryan Gury)와 그의 드론 엔지니어팀이 개발한 쿼드톱터 드론 DRL 레이서 X(DLR RacerX). 최고속도 시속 163.5마일을 기록하면서 "지구상에서 가장 빠른 레이싱 드론"이라는 평가를 받았다.

탄소복합재 프레임을 이용해 기체를 보호한 드론볼. 〈사진 출처: 대한드론축구협회〉

드론 축구는 대한민국에서 만들어낸 새로운 장르의 드론 스포츠다. 2개의 팀으로 나뉘어 각각 5대, 총 10대의 드론이 참가한다. 축구장과 같이 양쪽에 설치된 골대에 공격하는 드론볼이 통과하면 1점을 얻는다. 드론볼이 절반 이상 골대를 통과했을 경우에만 득점으로 인정된다. 드론 축구는 대한드론축구협회가 전체적인 발전과 경기를 주도하고 있다. 드론 축구용 드론은 탄소복합재 프레임을 이용해 기체를 보호한다. 프레임 자체가 축구공과 유사해 드론볼이라는 명칭으로 불린다. 서로 경기하는 양 팀은 발광하는 LED 등을 달아 서로를 구분할 수 있다. 국내 탄소산업단지의 중심인 전북 전주가 드론 축구 대중화의 중심이 되고 있다.

이 밖에도 드론을 이용해 수상스키를 끌어주는 드론 서핑, 날아오는 드론을 샷건을 이용해 사격하는 드론 샷건 사격 등과 같은 드론을 이용한 새로운 개념의 스포츠가 등장하는가 하면, 드론 낚시, 드론쇼 등 아주 다양한 문화 행사도 진행되고 있다. 최근에는 드론 영화라는 새로운 장르가 발전하고 있다. 전체 영상의 특정 퍼센트 이상을 드론으로 촬영한 영화

드론 샷건 사격(GNAT Warfare)

드론 서핑

가 드론 영화다. 제주시는 매년 11월 첫째 주에 제주국제드론영화제를 개최하고 있다. 이처럼 드론을 이용한 새로운 스포츠와 다양한 문화 행사가 나날이 늘어나고 있으며 대중적 인기를 더해가고 있다.

5. 왜 드론인가

드론의 중요성

2015년 2월 15일은 전 세계 산업계에 새로운 '판도라의 상자'가 열린 날로 기록되었다. 미국 연방항공청FAA이 상업용 드론(원격조종 무인비행체)의 운용 규정을 발표해 대중화 시대를 열었다. 통상 항공기는 안전 문제 때문에 복잡한 규제를 해왔지만 미국 연방항공청이 발표한 드론 가이드라인은 자동차 수준의 가벼운 관리 지침이었다. 과속(최고속도 161km/h)과 과적(최대중량 55파운드=25kg)을 금지하고 높은 고도로 날아다니는 항공기에 방해가 되지 않도록 저고도(500피트=152.4m) 운항을 의무화했다. 드론 면허·운용은 자동차 수준으로 간소화했다. 다만 낮에 한해 눈에 보이는 거리 내에서만 조종하고, 공항 8km 이내에서는 비행을 금지했다.

드론, 신산업을 이끄는 중추가 되다

《월스트리트저널WSJ, Wall Street Journal》은 이 가이드라인에 대해 "드론의 대중화 시대를 예고하는 획기적인 이정표"라고 평가했다. 이렇게 가벼운 규제만으로 비행을 합법화함으로써 드론이라는 성장 산업이 새롭게 등장하게 되었기 때문이다. 그건 실제로 미국 행정부의 의도이기도 하다. 미국 연방항공청은 "상업용 드론 규정이 실제로 적용되면 3년 안에 7,000여 개 업체가 이 분야에 뛰어들 것"이라고 전망했다. 백악관도 관련 산업 활성화를 위해 정부 부처가 드론을 적극적으로 활용하는 방안을 내놓았다. 드론의 활용 분야로 해안 경비, 국경 경비, 수색, 응급 구조 등을 예시한 것이다. 당장 경찰·소방당국, 해안경비대, 국경경비대 등이 드론을 업무에 적극적으로 도입할 것으로 보인다.

미국과 캐나다, 호주 등 광활한 국토를 가진 국가는 항공기를 활용한 농업이 발달했다. 작황과 병충해 모니터링부터 씨뿌리기, 약제 살포 등 다양한 분야에서 지금까지 인간이 탄 항공기가 하던 일을 앞으로 드론이 대신할 수 있게 되었다. 드론이 원가절감에 큰 역할을 하면서 전 세계 농업 판도에 상당한 영향을 미칠 수 있다. 송전탑, 송유관, 원자력 발전소 등 항공기나 헬기가 근처까지 접근하기 힘들었던 고위험 분야의 원격 점검에도 드론 사용이 늘어날 전망이다. 고층 건물, 교량, 댐, 도로, 공사장 등의 항공 촬영과 외부 관리 분야에서도 드론 열풍이 거셀 전망이다. 보도나 다큐멘터리, 영화 제작 등에 이용되는 항공촬영은 당장에라도 유인기에서 드론으로 말을 갈아탈 태세다. 당장 CNN이 연방항공청과 협약을 맺고 드론을 취재에 활용하는 테스트 프로그램을 시작했다. '드론 저널리즘', '드론 영상' 시대가 열리게 된 것이다.

점점 확대되는 드론 시장

미국 방위산업 컨설팅 업체인 틸 그룹Teal Group은 2010년 52억 달러 수준이던 전 세계 드론 시장 규모가 2022년에는 114억 달러까지 확대될 것이라고 전망했다. 2013년 전 세계 드론 시장의 90%가 군사용이지만 민간용 중소형 드론 기술 개발과 다양한 아이디어를 반영한 드론 개발이 봇물을 이루면서 민간용 드론 시장은 더욱 확대될 것으로 보인다.

드론은 각종 전자기기가 발달하고 대량생산을 통해 부품 원가가 싸지면서 대규모 시장 확대가 이뤄질 것으로 예상된다. 드론이 비행체이기는 하지만 부품의 대부분이 전자기기이기 때문이다. 드론의 핵심 전자기기들이 점점 더 가벼워지고, 더 적은 전력으로도 작동할 수 있게 되면서 대부분의 상용 드론은 엔진이 아닌 전기모터를 사용하는 추세다. 여기에 더해 고성능 연료전지의 등장으로 인해 드론의 체공시간 역시 점점 더 늘어나고 있는 상황이다. 물론 연료전지의 용량에 따라 체공시간이 결정되는 만큼 제한요소로 작용할 수도 있다. 하지만 전기모터의 성능 개량과 함께 연료전지 역시 성능 개량이 지속적으로 이루어지고 있는 만큼 드론의 체공시간 연장과 활용 범위의 확장은 거의 기정사실로 받아들여지고 있다.

여기에 다양한 센서를 장착하고, 센서를 통해 습득한 정보를 하나로 융합한 뒤 자율비행에 필요한 정보만 선택할 수 있는 프로그램을 개발함으로써 고난도 자율회피 기동도 가능해질 전망이다. 아직은 인간의 적절한 개입이 필요하지만, 무선통신기술의 발전은 궁극적으로 장거리 비행이 가능한 고성능 드론이 등장할 수 있는 밑거름이 되고 있다. 최근에는 자세 제어를 위한 3D 소프트웨어의 활용은 물론 GPSGlobal Positioning System(위성항법시스템)를 통한 초정밀 항법비행이 가능해지고 있다. 자동비행을 위해 내비게이터가 딸린 경우도 있다. 드론의 상당수가 촬영이 목적이기 때문에 자동 초점과 진동 보정, 자동 목표조준, 드론의 자세와 이동에 관계없이 목표물을 계속 추적하는 기능 등 다양한 영상 기능이 필요하다. 영상물을 전송하는 통신장치도 부착할 수 있다.

칩과 소프트웨어 발달에 따라 얼마든지 기능과 업무 영역을 확장해나갈 수 있는 것이 드론이다. 드론 기술 발전에 따른 획기적인 드론 진화와 그에 따른 폭발적인 시장 확대가 예상된다.

드론의 확장성

물류 혁신의 견인차가 된 드론

민간 분야에서 드론이 가장 크게 활약할 것으로 보이는 분야는 단연 물류다. 물류 분야는 드론으로 인해 가장 혁신적인 변화가 기대된다. 이미 상당한 진전이 있다. 2019년 드론을 통한 택배로 혁신을 이루겠다고 선언한 아마존은 드론 택배 서비스인 '프라임에어'를 담당할 드론 조종사를 모집하고 있다. 최초 2020년 상반기 중으로 상업 서비스 개시를 목표로 했으나 관련 법규 및 제도의 보완, 코로나 감염 확산 등의 이유로 인해 본격적인 드론 배달 서비스 시대의 개막은 좀 더 시간이 필요해 보인다. 하지만 아마존 창업주 제프 베저스Jeff Bezos의 추진력에 힘입어 드론 배달 서비스가 일상화되는 시대의 개막이 멀지 않았다. 한편 경쟁사인 DHL은 2014년 9월 드론에 소포를 실어 육지에서 섬으로 배송했다. 중국의 알리바바는 지난 2018년 2월, 베이징, 상하이 등 중국 대도시에서 사흘간 드론을 이용한 시범 택배를 성공적으로 완수했다. 드론 배달 유비쿼터스 시대를 예고한 것이다.

드론, 미디어 혁명을 이끌다

미디어 분야에서는 이미 드론이 변화와 혁신을 이끌고 있다. 접근성을 무기로 취재 영역과 방식 면에서 큰 혁명을 불러일으키고 있다. 영국 BBC 방송은 2018년 9월 이스라엘의 무인공격기의 미사일 발사로 벽돌더미만 남은 팔레스타인 가자 지구의 참상을 드론을 통해 보도하면서 "파괴 현장을 새로운 시야에서 보여드린다"는 설명을 덧붙였다. 실제로 드론을 통해 새의 눈으로 내려다본 가자 지구의 참상은 거리에서 본 것보다 훨씬 더 참혹했다. BBC는 이미 2011년 드론을 이용해 200만 마리의 플라밍고 떼의 생태를 관찰한 〈어스플라이트Earthflight〉라는 다큐멘터리를 선보였다. 이후 새떼의 이동이나 이동하는 철새의 눈으로 보는 지상의 아름다운 모습을 드론 촬영으로 선보였다.

미국 CBS의 인기 시사 프로그램 〈60분60 Minutes〉은 2018년 11월 체르노빌Chernobyl 주변의 유령도시 프리피야티Pripyat의 모습을 드론으로 생생하게 촬영해 공개했다. 원래 과학자들이 주로 거주하던 인구 4만 9,000명의 도시였으나 28년 전인 1986년의 체르노빌 원전 사고 이후 접근금지구역이 되면서 을씨년스러운 폐허로 변해가고 있다. 드론이 촬영한 모습은 원전 사고가 주는 피해를 생생하게 전했다. 드론을 활용해 제작한 영상은 과거 헬기로 찍은 화면에 비해 자유로운 앵글로 찍을 수 있어 더욱 생생하다는 평을 받는다. 2019년 태국과 홍콩 시위 현장 취재에도 드론이 대거 등장했다. 이제 보도에는 물론 다큐멘터리 제작과 영화 촬영에도 드론은 필수품으로 등장하고 있다. 드론은 바야흐로 인간의 삶을 바꾸는 만능 기기로 진화하고 있다. 드론의 확장성은 어디까지 갈 것인가?

드론은 미디어 분야에서 이미 변화와 혁신을 이끌고 있다. 접근성을 무기로 취재 영역과 방식 면에서 큰 혁명을 불러일으키고 있다. '드론 저널리즘', '드론 영상' 시대가 열리게 된 것이다. 보도에는 물론 다큐멘터리 제작과 영화 촬영에도 드론은 필수품으로 등장하고 있다. 드론은 바야흐로 인간의 삶을 바꾸는 만능 기기로 진화하고 있다. 〈사진 출처: Adobe Stock〉

드론의 시장성

전 세계 드론 시장 규모는 날로 확대되고 있다. 미국 방위산업 컨설팅업체인 틸 그룹에 따르면 2010년 52억 달러이던 군사용 드론 시장은 2022년 114억 달러로 확대될 전망이다. 그리고 시장조사업체인 블룸버그 인텔리전스BI, Bloomberg Intelligence에 따르면 전 세계 민간용 드론 시장 규모는 2015년 5억 달러에서 2023년 22억 달러로 늘어날 전망이다. 연평균 20% 넘게 성장할 것이라는 예상이다. 드론 시장의 변화를 살펴보면 이 정도는 지극히 보수적인 전망으로 보인다. 더욱 빠른 속도로 성장할 것이라는 이야기다. 국제드론시스템협회는 드론의 확산으로 2025년까지 미국에서만 10만 개의 일자리가 새로 생길 것이라는 전망을 내놓았다.

생활 구석구석의 변화 주도

드론은 우리 생활 구석구석에 변화를 이끌고 있다. 인텔이 웨어러블 기기 개발을 촉진하기 위해 2014년 5월부터 6개월간 진행했던 IT 멘토링 프로그램 '웨어러블기기 경연대회Make It Wearable Challenge'에서 우승한 것도 바로 신개념의 드론이었다. 스탠퍼드대 물리학 박사인 크리스토프 코스탈Christoph Kohstall 팀이 선보인 셀카용 드론 닉시Nixie가 바로 주인공이다. 평소에는 손목에 차고 다니다가 필요하면 셀카용 드론으로 변신시킬 수 있는 웨어러블 드론이다. 크리스토프 코스탈 팀은 인텔이 주최한 웨어러블 기기 경연대회에서 우승을 차지해 50만 달러(5억 4,000만 원)의 창업자금을 받았다.

▼ 2014년 스탠퍼드대 물리학 박사인 크로스토프 코스탈 팀이 선보인 셀카용 드론 닉시의 모습. 평소에는 손목에 차고 다니다가 필요하면 셀카용 드론으로 변신시킬 수 있는 웨어러블 드론이다. 인텔이 주최한 웨어러블 기기 경연대회에서 우승을 차지했다. 컴퓨터가 고화질 카메라와 적외선 센서 등을 활용하여 주변 사물을 3차원으로 인식하는 기술인 인텔의 리얼센스(RealSense) 기술을 적용하여 장애물 회피 기능을 구현해냈다. 〈사진 출처: Wikimedia Commons | CC BY-SA 3.0 | Stefan Niedermayr〉

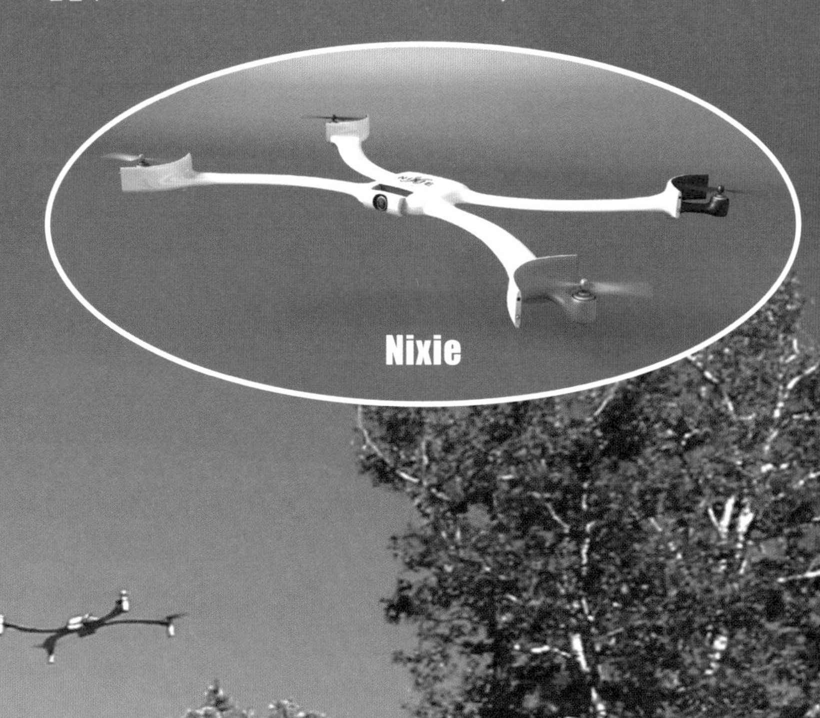

◀ 2014년 6월 개발자인 스탠퍼드대 물리학 박사인 크로스토프 코스탈이 직접 닉시 시제품을 시연해 보이고 있다. 〈사진 출처: Wikimedia Commons | CC BY-SA 3.0 | Jelena Jovanovic〉

시연 동영상을 보면 암벽을 등반하던 여성이 한쪽 손목에 찬 팔찌를 풀고 버튼을 누르자 팔찌에 달린 작은 프로펠러가 돌아가며 날아오른다. 이 팔찌는 주인을 따라다니며 등반 장면을 자유로운 각도에서 공중 촬영한다. 미국 벤처기업가 닉 우드먼Nick Woodman이 창업한 디카업체 고프로GoPro는 끈을 통해 인간의 팔목이나 모자 또는 자동차나 자전거, 행글라이더 등에 부착해 생생한 사진이나 동영상을 찍을 수 있는 액션 카메라를 개발해 수억 달러의 시장을 만들었지만 닉시가 개척할 시장은 그것보다 훨씬 더 클 것으로 전망된다.

드론이 대체하는 인력

드론은 인력도 대체할 태세다. 싱가포르의 식당체인 팀브레 그룹Timbre Group은 인력난 해결을 위해 홀 서빙용 드론 40대를 운용하기로 했다고 영국 BBC 방송이 2015년 2월 12일에 보도했다. 인피니엄 로보틱스Infinium Robotics 사가 제작한 이 드론은 적외선 센서 등을 이용해 장애물을 인식하고 미리 입력한 프로그램에 따라 이동한다. 한 번에 최고 20kg의 식음료를 실어 나를 수 있다. 인피니엄 측은 "무거운 음식을 옮기는 일은 드론에 맡기고 식당 직원은 높은 수준의 사고력과 서비스를 필요로 하는 일에 집중할 수 있게 할 것"이라고 설명했다. 이 업체는 음식 서빙은 물론 주문과 결제가 가능한 드론과 로봇 일체형 기기도 개발 중이다. 카드사와 바로 연결이 되는 드론이 탄생하는 것이다. 드론과 로봇은 음식에 후추를 뿌리는 등의 추가 서비스는 할 수 없겠지만 최소한 급료와 건강보험료를 줄 필요는 없다는 점에서 노동력 대체 기기로 각광받을 날이 올지도 모른다.

일본 패션신발 제조업체 크록스Crocs는 2015년 2월 도쿄東京 롯폰기六本木 미드타운 아트리움에서 '공중 스토어'라는 특수 매장을 열었다. 손님이 원하는 신발을 점원 대신 드론이 가져다주는 팝업매장(컴퓨터 팝업창처럼 일정 기간 한정 운용하는 매장)이다. 고객은 터치스크린 입력창에서 신발의 디자인, 색깔, 사이즈만 선택하면 된다. 그러면 진열대 앞에서 대기 중이던 녹색 드론이 날아올라 창고형 매장에서 주문한 신발을 찾아 고객 앞에 있는 그물망 상품대에 떨어뜨려준다. 이 드론은 600g까지 들어올릴 수 있다. 임시매장이었지만 인기는 대단했다. 이런 '드론형 매장'이 인기를 끌면 앞으로 전 세계적으로 퍼져나가는 것은 시간문제다. PC나 모바일을 통해 상품을 선택해 주문하면 드론이 원하는 곳까지 배달해주는 시대가 열리는 것도 시간문제다.

드론, 농업혁명을 이끌다

농업 지원은 드론의 중요한 영역으로 자리매김하고 있다. 드론은 적은 비용으로 농지를 효과적으로 관리하는 도구로 이미 자리 잡았다. 다양한 센서와 디지털 이미지 기기를 장착하고 농지 상공을 비행하면서 작물의 생육 상태 정보를 농부들에게 실시간으로 전달한다. 이를 통해 농부들은 필요한 곳에만 정확한 분량의 비료를 투입하거나, 농약을 칠 수 있다. 과거에는 농지 전체에 비료를 주고 농약을 살포했지만 이제는 드론 덕분에 필요한 곳에만 선택적으로 사용할 수 있게 되었다. 농업용 드론은 농업의 생산력을 높이고 비료와 농약 비용을 절감해 결과적으로 비용 대비 수익을 향상시키는 역할을 한다.

영국 BBC 방송에 따르면, 중남미 국가인 엘살바도르의 사탕수수 농장의 상당수는 드론을 이용해서 이렇게 농장을 관리하고 있다. 20리터 분량의 비료나 농약을 담은 통을 실은 대형 무인 헥사콥터가 미리 설정된 비행 경로에 따라 사탕수수밭 상공을 비행하면서 필요한 곳에 정확하게 살포 작업을 수행한다. 항공우주업체인 하일리오Hylio의 농업용 드론AgroDrone을 활용한 결과다. 하일리오는 대당 1만 9,300달러로 시작하는 농업용 드론을 생산해 판매한다. BBC는 농업용 드론을 이용함으로써 사탕수수 생산이 크게 증대된다고 보도하고 "이는 드론이 새롭게 문을 여는 거대한 기회의 하나일 뿐"이라고 지적했다.

LINK CONNECTION
SPYEYE 40709-5

CHAPTER 3

드론의 핵심 기술

1. 드론 탄생의 밑거름이 된 기술적 진보들

취미용 장난감에서 새로운 부가가치 창출하는 핵심 동력으로 부상한 드론

4개의 프로펠러로 구동되어 수직으로 하늘을 날아오르는 드론은 이제 일상이 되었다. 드라마나 TV쇼 프로그램의 많은 장면들이 드론으로 촬영된다. 영화가 드론뷰로 시작하는 것은 더 이상 신기한 장면이 아니다. 촬영 이외에도 다양한 분야에서 드론을 활용하고 있다. 이미 국내에서도 수많은 농경지들을 드론으로 방제 및 관리하고 있고, 건설현장에서는 하루하루의 진도를 드론으로 촬영해 영상으로 기록하고 있으며, 우리 국토를 이루는 도시와 농지, 강과 산림 등은 드론 영상을 기반으로 하여 디지털 맵으로 재구성하고 있다. 경찰은 실종자 수색에 드론을 사용하고 있으며, 소방청은 화재나 재난현장에서 드론을 활용하고 있다. 10여 년 전 모형 항공기 동호인들의 취미생활로 시작된 드론은 이제 산업현장이나 재난, 치안 등의 공공 서비스 영역에서도 그 활용도가 급속하게 확장되고 있다.

미국 연방항공국에 따르면, 2018년 말 현재 미국 내 등록된 드론 조종사는 90만 명 이상이고, 등록된 드론의 대수는 125만 대 이상이라고 발표했다.[1] 영

1 The Verge, "The FAA says the commercial drone market could triple in size by 2023", 2019. 05. 04

국 교통성은 2030년까지 영국 내에서 드론의 상업적 운용자 수가 최소 2만에서 최대 6만 명에 이를 것으로 예측하고 있다.[2] 즉, 드론으로 창출된 일자리의 숫자가 중립적인 예측에서도 3만 5,000여 명에 이를 것이라는 전망이다. 이처럼 우리나라뿐만 아니라, 세계 각국에서 드론은 개인의 단순한 장난감을 벗어나서 산업현장에서 새로운 부가가치를 창출하는 핵심 동력으로 부상하고 있다. 2016년 62억 달러 수준의 세계시장 규모도 향후 10년간 17%의 연평균 성장을 통해 2025년에는 403억 달러 수준으로 성장할 것으로 예측된다.[3] 현재 국방용과 취미용 드론 시장 중심에서 공공·상업용 드론 시장 중심으로 급속하게 재편될 것으로 예상된다.

공공·상업용 드론 시장은 인프라 관리, 농업, 수송, 보안경비, 스포츠 등의 다양한 분야에서 성장할 것으로 예상된다. 농업 분야에서는 현재 논농사에서 단순방제 중심에서 위성 영상과 빅데이터, 자율 트랙터 등을 연계한 자율무인농업이 구현될 전망이다. 드론에서 근적외선 카메라로 촬영한 영상을 위성 영상과 기후 및 토질 빅데이터와 연계함으로써 농산물 작황의 조기 예측이 가능하고, 농약 살포량의 최소화, 투입 비료와 토양의 최적화를 이룰 수 있으며, 최적의 수확 시기도 예측이 가능해질 전망이다. 호주에서 이루어진 한 연구에 따르면, 5만 달러가량의 비용으로 구축한 농업드론으로 10%의 산출량과 45만 달러의 매출액 증가가 이루어졌다고 한다.[4] 또 영상 촬영 중심으로 진행되는 국토 인프라 분야에서는 적외선 열화상 카메라, 라이다, 초분광 카메라 영상 기반의 디지털 지도가 작성되어 태양광 패널 유지·보수, 산불 진화, 송전 인프라 관리, 그리고 다양한 환경오염 조사에 사용되는 등 그 응용 범위가 확대될 전망이다. 현재 드론 운송은 아프리카나 파푸아뉴기니아 등 교통 인프라가 미비한 지역에서 의약품 긴급배송 등에서만 한정적으로 실용화가 이루어져 있다. 하지만 2020년대에는 드론을 이용한 관광, 택배, 드론 택시 등의 서비스

---

2 Dept. for Transport, "Taking Flight: The Future of Drones in the UK", 2018. 07

3 PwC, Market&Market, Teal-group 등의 자료를 바탕으로 한 한국항공우주연구원 추산 결과

4 ACIL Allen Consulting, "AgriFutures Australia: Emerging Technologies in agriculture", 2018. 08

가 시작될 전망이다. 이후 2030년대에는 장거리 물품 배송 드론, 원거리 승객 운송 드론, 긴급 환자 수송 엠블런스 드론도 상용화가 예상된다.

미래 드론의 혁신적 서비스 구현 위해 극복해야 할 기술적 한계

이처럼 미래의 드론이 가져다줄 다양하고 혁신적인 서비스를 구현하기 위해서는 현재 드론이 가지고 있는 기술적 한계들을 극복해야 한다. 현재 드론은 조종사의 시계 내에서만 운용이 가능하다. 또 도심과 같이 많은 사람들이 밀집해 있고, 다양한 통신 주파수가 혼재되어 있는 곳에서는 안전한 비행이 불가능하다. 드론이 가진 가장 큰 성능상의 한계는 비행시간이 짧다는 것이다. 현재 리튬폴리머전지로 구동되는 10kg 내외의 드론들은 30분에서 40분가량 비행이 가능하다. 급격한 기동을 할 경우에는 20분 내외의 비행만이 가능할 뿐이다. 현재 드론이 가지고 있는 성능과 안전상의 한계를 극복하기 위해서는 드론의 지능화, 네트워크화, 그리고 탑재능력과 비행시간의 대대적인 향상이 필요하다.

2019년 10월 국무총리실을 중심으로, 과기혁신본부, 국토부 등이 중심이 되어 "성장동력 드론 분야 선제적 규제 혁파 로드맵"(183쪽 표 참조)을 발표한 바 있다.[5]

이번 로드맵에서는 미래 드론의 혁신 서비스를 예측하고, 이를 구현하기 위한 핵심적인 기술발전과 선제적 규제혁파를 제시하고 있다. 로드맵에서는 기술발전 전망을 비행 방식, 수송능력, 그리고 비행영역의 세 가지 분야에서 제시한다. 비행 방식은 현재 원격조종이나 제한적 자동조종 수준을 넘어서 자율비행 단계로 발전시킬 필요가 있다. 원격조종은 지상의 조종사가 전파신호로 드론의 각 기능을 직접 조종하는 것을 의미한다. 원격조종 단계는 드론이 주어진 명령을 이행하는 단순 행위자에 머무는 단계다. 자동조종은 미리 주어진 순서나 알고리듬에 따라 드론이 비행하는 단계

5 국정현안점검조정회의, "선제적 규제 혁파 로드맵: 드론분야", 2019.10.17, 관계부처합동

2 **[미래 예측]** 드론의 3대 **기술변수**(❶ 비행 방식, ❷ 수송능력, ❸ 비행영역)의 발전 양상을 종합하여 **5단계 시나리오 도출**

○ **(비행 방식) 사람이 직접 조종 → 자율비행 방식**으로 **발전**

* 독일의 국제 드론연구기관(Drone Industry Insight)이 발표한 '드론 비행기술 5단계' 원용

단계	1단계	2단계	3단계	4단계	5단계
발전양상	조종비행		→	자율비행	
(개념)	원격조종	부분 임무위임	임무위임	원격감독	완전자율
	사람이 직접 조종	고난도 임무만 사람이 직접 조종	사람 임무 부여 → 드론 자율비행	드론 자율비행, (필요시) 사람 개입	사람 개입 불요

○ **(수송능력) 화물 적재 → 사람 탑승 · 운송**으로 **수송능력 발전**

단계	1단계	2단계	3단계	4단계	5단계
발전양상	화물 적재		→	사람 탑승	
(개념)	화물 10kg 이하 5km 미만	화물 50kg 이하 5~50km	2인승(200kg) 5~50km	4인승(400kg) 50~500km	10인승(1톤 이상) 500km 이상

○ **(비행영역) 인구 희박지역 → 밀집지역**(가시권 → 비가시권)으로 **확대**

단계	1단계	2단계	3단계	4단계	5단계
발전양상	인구희박지역 →	인구밀집지역			
(개념)	비가시권 비도심지역	가시권 도심지역	비가시권 도심지역 관제국 이용		전파 비가시권 도심 전파음영 지역

를 의미한다. 자동조종 단계의 드론은 탑재 컴퓨터에 입력된 프로그램에 따라 비행한다. 지도에 입력된 좌표를 따라 비행하는 '경로점 비행waypoint navigation'이 현재 가능한 자동비행이다. 자율비행은 드론이 사람의 개입 없이도 스스로 결정해 비행과 임무를 수행하는 수준을 의미한다. 자동비행과 비교하면 자율비행 단계의 드론은 예측하지 못한 상황이 발생할 경우 기존의 비행계획을 변경해 새로운 경로를 계획하고 이를 실행에 옮길 수 있다. 자율비행 단계의 드론은 주어진 목표를 달성하기 위해서 세부적인 비행계획이나 경로 등을 스스로 최적화할 수 있는 능력을 보유해야 한다. 자동비행 단계의 드론은 미시적인 비행은 계획대로 수행 가능하지만, 거시적

인 임무에서 필연적으로 발생하는 돌발적인 상황 변화에는 취약하다. 자동비행에서 자율비행으로 비행능력이 확대됨에 따라, 인간 운용자는 조종에서 감독으로 그 임무가 변경된다. 이후 자율비행에 대한 충분한 신뢰가 확보되면 인간의 감독이 필요 없는 완전자율비행 단계가 구현될 것이다.

현재 배터리로 구동되는 드론은 10여kg의 화물을 5km 내외에서 운용하는 수준에 머물고 있다. 드론으로 물품을 배송하고 승객을 실어 나르기 위해서는 단기적으로 200kg의 화물을 50km 이상 배송할 수 있는 능력을 확보해야 한다. 또 최종적으로는 500km 이상 떨어진 도시 간에 10여 명가량의 승객들을 운송할 수 있는 능력을 확보해야 한다. 드론의 수송능력 확대를 위해서는 고에너지밀도의 동력원 개발이 필수적이다. 현재 드론에 사용되는 리튬폴리머전지는 150~200Wh/kg 정도의 에너지밀도를 가지고 있다. 유인항공기나 자동차 등에 사용되는 내연기관은 대략 1,500Wh/kg 이상의 에너지밀도를 가진다. 현재 내연기관 수준의 에너지밀도를 구현하기 위해서는 드론용으로 사용 가능한 리튬-공기전지, 전고체전지, 수소연료전지 등의 개발이 필요하다.

비행영역을 인구희박지역에서 인구밀집지역으로 확대하는 것도 현재 드론에 주어진 최대의 기술적 과제다. 도심과 같은 인구밀집지역에서 비행하기 위해서는 비행안전성이 큰 폭으로 향상될 필요가 있다. 민항기 수준의 안전성[6]을 확보할 필요가 있으며, 불가피한 추락 시 인명이나 재산상에 피해를 최소화할 수 있도록 회피비행이 필요하다. 혼잡한 도심에서 비행하기 위해서 주위의 드론이나 건축물, 인프라 등과의 충돌 회피도 꼭 필요한 기능이다. 도심 비행에서 꼭 고려해야 할 기술적 요소는 안정적인 통신망을 유지하는 것과 지속적으로 제공되는 정확한 항법정보를 확보하는 것이다. 현재 드론은 지상의 조종기와 1 대 1로 연결을 유지해야 한다. 이는 안전상의 이유로 현재 강제되는 규정 중 하나다.

하지만 드론 택배나 드론 택시와 같이 조종사의 시야를 벗어나서 장거

---

6 100만 시간당 1회 사고율 이하.

리 운항을 하기 위해서는 드론과 조종기 간의 1 대 1 연결은 불가능하다. 드론이 장거리 경로비행을 할 경우에는 조종기와 직접 통신하는 것이 아니라, 이동통신망과 같은 인프라를 통해 지상의 조종국과 통신할 필요가 있다. 이를 위해 5G나 위성통신 등의 밀리미터파millimeter wave가 제공하는 초저지연과 광대역 데이터 전송을 드론에 적용해야 한다.

미래의 드론은 현재와 같이 조종기와 1 대 1로 연결되기보다는 지상기지국, 인공위성, 다양한 통신 인프라, 그리고 다른 드론들과 네트워크로 연결되어 비행할 것이다. 높은 빌딩과 다양한 전파간섭으로 인해 도심에서는 위성항법신호의 음영지역이 광범위하게 나타난다. 위성항법을 대체할 수 있는 항법정보를 제공하거나, 전파 기반의 항법신호 없이 비행 가능한 영상항법 등의 대체항법기술의 개발이 시급하다.

미래 드론의 발전 방향

미래의 드론은 어떤 모습일지 상상하는 것은 쉽지 않은 일이다. 기술의 발전은 늘 인간의 상상력을 뛰어넘어왔다. 하지만 몇 가지 면에서 드론의 발전 방향을 예측하는 것은 가능하다. 미래의 드론은 하나의 드론이 한 가지 업무만을 수행하는 방식보다는 각각의 드론이 담당하는 기능의 영역이 다양화되고, 또 드론들 간의 협업을 통해 정보획득·분석, 협동작업 등을 동시에 수행할 수 있을 것이다. 이처럼 드론들 간의 협업을 통해 복잡한 고기능의 업무를 수행함에 따라 그 업무 범위가 한층 더 넓어지고 다양해질 전망이다.

이러한 드론의 무한한 성장에서 우리가 또 주목해야 할 것은 바로 군집 드론이다. 군집 드론은 수백, 수천 대의 드론이 동시에 움직이며 임무를 수행하는 것을 의미한다. 하지만 군집 드론의 수준도 기술의 발전에 따라 보다 다양하게 확장될 것이다. 현재는 동일한 기종들이 미리 정해진 프로그램에 따라 자동비행 방식으로 군집하여 드론쇼를 펼치는 것이 가능하다. 하지만 경로비행만이 가능한 수준의 군집은 그 응용 범위가 매우 제한적이다. 그러나 가까운 미래에 드론들 간의 통신 네트워크와 자율협업 기술을 바탕

단독 운용 ⇒ 군집 운용 ⇒ 통합 및 협업 운용

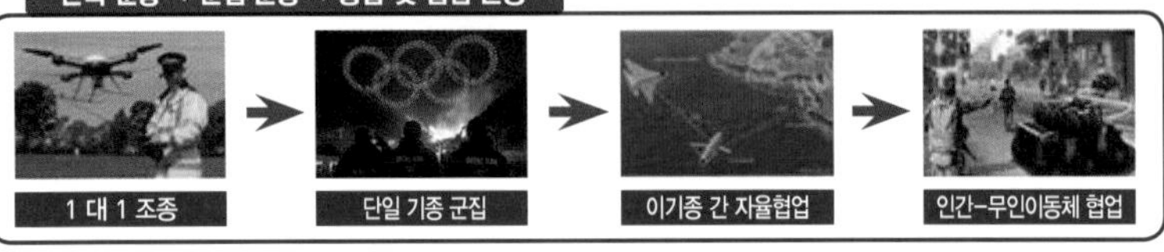

으로 서로 다른 기능과 역할을 가진 드론들의 군집 운용이 가능할 것이다. 드론들 간에 서로 정보를 주고받고, 이를 바탕으로 유기적인 협업이 가능해지면 단순한 드론쇼를 넘어서 보다 긴밀한 협업을 요구하는 다양한 임무를 군집 드론을 통해 수행할 수 있을 것이다. 이러한 기능들이 확장됨에 따라서 미래에는 인간과 드론 간의 자유로운 협업도 가능해질 전망이다. 자율지능, 네트워크 통신, 수송능력 확대, 안전성의 향상 등으로 미래의 드론은 우리가 상상할 수 없는 다양한 능력을 보유하게 될 것이다. 이러한 미래의 드론을 구현하기 위해서 현실에서는 아주 다양한 기술적 가능성들을 시도하고, 또 현재 드론의 한계를 돌파할 혁신 기술을 개발할 필요가 있다.

미래 드론 발전을 위해 확보해야 하는 가장 핵심적인 기술은 자율지능화·통신 네트워크·드론교통관제·전기동력원 기술 등이다. 또 드론의 확산에 따른 부작용을 최소화하기 위한 드론대응기술counter drone technology도 시급하게 발전시킬 필요가 있다. 이번 장에서는 드론 핵심 기술들에 대해서 차례로 알아보고자 한다.

2.
드론의 자율지능화

드론의 미래는 지능화에 있다. 드론의 지능화란 주어진 임무를 사람의 조종이나 지시 없이 스스로 수행할 수 있는 능력을 갖도록 하는 것을 말한다. 현재의 드론은 사람의 조종이나 지시가 필수적이다. 물론 드론에는 조종사가 탑승하지 않는다. 간단한 휴대용 조종기나 노트북으로 조종하거나, 군사용 대형 드론은 지상국을 통해서 원격으로 조종한다. 하지만 이런 원격조종방식에서는 몇 가지 문제가 발생할 수 있다. 짧은 시간 동안의 조종은 별 무리가 없지만, 몇 시간 동안 지속되는 장기간 조종은 지상의 인원들에게 큰 피로감를 안겨준다. 모니터를 집중해서 바라보며 드론이 비행하고 있는 지역의 상황을 파악하고 주어진 임무를 수행하는 것은 쉽지만은 않은 일이다. 최근 미 공군은 드론 조종사를 모집하는 데 많은 노력을 들이고 있다고 한다. 미군 내에서 드론 조종사의 수요가 급증하는 탓도 있지만,[7] 조종사들의 조기퇴직으로 새로운 드론 조종사 양성이 시급하다고 한다. 미 공군에서 드론 조종사의 잦은 이직은 높은 강도의 업무와 연관이 높다고 한다. 같은 조사에 따르면, 전투기 조종사는 연평균 200

---

7 미 의회조사국(GAO, Government Accountability Office)에 따르면, 미 공군 내에서 드론 조종사의 수는 2013년 249명에서 2018년 987명으로 급증했으며, 전체 비율도 18%에서 54%로 증가했다. 유인기 조종사는 감소하고, 무인기 조종사는 증가했다.

시간, 수송기나 공중급유기 조종사는 연평균 500시간 비행하는 것에 비해, 드론 조종사는 연평균 900시간 비행하고 있는 것으로 나타났다. 드론 조종사들은 하루 13시간 이상 조종하는 경우도 많아 이로 인한 피로감을 호소하고 있다. 드론 조종사들의 피로를 덜어주기 위해서는 장기간 임무 수행 시에는 드론 스스로가 조종하는 자율비행시간을 늘려야 한다.

드론 원격조종 시 나타나는 문제들 중에서 가장 심각한 문제는 드론과 지상조종자 간에 통신이 두절되는 경우다. 통신이 끊어지면, 원격조종만 가능한 드론은 바로 추락하거나 마지막에 전달된 명령을 지속적으로 수행한다. 지상조종사와 통신이 재개되기 전까지는 마지막에 전달된 명령을 계속 수행하며 순항하거나, 고도를 높이거나 하강하게 된다. 지상과의 통신이 재개되기 전에 연료가 바닥나면 추락한다. 특히 전시나 국가 간의 군사적 긴장관계가 고조될 경우에는 통신장애가 일상적으로 발생할 것이다. 일정 수준의 과학기술력을 보유한 국가들은 위기 시에 통신전파를 재밍해 드론의 접근이나 임무 수행을 방해하고자 할 것이다. 또 아군의 전파 활용이 늘어남에 따라 이에 의한 통신 간섭도 심해질 것이다. 지능화된 드론은 통신이 두절되어도, 전달받은 임무를 스스로 수행하거나, 아니면 마지막으로 통신이 연결된 지점으로 귀환해 상황을 지상조종자에게 보고할 수 있다. 또 지상조종자와 드론 간의 거리가 멀어지면 통신지연이 불가피하다. 미 공군이 운용하는 대형 드론의 경우에는 조종국이 대부분 미국 본토에 위치해 있다. 지구의 반대편에서 움직이는 드론과는 통신 지연이 최대 6초 정도 발생하는 것으로 알려져 있다. 수초간 통신 지연이 발생할 경우에는 갑자기 나타난 물체와의 충돌을 회피할 수 없게 된다. 따라서 이때를 대비해 오직 드론 스스로가 탐지하고 판단해서 충돌을 회피하는 자율지능은 필수다.

드론의 지능화를 나타내는 말은 자율화autonomy, 혹은 자율지능autonomous intelligence이다. 자율지능이란 기계에 적용된 인공지능AI, Artificial Intelligence을 의미하고, 인공지능은 기계에 의해 구현되는 지능을 말한다. 인공지능의 보다 정교화된 정의는 "시스템이 외부의 데이터를 올바르게 해석하고, 그

데이터로부터 학습하며, 학습 결과를 유연한 적용을 통해 특정한 목적이나 업무를 수행하는 능력"이다. 인공지능은 드론의 성능 향상과 임무 영역 확장에 가장 큰 기여를 할 것으로 전망되고 있다.

드론의 자율화와 관련해 가장 자주 오해되고 혼선을 주는 것이 자동화automation다. 자율화는 일단 작동이 시작되면, 어떤 임무나 작업을 스스로 완성할 수 있는 하드웨어나 소프트웨어 시스템을 의미한다. 이에 반해 외부의 입력에 의해 동작이 시작되며, 미리 정의된predefined 순서에 따라서 기계적으로 작동되는 시스템을 자동화기기라고 한다. 대표적인 자동화기기로는 자판기나 자동문 등을 들 수 있다. 자율화와 자동화의 가장 큰 차이점은 환경의 변화나 불확실성에 대응할 수 있는 능력의 차이이다. 자동화기기는 환경과 상황의 변화에 따라 유연하게 대응하지 못한다. 자율 시스템은 높은 수준의 의도나 업무 방향을 이해하고, 상황의 변화에 따라 적절하게 세부적인 행동을 조절하거나 변경할 수 있어야 한다. 이런 의미에서 자율 시스템은 전체적인 업무는 예측 가능하나 세부적인 업무는 자의적일 수 있는 시스템이 되어야 한다.

자율화가 필요한 이유는 의외로 시스템을 보다 간략하게 구성하기 위함이기도 하다. 로봇청소기를 생각해보자. 장애물을 만난 로봇청소기는 방향을 왼쪽이나 오른쪽으로 전환해야 한다. 자동화된 로봇청소기라면 왼쪽과 오른쪽 방향의 통과할 면적, 지금까지 지나온 경로 등을 모두 고려해서 방향을 정한다. 하지만 동전던지기 등과 같이 무작위 방법을 쓰면 보다 간단하게 방향전환을 할 수 있다. 물론 모든 상황을 고려해서 방향을 정하는 것이 보다 효율적일 수 있다. 하지만 모든 상황을 고려하기에 충분한 정보를 획득하기 어렵거나, 이 모든 정보를 처리할 충분한 계산능력을 확보할 수 없는 경우에는 자동화기기가 작동하기 어렵다. 정보의 불확실성과 부족을 고려해 무작위나 확률 기반으로 결정하는 자율화기기가 자동화기기보다 더 개발하기 쉬울 수 있다. 물론 시스템 전체적인 자율화는 단순한 동전던지기나 확률 기반으로 구현되지는 않는다. 앞서 언급했듯이 자율화 시스템의 전체 업무 수행에 있어서 예측 가능성은 자동화기기에 비해서 더욱더 높아져야 하기 때문이다.

드론의 자율화

드론과 같은 무인이동체는 탐지sensing-사고thinking-수행acting의 3단계가 연속적으로 이뤄지면서 주어진 임무를 수행한다. 이를 간단하게 표현하면 아래 그림과 같다.

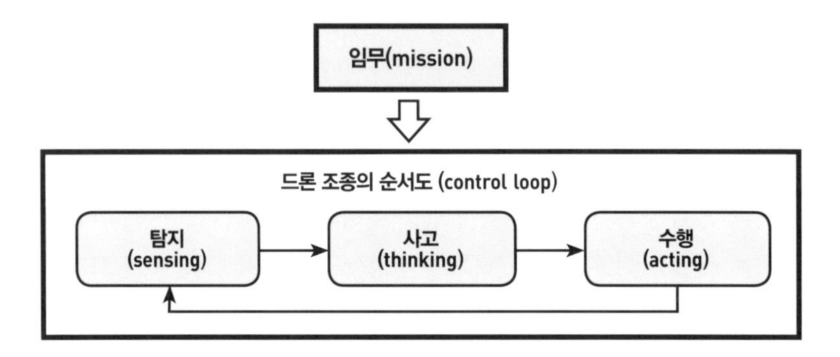

드론에게 주어지는 임무는 지능화 수준에 따라 달라진다. 이에 대해서는 뒤에서 더 자세하게 논하기로 하자. 일단 임무가 주어지면 드론은 임무를 수행하기 위해 현재 상태를 탐지한다. 드론이 탐지하는 현재 상태는 드론의 위치와 운동량, 그리고 주변의 사물정보다. 드론의 위치는 우리가 GPS라고 부르는 위성항법시스템을 기반으로 측정한다. 운동량은 전후좌우 및 상하 방향으로 가속도와 회전 방향을 측정한다. 속도는 풍속을 측정하기도 하고, 가속도를 적분해 추정하기도 한다. 그리고 자기장 센서로 자북의 위치를 확인한다. 이후에 주위의 사물을 영상카메라를 통해 확인한다. 기술의 발전에 의해 드론이 측정할 수 있는 물리량은 점점 증가하고 있으며, 두 가지 이상의 정보를 복합한 탐지 기술도 발달하고 있다.

이렇게 현재 상태에 대한 탐지가 이루어지면, 드론은 주어진 임무를 수행하기 위한 방안을 사고한다. 드론의 사고 수준 또한 자율화의 수준에 따라 매우 달라질 수 있다. 낮은 단계에서는 각각의 단위명령을 조종사로부터 전달받아야 한다. 사고능력이 매우 낮은 것이다. 이보다 높은 단계에서는 미리 프로그램된 대로 조종방식을 결정한다. 더 높은 단계에서는 스스로 조종계획을 수립한다. 이렇게 사고에 의해 조종계획이 결정되면, 추력장치를 구동해서 목표한 임무를 수행한다. 일단 수행 단계가 시작되면 드론은 매순간 탐지하고 이를 바탕으로 사고한다. 주어진 임무를 정확하게 수행하고 있는지 확인하기 위함이다. 최초의 목표에서 벗어나고 있다고 탐지된다면, 조종계획을 수정한다. 이렇게 행동의 결과를 다시 탐지해서 판단하고 재행동하는 단계를 거치기 때문에 이를 폐쇄형 구조closed-loop라고 부른다.

보다 쉽게 이해하기 위해 간단한 예를 들어보자. 드론이 100m 상공으로 이륙하라는 명령을 받는다. 명령을 받은 드론은 현재 자신의 위치와 상태를 탐지한다. 고도가 지상 0m이고, 모터는 아직 구동 전이다. 탐지된 상태를 기반으로 고도 100m로 상승하기 위해 무엇을 해야 하는지 사고하고 판단을 내린다. 모터를 구동시켜 회전수를 5,000rpm까지 증가시켜야 한다는 판단이 내려진다. 이 판단을 기반으로 모터를 구동시키는 행동이 뒤따른다. 모터를 구동하는 행동이 시작되면, 드론은 다시 고도를 탐지한다. 고도가 100m에 근접하면 모터의 구동속도를 적절하게 감소시켜야 한다는 판단을 하고 이를 실행한다. 이렇게 어떤 명령이 주어지면 탐지sensing-사고thinking-수행acting의 루프가 연속적으로 이뤄져 주어진 임무를 수행한다. 물론 실제의 조종 루프는 보다 복잡하게 구성된다. 루프를 구성하는 각각의 단계는 드론과 조종사가 역할을 분담해 수행한다. 탐지는 드론이 수행하고, 사고에 의한 판단은 조종사가, 그리고 행동은 드론이 수행하는 식이다. 이 루프의 단위 기능들을 조금씩 드론에게 이양하는 것을 우리는 자율화autonomy라고 부른다.

드론 조종에서 자율화가 필요한 항목들은 매우 다양하다. 먼저 탐지 부분에서는 드론의 위치와 운동량, 바람의 방향, 온도, 속도 등을 드론 스스로 인식해야 한다. 이후에 드론이 비행하고 있는 외부 환경, 즉 지형이나 주위의 이동물체들을 파악해야 한다. 또 드론의 연료량이나 통신 상태, 임무장비의 수준 등을 모니터링해야 한다. 현재 기술 수준에서는 기본적인 탐지 부분의 자율화는 어느 정도 완료되었다. 드론 탐지의 가장 기본이 되는 위치정보는 여전히 많은 연구가 필요하다. 위성항법시스템은 지구 궤도상에 위치한 위성으로부터 전송받는 신호를 기반으로 지구상에서 위치를 추정한다. 위성항법시스템은 전 세계 어디서나 동일한 방식으로 서비스가 제공되고, 위치 오차가 시간에 따라 누적되지 않는다는 장점을 가진다. 하지만 전파가 도달하지 않는 음영지역이 발생할 수 있고, 미약 전파에 기반하고 있어 쉽게 신호가 재밍jamming될 수 있다는 단점이 있다. 이를 극복하기 위한 위치 탐지 부분의 자율화는 지속적으로 연구되어야 할 과제다. 현재 드론의 탐지는 다양한 영상정보를 제공하는 전자광학 카메라, 적외선 열영상 카메라, 라이다 등을 기반으로 주변의 사물이나 이동물체들을 식별하고 예측하는 기술을 중심으로 발달하고 있다. 영상정보와 디지털지도를 결합해서 현재의 위치를 추정하는 기술도 앞으로 빠르게 자율화해야 할 기술 중 하나다.

드론의 사고 부분은 앞으로 집중적으로 자율화가 필요하다. 현재 드론은 대부분의 사고를 인간 조종사에 의존하고 있다. 스스로 판단하고, 계획을 수립하는 행동을 드론은 아직 수행하지 못한다. 물론 전달된 위성항법정보를 바탕으로 드론의 현재 위치를 계산해내거나, 관성센서에서 전달된 신호를 바탕으로 속도를 유추할 수는 있다. 하지만 이러한 계산은 미리 짜여진 소프트웨어 프로그램에 의해서 자동적으로 계산된다. 드론의 사고 영역을 보다 복합적이고 가변적인 영역으로 확대할 필요가 있다. 최근에 급속하게 발달한 기계학습 기반의 인공지능기술 덕분에 영상 기반으로 드론이 착륙할 패드의 위치와 거리를 정확하게 인식해 판단하는 수준의 자율화는 현재 완벽하지는 않지만 어느 정도 이루어진 상태이고 근시일 내에 완성될 것이다.

하지만 드론 스스로 보다 복잡한 상황을 이해하는 것은 여전히 쉽지 않다. 자신을 향해 날아오는 또 다른 드론의 정체를 파악하고 드론 스스로 속도와 거리를 판단하는 것은 가능하다. 그리고 또 다른 드론이 언제 가장 가까이 접근하는지를 유추할 수도 있다. 하지만 또 다른 드론이 왜 그러한 행동을 하는지를 유추해내는 것은 쉽지 않다. 또 다른 드론의 의도를 파악하고, 이를 기반으로 스스로의 목표를 다시 설정하는 것은 더욱더 어렵다.

드론의 사고 영역과 관련해서 가장 어렵고 중요한 것이 의사결정decision-making이다. 의사결정은 기술적인 어려움뿐만 아니라, 많은 경우에 있어서 윤리적인 문제를 동반한다. 드론이 목표물에 대해 발포firing 여부를 결정하는 경우를 고려해보자. 발포의 목표물이 사물이 아니고 살아 있는 생명체, 특히 인간일 경우에 자율화된 드론이 결정할 권한이 있는지에 대한 윤리적인 문제가 먼저 해결되어야 한다. 우리가 트롤리 딜레마Trolley Dilemma[8]라고 부르는 상황이 드론에 발생했다고 가정해보자. 5명의 승객을 태운 유인드론이 연료가 바닥이 나서 급하게 착륙해야 할 상황이다. 착륙이 가능한 유일한 지점에 낯선 사람이 있다. 낯선 사람을 치고 착륙하면 5명의 승객은 살 수 있지만 무고한 사람의 희생이 불가피하다. 이 경우 드론은 어떤 선택을 할 것인가?

드론의 수행 부분에서는 지금까지 집중적으로 자율화가 진행되어왔다. 드론을 외부의 교란으로부터 안정화시키거나, 미리 입력된 경로점waypoint을 기반으로 하는 비행 기술 등은 이미 충분히 상용화된 기술들이다. 영상 기반으로 사물을 인지해 충돌을 회피하는 기술도 현재는 충분히 구현이 가능하다. 한국항공우주연구원KARI, Korea Aerospace Research Institute에서 개발한 틸트로터tiltrotor 무인기는 회전익기 상태에서 이착륙을 수행하고, 고정익기 상태로 비행한다. 이러한 두 가지 상이한 방식의 비행이 가능하기 위해서는 회전익기 형태에서 고정익기 형태로 천이transition가 가능해야 한다. 물론 그 반대의 천이도 필요하다. 한국항공우주연구원은 2012년에 상이한 두 가지 비행 모드의 천이가 가능한 무인항공기 자율조종 알고리듬을 개발하고 비행시험에 성공한 바 있다. 드론의 수행 부분의 자율화는

---

8 윤리학 분야의 사고실험으로, 사람들에게 브레이크가 고장 난 트롤리 상황을 제시하고 다수를 구하기 위해 소수를 희생할 수 있는지를 판단하게 하는 문제 상황을 가리키는 말이다.

일부 핵심 구성품의 갑작스런 고장이나 이상작동에 스스로 대응할 수 있는 기술도 포함된다. 국내 비행조종 스타트업인 제이마플J.MARPLE[9]은 쿼드로터에서 하나의 프로펠러가 고장 나거나 급격한 하중 변화가 있는 경우에도 안전한 비행이 가능함을 입증했다. 드론의 수행과 관련해서는 물론 아주 다양한 자율화가 필요하다. 현재 그 가능성만이 확인된 고장대응비행기술, 영상 기반 정밀착륙기술, 충돌회피, 돌풍이나 악기상 하에서의 안전비행기술, 유인전투기 수준의 급속기동기술 등이 앞으로 드론에서 구현될 필요가 있다.

드론의 자율화 발전 전망

현재까지 드론은 지상의 조종사에 의해 모니터링되고 조종된다. 드론의 탐지, 사고, 행동의 대부분은 인간 조종사가 담당한다. 드론은 탑재된 센서를 통해 기계적으로 탐지하고, 이를 지상으로 전송한 후에 전달되는 명령에 따라 행동한다. 명령이 주어지면 조종사와 드론은 주어진 임무명령을 수행하기 위한 단계에 따라 사고하고 행동한다. 이를 조종 루프control loop라고 하는데, 루프의 많은 부분이 인간 조종사에 의해 수행되는 단계를 '휴먼 인 더 루프human in the loop'(사람이 조종 루프에 개입)라고 표현한다. 드론이 외부환경과 자신의 위치, 운동정보를 지상 조종국에 전송하면, 조종사가 이를 기반으로 판단하고 직접 조종명령을 내리거나 조종을 수행한다. 이 단계에서는 대부분의 판단과 결정을 지상의 조종자가 수행한다. 드론의 역할은 조종사가 판단하고 결정을 내리기 위한 자료들을 제공하고, 비행에 필요한 기체 안정화와 같은 미세적인 조종을 수행하거나, 보다 거시적으로 조종사가 지정한 경로점 비행 등을 수행하는 것이다. 조종사가 보다 명확하게 상황을 판단할 수 있도록 드론이나 지상 조종국의 컴퓨터는 센서 데이터를 보다 직관적으로 판단이 가능한 정보로 가공해 제공

---

9 제이마플의 유튜브 동영상 https://www.youtube.com/watch?v=ICLbKQcf2X0 참조.

한다. 탑재 영상센서를 통해 전송되는 영상정보의 해상도를 높이거나, 탐색 대상을 자동적으로 식별해서 조종사에게 제시한다. 실종자를 드론으로 수색하는 경우에 야외에서 드론 조종사가 화면의 곳곳을 확인하기는 힘들다. 고도를 높이면 더 넓은 곳을 탐색할 수 있으나 실종자를 조종사의 시각만으로 발견하기는 더 어려워진다. 인공지능을 이용해 드론 영상에서 사람을 찾을 수 있는 소프트웨어가 장착되면, 보다 쉽고 효율적으로 특정 지역에서 실종자 수색이 가능해진다. 이렇게 인공지능을 이용한 탐색기술은 탐색대상을 단순히 찾아내는 것뿐만이 아니라, 탐색대상의 정체를 확인하고, 추적하며, 이후에 경로까지도 예측할 수 있게 해준다. 그 덕분에 드론은 탐색대상을 식별하고 그 정보를 요약해서 조종사에게 전달할 수 있는 것이다. 현재 이차원 경로비행waypoint flight[10]만 가능한 드론의 자동비행을 이착륙, 삼차원 경로비행, 충돌회피기동 등으로 확대할 필요가 있으나, 이 경우에도 조종의 주요 기능은 조종사가 담당한다.

자율화 기술이 고도로 발전하면 조종사가 담당하는 모든 기능을 드론에 위임할 수 있게 된다. 이렇게 모든 조종의 기능을 드론이 담당하고 인간은 드론의 조종과 임무 수행을 감독하는 것을 '휴먼 온 더 루프Human on the loop'(조종 루프를 인간이 감독하는 것)라고 부른다. 임무가 주어지면 드론은 탐지, 사고, 수행의 모든 단계를 자체적으로 행한다. 탐지한 센서 데이터를 해석해 상황을 파악한다. 외부의 물체, 사람, 드론들을 식별하는 단계를 넘어 각각의 외부 물체가 가지는 의미를 상황에 따라 해석할 수 있어야 한다. 갑자기 나타난 드론이 동료인지, 아니면 중립 혹은 적대적인 것인지를 드론이 자체적으로 파악하고 이에 따라서 행동한다. 인간이 단지 감독자에 머무는 단계에서 드론은 스스로 비행계획을 수립하고, 상황이 변화될 경우에는 계획을 자체적으로 변경한 뒤 변경된 계획을 인간 감독자에게 전송한다. 이때 인간 감독자는 드론의 계획 변경을 승인하거나 거부할 수 있는데, 계획 변경 거부 시 인간 감독자가 계획을 수립할 필요는 없다. 인간 감독자는 드

10 드론이 조종사가 입력한 경로 좌표와 속도, 고도에 따라 비행하는 방식의 자동비행.

론의 임무 수행을 지속적으로 모니터링하면서 이상 여부를 확인하면 된다. 만약 이상이 발생할 경우에는 드론의 조종방식을 자율비행에서 외부조종 방식으로 변경하여 조종사가 직접 조종한다. 사람이 드론 조종에 개입하지 않기 위해서는 매우 높은 정도의 자율화가 필수적이다. 드론이 수행하는 모든 작업들이 자동화되어야 하며, 각 작업을 착수하고, 진행 과정을 감독하며, 수행 결과를 평가하는 등의 의사결정이 자율화되어야 한다.

스스로 비행하는 드론이 충분히 신뢰를 얻게 되면 인간의 감독이 필요 없다. 이 단계를 '휴먼 아웃 오브 더 루프Human out of the loop'(조종 루프에서 인간 제외)라고 표현하며, 완전자율화 단계라고도 부른다. 이 단계에서는 드론 스스로 임무를 수행하며 인간은 개입하지 않는다. 드론은 임무가 종료되면 그 결과를 보고한다. 이러한 완전자율 단계는 다양한 논란을 가져올 수 있다. 드론이 자의로 업무를 수행하는 과정에서 인간에게 명백하게 위해 행위를 할 수 있다. 드론이 위법한 행위를 했을 경우 법적 책임 소재도 불분명해질 수 있다. 그럼에도 불구하고 완전자율로 움직이는 드론의 출현은 불가피해 보인다. 미래 드론은 인간의 감독 범위를 벗어나서 활동하는 것이 불가피하다. 드론의 운용 범위는 점점 넓어지고 있으며, 운용하는 환경 조건도 매우 다양해질 것이기 때문이다. 드론과 지상 조종국 간에 통신이 두절되면 완전자율화되지 못한 드론은 기지로 귀환하거나 통신이 복구되는 지역으로 이동해야 한다. 후자의 경우에는 지상 조종국의 추가 지시가 필요하다. 지속적인 통신 재밍과 교란에 노출되는 군사용 드론은 원활한 임무 수행을 위해서 완전자율이 불가피하다. 완전자율 단계의 드론은 임무가 간단하고 인명 피해를 주지 않는 분야에부터 적용될 것으로 예상된다. 완전자율 단계의 드론은 학습능력의 유무에 따라 세분될 수 있다. 여기서 학습능력이란 임무를 수행하는 과정에서 비행능력이나 탐지 데이터를 추론하는 능력을 향상시키기 위한 학습능력을 의미한다. 드론이 다양한 환경과 임무, 그리고 상황에 대처하기 위해서는 지속적인 학습능력을 보유하는 것이 필요하다. 개발 단계에서 드론이 모든 것을 학습하는 것은 불가능에 가깝다. 따라서 임무 수행 과정에서 드론이 자가학습을

〈드론의 자율화 단계 정의〉

단계	시스템 수준	인간 개입	주요 기술
5단계 (완전자율)	스스로 세부 임무를 계획 및 할당하며, 경로계획과 조종을 담당. 인간의 감독이 필요 없는 단계	휴먼 아웃 오브 더 루프 (Human out of the loop)	신뢰성 확보 자가학습
4단계 (원격감독)	조종 및 임무를 무인항공기가 수행하고, 외부 조종사는 감독 및 관리를 수행, 이상 상황 발생 시 조종사에게 권한 이향	휴먼 온 더 루프 (Human on the loop)	의사결정
3단계 (임무위임)	자동화된 각각의 세부 조종을 묶어 하나의 명령어로 수행. 조종사에 의한 중단, 변경이 가능 (이착륙, 상승, 하강, 순항 등의 단순 임무는 무인항공기 자체적으로 수행)	휴먼 인 더 루프 (Human in the loop)	단위비행자동화 3차원 경로비행 상황인지
2단계 (원격운용)	세부 조종은 무인항공기 스스로 수행, 외부 조종사가 경로계획과 조종항목을 선택	휴먼 인 더 루프 (Human in the loop)	조종안정화 경로비행
1단계 (원격조종)	무선신호에 의해 외부 조종사로부터 전달되는 신호에 따라 조종 및 임무를 수행	휴먼 인 더 루프 (Human in the loop)	무선통신

통해 지속적으로 업무능력을 향상시킬 필요가 있다. 하지만 재학습된 드론에 대한 신뢰성 확인이 필요하다. 학습 도중에 인간에 대한 위해나 불법을 저지를 수 있는 요소들을 학습할 수 있기 때문이다. 이 때문에 초기 단계의 완전자율 드론은 학습능력이 제거된 채로 운용되어야 한다. 재학습에 의한 드론의 변화를 충분히 제어 가능하다고 판단되는 경우에는 학습이 가능한 완전자율 드론으로 전환이 가능할 것이다.

드론의 자율화 단계는 자율화 정도에 따라서 다섯 단계로 구분이 가능하다. 가장 낮은 단계인 1단계Level 1는 인간 조종사의 명령에 따라 조종되는 원격조종remote control 단계다. 이 단계에서 드론은 무선전파로 전달되는 명령을 단순하게 이행한다. 조종사로부터 전달되는 명령도 프로펠러의 회전수를 변경하거나 조종면을 움직이거나 하는 등의 단순한 신호들로 구성된다. 이 단계에서는 드론의 비행불안정성도 조종사가 무선으로 조종해서 안정화한다. 두 번째로 낮은 단계인 2단계Level 2는 원격운용 단계다. 이 단계에서는 드론이 비행의 안정화stability를 담당한다. 또 단순경로비행과 같은 낮은 수준의 자동화도 가능하다. 이 단계에서는 마이크로프로세서가 장착되고, 위성항법에 의한 위치 파악 등이 가능하다. 현재의 드론들은 대부분 이 단계의 자율화가 구현된 상태다. 그 다음 세 번째 3단계Level 3는 임무위임 단계다. 영상을 통한 외부 물체의 탐지 및 식별이 가능해지고, 이 착륙, 자율 3차원 경로비행, 충돌회피 등이 가능해진다. 제한적이지만 드론 스스로 최적의 비행경로를 구성하는 등 자율화 수준이 높아진다. 임무위임이 고도화되면 드론이 모든 비행을 스스로 수행하고, 인간 조종사는 임무의 착수, 비행단계의 전환 등을 결정하게 된다. 네 번째 4단계Level 4는 명령이 주어지면 드론 스스로 모든 임무를 수행하고, 인간은 드론의 작업을 감독하는 원격감독 단계다. 다섯 번째 5단계Level 5는 인간의 감독 없이도 드론이 스스로 임무를 수행하고 사후에 보고하는 완전자율 단계다. 물론 이러한 단계적 분류가 자율지능화기술을 개발하는 최적의 방안이라고 할 수는 없을 것이다. 일례로 미국 국방성의 과학기술자문위원회는 자율지능화기술 개발을 단계적으로 추진하는 것의 위험성을 지적하고 있기도 하다.[11]

그러면 드론의 자율지능화는 어떻게 완성할 수 있을까? 사실 이 문제는 현재 드론 개발자들에게 주어진 가장 큰 난제다. 자율지능화를 위한 인공지능기술들이 아직 충분히 발전되지 않은 것이 가장 큰 원인이다. 인공지능과 로봇을 연구하는 학자들에게 유명한 모라벡의 역설Moravec's paradox[12]은 자율지능화를 위한 인공지능기술 개발이 왜 어려운지를 보여주는 좋은 예다. "어려운 일은 쉽고, 쉬운 일은 어렵다"라는 이 역설은 인간이 어려워하는 복잡한 수학적 계산이나 논리 분석을 순식간에 해내는 컴퓨터를 개발하는 것은 쉬우나, 인간이 쉽게 생각하는 일상적 행위(걷기, 느끼기, 듣기,

---

11 Greg L. Zacharias, *Autonomous Horizons: The Way Forward*, Air University Press, 2019.

12 인간에게 쉬운 것은 컴퓨터에게 어렵고 반대로 인간에게 어려운 것은 컴퓨터에게 쉽다는 역설을 말한다. 미국의 로봇 공학자인 한스 모라벡(Hans Moravec)은 1970년대에 "어려운 일은 쉽고, 쉬운 일은 어렵다(Hard problems are easy and easy problems are hard)"라는 말로 컴퓨터와 인간의 능력 차이를 역설적으로 표현했다. 인간은 걷기, 느끼기, 듣기, 보기, 의사소통 등의 일상적인 행위는 매우 쉽게 할 수 있는 반면, 복잡한 수식 계산 등은 어렵게 생각한다. 반면 컴퓨터는 인간이 하는 일상적인 행위를 수행하기 매우 어렵지만 수학적 계산, 논리 분석 등은 순식간에 해낼 수 있다.

보기, 의사소통 등)를 수행하는 컴퓨터를 개발하는 것은 어렵다는 의미다.

미 국방성 산하의 DARPADefense Advanced Research Projects Agency(고등연구계획국)의 프로그램 매니저인 론치버리J. Launchbury는 인공지능의 무인항공기나 로봇에 적용되는 단계를 3단계로 정의한 바 있다. 론치버리는 현재 기계학습/딥러닝은 2단계의 인공지능이며, 향후 군용에서 인공지능을 적용하기 위해서는 설명 가능한 인공지능에 의한 '문맥 적응contextual adaptation' 단계로 발전해야 한다고 주장한다.[13] 하지만 현재 3단계는 적용할 수 있는 방법론이 모호해 당분간은 2단계의 통계적 학습statistical learning에 의한 발전이 중심이 될 것으로 전망된다. 원격감독 단계의 자율지능을 구현하기 위해서는 의사결정을 인간 수준으로 수행할 수 있는 인공지능의 개발이 필요하다. 이는 현재의 통계 기반 기계학습기술로는 일정 정도 한계를 가진다.

〈드론 자율화를 위한 단계별 인공지능 기술〉

1단계 수제 지식 (handcrafted knowledge)	2단계 통계적 학습 (statistical learning)	3단계 문맥 적응 (contextual adaptation)
• 정형화된 분야에서 알고리듬을 추출해 프로그램화 • 물류, 세금 계산 • 추론 중심 • 학습능력 결여, 돌발상황 대처 미흡	• 통계 데이터 기반으로 모델을 추출, 학습 가능 • 기계학습/딥러닝 • 인지/학습 중심 • 영상 인식 등 • 추론능력 부족	• 추상화 및 논리화 등의 보강이 필요 • 학습량의 획기적인 감소 요구 • 기계와 인간의 자연스런 소통 • 설명 가능한 인공지능(AI) • 상황에 대한 총체적 이해

우리는 문맥 적응이라 불리는 인공지능을 확보할 필요가 있다. 이 기술은 드론이 주위의 상황을 이해하고, 이를 바탕으로 주어진 임무를 수행하기 위한 최적의 작업계획을 수립할 수 있는 능력을 의미한다. 이를 위해서는 주위환경, 목표임무, 자기상태 등을 통합적으로 이해할 수 있어야 한다. 또 상황의 변화나 드론의 자기 상태 등에 따라 업무계획을 유연하게 변경할 수 있어야 한다. 자율지능이 드론의 발전에 핵심적인 이유는 불확실성

---

13 J. Launchbury, "A Darpa perspective on artificial intelligence", DARPA, Feb. 2017.

때문이다. 드론이 처한 상황과 환경은 지속적으로 변화한다. 변화하는 환경은 불확실성을 포함하고 있어 모든 경우를 고려해 작업을 계획하는 것은 불가능에 가깝다. 불확실성을 용인하고 이를 고려할 수 있는 유연한 자율지능이 필요한 이유는 바로 이 때문이다. 그래서 자율지능을 개발하는 공학자들은 완전자율화된 드론의 총괄적인 목표에 대한 성과는 매우 정확하게 예측할 수 있는 반면, 이를 수행하는 드론의 미시적인 움직임은 예측할 수 없게 될 것으로 예상한다. 즉 완전자율화가 되면, 드론이 특정 임무를 완수하는 것에 대한 신뢰는 높아지지만, 그 임무를 수행하기 위한 세부 작업은 예측이 매우 불가능해질 수 있다.[14]

이러한 딜레마는 드론과 인간이 협업함에 있어 몇 가지 해결해야 할 난제들을 가져온다. 드론 자율화의 최종 목표 중 하나는 인간과 자유롭게 협업하는 드론의 구현이다. 이를 구현하기 위해서는 사람과 드론 간에 원활한 의사소통이 이루어져야 한다. 원활한 의사소통을 위해서는 먼저 드론에게 인간의 구어verbal language를 이해시키고, 인간의 몸동작과 표정을 읽을 수 있게 해야 한다. 최근 기계학습을 이용해서 드론에게 사람의 언어와 행동을 이해시키는 연구에서 많은 진전이 이루어지고 있다. 반대로 인간이 드론의 행동을 이해하는 것도 매우 중요하다. 이는 드론이 인간 동료에게 자신의 의도, 취합한 정보 등을 간략하지만 명확하게 전달함으로써 가능해진다. 인간과 드론의 협업에서 가장 어려운 부분은 서로간의 신뢰를 형성하는 것이다. 자율지능화된 드론이 특정한 인간 동료를 리더로서 신뢰하게 만들 필요가 있다. 인간 동료가 전달하는 정보나 지시를 드론이 신뢰를 기반으로 믿고 따르게 만들어야 한다. 그 과정에서 인간 동료를 리더로 식별할 수 있는 지능화가 필요한 것은 물론이다. 인간이 드론에 대해 신뢰하는 것도 많은 연구가 필요하다. 앞서 간단하게 언급했지만 드론이 업무 중에 획득한 정보와 경험을 바탕으로 스스로 학습하며 진화할 경우 이 문제는 더욱더 복잡해진다. 임무 수행 중에 팀의 리더인

14 SIPRI, "Mapping the development of autonomy in weapon systems", 2017. 11.

인간은 팀원인 각각의 드론을 전적으로 신뢰할 필요가 있다. 어제 경험을 학습한 결과, 어제의 드론과 오늘의 드론이 전혀 다른 행동을 보일 수 있다. 이러한 경우에 인간 리더가 변화된 드론을 어떻게 평가하고, 신뢰를 재구축할 것인가도 매우 중요하게 고려되어야 한다.

인공지능에 의한 드론 임무 분석

조종이나 작업에서 인공지능의 적용은 보다 장기적인 과제로 추진되고 있다. 하지만 드론이 획득한 정보를 인공지능으로 분석해 실제 업무에 적용하는 분야에서는 그 발전이 매우 빠르게 진행되고 있다.[15] 드론은 다양한 센서를 사용해서 많은 응용 분야의 영상 데이터를 획득한다. 이렇게 획득한 드론 임무 데이터의 부가가치를 높이기 위해서는 데이터에 대한 분석이 필요하다. 이를 위해서 다양한 방식의 기계학습이나 딥러닝 등이 사용되고 있다. 드론이 획득한 영상 데이터를 딥러닝 등에 사용하기 위해서는 촬영된 데이터를 학습에 적합하게 가공할 필요가 있다. 응용분야별로 획득할 데이터를 정의하고, 이를 촬영한 다음, 각각의 응용분야별로 전문지식과 연계해 가공해야 한다. 가공된 데이터를 인공지능을 통한 학습을 위해 라벨링 등을 수행한 뒤에 인공지능 학습을 시켜 원하는 데이터를 산출해야 한다. 이러한 방식으로 드론이 획득한 데이터를 인공지능으로 학습해 고객에게 서비스하는 비즈니스 모델은 이미 상품화되고 있다. 미국의 드론디플로이DroneDeploy 사는 무제한 비행, 매핑 및 공유 기능을 갖춘 드론 플랫폼 서비스를 제공하고 있으며,[16] 광업 분야에서 채취된 광물의 부피를 즉시 계산할 수 있는 인공지능 서비스를 제공 중이다. 이외에도 미국의 서바에Survae 사[17], 3D 로보틱스3D Robotics 사[18] 등 많은 기업들이 인

15 A. Bagchi, "Artificial intelligence in agriculture", Mindtree.

16 DroneDeploy Homepage, www.dronedeploy.com

17 Survae Homepage, www.survae.com

18 3D robotics Homepage, 3dr.com

공지능과 드론 데이터를 결합한 서비스를 제공하고 있다. 스위스의 센스플라이SenseFly 사[19]는 드론 영상과 자료를 이용해 작물의 상태와 성장 정도 등을 세밀하게 인공지능을 통해 분석할 수 있는 데이터를 제공하고 있다.

딥러닝과 같은 인공지능 기술과 드론 데이터를 결합한 대표적인 분야는 농업이다. 유럽에서 위성 영상을 농업에 적용해 농약, 비료, 그리고 물의 양을 최소화하려는 노력은 1980년대부터 진행되었다. 위성의 근적외선NIR, Near Infra-Red 센서로 농지를 촬영하고[20] 촬영한 영상을 가지고 농작물의 건강상태와 병충해 정도를 분석함으로써 단위 농지별로 병충해나 가뭄의 피해가 있는 지역을 세분화해서 농약이나 비료, 물의 양을 조절해 투입량을 절약하고자 했다.[21] 하지만 위성 영상은 농업에 사용하기에는 너무 고가이고 해상도가 떨어졌다. 또 원하는 시간에 원하는 센서로 촬영이 쉽지 않았다. 2010년대에 드론으로 이용해 농지를 근적외선 카메라, 라이다, 광학 카메라 등으로 촬영하고 이를 분석할 수 있게 되었다. 드론을 사용함으로써 고해상도의 영상을 아주 저렴한 가격으로 획득할 수 있었으며, 다양한 센서를 상황에 맞게 사용할 수 있게 되었다. 미국의 프레시전호크PrecisionHwak 사는 소형 드론으로 근적외선 영상을 촬영하고 이를 분석해서 농부들에게 최적의 농약과 비료를 선택하고, 급수량을 조절할 수 있는 해석 프로그램을 제공하고 있다.[22] 이 회사는 근적외선이나 라이다 영상을 딥러닝을 통해 분석하며, 각각의 농지에서 촬영된 영상을 자사의 빅데이터와 비교해 최적의 해법을 제공한다. 이렇게 농업 데이터를 인공지능으로 분석함에 따라, 분석 데이터를 드론의 작업에 직접 연결시킬 수 있다. 이러한 작업을 변량농업이라고 하며, 드론을 사용한 미래 농업은 투입되는 농약과 물의 양을 최대 80%까지 절약할 수 있다고 한다. 드론과 인공지능이 결합해 농업 생산성을 높이고 환경을 보호할 수 있게 된 것이다.

---

19 SenseFly Homepage, www.sensefly.com

20 식물이 근적외선 파장을 가장 많이 반사하는 특성을 활용한 것이다.

21 David Mulla, Raj Khosla, "Historical evolution and recent advances in precision farming", 2015.

22 PrecisionHwak Homepage, www.precisionhawk.com

보다 복잡한 임무를 드론 데이터와 인공지능 학습을 결합해 분석하려는 연구들이 진행되고 있다. 드론으로 촬영한 태양광 패널의 영상을 다양한 종류의 결함으로 분류한 뒤에 시간 동기화, 위치정보, 기온, 태양고도 등의 데이터 라벨링을 거쳐 딥러닝deep convolution neural network을 적용한다. 이 경우, 전처리로 이미지 크기 표준화, 마스킹, 특성 추출, 분류, 데이터 증강 등의 프로세스를 거치게 된다. 이후 학습을 거쳐 결함률 분석 등을 수행하는 방식으로 드론 데이터와 인공지능 학습을 결합한다. 드론에 탑재된 영상카메라로 대기를 촬영한 후에 지상의 대기오염물질 측정장비와 연계해 학습시킴으로써 이후에는 드론 영상 데이터만으로 실시간 미세먼지 예보가 가능해지고 있다. 이외에도 빙붕氷棚의 해빙解氷을 드론으로 촬영하고, 이를 딥러닝 기반으로 손실량을 측정하거나, 산불 발생 여부를 드론 이미지 기반으로 실시간 분석하는 시스템 등에 대한 연구개발이 진행 중이다.

3.
초연결 통신 네트워크

드론은 지상의 조종자와 통신에 의해 연결된다. 통신 없이는 비행도, 임무 수행도 불가능하다. 물론 미래에 자율지능이 고도화된 드론은 통신 없이도 비행이 가능할 것이다. 하지만 고도의 지능화가 이루어진 드론이라도 통신은 필요하다. 다른 드론이나, 지상의 인간 동료들과 소통하기 위해서다. 드론의 통신은 조종신호C2, Command & Control와 드론의 상태telemetry, 그리고 임무장비가 획득한 정보를 지상국에 전달한다.

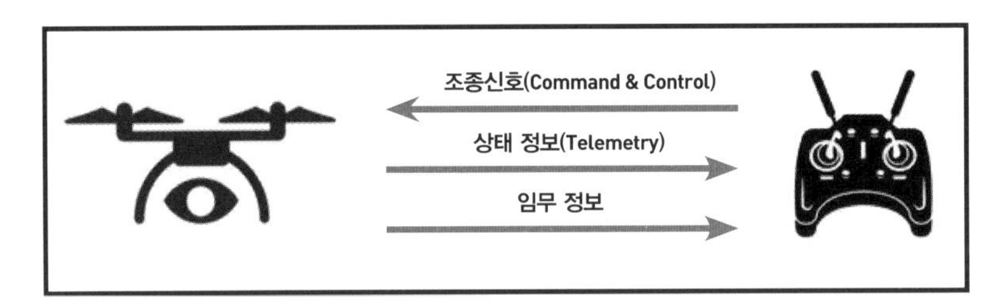

〈드론 통신의 구성〉

드론과 조종기가 주고받는 세 가지 정보는 통신에 대한 요구도가 서로 다르다. 조종신호는 조종기로부터 드론으로 전달된다. 조종신호는 매우 높은 수준의 연결성공확률을 요구하며, 짧은 지연시간을 필요로 한다. 조종신호는 PPM[23] 등의 아날로그 신호 변조 방식 등을 통신 방식으로 사용하거나, PCM[24] 신호로 정보를 전달하는 디지털링크를 사용한다. 텔레메트리는 드론에서 지상의 조종기로 전송하는 상태정보를 의미한다. 이 정보들은 드론의 위치나 속도 정보 등을 포함해 배터리나 연료의 양 등의 핵심 비행체 정보를 포함한다. 이 정보들은 주기적으로 드론에서 지상으로 전송된다. 마지막으로 영상정보 중심의 임무정보다. 드론에 탑재된 임무장비[25]로부터 생성되는 정보를 지상에 실시간 스트리밍을 통해 전달한다. 일반적으로 대용량의 데이터로 구성되는 임무정보는 고화질이어야 한다. 이를 위해 광대역 통신을 사용하는 것이 일반적이다. 4k급 영상정보는 전송률이 10~15Mbps이어야 한다. 광대역 통신이 불가능할 경우에는 고화질 데이터는 드론에 탑재된 휴대용 저장장치를 사용하고, 실시간 전송 시에는 저화질 영상을 전송하기도 한다. 3GPP가 정의한 드론 통신의 주요 요구도는 다음과 같다.[26]

〈3GPP가 정의한 드론 통신 요구도〉

통신신호	전송률(data rate)	신뢰성(reliability)	지연율(latency)
조종신호	60~100Kbps	10^{-3} packet error rate	50ms
상태정보	60~100Kbps	10^{-3} packet error rate	-
임무정보	최대 50Mbps	-	-

드론에 사용되는 통신은 그 방식에 따라 드론-조종기 간에 직접연결,

---

23 Pulse Position Modulation의 약자로, 펄스의 시간적 위치를 변화시키는 변조 방식이다. 모터의 제어에 주로 사용하는 PWM(Pulse Width Modulation)은 펄스폭을 조절하며, PPM은 위치를 조절해 제어한다.

24 Pulse-Coded-Modulation의 약자로, 신호를 디지털로 전환해 전송하고 이를 다시 아날로그로 변환해서 조종한다.

25 광학 카메라, 열광학 카메라, 라이다, 분광 카메라, 레이더 등을 말하며, 드론이 주어진 임무를 수행하기 위해 탑재한 장비를 의미한다. 비행조종을 목적으로 탑재되는 파일럿 카메라(혹은 플라이트 카메라)와는 구분되는 개념이다.

26 3GPP TR 36.777: "Technical specification group radio access network study on enhanced LTE support for aerial vehicles", V15.0.0, Dec.

위성통신, 애드혹 네트워크, 셀룰러 네트워크 등으로 구분된다. 직접연결 방식은 드론과 조종기 간에 1 대 1로 연결하는 것이다. 현재 민간용으로 운용되는 대부분의 드론들은 직접연결 방식의 통신을 사용한다. 현재 민간 드론의 운영을 규정하는 법규에서는 드론에는 하나의 조종기가 연결되며, 비행 중에는 규정상 다른 조종기로 전환하는 것이 금지된다. 직접연결 방식은 통신 방식이 간단하고 비용이 비교적 저렴한 것이 장점이다. 하지만 통신 범위가 제한적이고 데이터 전송률이 낮아 고화질 영상을 실시간으로 전송하는 것이 힘들며, 타 전파와 간섭문제가 발생하는 단점이 있다.

군용 드론에서는 위성통신이 사용되기도 한다. 위성통신은 드론과 지상의 조종국 간에 통신위성을 통해 정보를 주고받는 방식이다. 군용 드론의 경우에는 운용 범위를 넓히기 위해 위성통신을 사용한다. 위성통신은 전 세계 어디나 연결이 가능하기 때문에 원격으로 군용 드론을 통제할 경우에 사용한다. 하지만 직접연결 방식에 비해 비용이 비싸고, 통신지연이 발생하며, 신호감쇠 등이 나타난다. 아직까지는 송수신장비의 가격이 비싸며, 다소 무겁고 전력소모가 큰 것이 단점이다.

최근에는 애드혹 네트워크를 이용해 드론과 드론을 연결하는 FANET Flying Ad Hoc Networks에 대한 연구가 활발하게 진행되고 있다. 드론과 드론이 직접 통신하고, 이를 네트워크로 연결하는 방식이다. 지상 조종국과 드론 간의 통신이 단절될 경우, 제삼의 드론을 중계기로 사용해 연결이 가능하다. 이는 운용하는 드론의 대수가 늘어나고 범위가 넓어질 경우에 매우 유용한 통신 방법이 될 수 있다. 하지만 전송할 수 있는 데이터의 양이 제한적이며, 통신 프로토콜이 복잡하고, 아직까지는 안정적인 통신이 보장되지 않는 단점이 있다.

이동통신망[27]을 이용해 드론을 조종하고 임무정보를 전송받는 방법들이 제안되고 있으며, 일부에서는 LTE 등을 이용한 드론 통신이 시도되고 있다. 대부분의 국가에는 이동통신망을 위한 기지국 등이 전국적으로 설

---

27 셀통신망을 의미한다.

치되어 있다. 드론과 조종기가 직접 통신하는 것이 아니라 이동통신망 인프라를 통해 통신할 경우 드론은 통신가시선[28]을 넘어서 운용이 가능해진다. 하지만 LTE의 경우 통신지연율이 1~1.5초가량 발생하고 있어 실시간 조종이 불가능하다는 것이 단점이다. 최근 도입되고 있는 5G의 경우에는 통신지연율을 크게 낮출 수 있고 광대역 데이터 전송이 가능해, 이동통신망을 이용한 드론의 운용은 점점 더 그 가능성이 높아지고 있다.

드론 직접 통신

드론과 조종기 간의 직접 통신은 주로 전파를 사용한다. 드론이 사용하는 전파는 크게 ISM 대역Industry-Science-Medica band[29]과 비면허 대역non-licensed band, 무인기 전용 주파수 등으로 구성된다. 드론이 사용하는 주파수대는 대략 300MHz에서 3.0GHz 사이의 UHF 대역을 사용하는 것이 일반적이다. 최근에는 5GHz 대역에서 비면허 대역과 무인기 전용 주파수가 할당되어 사용되고 있다. 다음 그림은 국내외에서 주로 사용되고 있는 드론용 주파수 대역이다. 대략 400~900MHz 대역인 ISM 대역과 2.4와 5.8GHz의 비면허 대역의 주파수가 주로 사용된다. 하지만 국내에서는 ISM 대역 주파수를 드론용으로 사용하는 것은 허용되지 않고 있다. 아마추어 무선인 햄HAM과 이동통신 주파수가 이 대역을 선점하고 있기 때문이다. 하지만 세계적으로 ISM 대역에서 신뢰성이 확보되고 값싼 관련 제품이 풍부하게 공급되고 있어, 향후 해당 주파수 등에 대한 드론 활용 방안은 긍정적으로 검토할 필요가 있다.

ISM 대역 주파수는 상업용 드론이 활성화되기 이전부터 드론의 조종과 텔레메트리, 그리고 임무 데이터 통신에 사용했다. 420~450MHz는 드론의 조종에 주로 사용되었고, 902~928MHz는 텔레메트리와 임무 데이터

---

28 CLOS(communication line of sight)이며, 조종기와 드론이 통신에 의해 직접연결될 수 있는 한계를 의미한다.

29 ISM 대역은 산업, 과학, 의료용 기기에서 사용 가능한 주파수 대역이다.

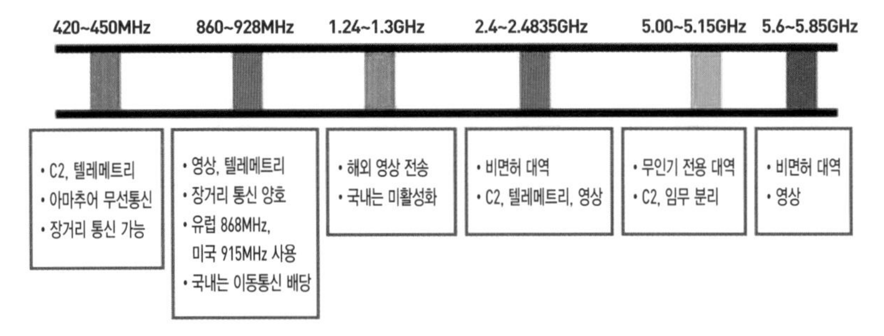

〈드론용 주파수 사용 현황〉

에서 백업 통신으로 사용하는 것이 보다 일반적이다. 400MHz가 보다 장거리 통신에 유리하기 때문이다. 국내에서는 433MHz 대역의 텔레메트리 장비가 주로 사용된다. 유럽에서는 433MHz 대역을 드론(무인항공기)에 할당해 사용하고 있다. 하지만 국내에서는 아마추어 무선통신과 데이터 전송용 특정 소출력 장비 등에 배당되어 있다. 특정 소출력 장비는 자동차 주차용 RFID Radio Frequency Identification(무선인식) 등이 사용 중이다. 국내에서 433MHz 대역을 사용하기 위해서는 아마추어 무선통신 등과의 사전 조율 등이 필요하다. 장거리 운항이 불가피한 고정익 드론 등을 위한 백업 통신으로 433MHz 대역을 확보하는 것은 불가피해 보인다. 드론 개발 및 운용 산업에 종사하는 이들의 공통된 대응이 시급해 보인다.

900MHz대는 탁월한 통신 특성으로 해외에서는 영상 및 텔레메트리용으로 주로 사용된다. 유럽에서는 868MHz 대역의 장비가, 미국에서는 915MHz 대역의 장비가 주로 판매되고 있다. 지금까지 개발되어 판매 중인 무인기 통신장비는 900MHz 대역의 장비가 대부분이다. 이 때문에 안정화된 드론 통신을 구성하기 위해서는 불가피하게 900MHz 대역의 통신 장비를 사용할 수밖에 없는 상황이다. 하지만 국내에서는 이동통신과 주파수 간섭 문제로 인해 900MHz 대역은 사용이 불가능한 주파수 대역이다.

상업용 드론이 광범위하게 보급됨에 따라서 비면허 대역을 드론 통신에 사용하는 것이 매우 일반화되었다. 드론이 사용 가능한 비면허 대역은 2.4GHz와 5.8GHz 대역이다. 비면허 대역은 무선전파를 사용함에 있어

무선국 허가 없이 소출력으로 사용 가능한 대역이다. 비면허 대역에서는 와이파이WiFi나 블루투스Bluetooth 등의 다양한 통신기기들이 출시되고 있어, 적절한 성능의 통신부품을 상대적으로 값싸게 조달이 가능하다. 이 때문에 취미용 드론의 경우에는 비면허 대역의 주파수를 채택한 제품들이 매우 다양하게 공급되고 있다. 또 이 대역에서는 와이파이 통신이 가능해 임무영상은 와이파이로 전송하기도 한다. 다만 비면허 대역은 이동기기에 대해서는 1MHz당 10mW가량의 소출력만을 허용하고 있어, 단거리[30]에서 운용하는 드론에만 사용이 가능하다.

C대역인 5.0GHz 대역에서 무인항공기 전용 주파수가 할당되어 사용되고 있다. 5.03GHz에서 5.091GHz가 지상제어용으로, 5.091GHz에서 5.15GHz가 임무용으로 할당되어 있다. 무선허가를 기반으로 허용되는 이 주파수 대역은 최대 10W의 고출력 송출이 가능해 드론의 운용 반경을 크게 확장할 수 있는 장점이 있다. 장거리 운용이 불가피한 대형 무인기의 경우에는 대부분 C대역 통신을 사용한다. 소형 무인기인 드론용으로 사용하기에는 C대역 통신 부품들이 상대적으로 고가이고, 크기와 중량이 적절하지 못한 단점이 있으며, ISM 대역 등에 비해 전력 소모량이 큰 점도 단점으로 지적되고 있다. 드론이 요구하는 Swap-C[31]를 만족하는 부품 개발이 필요하다.

직접통신 방식에서 중요하게 고려할 사항은 통신신호의 변조 방식이다. 무선통신은 고주파인 반송파carrier frequency에 저주파인 정보code frequency를 실어 보낸다. 동일한 주파수 대역의 전파와 혼선을 피하기 위해 무선전파를 변조modulation해 송신한다. 조종기 제조사에 따라 다양한 변조 기법을 사용한다. 주로 사용되는 변조 방식으로는 FSKFrequency Shift Keying(주파수편이변조)[32] · PSKPhase Shift Keying(위상편이변조)[33] · FHSSFrequency Hopping Spread

---

30 대략 1km 내외에서만 안정적인 통신이 가능하다.

31 Swap-C는 Size, Weight and Power Cost의 약자로, 소형·경량·저전력·저가 제품을 의미한다.

32 FSK(주파수편이변조) 방식은 0과 1을 서로 다른 주파수로 변조하는 방식이다. 구조가 간단하고 신호 변동과 잡음에 강하지만 대역폭을 넓게 차지한다.

33 PSK(위상편이변조) 방식은 0과 1을 서로 다른 위상을 갖는 신호로 변조하는 방식이다. 잡음에 크게 영향을 받지 않는다.

Spectrum(주파수도약대역확산)[34] · DSSSDirect Sequence Spread Spectrum(직접수열대역확산)[35] 방식 등이 있다. 433MHz를 사용하는 조종기들은 FSK나 PSK 방식 등을 사용했으나, 2.4GHz 대역에서는 DSSS 방식이 사용되고 있다. 초기에는 할당받은 통신 주파수를 6개의 단위채널로 나누어 이 채널 간에 무작위로 정의된 순서로 주파수를 바꾸는 FHSS가 주로 사용되었다. 무작위로 생성된 통신 순서를 수신기와 송신기가 공유하고 통신한다. 이렇게 특정한 송수신기만이 무작위 패턴을 공유함으로써 타 드론과의 혼선이 방지된다. DSSS 방식은 송신신호에 유사잡음PN, Pseudo Noise를 섞어 보내고, 이 PN 신호를 송수신기가 공유하는 방식이다. 최근에는 해외 제작사들이 FHSS와 DSSS 방식을 혼합해 사용하는 조종기[36]들을 선보이고 있다. 이런 조종기들은 대역폭을 넓게 사용할 수 있어 높은 출력의 전파로 조종신호를 송신할 수 있다. 채널분할 방식을 사용하는 국내 드론 제작사들은 이보다 낮은 출력을 유지할 수밖에 없어 국내 제작 드론의 통신거리가 짧은 단점이 있다. 국내에서도 최신 기법의 변조 기술을 사용해 드론 간의 혼선을 최소화하고, 드론과 조종기 간의 통신거리를 늘릴 필요가 있다.

이동통신을 이용한 드론 통신

드론과 조종기 간의 1 대 1 직접통신기술의 가장 큰 단점은 특정 거리 이상을 벗어나면 통신이 불가능해진다는 것이다. 이러한 단점을 극복하는 방법으로 위성통신과 이동통신망이 활용된다. 5G/LTE로 대표되는 이동

---

34 FHSS(주파수도약대역확산) 방식은 반송파가 짧은 영역에서 자동으로 변하는, 대역을 확산하여 일어나는 변조 방식을 말한다. 전송할 정보에서 요구되는 대역폭보다 훨씬 더 넓은 주파수 대역을 차지하는 주파수군에서 가상의 임의 방법으로 이루어진다.

35 DSSS(직접수열대역확산) 방식은 디지털 신호를 매우 작은 전력으로 넓은 대역으로 분산하여 동시에 송신하는 방식이다. 통신 중에 노이즈가 발생하더라도, 복원 시에 노이즈가 확산되기 때문에 통신에 미치는 영향은 작다. 또한 강한 신호를 발생하지 않기 때문에 다른 통신을 방해하지 않는다.

36 후타바(Futaba)와 DJI사가 2개의 변조 방식을 혼합해 사용하고 있다고 주장한다. DJI사는 혼합된 방식을 사용해 자사 조종기의 출력을 높게 사용하고 있으며, FCC(500MW)와 CE의 인증을 받았다고 주장하고 있다.

통신망은 소형 드론에도 쉽게 적용할 수 있어 드론의 운용 범위를 확장할 수 있는 유용한 방법이다.

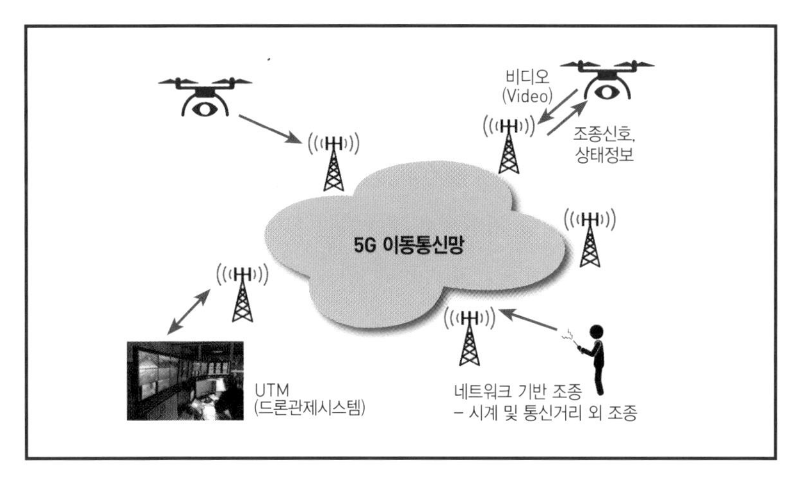

〈5G 이동통신망을 이용한 드론 통신〉

위의 그림과 같이 이동통신망을 이용해 조종기에서 조종신호를 드론에 전송하고, 드론의 상태 데이터와 임무 데이터를 조종기로 전송할 수 있다. 드론과 조종기에서 생성해 전송하는 데이터들은 기지국과 기지국, 그리고 교환기 등으로 구성되는 이동통신망의 네트워크를 통해 전달된다.

이러한 방식의 통신은 장단점이 명확하다. 먼저 가장 큰 장점은 통신 가시선을 크게 확장할 수 있는 것이다. 동일한 이동통신망의 기지국이 설치된 곳은 어디나 드론과 조종기 간의 통신이 가능하다. 두 번째 장점은 드론과 조종기 간에 교환되는 데이터를 제삼자가 사용할 수 있다는 것이다. 즉, 드론이 생성한 상태 데이터telemetry는 조종기뿐만 아니라, 드론관제시스템UTM, Uav Traffic Management도 공유할 수 있다. 드론교통시스템은 이동통신망을 이용하는 모든 드론의 위치를 실시간으로 추적할 수 있어, 합법적으로 운용되는 드론과 불법 드론을 구분할 수 있게 된다. 또 다른 장점은 광대역의 임무 데이터의 실시간 전송이 가능한 것이다. 현재 서비스되는 LTE는 물론이고, 5G 통신은 매우 높은 속도의 데이터 전송이 가능하다. 현재 와이파이로 임무 데이터를 전송할 경우에는 안정적으로 2HD급의 데이터 전송만이 가능하지만, LTE는 풀HD, 5G는 4k급의 영상을 실시간으로 전송할 수 있다.

하지만 이동통신망을 이용할 경우에 단점도 명확하다. 통신 신호가 복잡한 네트워크를 거치기 때문에 필연적으로 통신지연이 발생한다. 현재 LTE는 임무영상 통신에서 최대 1.5초 정도의 통신지연이 발생한다. 이러한 통신지연은 신속한 반응이 필수적인 조종 통신에는 적합하지 않다. 최근 파일럿 카메라 영상을 기반으로 조종하는 FPVFirst Person View[37] 조종이 드론 레이싱을 중심으로 확산되고 있다. 현재의 통신 속도로는 FPV를 사용한 드론 조종은 불가능하다.

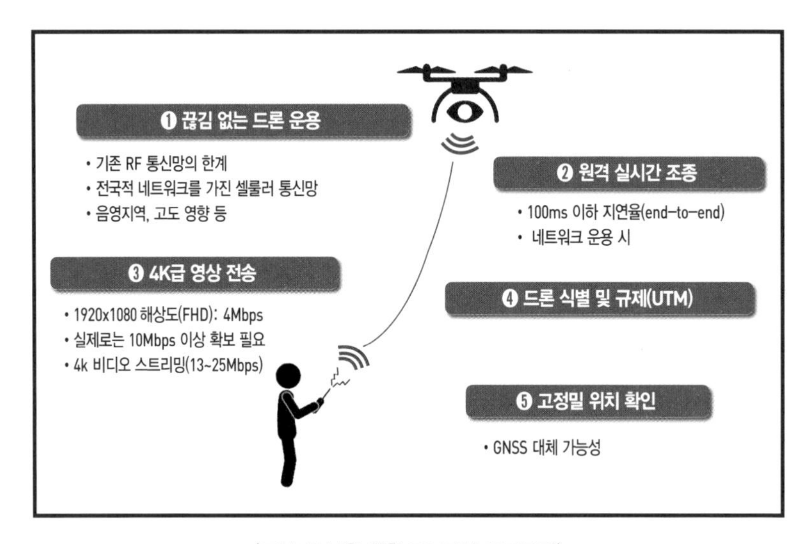

〈드론 통신을 위한 5G 통신 요구조건〉

최근에 서비스가 시작된 5G 통신은 기존의 이동통신망이 가진 여러 가지 단점들을 보완할 것으로 기대된다. 5G 통신은 초저지연low latency과 광대역 데이터 통신을 제공한다. 네트워크를 통해 조종신호를 전달 시 발생하는 지연율은 단말(드론)에서 단말(조종기)까지 100ms 이하이어야 한

---

37 드론에서 고글에 전송되는 실시간 영상을 보고 조종하는 기법이다. 조종에 사용되는 파일럿 카메라 영상은 실시간성 확보를 위해 상대적으로 저화질의 영상이 사용된다.

다. 5G 통신은 FPV와 같이 영상 기반으로 실시간 조종이 가능한 수준의 초저지연성을 제공할 수 있을 것으로 기대되고 있다. 현재 드론 운용에서는 4k급 이상의 비디오 스트리밍이 필요하다. 인터넷 기반으로 4k급 스트리밍 영상 서비스는 15~25Mbps 정도의 전송 속도가 보장되어야 한다. 최근 미국에서 시험한 바에 따르면, 버라이즌 5G 서비스는 다운링크 1Gbps, 업링크 60Mbps 정도의 속도가 구현될 수 있는 것으로 알려졌다.[38] 5G와 위성통신은 밀리미터파millimeter wave[39]를 이용한다. 이처럼 초단파를 이용함에 따라 다양한 문제점들이 발생할 수 있다. 기존 통신망에 비해 밀리미터파는 통신거리가 짧아진다. 이를 극복하기 위해서는 보다 높은 출력으로 송신해야 한다. 밀리미터파는 또 강우 등의 악기상 상황에서는 통신 거리가 더 짧아진다. 직진성이 강한 밀리미터파는 송신기와 수신기 사이에 장애물이 존재할 경우 통신 성공률이 매우 낮아지게 된다. 이러한 전파의 특성을 극복하기 위해 5G 통신은 빔포밍beam forming 기술을 사용한다. 다중으로 배치된 안테나와 송신기 간의 위상차를 주어 전파를 특정한 방향으로 집중되도록 하는 기술이 빔포밍이다. 빔포밍을 이용하는 5G 통신망은 전파를 지상으로 집중시키기 때문에 공중에서 비행하는 드론에는 5G 전파가 도달하지 못할 가능성이 크다. 이를 극복하기 위해서는 공중 방향으로 빔포밍이 되도록 기지국을 배치해야 하고, 또 공중에서 이동하는 드론을 추적tracking해 빔포밍된 전파가 지속적으로 드론에 향하도록 할 필요가 있다. 그럼에도 불구하고 5G 이동통신은 드론에게 여러 가지 큰 기회를 마련해줄 것이다. 일단 4k급 영상이 실시간 스트리밍됨에 따라, 아주 다양한 서비스가 가능해진다. 드론을 이용한 원격관광이 현실화되며, 드론 레이싱에서 중계되는 영상도 조종사와 관객이 동시에 즐길 수 있게 된다. 대교나 타워 등과 같은 대형 인프라 관리를 위해

---

38 CNET, "Galaxy S10 5G speed test: Verizon and Sprint duke it out in Chicago", Jul. 2019.

39 밀리미터파는 파장의 길이가 10mm 이하인 30~300GHz를 의미한다. 하지만 4분의 1 파장의 길이가 mm대인 10GHz부터 밀리미터파로 분류하기도 한다. 위성통신은 10~15GHz의 Ku 대역을 사용하고, 5G는 28GHz의 Ka 대역을 사용해 통신한다.

구조물을 촬영하는 경우, 지금은 촬영된 영상을 비행이 종료되고 나서 분석해야 한다. 하지만 5G로 실시간 스트리밍이 됨에 따라, 드론이 촬영한 고화질 영상은 실시간으로 분석팀에 전달되어 분석된다. 분석 과정에서 추가 촬영이 필요하다고 판단되면, 즉시 다시 비행할 필요 없이 현장에서 비행계획을 수정해 추가 비행이 가능해진다.

드론 통신 네트워크의 미래

미래의 드론 통신은 직접통신, 위성통신, 그리고 이동통신망과 같은 네트워크 통신이 모두 연결되는 방식으로 발전할 것이다. 드론과 드론 간의 직접통신에 의한 애드혹 네트워크Ad-hoc network가 가능해질 것이고, 애드 혹 네트워크와 지상 인프라망의 네트워크가 연결되어 드론 통신을 보다 광범위하게 서비스할 것이다. 조종기를 통해 드론을 조종하다가 드론이 통신 가시선을 넘어서면 바로 5G 통신망으로 전환함으로써 끊김 없

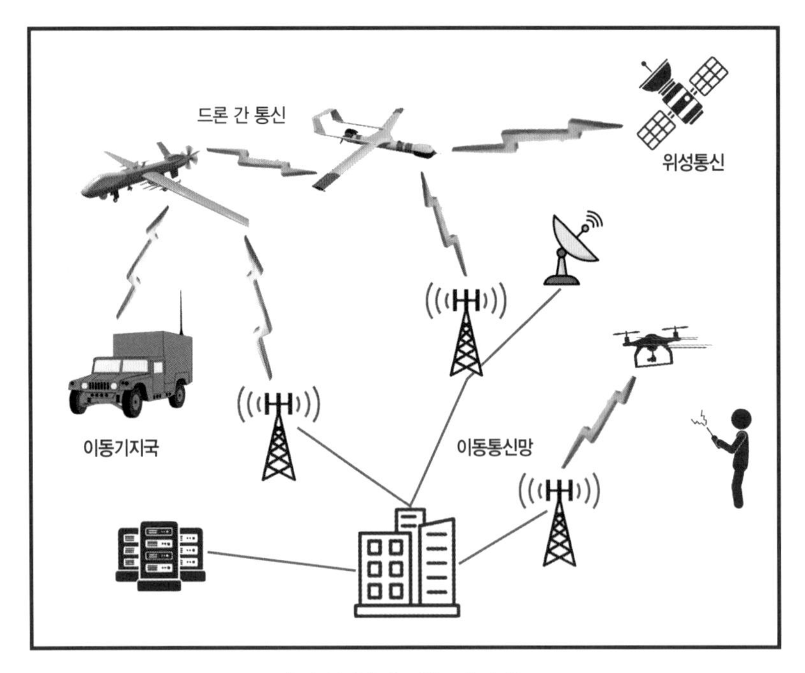

〈드론 통신 네트워크의 미래〉

는 드론 운용이 가능해진다. 네트워크 조종을 통해 수십, 수백 대의 드론을 동시에 조종하는 것도 가능해질 것이며, 드론 조종을 위한 네트워크도 지상뿐만 아니라 해양까지 확장되어 드론이 운용될 수 있는 범위를 확대할 것으로 예상된다. 지금 개인과 개인이 데스크탑, 노트북, 스마트폰 등 다양한 디바이스로 인터넷으로 연결되듯이, 미래의 드론들은 기종과 크기에 상관없이 드론 네트워크에 연결되어 운용될 것이다. 이처럼 초연결 hyper-connectivity이 구현된 드론들은 우리가 생각하지 못한 아주 다양한 능력들을 발휘할 것임에 틀림없다.

4.
드론교통관제시스템 (UTM)

드론교통관제

점점 더 많은 드론이 미래의 하늘을 날아다닐 것으로 예상된다. 미국 연방항공국에 의하면, 미국 내에서 2019년 현재 등록된 드론의 수는 130만 대에 달하고, 드론 운영자는 11만 6,000명에 달한다.[40] 우리와 유사한 인구 규모를 가진 영국의 교통성이 발표한 자료에 따르면, 영국에서만 2030년에 드론의 수는 40만 대를 돌파할 것이고, 드론 운영자도 3만 2,000명에 이를 것으로 예측된다.[41] 이렇게 등록된 드론들은 상업적이거나 공공의 목적으로 운용되는 특수목적용에만 한정되어 있어, 개인들이 취미용으로 날리는 드론까지 포함할 경우 그 수는 더욱더 커질 것으로 예상된다. 운용되는 드론의 수가 급증하면, 그에 따른 부작용도 커진다. 개인들이 무분별하게 날리는 드론들은 다른 드론과는 물론이고, 건물이나 자동차, 그리고 행인들과 충돌할 가능성이 매우 높다. 불법 드론이 유인항공기가 비행하는 영역에 침입해 충돌을 일으킬 경우에는 자칫 대형 사

---

40 로이터, "U.S. agency requires drones to list ID number on exterior", 2019. 02. 13.

41 Taking Flight: The future of drones in the UK, Government Response, Dept. of Transport, UK.

고로까지 이어질 수 있다. 또 드론이 사유지나 주거지를 침입해 도촬하는 등의 개인정보에 대한 심각한 침해도 발생할 수 있다.

드론의 불법행위를 막고, 충돌 등의 사고를 미리 방지하기 위해서는 정부 당국의 체계적인 관리가 불가피하다. 드론이 민간의 영역에 도입된 초기 단계인 현재 시점에서 세계 각국의 항공안전당국은 상업적 드론 비행에 다음과 같은 몇 가지 제약을 부과해서 드론의 사고와 불법행위를 방지하고 있다. 아래와 같은 제약을 벗어나서 운용하기 위해서는 항공안전당국의 사전 허가를 받아야 한다.

- 모든 드론은 한 명의 드론 조종사에 의해 운영되어야 한다. 즉, 한 명의 조종사가 조종할 수 있는 드론의 수는 한 대로 제한된다.[42]
- 드론은 조종사의 시계 내에서만VLOS 조종되어야 한다. 만약 시계 외에서 운용될 가능성이 있을 경우, 시계 내에 관측자가 존재해야 한다.
- 드론은 유인항공기가 운용되지 않는 저고도 영역에서만 운용되어야 한다.
- 일몰 이후와 일출 이전의 야간에는 드론 비행이 제한된다.
- 도심과 같은 인구밀집지역에서는 운용이 제한된다. 밀집된 군중의 머리 위로 비행하는 것은 엄격하게 금지된다.

하지만 드론의 수가 급증하게 됨에 따라, 위의 조건 이외의 상황에서 비행해야 하는 드론 서비스가 점점 급증하고 있다. 국내의 경우 치안, 재난 등의 공공 목적을 위해 드론을 운용하는 경우에는 특별허가를 받아 운용할 수 있다.[43] 하지만 이는 공공 목적이 아닌 민간의 드론 서비스에는 적용되지 않는다는 한계가 있다. 미래 드론의 대표적인 서비스인 드론 택배의 경우에는 필수적으로 시계 밖 비행이 불가피하다. 현재와 같이 규제 중심의 드론운용체계로는 미래의 다양한 드론 서비스는 불가능해진

---

42 상업적으로 운용되는 군집 드론쇼의 경우에는 예외다.

43 국토교통부는 2017년 공공 분야에서 야간 및 가시권 밖 드론 비행 허용을 위한 특별승인제를 도입한 바 있다.

다. 또 드론 택시와 같이 도심지역에서 운용이 불가피한 서비스의 경우에는 도심에서 운용하기 위한 제도적 기반과 인프라가 구축되지 않는다면 비즈니스를 수행하는 것 자체가 불가능해진다. 미래의 다양한 드론 서비스가 가능해지기 위해서는 규제 중심의 관리체계가 아니라 유인항공기의 교통관제시스템과 같은 인프라 중심의 관리체계를 정부 당국이 수립할 필요가 있다. 유인항공기는 ATM시스템Air Traffic Management System(항공교통관제시스템)에 따라서 출도착이나 비행항로 등을 정부 당국에서 체계적으로 관리한다. 이처럼 항공기 항로와 구분되는 드론만의 비행 영역을 구축하고, 드론을 이용한 승객 및 화물 운송, 도시 관리, 농작물 관리 등의 다양한 임무 수행이 가능하도록 드론관제시스템UTM, UAV Traffic Management(이하 UTM을 표기)을 구축해 운영할 필요가 있다. UTM은 드론이 비행 가능한 구역을 알려주고, 구역 내에서 드론이 비행할 수 있는 경로를 설정하며, 드론과 드론 간, 드론과 유인기 간의 충돌을 방지하며, 때로는 특정한 지역에 너무 많은 드론이 몰리지 않도록 조절해주는 등 드론의 교통을 실시간으로 관리하는 시스템을 말한다. UTM에 대한 자세한 설명에 앞서, UTM이 필요한 이유는 드론의 안전하고 자유로운 비행을 보장하기 위해서임을 명확하게 이해할 필요가 있다. 각국의 정부가 UTM을 구축해 운영하고자 하는 주된 이유는 드론의 비행을 규제하고 제한하기 위해서가 아니라, 드론의 불법적인 운용이나 무분별한 비행에 의한 사고 등을 방지하기 위해서다. 유인항공기의 관제시스템은 1956년 그랜드 캐니언Grand Canyon 상공에서 유나이티드항공United Air Lines의 DC-7과 트랜스월드항공Trans World Airlines의 L-1049가 충돌한 사건 이후로 전면적으로 확대되어 구축되었다. UTM도 운용되는 드론의 수가 폭증함에 따라, 보다 시급하게 구축해야 할 필요성이 커지고 있다. UTM의 구축을 위해서는 드론이 비행할 수 있는 공역airspace을 확보하고, 드론의 실시간 위치를 파악할 수 있는 통신체계를 구축하며, 현재 비행 중인 드론의 합법 여부를 파악할 수 있는 등록 및 확인체계가 필요하다. 그리고 드론의 정확한 비행을 위한 항법기술 및 관련 인프라 등을 확보해야 한다. UTM의 전체적인 구성을 이해하기 위해서는 우선적으로 UTM의 핵심 요소인 공역airspace, 통신체계, 등록 및 관리체계, 항법체계에 대해서 먼저 알아볼 필요가 있다.

UTM의 구성

UTM은 이를 바라보는 시각에 따라서 매우 다른 방식으로 다가올 수 있다. 기술적인 측면에서 UTM은 민수나 공공용으로 운용되는 드론을 ①등록 및 관리하고, ②비행을 허가하며, ③실시간으로 비행을 모니터링하고, 드론을 안전하게 운용하기 위한 ④공역, 통신, 비행이착륙 등 관련 인프라를 관리한다. 드론의 등록 및 관리는 드론의 기종, 소유주, 운용 목적 등을 포함하며, 드론을 운용하는 조종사에 대한 인허가체계와 연동되어야 한다. 드론 비행이 신청되면, 요청한 비행에 대한 적절성을 검토하고, 타 드론과의 비행간섭 여부를 따져 타 드론과의 비행간섭이 예상될 경우에는 이에 대해 강제적인 조정을 하며, 비행금지구역 비행을 통제한다. 드론의 비행일정이나 경로 등은 운용자가 제출한 비행계획을 바탕으로 비행금지구역 등의 공역정보, 유인항공기 등의 운용정보, 기상정보 등을 종합해 사전 컴퓨터 시뮬레이션을 통해 드론과 드론 간, 드론과 유인항공기 간의 충돌 가능성을 제거한다. 시뮬레이션 결과를 바탕으로 드론과 드론 간에 시간과 공간의 분리separation가 설정되고 최종 비행계획이 승인된다.

일단 비행이 허가되면, 드론의 운용을 실시간으로 모니터링한다. UTM을 운용하는 관제 당국은 드론이 사전에 허가받은 대로 운용되고 있는지를 실시간으로 파악하며, 비행 중 비행금지구역 침입 여부 등의 불법행위를 감시한다. 또 추락이나 공중충돌 등의 사고 발생 여부를 감시하고, 사고 발생 시에는 드론의 운영자와 관계 당국[44]에 신속하게 연락할 수 있는 체계를 구축한다. UTM 운용 당국은 드론의 비행 데이터를 실시간으로 기록하고, 요구 시 이를 제출할 수 있어야 한다.

---

44 소방서, 경찰서 등 사고 수습이나 조사, 처벌 등을 담당하는 기관들을 의미한다.

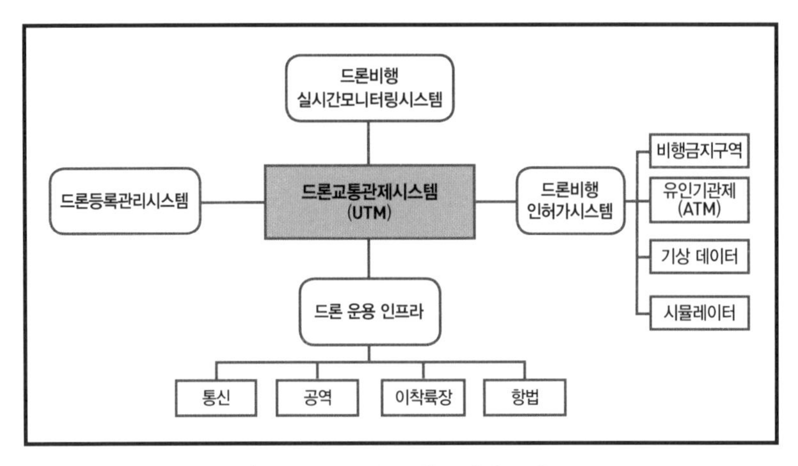

〈드론교통관제시스템(UTM)의 구성〉

UTM은 드론을 운용하는 인프라체계 구축과 관리도 포함한다. 드론 운용 인프라에는 드론과 관제실 간의 실시간 통신, 드론 공역airspace, 이착륙장, 그리고 항법체계가 포함된다. 일반적으로 항법체계는 위성항법을 사용하나, 향후 드론 기술의 발전에 따라 위성항법체계가 아닌 대체항법체계의 구축도 요구될 수 있다.

공역

드론을 운용함에 있어 가장 중요한 것은 비행을 위한 공역airspace을 확보하는 것이다. 현재 드론을 위한 공역은 유인항공기가 사용하지 않는 영역 중에서 비행금지구역이 아닌 지역이 할당된다. 공역은 하늘의 공간을 의미하는데, 항공교통에서는 이 공간을 구분해서 사용한다.[45] 드론은 항공

45 미국 연방항공청(FAA)은 공역을 6개로 세분해 사용한다. Class A는 고도 5.4~18km까지의 영역을 의미한다. 이 영역에서는 모든 항공기가 계기비행을 해야 한다. Class B, C, D는 일반적으로 공항지역을 의미하며, 항공기들이 계기비행과 시계비행이 가능한 지역이다. Class E는 A,B,C,D의 공역이 아닌 지상고(Above Ground Level) 700ft, 혹은 1,200ft 이상의 영역을 의미한다. Class G는 지면과 Class E의 사이에 위치한 공역이다. 이 공역에는 일반적으로 민항기의 진입이 허용되지 않는다.

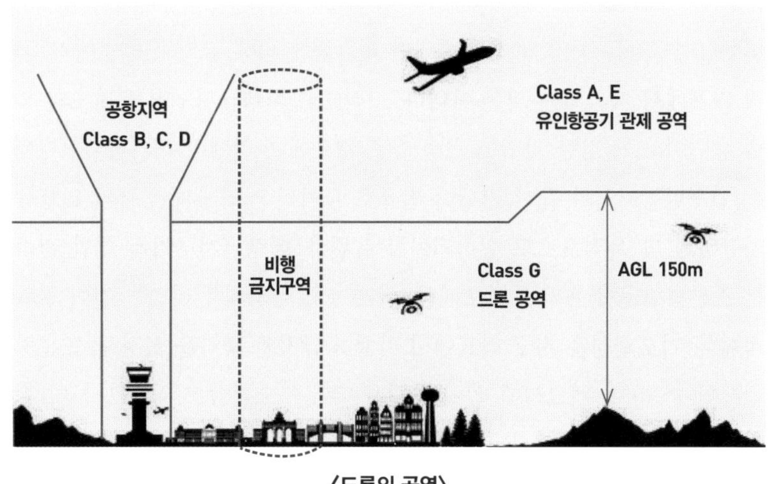

〈드론의 공역〉

기의 진입이 허용되지 않는 150m 혹은 120m 이하의 공역[46]에서 비행이 가능하다.

이와 같이 정의된 드론의 공역을 정리하면 221쪽의 그림과 같다. 드론이 합법적으로 비행할 수 있는 공역은 Class G 공역에서 지상고 150m이하에서 비행금지구역으로 지정되지 않은 공간이다. 국가별로 공항 이외의 지역에서도 비행금지구역을 설정해 운영하고 있다. 이 비행금지구역은 원전 주변이나 군기지, 대통령 관저 등과 같이 국가안보 측면에서 핵심 시설들이 있는 구역을 의미한다. 이러한 핵심 시설은 상시적인 비행금지구역으로 설정해 관리한다. 대규모 스포츠 경기 개최 등으로 인해 많은 인파가 모일 것으로 예상되면, 이 기간에만 비행금지구역으로 설정하는 것도 가능하다. 드론 공역은 지상고AGL, Above Ground Level로 정의된다. 이는 일반적으로 해발고도로 정의되는 비행고도와는 구분된다. 그러므로 고층 빌딩이나 산악으로 인해 지상고가 높아졌을 경우, 드론의 비행 가능 고도 또한 높아진다. 물론 산악에서 나무 등에 의해 높아지는 고도는 무시한다.

비행금지구역은 드론 공역에 포함되는 개념임을 유념할 필요가 있다.

46 미국은 120m, 대한민국은 150m를 채택하고 있다.

비행금지구역은 공역 내에서 특별한 필요성에 의해 금지되는 것이지, 공역 자체에서 제외되는 것은 아니다. 그러므로 비행금지구역은 별도의 특별 승인이나, 일정한 자격 조건을 갖춘 경우에는 비행이 허가된다. UTM은 인구밀집지역과 같이 비행이 법규로 금지된 지역에서 드론의 비행을 가능하게 할 목적으로도 설치되어 운용된다. 비행금지구역에 대한 관리는 드론의 조종컴퓨터에 지오펜싱geo-fencing을 설정해 관리하는 것이 일반적이다. 지오펜싱은 지구 좌표에서 비행이 금지된 구역을 설정해, 드론의 펌웨어firmware나 메모리에 설치해 적용한다. 지오펜싱 지역에 드론이 진입하면, 드론이 지오펜싱이 설정되지 않은 지역으로 후퇴하도록 항법 알고리듬을 설정한다.

드론 ID 등록 및 관리

UTM은 드론과 관련해 기체, 소유주, 조종자 등에 ID를 부여하고 이를 관리한다. 드론을 상업적인 목적이나, 공공의 목적으로 활용하고자 하는 사업자는 운용하고자 하는 드론과 이를 운영할 조종자를 드론을 관리하는 정부 당국에 신고한다. 소유주의 이름과 주소, 회사명, 연락처[47] 등 운용자 정보를 등록하고, 운용하고자 하는 드론의 제조사와 제품명 등을 등록하면 정부 당국은 드론의 ID를 발급한다.

UTM은 발급된 드론과 조종자(혹은 운영자)의 ID를 저장하고, 이를 온라인으로 관리한다. UTM은 특정 시간에 특정 장소에서 비행을 신청한 드론 운용자에게 비행을 허가하고, 이후 비행 시에 실시간으로 드론의 위치를 ID 기반으로 전송받아 관리한다. 드론에게 ID를 발급한 관리 당국은 드론의 소유주와 연락처를 확보하고, 드론의 종류와 중량 및 성능정보를 확인하며, 현재 허가받은 비행정보를 파악하고, UTM에서 드론의 실시간 운영 상황을 모니터링할 수 있다. 이처럼 드론을 등록해 관리함으로써 드

47 실시간으로 확인이 가능한 이동통신 등의 수단일 필요가 있다.

▼ FRONT

Federal Aviation Administration

Small UAS Certificate of Registration

CERTIFICATE HOLDER: **John Drone**

UAS CERTIFICATE NUMBER: **FA12345678**

ISSUED: **02/09/2016** EXPIRES: **02/09/2019**

▼ BACK

For U.S. citizens, permanent residents, and certain non-citizen U.S. corporations, this document constities a Certificate of Registration. For all others, this document represents a recognition of ownership.

For all holders, for all operations other than as a model aircraft under sec. 336 of Pub. L. 112-95, additional safety authority from FAA and economic authority from DOT may be required.

Safety guidelines for flying your unmanned aircraft:

- Fly below 400 feet
- Never fly near other aircraft
- Keep your UAS within visual line of sight
- Keep away from emergency responders
- Never fly over stadiums, sports events or groups of people
- Never fly under the influence of drugs or alchol
- Never fly within 5 miles of an airport without first contacting air traffic control and airport authorities

ReclaimDrone.com

〈미국 연방항공국(FAA)이 발급하는 드론 ID〉

론 공역 내에서 운용되는 드론의 합법성 여부를 판단할 수 있게 된다. 먼저 드론이 합법적으로 등록된 기체이며, 운영자가 정식으로 조종허가를 받았는지 여부를 확인 가능하다. 또 해당 시간과 장소에서 비행이 허가된 기체인지를 파악할 수 있고, 또 해당 기체의 운용 목적을 알 수 있게 됨으로써 허가된 목적 이외의 운용을 할 경우에 이를 제재할 수 있다. 이러한 정책은 특정 공역 내에서 불법 드론을 용이하게 판단할 수 있는 기반을 제공한다. 드론 ID와 비행허가가 없는 드론을 가려내어 제재하기 위해 드론 ID를 발급하고 관리한다. UTM은 이를 온라인, 실시간, 자동으로 관리할 수 있게 하는 시스템이다.

드론 통신

드론의 공역 내에서 사전 허가를 받은 드론은 비행 중에 자신의 ID와 위치·속도정보 등을 지속적으로 UTM에 전송해야 한다. 이를 위해서 UTM은 정부 당국이 서비스하는 드론 공역 내에서 드론의 비행정보를 지속적으로 수신할 통신 인프라를 제공할 필요가 있다. UTM을 위한 드론 통신은 크게 두 가지 방식으로 구현될 수 있다. 먼저 RF비콘beacon[48]을 이용해 드론이 자신의 ID와 비행정보, 운항정보를 지속적으로 방송하는 것이다. 드론이 유인기에 보편화된 ADS-BAutomatic Dependent Surveillance-Broadcast(자동종속감시시설-방송)[49]와 유사한 방식으로 비행정보를 송출하면, 지상에 설치된 특수장치가 이것을 수신한 다음 UTM으로 실시간 전송한다. UTM은 관리 공역에서 송신된 정보를 취합해 이를 공역 관리자에게 보고한다. 최근에는 ADS-B 정보를 송출하는 장비를 드론에 장착할 수 있게 소형화해서 판매하는 제품들이 늘고 있다.[50] 이미 보편화된 ADS-B 방식을 채택하면 별도의 기술 개발을 최소화할 수 있고 기존의 수신장비 등을 활용할 수 있다는 장점이 있다. 하지만 이를 정식 UTM 인프라로 채택하는 것은 한 가지 큰 난점이 있다. 드론을 관리하는 정부 당국이 드론 공역 전체에 비콘의 정보를 수신 가능한 인프라를 구축하고, 그 수신장비들을 UTM에 실시간 네트워크로 연결해야 한다는 것이다. 관련 수신장비들을 국소적으로 설치하는 것은 가능하나, 인프라를 전국적으로 구축하는 것은 많은 추가비용이 소요될 수 있다. 이 방식의 또 다른 단점은 해킹에 취약하다는 것이다. 누군가가 고의로 UTM 네트워크망에 침입해 거짓 정보를 전송할 수 있다. ADS-B 통신 자체가 보안에 매우 취약한 체계이기 때

48 RF비콘은 드론이나 선박, 항공기 등 이동체의 ID와 속도, 이동방향 등에 관한 정보를 얻기 위해 특정 무선전파(RF, Radio Frequency)를 발사하는 장치다. 지상 무선 기지의 RF비콘이 특정 무선전파(RF, Radio Frequency)를 발사하면, 이것을 주변의 드론이나 선박, 항공기 등 이동체 내에 탑재된 기기에서 수신해서 이동체의 ID와 속도, 이동방향 등에 대한 정보를 알린다.

49 ADS-B는 일반적으로 항공기 또는 공항차량이 기체나 차량에 장착된 GNSS 수신기 및 GPS로부터 얻은 자신의 위치정보 및 기타 정보를 데이터링크를 통해 규정된 시간 간격에 따라 지상·공중에 방송함으로써 정확한 정보를 제공하는 차세대 항행시스템이다.

50 인터넷에서 ADS-B drone을 검색하면 2~3Watt에 100g 미만의 다양한 장비들을 볼 수 있다.

문이다.

또 다른 방식은 드론 통신의 텔레메트리를 이용하는 것이다. 드론은 자신의 상태정보를 주기적으로 조종국에 전송한다. 텔레메트리 정보에 UTM에서 부과한 드론 ID를 비행정보와 함께 송신하고, 이를 조종국이 UTM에 전송할 수 있다. 하지만 이 방식은 악의적인 조종자가 거짓 정보를 UTM에 전송할 경우에는 대응할 수 있는 수단이 제한적이라는 한계가 있다. 또 조종국이나 조종기가 언제나 인터넷에 연결되어 있어야 한다. 조종국이나 조종기는 지상에 존재하기 때문에 상공에 존재하는 드론보다 통신 서비스를 제공하는 것이 용이치 않을 수 있다. 특히 산악이나 도서 지역 등과 같이 통신 인프라가 갖추어지지 않은 지역에서는 이 방식이 작동하기가 쉽지 않다.

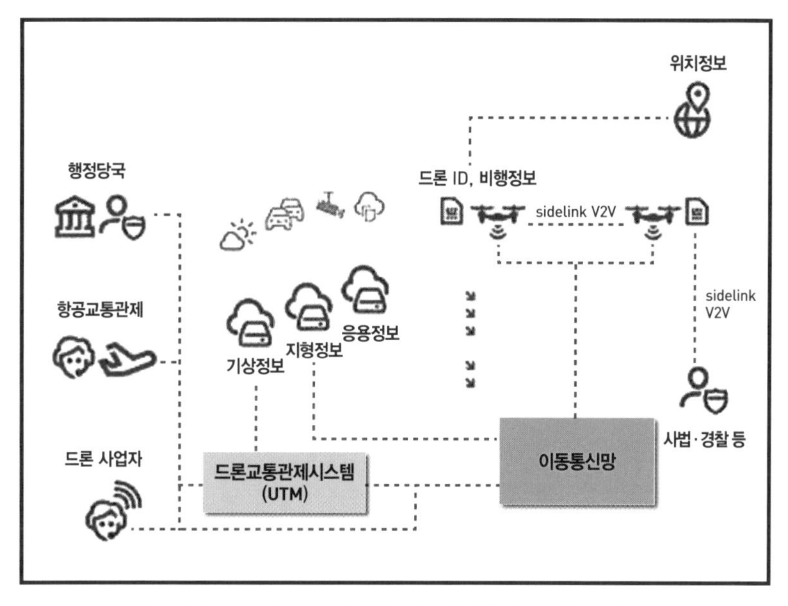

〈이동통신망을 이용한 UTM 네트워크 통신 서비스 개념도〉

최근 국내에서는 LTE/5G 등의 이동통신망을 이용해 드론 통신을 제공하려는 연구가 진행되고 있다. 이동통신망을 이용할 경우 최대 장점은 UTM을 위한 별도의 통신 인프라를 구축할 필요가 없다는 것이다. RF

비콘이나 드론 통신을 이용해 드론 ID와 비행정보를 실시간으로 취합하기 위해서는 별도의 네트워크가 필요하다. 하지만 대한민국과 같이 전국적으로 이동통신망을 갖춘 국가에서는 일반 이동통신망 인프라를 이용해 드론 ID 및 비행정보를 실시간으로 UTM에 전송하는 것이 가능하다. LTE나 5G 등이 기타 통신 방식에 비해 월등한 보안 서비스를 제공할 수 있는 것도 큰 장점 중 하나다. 하지만 LTE/5G 등은 광대역 통신이다. 드론 ID와 비행정보만을 전송하는 것은 매우 큰 전파 낭비가 아닐 수 없다. 그러므로 최근에는 이동통신망으로 조종, 텔레메트리, 임무영상을 송수신하고, 텔레메트리가 전송하는 드론 ID와 비행정보를 UTM과 공유하는 방식이 연구되고 있다. 이동통신망을 이용할 경우 가장 큰 장점 중 하나는 아주 다양한 주체들이 실시간으로 드론비행정보는 물론이고, 드론이 취득하는 영상정보 등을 실시간으로 공유할 수 있다는 점이다.

UTM을 위한 통신시스템 구성에서 마지막으로 고려해야 할 사항은 최대한 다양한 통신 방식이 가능할 필요성이 있다는 것이다. 드론을 개발하고 판매하는 제작사들은 국가별로 매우 다양하다. 각 제작사는 자신들이 선호하는 통신 방식에 따라 드론을 제조해 판매한다. 드론 활용을 활성화하기 위해서는 보다 다양하고 많은 드론들이 UTM 내에서 운용될 필요가 있다. 또 드론들은 운용 목적에 따라 매우 다른 종류의 통신 방식을 요구하기도 한다. 높은 해상도의 실시간 영상 전송이 필요한 경우에는 광대역 데이터 통신을 지원하는 5G나 와이파이 등을 사용한다. 지상 통신 인프라가 부족한 산악지역이나 해상 등을 비행할 경우에는 위성통신이나 저주파 대역의 RF통신을 사용해야 한다. UTM이 본래의 기능을 충실히 수행하기 위해서는 특정한 통신 방식에서만 작동해서는 안 되며, 다양한 방식들과 호환성을 갖추어야 한다.

드론 관제

UTM의 가장 큰 역할은 드론의 교통을 관제하는 것이다. 드론 교통관제는 드론 간의 충돌을 방지해주고, 드론의 비행경로를 설정해주며, 드론이 비행해야 할 영역의 지형 데이터, 통신 인프라, 위치정보 데이터 등을 제공해준다. 비행구역 내에 설정된 비행금지구역의 지오펜싱 데이터를 드론과 운용자에게 제공해 불법적인 비행을 방지한다. 또 기후 데이터 등을 참고해 드론의 비행경로를 최적화해주는 서비스도 제공한다. 드론 관제는 크게 두 단계로 발전할 것으로 예상된다.

첫 번째 단계는 드론 영역비행 관제 단계로, 조종사 시계 내의 특정 영역에서 비행하는 드론들 간의 교통을 관제하는 것이다. 이 단계에서 드론은 조종사를 중심으로 일정한 반경 내에서 비행한다. 드론별로 공간과 시간에 따른 비행 분리separation를 수행한다. 동일한 영역에서 동시간대에 드론이 운용될 경우, 고도 등을 분리해서 충돌을 방지한다. 비행구역 내에 촬영이 금지된 구역이나 진입이 통제되는 구역을 조종사에게 알려주고 그 데이터를 미리 제공해 불법행위를 방지한다. 강풍이나 강우 등의 기후정보를 바탕으로 조종사의 시계 한계를 설정하고 비행 영역을 재조정해주기도 한다.

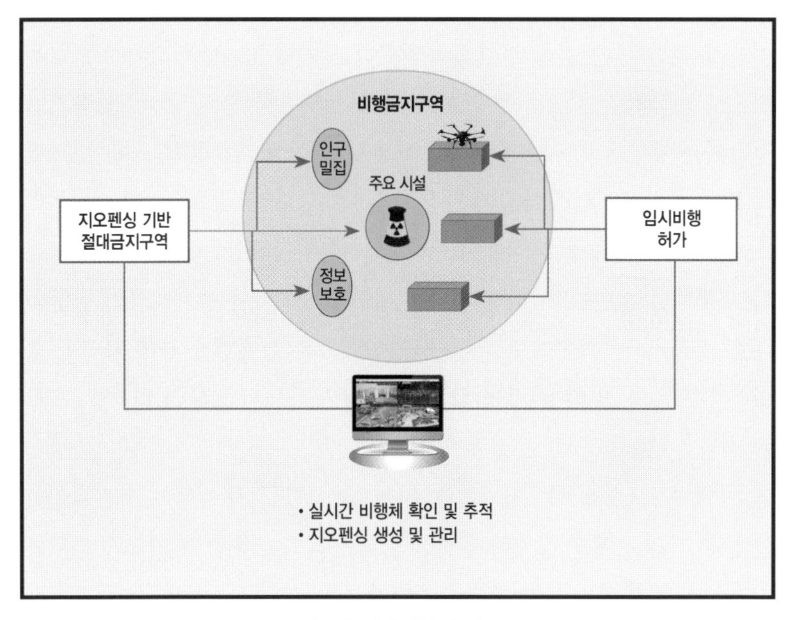

〈드론 영역비행 관제〉

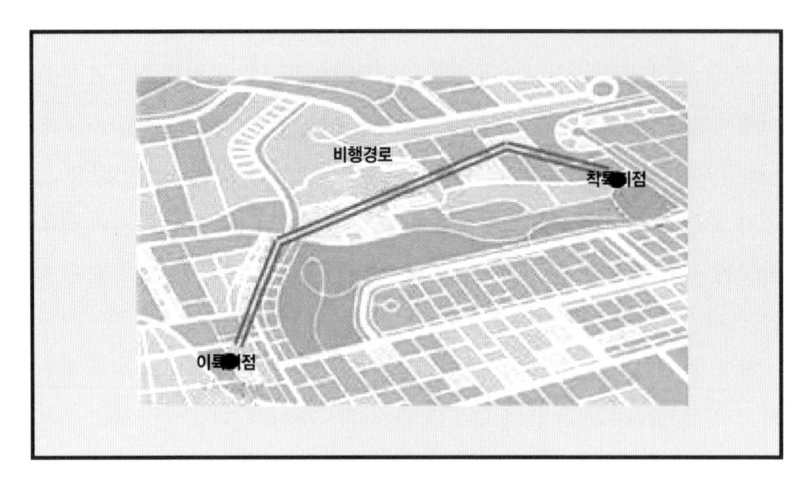

〈드론 경로비행 관제〉

두 번째 단계는 이륙지점과 착륙지점이 상이한 경로비행을 관제하는 것이다. 이러한 경로비행은 드론 택배나 드론 택시와 같은 운송 분야의 드론 서비스에서 일반화될 수 있는 비행이다. 이러한 드론 비행은 불가피하게 조종사의 시계 밖으로 비행해야 한다. 또 많은 경우는 인구밀집지역을 경유해 비행하는 것이 불가피하다. 인구밀집지역을 비행할 경우에는 이륙지점과 착륙지점을 직선으로 연결하는 비행경로가 허가되지는 않을 것으로 예상된다. 대부분은 드론이 사고나 고장 등으로 비상착륙하거나 추락하는 상황에서도 인명 피해나 건물 등 재산상 피해를 최소화할 수 있는 지역을 중심으로 드론길이 지정된다.

이러한 드론길들은 도심에서 구축된 드론 이착륙장들을 연결하는 곡선들로 구성될 것이다. 이러한 개념은 에어버스Airbus와 싱가포르의 난양공대NTU, Nanyang Technological University가 구축한 드론길 개념을 통해 확인할 수 있다. 229쪽의 그림에서 확인할 수 있듯이 도심에서 드론이 비행할 수 있는 길들은 특정한 영역으로 주어지지 않는다. 드론길은 2개의 이착륙장을 연결하는 곡선으로 이루어지는데, 비행오차를 고려하고 동시간에 비행하는 드론 간의 충돌을 방지하기 위한 고도 분리altitude separtion가 가능하도록 일정한 폭과 높이의 회랑 형태로 주어진다.

UTM은 제출된 드론들의 비행계획을 바탕으로 충돌을 방지하고, 드론

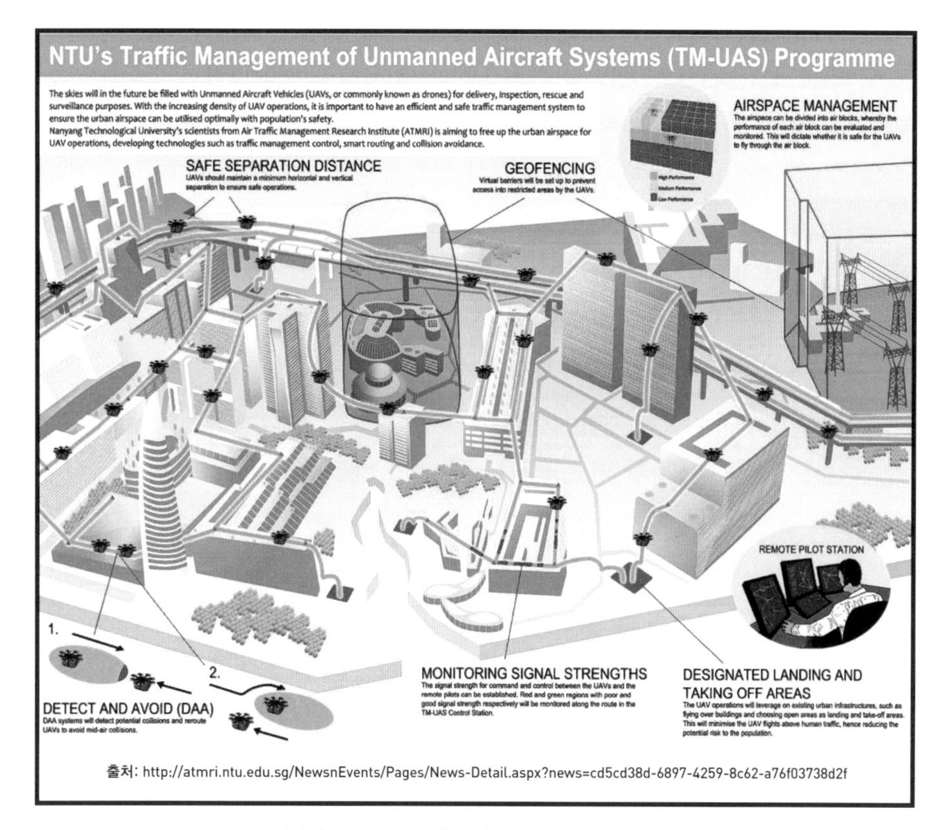

출처: http://atmri.ntu.edu.sg/NewsnEvents/Pages/News-Detail.aspx?news=cd5cd38d-6897-4259-8c62-a76f03738d2f

〈싱가포르 난양공대(NTU)의 도심 UTM 개념도〉

의 운항지연을 최소화할 수 있는 비행계획을 수립해서 통보한다. 드론의 비행이 시작되면, 각 드론들이 주어진 계획에 따라 비행 여부를 모니터링하고, 이를 위반하는 드론을 단속한다.

이륙지점과 착륙지점이 상이한 비행계획을 승인하고 조절하는 단계에서 UTM은 몇 가지 특별한 기능들을 가질 수밖에 없다. 먼저 이 모든 계획은 자율화될 필요가 있다. UTM이 컴퓨터 시뮬레이션을 이용해 제출된 비행계획을 자동으로 검토하고, 충돌이나 비행금지구역 침입 등이 예측되면 이를 수정한 후에 최종적으로 비행계획을 승인한다. 이는 미래 도시에서 운용되는 드론의 수가 매우 많을 뿐더러 하루 운항 비행 횟수도 많을 것이기 때문이다. 이를 사람이 직접 수행하는 것은 거의 불가능에 가까우며, 만약 사람이 직접 수행하는 경우에 수많은 실수가 동반될 가능성이 크다. 또 이러한 비행계획의 승인 과정은 악기상이나 '동적 지오펜싱[51]' 등을 반영할 수 있어야 한다. 도심에서 갑자기 발생하는 돌풍이나 강풍의 발생, 안개나 강우로 인한 시계 제한, GPS 등의 교란으로 발생하는 위치정보 서비스의 정확도 하락 등이 UTM 운영 시 충분히 반영될 필요가 있다.

드론교통관제시스템(UTM)의 발전 전망

UTM은 세계 각국이 개발 중에 있다. 이는 그만큼 UTM이 드론 산업의 발전을 위한 핵심적인 인프라라는 것을 말해준다. 미국의 NASA와 연방항공국, 유럽의 단일항공관제 구현을 위한 연구개발 컨소시엄인 SESAR, 일본의 민간 컨소시엄인 JUTM 등이 집중적으로 연구개발을 진행하고 있다. 미국 NASA는 UTM을 기술 수준에 따라 네 단계로 설정하고 각 단계별로 드론 운용 시험을 통해 실증을 수행하고 있는데, 1단계(TCL 1)로 비도심 인구희박지역에서 농업·산불진화 목적 비가시권 비행을 입증해 보였고, 2단계(TCL 2)와 3단계(TCL 3) 드론 운용 시험에서 점점 인구밀도를 높여가면서 실증을 수행했다. 또 드론의 실시간 모니터링 수준과 충돌회피 등에 대한 능력을 점차적으로 높여가고 있다. NASA는 2018년 3월 3단계 수준의 드론 운용 시험을 완료한 것으로 발표한 바 있다.[52] 도심의 인구밀집지역에서 드론을 운용하는 4단계(TCL 4)에 대한 마지막 실증만을 남겨두고 있다.

이러한 NASA의 접근방식은 한 가지 매우 큰 시사점을 보여준다. UTM은 기술 발전 전망과 드론 운용 분야의 확산, 그리고 인명과 재산 피해를 최소화할 수 있는 안전기술 및 제도의 정착을 고려해 단계적으로 추진할 필요가 있다는 것이다. NASA는 현재까지 대도시의 교외지역suburban에서의 드론 운용까지는 다양한 조건들을 고려할 경우 가능하다는 것을 입증

---

51 비행금지구역을 자유롭게 설정하고 해제하는 것을 의미한다. 스포츠 경기 등으로 인해 사람이 많이 모이는 공간 등에 일시적으로 비행금지구역을 설정할 경우, UTM은 이를 반영할 수 있어야 한다.

52 NASA UTM: home, https://utm.arc.nasa.gov

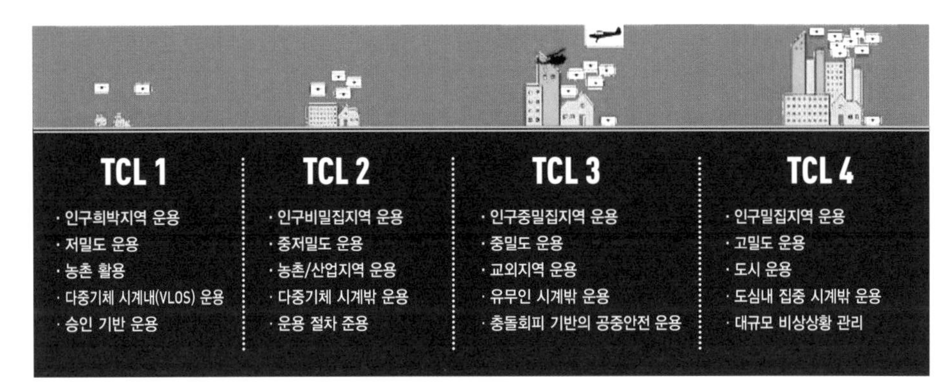

〈NASA의 드론 운용 시험 네 단계〉

했다. 하지만 인구가 밀집된 도심지역에서 드론을 상업적이거나 공공의 목적으로 운용하는 것은 여전히 쉽지 않은 일이다. 도심에서 드론을 안전하게 운용하기 위해서는 충돌 위험을 최소화하고, 고장 등의 이상상황이 발생했을 경우에도 드론이 안전하게 착륙할 수 있는 기술을 개발할 필요가 있다. 또 도심과 같이 통신과 항법신호가 불안정한 지역에서도 드론이 안전하게 운용될 수 있는 시스템의 구축도 필요하다. 무엇보다도 드론을 안전하게 운용할 수 있는 조종사와 운용요원을 충분히 양성할 필요가 있다. UTM은 한번에 구축하는 것이 아니라, 점진적으로 그 적용 범위와 대상 사업을 확대해가며 구축해야 한다. 그래야 예기치 않는 사고로 인해 자칫 드론 산업 전체가 타격을 입는 것을 방지할 수 있다.

5. 드론 동력 시스템

동력원

소형 드론의 가장 큰 특징은 전기모터로 구동된다는 것이다. 리튬이온전지와 BLDC 모터Brushless Direct Current motor(브러시리스 모터)[53]로 구동됨에 따라 드론은 실내에서 매연 없이 구동이 가능해졌고, 화석연료 사용에 따른 여러 귀찮은 점들이 사라졌다. 민간에 드론이 광범위하게 확산되는 데 가장 큰 공헌을 한 것은 드론의 전기화electrification[54]일 것이다. 드론의 구동에 전기에너지를 쓰는 것은 아주 다양한 이득을 가져다준다. 전기모터로 구동되는 드론은 엔진 구동 드론에 비해 소음이 작다. 전기모터는 구동을 위한 준비 시간이 짧고, 엔진에 비해 신뢰성이 높으며, 구조가 단순해 정비시간과 비용을 크게 줄여준다. 전기모터는 조종신호가 단순해 디지털화가 용이하다는 장점도 가지고 있다. 특히 군사적 측면에서 엔진을 사용하면 많은 열이 발생해 적외선 탐지기에 쉽게 잡히는데, 엔진 대신 전기

53 자기센서를 모터에 내장하여 회전자가 만드는 회전자계를 검출하고 이 전기신호를 고정자의 코일에 전하여 모터의 회전을 제어할 수 있게 한 것이다. 자기센서로 반도체 홀 소자를 사용한 것이 실용화되어 있어서 드론 등 정밀회전 제어를 필요로 하는 분야에서 널리 이용되고 있다.

54 드론의 전기화란 전기모터를 구동해 프로펠러를 회전시켜 추진력을 얻고, 이를 위해 전기에너지를 저장하거나 발생시킬 수 있는 수단을 탑재하는 것을 의미한다.

모터를 사용하면 많은 열이 발생하지 않아 적외선 탐지기에 쉽게 잡히지 않아 작전상 유리하다. 엔진에 비해 진동이 크게 준다는 것도 전기모터의 매우 큰 장점이다. 드론의 탑재 컴퓨터나 임무장비 등과 동일한 구동 에너지, 즉 전기를 쓴다는 점은 전체 시스템의 단순화에도 기여한다.

하지만 드론의 전기화는 아주 큰 단점을 가지고 있다. 그것은 바로 비행시간이 짧다는 것이다. 현재 대부분의 배터리로 구동되는 드론들은 비행시간이 30분 내외에 머물고 있다. 짧은 비행시간은 단순 촬영 등의 임무를 수행하는 데는 무리가 없겠지만, 배달(드론 택배), 승객 운송(드론 택시), 장기간 정찰·감시 등의 임무를 수행하는 데는 무리가 있다. 드론 관련 산업은 빠르게 성장하고 있다. 이런 가파른 성장세를 유지하기 위해서는 드론 응용 분야를 빠르게 다양화해야 한다. 미래에 예상되는 다양한 드론 응용 산업은 장기간의 비행을 요구한다. 현재보다 두세 배 더 연장된 비행시간은 대부분의 드론 응용 분야에서 필수적으로 요구된다. 아마도 앞으로 드론의 미래는 비행시간을 얼마나 길게 연장할 수 있느냐에 달려 있다고 보아도 무방하다. 이번에는 드론의 비행시간을 연장하기 위한 다양한 시도들에 대해서 알아보도록 하자.

드론 동력 시스템의 구성

드론의 비행시간을 연장하려는 다양한 연구들을 이해하기 위해서는 먼저 드론 동력 시스템의 구성에 대한 이해가 필요하다. 전기로 구동되는 드론의 동력 시스템을 간단하게 정의하면 다음 그림과 같다.

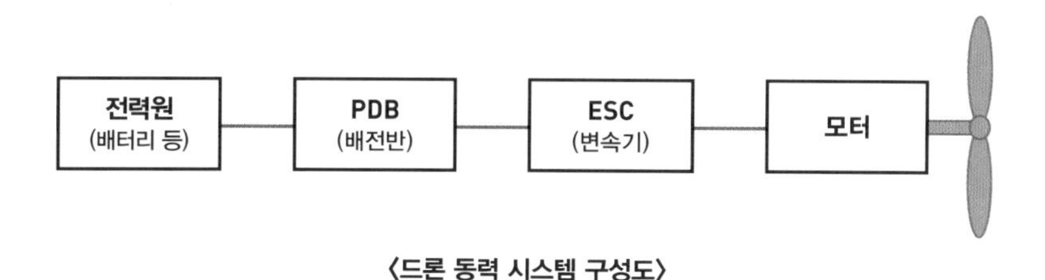

〈드론 동력 시스템 구성도〉

드론의 비행에 필요한 추력은 프로펠러로부터 얻는다. 프로펠러는 전기모터에 의해 구동된다. 전기모터는 비행제어컴퓨터가 요구하는 특정한 비행 모드를 구현하기 위해 프로펠러에 다양한 토크와 회전수를 제공해야 한다. 이를 위해서는 서로 다른 파형의 전기값이 모터에 입력되어야 한다. 전기모터가 요구하는 특정한 전력값은 ESCElectronic Speed Control(변속기)가 생성한다. PBDPower Distiribution Board(배전반)는 배터리나 제너레이터generator[55]에서 전력을 받아 동력을 위한 모터와 임무장비, 그리고 탑재 컴퓨터 등에 분배한다. 전력원은 전력을 저장하거나 발생시키는 장치를 의미한다. 배터리, 제너레이터, 커패시터capacitor[56], 연료전지fuel cell[57] 등과 같은 다양한 동력원이 사용되거나 개발되고 있다.

배터리 동력원

전력원은 드론에 필요한 에너지를 저장하는 장치를 의미한다. 드론용 전력원을 선택함에 있어서 고려해야 할 중요한 특성은 에너지밀도, 파워밀도, 충방전 회수, 충전 및 방전 시간 등이 있다. 먼저 에너지밀도energy density는 단위중량당 저장할 수 있는 전력량을 의미한다. 일반적으로 1kg의 동력원에 충전할 수 있는 전력량Watt-hour을 의미하며, 단위로는 Wh/kg이 사용된다. 공중을 비행하는 항공기에서 가장 중요한 물리량은 중량이다. 항공기는 최대중량에 따라 엔진, 연료량, 총기체 중량, 그리고 탑재물 중량 등이 결정된다. 그러므로 동일한 에너지를 공급하는 동력원의 중량에 의해 항공기에 실을 수 있는 탑재물의 중량과 전체 항공기의 중량이 결정된다. 에너지밀도가 높은 동력원은 그만큼 탑재물의 중량을 증가시킬 수 있

55 제너레이터는 도체(導體)가 자기장에서 운동할 때 전기가 발생하는 것을 이용하여 역학적 에너지를 전기에너지로 바꾸는 장치를 통틀어 이르는 말이다.

56 커패시터는 정전 용량을 얻기 위해 사용하는 부품으로 전자회로를 구성하는 중요한 소자다.

57 연료전지는 연료와 산화제를 전기화학적으로 반응시켜 전기에너지를 발생시키는 장치다. 보통의 전지는 전지 내에 미리 채워놓은 화학물질에서 나오는 화학에너지를 전기에너지로 전환하지만, 연료전지는 지속적으로 연료와 산소의 공급을 받아서 화학반응을 통해 지속적으로 전기를 공급한다.

고, 전체 항공기의 중량을 감소시켜 에너지효율을 높여준다.

몇몇 경우에는 중량당이 아닌 부피당 에너지밀도가 중요할 수 있다. 부피당 에너지밀도는 일반적으로 리터당 저장할 수 있는 전력량을 의미하며, W-hour/liter로 표기된다. 고속으로 비행하는 드론의 경우에는 연료나 탑재물을 저장할 수 있는 공간이 매우 제한적일 수밖에 없다. 단위중량당 많은 에너지를 저장할 수 있다고 해도, 그 부피가 너무 크면 항공기나 드론에 사용하는 것은 불가능하다. 대표적인 예로 기체수소를 들 수 있다. 기체수소는 단위중량당 가장 많은 양의 에너지를 저장할 수 있다. 하지만 상온과 대기압 상태에서는 그 부피가 너무 커서, 압축 상태나 액화된 상태로 사용할 수밖에 없다. 이 때문에 기체수소 연료는 상온에서 사용하기 위해 매우 높은 압력으로 저장한다.

에너지원을 얼마나 빨리 충전하고, 얼마나 빨리 사용하는지도 매우 중요한 요소다. 에너지밀도가 높아도 에너지를 충전하고 이를 사용하는 방전 속도가 낮으면 급격한 기동이 필요한 비행체에는 무용지물이 되기 쉽다. 에너지원을 얼마나 빨리 충전하고, 얼마나 빨리 사용하는지는 충·방전 속도, 혹은 C-rate(충·방전율)[58]로 나타낸다. 배터리는 충·방전 속도에 따라 사용 가능한 전력량이 달라진다. 충전 속도보다 아주 낮은 속도로 천천히 방전되는 경우에는 매우 많은 양의 에너지를 사용할 수 있지만, 빠른 속도로 전력을 사용할 경우, 즉 C-rate가 높은 경우에는 사용할 수 있는 전력량이 급속하게 감소한다. 236쪽의 그래프는 리튬이온전지의 방전률에 따른 전압과 전류의 변화를 보여준다.

급속한 방전을 할 경우에는 각각의 셀의 전압과 전류량이 낮아지게 된다. 그로 인해 전력량은 감소한다. 동력원의 경우 충·방전 횟수도 중요하게 고려해야 할 요소다. 석유를 정제해 원료로 사용하는 엔진은 충전 속

58 전지의 충·방전 시 다양한 사용 조건 하에서의 전류값 설정 및 전지의 가능 사용 시간을 예측하거나 표기하기 위한 단위로서, 충·방전율에 따른 전류값의 산출은 충전 또는 방전 전류를 전지 정격용량의 단위를 뺀 값으로 나누어 충·방전 전류값을 산출한다. C-rate의 단위로는 C를 사용한다. C-rate(A) = 충·방전 전류(A) / 전지의 정격용량

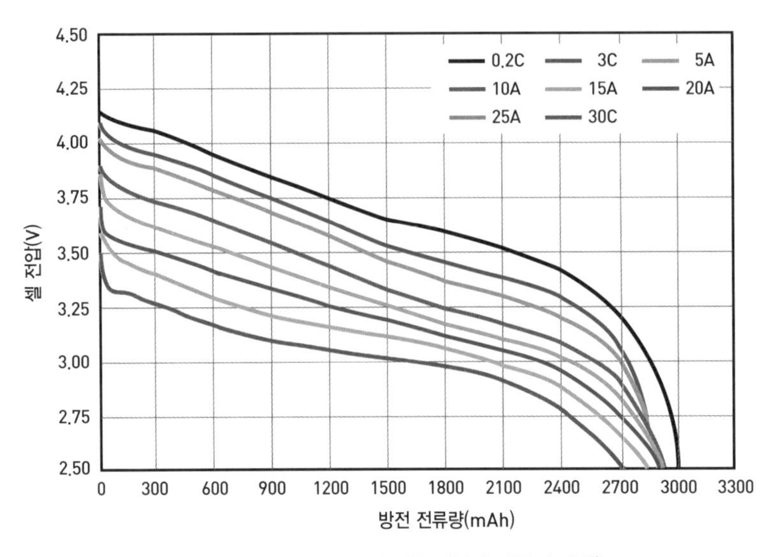

〈리튬이온전지의 방전률에 따른 전압과 전류의 변화〉

도와 방전 속도가 매우 빠른 동력원이다. 하지만 배터리나 연료전지 등은 충·방전 효율이 엔진만큼 좋지 못하다. 또 배터리의 경우에는 충·방전 횟수가 늘어나면, 충전할 수 있는 전력량이 급격하게 감소하기도 한다. 물론 이 모든 것에서 가장 중요한 것은 비용이다. 동력원 자체를 구매하는 비용뿐만 아니라, 에너지원을 충전하는 비용도 전력원을 선정하는 데 무시해서는 안 되는 요소다.

전기로 구동되는 드론은 배터리나 연료전지 등의 동력원을 사용한다. 현재 가장 광범위하게 사용되는 동력원은 리튬폴리머전지다. 리튬폴리머전지는 리튬이온전지의 일종으로 여러 번 충·방전이 가능한 2차전지다. 1991년 소니가 최초로 상용화한 리튬이온전지는 기존의 니켈카드뮴전지에 비해 높은 에너지밀도와 긴 충·방전 횟수, 높은 전압 등으로 많은 모바일 기기에서 널리 사용되어왔다. 리튬폴리머전지는 리튬이온전지의 전해질을 액체 성분이 아닌 폴리머polymer로 대체한 배터리를 말한다. 리튬폴리머전지는 리튬이온전지에 비해 폭발 가능성이 낮고, 급속한 전력 방출이 가능해 급기동이 필요한 쿼드콥터형 드론에 자주 사용된다.

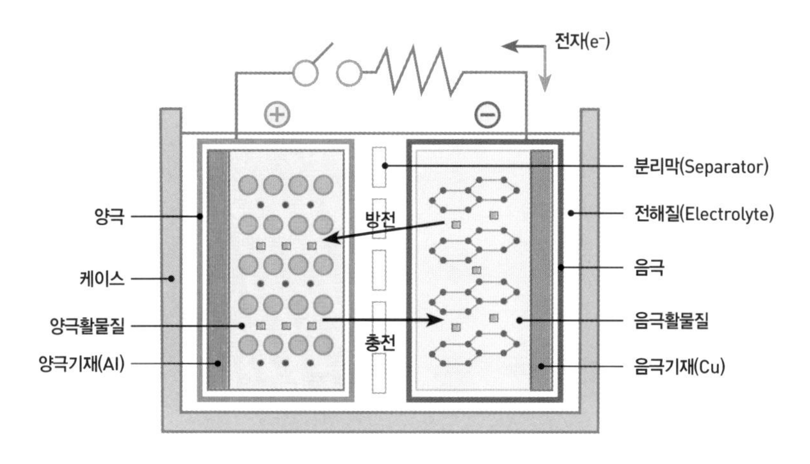

〈리튬이온폴리머전지의 구조〉

기존의 니켈전지에 비해 많은 발전이 있었지만, 리튬폴리머전지는 아직 충분한 양의 전력을 드론에 공급하지는 못하고 있다. 현재 리튬폴리머전지를 사용하는 대부분의 드론은 비행시간이 30여 분 수준에 머물고 있다. 리튬 계열의 전지들은 양극cathode과 음극anode 재료들을 달리하며 발전하고 있다. 리튬전지에는 리튬이온, 리튬폴리머, 리튬금속, 리튬황, 그리고 리튬공기 등이 있으며, 전고체전지도 리튬전지의 일종이다.

〈리튬전지의 구성〉

배터리	리튬이온	리튬폴리머	리튬황	리튬공기
양극 (cathode)	NCM(리튬,니켈,코발트,망간) NCA(리튬, 니켈, 코발트,알루미늄) LMO(리튬,망간, 산화물)		리튬폴리설파이드	산소
음극	흑연(Graphite)		리튬금속	←
전해질	용액	폴리머		
에너지밀도 (Wh/kg)	~240		300~400	5200 (1700)

위의 표에서 알 수 있듯이 현재 리튬이온전지 및 리튬폴리머전지와 비교해서 리튬황전지와 리튬공기전지는 매우 탁월한 에너지밀도를 보여준

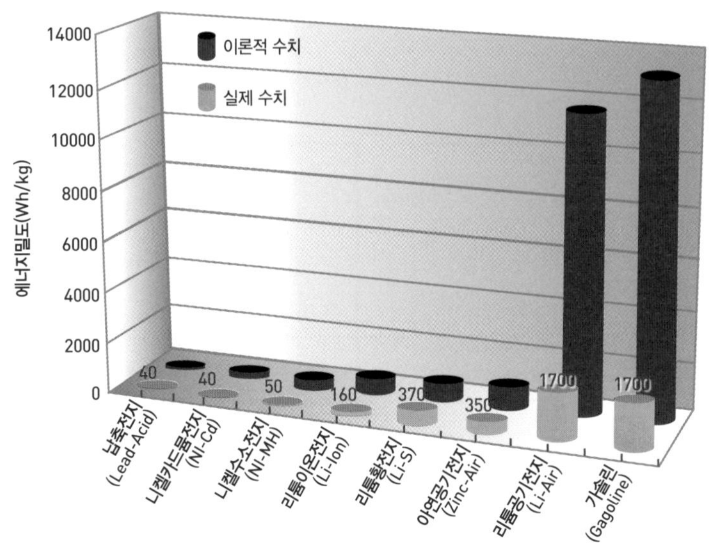

〈2차전지의 에너지밀도〉

다. 에너지밀도가 크면 아주 작은 중량으로도 많은 전력을 저장할 수 있다. 그만큼 장시간 비행이 가능하다. 현재 리튬폴리머전지를 리튬공기전지로 대체하면 이론적으로 5시간 이상의 비행이 가능하다. 리튬공기전지의 에너지밀도는 가솔린과 비교해도 부족하지 않다. 하지만 리튬공기전지는 아직 매우 기초적인 연구가 진행되고 있는 상태여서 상용화되기까지는 아주 긴 시간이 걸릴 것으로 예상된다. 리튬황전지는 현재 상용화된 리튬전지와 비교해 에너지밀도가 2~3배 높을 것으로 기대된다. 리튬황전지는 리튬공기전지에 비해 기술적으로 상용화 수준이 높은 편이다. 하지만 황산화물이 오염을 발생시키고, 현재 가능한 충·방전 횟수가 1~200여 회에 지나지 않은 것이 단점이다. 또 급격한 기동을 위한 높은 방전율C-rate이 불가능해, 급격한 기동이 필요한 드론용으로는 부적합한 것이 사실이다. 리튬이온폴리머전지는 비록 에너지밀도는 상대적으로 낮지만 충·방전 횟수나 방전율 등에서 타 리튬 계열 전지에 비해 월등한 성능을 보여주고 있다. 작동온도에서도 리튬이온전지는 리튬황전지나 리튬공기전지보다 더 나은 성능을 보여준다. 이 때문에 리튬이온폴리머전지의 대체 배터리는 쉽게 상용화되기 어려울 가능성이 크다.

연료전지 동력원

배터리의 낮은 에너지밀도를 해결하기 위해 수소연료전지를 동력원으로 사용하려는 시도가 이루어지고 있다. 비록 아직 충분한 상용화가 이루어지지 않았으나, 몇몇 특수임무를 위해 수소연료전지를 사용해 전기를 발생시켜 동력원으로 사용하는 드론이 늘고 있다. 수소연료전지가 가진 장점은 다음과 같다. 먼저 수소연료전지는 배터리에 비해 에너지밀도가 높다. 수소연료전지의 에너지밀도는 대략적으로 총중량이 100kg 이하급 무인기에서는 600Wh/kg, 그 이상에서는 최대 1,200Wh/kg까지도 가능한 것으로 알려져 있다. 엔진에 비해 수소연료전지는 에너지효율이 높다. 내연기관의 에너지효율은 대략 20% 내외인 데 비해, 연료전지의 에너지효율은 50% 내외다. 연료전지는 배터리와 마찬가지로 전기 발전 시에 소음과 진동이 발생하지 않는다는 것도 매우 큰 장점이다.

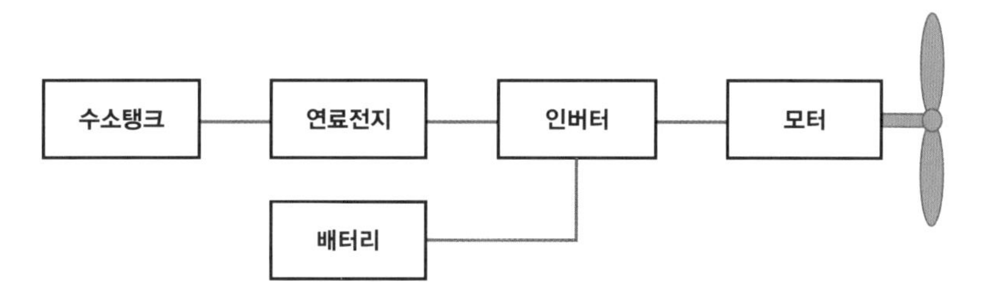

〈수소연료전지시스템의 구성〉

전기차나 드론에 사용하는 수소연료전지시스템은 위와 같이 연료탱크, 연료전지, 인터버, 전기모터 등으로 구성된다. 많은 경우에 2차전지를 덧붙여서 급기동이 필요한 경우에 보조전원으로 사용하기도 한다.

수소연료전지가 높은 에너지효율을 자랑하는 이유는 원료인 수소에 있다. 수소는 자연계에 존재하는 물질 중에서 원자력 물질을 제외하고는 가장 에너지밀도가 높다. 하지만 수소는 상온에서 기체상태로 존재하고, 기체수소는 매우 많은 부피를 차지한다. 드론에 싣기에 적절한 부피로 줄이기 위해서는 고압으로 압축을 하거나, 극저온으로 냉각해 액체상태의 수소를 사용해야 한다.

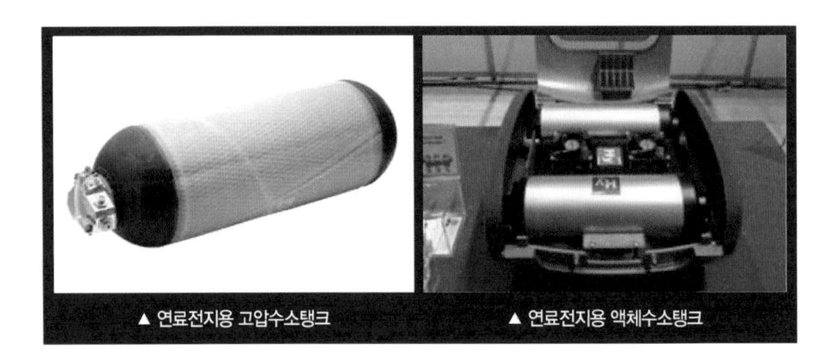

▲ 연료전지용 고압수소탱크 ▲ 연료전지용 액체수소탱크

고압탱크는 일반적으로 350bar나 700bar로 압축해 저장한다. 고압저장 방식은 압축된 수소기체의 압력을 견디기 위해 고강도의 탄소복합재로 탱크를 제작한다. 이 때문에 전체 무게에서 실제로 사용되는 수소의 무게보다 압축탱크에 사용된 고강도 재료들의 무게가 더 많이 차지한다. 연료전지용 액화수소탱크는 그 안에 담긴 액화 수소가 주변의 온도에 의해 서서히 기화한다. 따라서 기화된 수소를 액화수소탱크에서 빼주지 않으면 폭발할 위험이 있다. 이 때문에 액화수소탱크는 장기간에 걸쳐 저장이 어렵다는 단점이 있다. 전체 수소탱크시스템에서 수소연료 자체가 차지하는 비율을 중량분율weight fraction이라고 한다. 일반적으로 고압기체수소탱크는 3~5%, 액화수소탱크는 5~7%의 중량분율을 보인다. 중량 면에서는 액화수소탱크가 고압기체수소탱크보다 더 낫지만, 상용화에서는 고압수소탱크가 좀 더 앞서 있다.

드론이나 수소차에 사용되는 연료전지는 대부분이 PEMFCProton Exchange Membrane Fuel Cell(고분자전해질연료전지)[59]이다. PEMFC는 상온에서 작동되

59 PEMFC는 고분자 멤브레인을 통해 전자를 잃고 양이온화된 수소원자가 이동해 산소와 결합함으로써 전기를 발생시키는 구조다.

며, 전기적 효율이 50~60%에 이른다. 소형으로 제작이 가능해 드론이나 수소차 등에 널리 쓰인다. 하지만 연료로 수소를 사용하기 때문에 수소 저장에 많은 장치가 소요된다는 단점이 있다. 또 수소는 자연계에서 쉽게 얻을 수 없는 기체이며, 생산에 많은 에너지와 비용이 수반된다는 것도 단점이다.

최근에는 대형 무인기를 위해 SOFCSolid Oxide Fuel Cell(고체산화물연료전지)가 고려되고 있다. SOFC는 500℃ 이상의 고온에서 작동하며, 2kW급 이상의 대형 시스템만이 가능하다는 단점이 있다. 하지만 탄화수소 계열의 연료, 즉 석유나 천연가스 사용이 가능해 장거리로 비행하는 대형 무인기나 유인기에 사용이 가능할 것으로 기대되고 있다.

국내 D사가 개발한 수소드론(왼쪽)과 수소연료탱크(오른쪽)

수소연료전지가 가지는 가장 큰 장점은 배터리에 비해 장기간 비행이 가능하다는 것이다. 미 해군연구소NRL, Naval Research Laboratory가 개발한 총중량 16kg의 무인기 이온 타이거Ion Tiger는 수소연료전지를 탑재하고 48시간 비행에 성공한 바 있다. 하지만 수소연료전지의 경우 몇 가지 큰 단점도 존재한다. 상온의 수소는 고압으로 압축하거나 극저온으로 냉각이 필요해 대형화에 한계가 있다는 점이다. 또 고압수소와 극저온 액체수소는 장기간 저장이 어렵다는 것도 단점이다. 이외에도 수소연료전지는 C-rate(충·방전율)가 높은 전력을 생산하기 힘들다는 단점이 있다. 따라서 급기동을 하기 위해서는 C-rate가 높은 2차전지를 보조동력원으로 사용할 필요가 있다.

Ion Tiger

미 해군연구소(NRL)가 개발한 총중량 16kg의 무인기 이온 타이거(Ion Tiger)는 프로토넥스 테크놀로지사(Protonex Technology Corporation)의 550W 수소연료전지(아래 사진)를 탑재하고 48시간 비행에 성공한 바 있다. 〈사진 출처: U. S. Naval Research Laboratory〉

CHAPTER 4

드론, 현대 전쟁의 새로운 주역

LID LATCH RELEASE

1.
전장에서의 드론봇 확산

한동안 킬러 드론Killer Drone과 정밀유도무기를 활용한 공대지 정밀 공격은 미국을 비롯한 서방세계 군사강국의 전매특허처럼 여겨져왔다. 소리 없이 다가와 정밀유도 미사일을 퍼붓고 사라지는 드론의 존재는 테러리스트들에게는 공포 그 자체였다. 하지만 미국을 비롯한 서방세계의 군사적 우위는 점점 상쇄되고 있다. 굳이 천문학적 가격의 최첨단 군용 드론이 아니더라도 장난감 드론에 폭탄을 장착해 군사적 목표를 타격할 수 있는 방법이 등장했기 때문이다. 이번 장에서는 현대 전장의 새로운 주역으로 부상하고 있는 드론과 창과 방패처럼 드론을 제압하는 관련 기술에 대해 소개하겠다.

지난 2017년 5월, 미국 댈러스에서 AUVSIAssociation for Unmanned Vehicle Systems International 주관으로 개최된 세계 최대 규모의 드론 관련 전시회 XPONENTIAL 2017에서 미 육군 교육 및 교리 사령관US Army Training and Doctrine Command인 데이비드 G. 퍼킨스David G. Perkins 장군은 의미심장한 발언을 남겼다.

"이제는 테러리스트들조차도 항공 전력을 운용할 수 있는 시대가 되었습니다."

그는 중동지역을 중심으로 테러리스트들 혹은 반정부단체들이 값싼 장난감 드론에 폭탄 혹은 각종 무기를 장착해 폭탄 테러는 물론 정부군과의 전투에서 이를 적극적으로 활용하고 있는 상황을 지적하며 이와 같이 말했다.

하지만 2022년 2월, 러시아의 우크라이나 무력침공 이후 상용 드론 혹은 장난감 드론을 활용해 적군을 공격하는 것은 공격 전술의 하나로 완전히 자리 잡았다. 최소 수십 달러에서 최대 수백 달러 사이의 장난감 드론으로 최소 수천 달러에서 최대 수십억 달러 사이의 값비싼 공대지 정밀유도무기와 동일한 효과를 거둘 수 있는 시대가 시작되었다는 것은 분명 충격적인 사실임이 분명하다.

퍼킨스 장군은 또 저렴한 드론의 무기화는 단순한 신무기의 등장에 머물지 않고 전쟁의 패러다임 자체를 변화시킬 것이라고 예측했다.[60] 그리고 그의 예측은 우크라이나-러시아 전쟁과, 이스라엘과 팔레스타인 무장단체 하마스Hamas 및 레바논 무장단체 헤즈볼라Hezbollah 간의 교전을 통해 현실이 되고 있다. 한편 미국을 비롯한 세계 각국은 최소 수십에서 최대 수천 대의 드론이 벌떼처럼 비행하며 동시에 여러 표적을 공격하는 기술(일명 벌떼 전투Swarming Warfare) 개발에 박차를 가하고 있다. 실제로 미국은 2017년 1월 F/A-18 전폭기 3대가 16cm 크기의 퍼딕스 마이크로 드론 Perdix micro-drone 103대를 투하해 벌떼처럼 표적을 공격하는 시험을 성공적으로 완수하기도 했다.[61]

점점 더 많은 전장에서 드론이 사용되고 있다. 지금까지 군용 드론은 미군의 전유물이었다. 이라크와 아프가니스탄에서 미군은 프레데터Predator를 이용해 이슬람 반군들을 추적하고 정밀포격해 제거하곤 했다. 하지만 최근 저가의 민수용 드론이 일반화됨에 따라 많은 반군들과 준군사조직, 테러 단체들이 드론을 사용하기 시작했다. 미국, 러시아, 유럽연합EU, 그리

60 https://youtu.be/6v7nfB5bV3E

61 관련 동영상: https://www.youtube.com/watch?v=OixSNQp0S_k

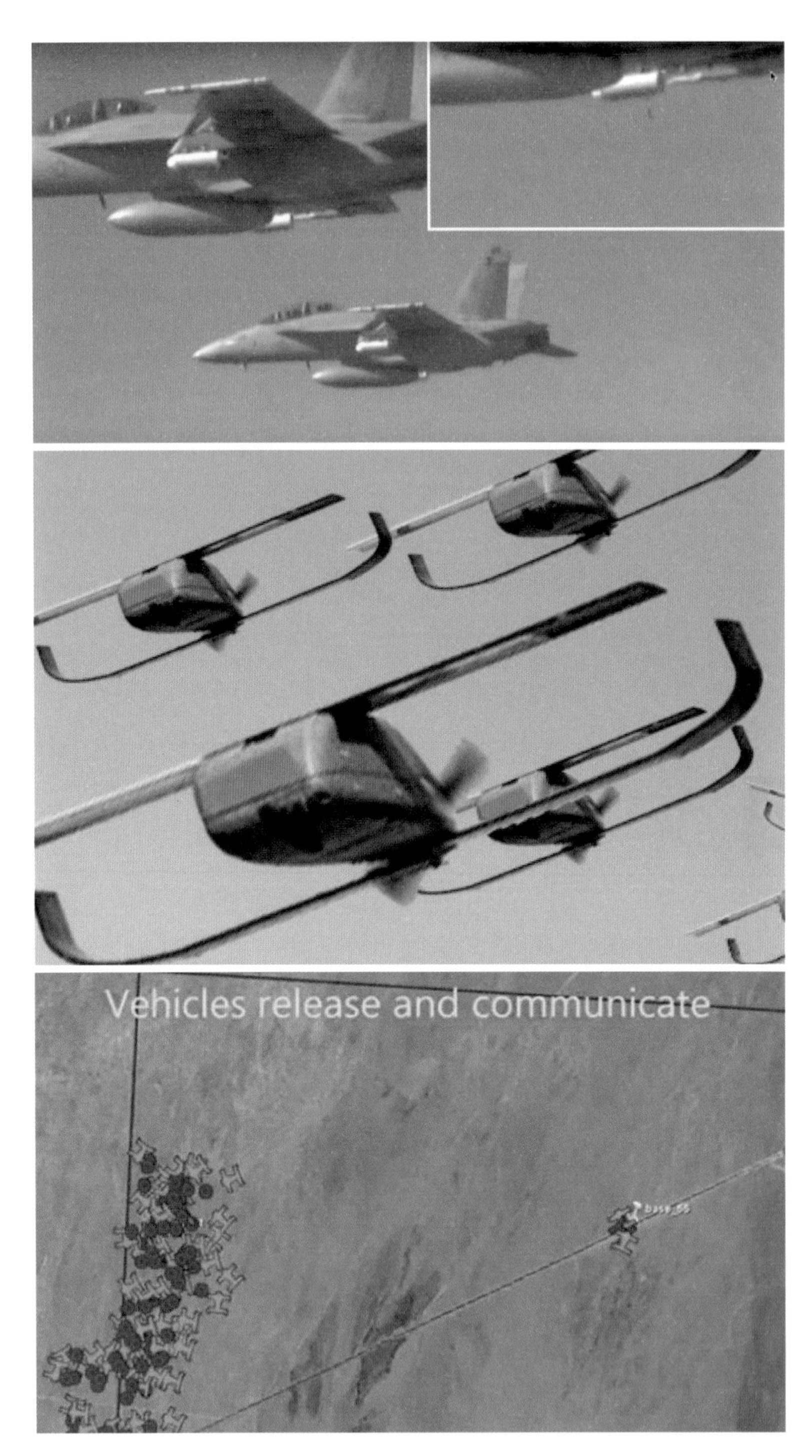

미국은 2017년 1월 F/A-18 수퍼 호넷(Super Horne) 전폭기 3대(맨 위 사진)가 16cm 크기의 퍼딕스 마이크로 드론(가운데 사진) 103대를 투하해 벌떼처럼 표적을 공격하는 시험을 성공적으로 완수했다(맨 아래 사진). 〈출처: US Department of Defense〉

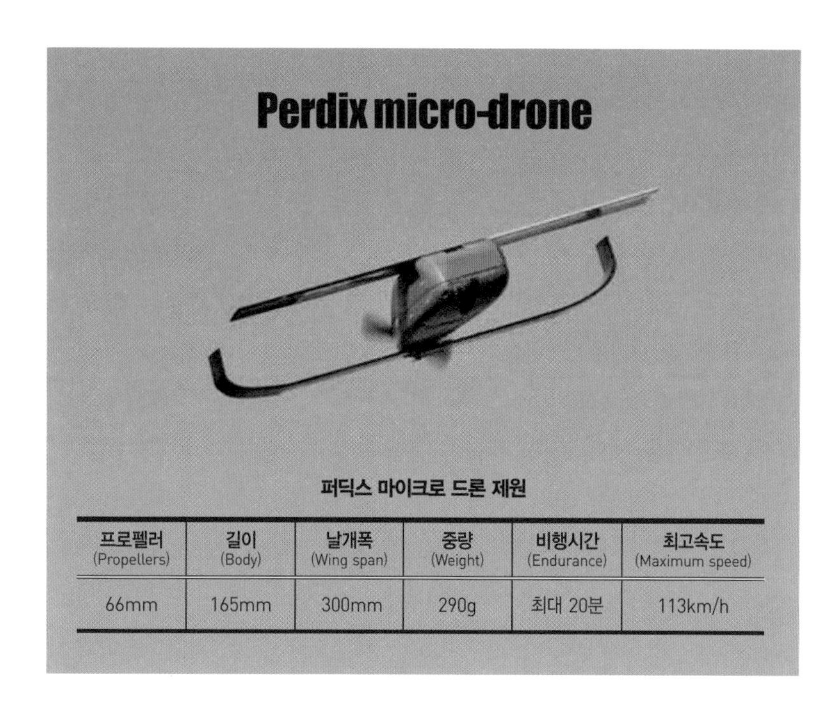

퍼딕스 마이크로 드론 제원

프로펠러 (Propellers)	길이 (Body)	날개폭 (Wing span)	중량 (Weight)	비행시간 (Endurance)	최고속도 (Maximum speed)
66mm	165mm	300mm	290g	최대 20분	113km/h

고 중국뿐만 아니라 튀르키예, 아랍에미리트UAE, 이란 등의 국가들도 실제 전투에 다양한 드론을 활용하고 있다. 미군이 장거리, 고고도, 장기 체공이 가능한 고성능의 고가형 대형 드론을 주로 사용했다면, 준군사조직이나 반군들은 민수용 드론을 개조한 저가형 드론을 적극적으로 활용한다. 드론은 이제 엄연한 군용 무기로서 자리를 잡아가고 있다. 일례로 이스라엘의 경우 헤즈볼라를 감시·공격하는 데 500만 달러짜리 헤르메스 900 드론을 활용하는 반면, 헤즈볼라는 300달러짜리 취미용 드론을 활용해 이스라엘에 대한 로켓 공격 정밀도를 향상시키고 있다. 하마스나 헤즈볼라와 같은 소규모 준군사조직뿐만 아니라 우크라이나군과 러시아군과 같은 정규군조차도 저가 민수용 드론을 개조해 적극적으로 전투에 활용하고 있다. 이러한 변화는 관심을 두고 눈여겨볼 필요가 있다.

이번에는 현재 세계 각국의 분쟁지역에서 드론이 어떻게 활용되고 있는지를 살펴보고자 한다. 소형 드론이 전장에서 유용하게 활용될 수 있는 배경과 핵심 기술을 살펴보고, 미래의 전장에서 활용될 드론의 진화 방향을 고민해야 한다.

전장에서 드론의 활용

2018년 초에 튀르키예군은 자국의 드론이 찍은 영상을 공개했다.[62] 이 드론은 106mm M40 무반동포가 탑재된 시리아 쿠르드 민병대의 군용 차량을 추격하다가 차량이 차고로 들어가자 탑재한 공대지미사일로 폭격했다. 드론의 공격으로 쿠르드 민병대원 한 명이 사망했고 M40을 실은 차량은 파괴되었다. 튀르키예군은 쿠르드 민병대에 대한 경고의 의미로 이 영상을 공개한 듯 보인다.

2017년 이후 튀르키예는 시리아 내전에 깊숙이 관여하기 시작했다. 러시아의 지원을 받는 시리아 정부군이 튀르키예에 가까운 알레포Aleppo 근처까지 진격했기 때문이다. 전 세계에 걸쳐 4,000만 명 정도 있는 것으로 추정되는 쿠르드족은 독립국가를 이루지 못한 세계 최대의 단일민족으로서 튀르키예를 중심으로 이란, 이라크, 시리아 등에 집중적으로 분포해 있다. 튀르키예와 이라크 등을 상대로 독립운동을 활발하게 벌이고 있는 쿠르드인들은 시리아 내전이 시작되자 북부지역을 중심으로 강력한 근거지를 형성했다. 이 지역은 쿠르드인이 다수를 점하고 있어 내전으로 행정 공백이 생긴 시리아 정부를 대신해서 자치구역을 형성할 수 있게 되었다. 내전이 막바지에 이르자 쿠르드인들은 자치구역을 점점 더 확대하고 공고화하기 시작했다. 쿠르드인이 가장 많이 살고 있어 독립운동의 근거지가 되는 튀르키예의 입장에서는 바람직하지 않은 상황이다. 튀르키예군은 알레포 전투에 개입한다는 명분을 내세워 자국 국경과 마주한 쿠르드 자치구역 중 하나인 아프린 칸톤Afrin Canton 지역을 점령하고자 했다. 튀르키예군이 진격해오자 쿠르드 민병대는 반격했다. 진디레스jindires의 쿠르드 민병대는 M40 무반동포로 튀르키예군에 대항했다. 튀르키예군은 드론을 띄워 무반동포의 위치를 확인하고 지속적으로 추적한 후에 무반동포 차량이 차고에 들어가자 드론으로 폭격해 파괴했다. 현재 이 지역은 튀르

62 뉴욕타임즈(NewyorkTimes) 유튜브 채널 "How a Drone Hunted Three Kurdish Fighters in Syria"

키예가 지원하는 반군세력이 점령하고 있다.

드론이 준군사조직과 반군에 의해 활발하게 쓰이고 있는 전장은 예멘이다. 예멘은 냉전 시기에 자유 진영인 북부와 사회주의 국가인 남부로 분리되었었다. 이후 1993년 선거를 통해 통일국회를 구성하고 양국 간에 통일을 이뤘다. 하지만 이념전쟁이 끝나자 종교전쟁이 시작되었다. 예멘은 인구의 다수를 점하는 북부는 시아파이고 남부는 수니파다.[63] 통일 이후에 종교적 갈등은 점점 더 심화되었고, 2014년 후티Houthis[64] 반군이 북부의 중심도시인 사나Sanaa를 점령하자 전면적인 내전으로 확대되었다. 북부는 시아파의 종주국인 이란의 지원을 받고, 남부는 중동의 강국인 사우디아라비아와 아랍에미리트UAE의 지원을 받고 있어 내전은 점점 더 국제전 양상으로 변하고 있다. 무기의 양과 질적인 면에서 남부가 북부에 우위를 점하고 있다고 평가된다. 이러한 전력의 열세를 만회하기 위해, 북부의 시아파 반군은 이란이 제공하는 드론을 적극적으로 활용하고 있다. 예멘의 후티 반군은 자체 개발한 콰세프-1(Qasef-1)을 사용한다고 주장하나, 이는 이란 HESA에서 생산하는 아바빌-T(Ababil-T)를 개조해 사용하는 것으로 판단된다. 콰세프-1은 총중량 83kg, 속도 370km/h, 운용범위 120km, 최대운용고도 3km, 임무중량 30kg 등의 제원을 가지고 있다.

북부 후티 반군은 2019년 초 예멘 남부의 중심 항구도시인 아덴Aden에서 벌어진 군사 퍼레이드를 드론으로 공격했다. 이 군사 퍼레이드는 사우디아라비아의 지원을 받는 예멘정부군의 행사였는데, 당시 드론의 공격으로 군인 6명이 사망했다.[65] 북부 후티 반군은 남예멘뿐만 아니라 사우디아라비아와 아랍에미리트의 중요 시설도 드론으로 공격하고 있다. 2019년 8월에 후티 반군은 사우디아라비아의 공항과 정유시설을 다수의

---

63 수니파와 시아파는 이슬람의 큰 2개 종파다. 창시자인 무함마드(Muhammad)의 후계자를 둘러싼 갈등으로 2개 종파로 분열되었다. 시아파는 이란과 이라크를 중심으로 전파되었고, 그 이외의 지역은 수니파가 다수를 차지하고 있다.

64 후티는 북부 시아파의 반군 중 가장 핵심적인 세력으로 안사르 알라(Ansar Allah)라고도 불린다.

65 "https://www.pbs.org/newshour/world/rebel-drone-strikes-yemen-military-parade-killing-several"

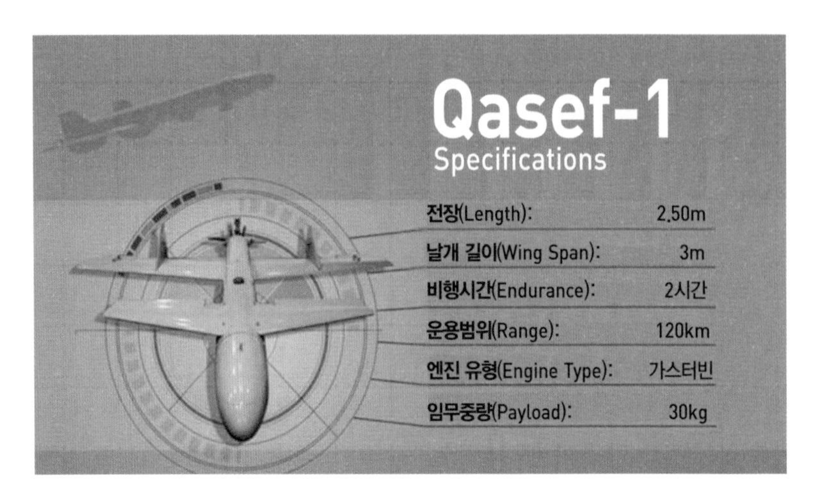

〈예멘 후티 반군의 콰세프-1(Qasef-1)의 제원〉

드론을 동원해서 공격했다. 이러한 후티 반군의 드론 공격은 기존에는 고성능 탄도미사일이나 순항미사일로만 가능했던 원거리 중요 시설에 대한 공격을 저가형 소형 드론으로도 가능함을 보여준다.

고성능 무인기에 대한 도전의 심화

2019년 6월 20일, 이란은 호르무즈 해협Hormuz strait에서 미국의 글로벌 호크Global Hawk 무인기(RQ-4A)를 격추시켰다. 이란은 미국의 무인기가 자국의 영공을 침범했다고 주장했다. 미국은 이를 공식적으로 부정하면서 공해상을 비행하고 있었음을 주장했다. 이란은 미국 무인기 격추 이후 성명을 통해, 이번 격추는 이란의 자국 영공을 방어하기 위한 강력한 의지의 표현임을 발표했다. 미국 대통령 트럼프Donald Trump는 이후 공식 성명과 트위터를 통해 글로벌 호크 격추와 관련된 시설 세 곳을 폭격할 것이라고 밝혔다. 하지만 이란 민간인의 피해 등을 고려하여 결국에는 이를 취소했다. 이후 트럼프 대통령은 미군이 이란 드론을 전자재밍electronic jamming으로 격추시켰다고 발표했다. 물론 이란은 이를 적극 부인했다.

이란의 글로벌 호크 격추 사건은 고성능의 무인기를 운용하는 군사강국들에게 새로운 고민거리를 던져주고 있다. 지금까지 미국은 제공권이 확보된 지역uncontested을 중심으로 무인기를 운용했다. 무인기를 자유롭게 운영하기 위해서는 운용지역에서 안전한 통신과 항법신호를 확보해야 한다. 또 무인기를 격추할 수 있는 대공체계나 적의 전투기로부터 무인기를 보호해야 한다. 2011년 11월 이란 상공에서 운용되던 RQ-170[66] 무인기가 이란의 재밍 공격을 받고 추락하는 사고가 있었다. 이 공격으로 인해 비밀리에 운영되던 RQ-170은 모두 폐기되었다. 이란은 확보한 RQ-170을 기반으로 자국의 드론에 적용할 독자 기술을 개발하기 시작했다. 이 사건은 드론이 전자파에 대한 재밍 공격에 매우 취약함을 보여주는 대표적인 사례다. 《크리스천 사이언스 모니터The Christian Science Monitor》의 인터뷰[67]에 따르면, 이란의 엔지니어들은 먼저 RQ-170의 통신을 끊고, GPS(위성항법) 신호를 해킹한 다음, 드론이 위치를 아프가니스탄 기지로 오인하게 한 뒤에 착륙시켰다고 한다. 이는 우리가 스푸핑[68]이라고 부르는 전형적인 드론 재밍 기술 중 하나다. 대부분의 무인기들은 GPS 신호를 통해 위치정보를 얻는다. GPS 신호는 개방되어 있으며 매우 약하기 때문에, GPS 신호를 통해 위치정보를 얻는 드론은 상대적으로 공격당하기 쉽다. 시중에서 GPS 신호 발생기를 저렴한 가격에 구매 가능하기 때문에 GPS 신호는 재밍이나 스푸핑의 대상이 되기 쉽다.

이란에서 RQ-170이 격추되기 전까지는 미군의 드론이 상대하는 적들은 아프가니스탄의 탈레반이나 이라크의 IS 등이었다. 이들은 고가형 군사용 드론을 재밍하거나 스푸핑할 수 있는 장비나 기술이 없었기 때문에, 미군의 드론들은 상대적으로 쉽게 전장을 날아다닐 수 있었다. 하지만 미

---

66 록히드 마틴(Lockheed Martin)이 개발하여 2005년부터 운용된 고고도 정찰 무인기다. 제한적인 스텔스 기능을 갖추었으며, 아프가니스탄, 한국 등에서 운용되었다. 이란에서 격추된 이후로 RQ-180으로 대체되었다.

67 The Christian science monitor, "Exclusive: Iran hijacked US drone, says Iranian engineer", 2011. 12. 15.

68 재밍은 드론이 사용하는 통신 전파나 항법 전파에 동일한 주파수의 신호를 더 강하게 보내서 통신과 항법 기능을 마비시키는 것을 의미하고, 스푸핑은 가짜 조종신호나 항법정보를 드론에 전달하는 기술을 의미한다.

국과 중동에서 새로운 갈등을 빚고 있는 이란이나 튀르키예와 같은 국가들은 이와는 사정이 매우 다르다. 이들은 자국 영토 내에서는 미군 드론의 통신과 항법 전파를 무력화할 수 있는 충분한 수단을 보유하고 있다. 또, 미국과 점점 더 대결의 수위를 높여가는 중국과 러시아는 이란이나 튀르키예 등과는 비교할 수 없는 수준의 통신과 항법에 대한 재밍 기술을 보유하고 있다. 중국과 러시아는 단순한 재밍뿐 아니라, 사이버 공간과 연계하여 적국의 드론을 해킹해 조종권을 탈취할 수 있는 기술을 개발 중에 있다. 이 때문에 현재 미군이 보유한 드론은 중국과 러시아는 물론이고, 이란이나 튀르키예 등과의 전면전에 사용하는 것은 거의 불가능하다.

지금 드론이 마주하고 있는 또 다른 위협은 대공무기나 적의 전투기 등에 대한 취약성이다. 이란이 의외로 쉽게 미군의 드론을 격추할 수 있었던 것은 글로벌 호크가 상대적으로 낮은 속도로 움직이며 크기가 커서 레이더 추적이 매우 쉬웠기 때문이다. 현재 미군이 운용하는 글로벌 호크나 리퍼[69] 등은 스텔스 기술이 전혀 적용되지 않은 기체다. 또 적의 대공미사일 공격 시 회피기동 등이 불가능하다. 18km에서 작전을 수행하는 글로벌 호크는 탑재중량이 상대적으로 작아서 적의 미사일을 기만하는 방어장치 등을 장착할 수 없었다. 이란은 글로벌 호크의 격추에 자국이 개발한 라드 Raad 지대공미사일을 사용했다고 발표했다.[70] 라드 대공방어체계는 러시아의 부크BUK 대공방어미사일체계를 개량한 것이다.[71] 러시아의 부크 미사일 체계는 1970년대 개발되어 최첨단 기술로 분류하기에는 무리가 있으며, 매우 기초적인 대공미사일방어체계로 볼 수 있다. 문제는 이러한 아주 간단한 대공미사일에도 현재 미군이 주로 운용하는 드론들은 매우 취약하다는 것이다. 보다 정교한 대공방어체계가 구축된 중국이나 러시아

---

69 리퍼는 제너럴 아토믹(General Atomics)사가 생산하는 공격 및 정찰용 무인기로 코드명은 MQ-9이다. 900마력의 터보프롭엔진으로 움직이며, 15km까지 운용이 가능하다. 프레데터를 개량해 개발했으며, 헬파이어(Hellfire) 미사일이나, 지상 목표물을 대상으로 GBU-12 등을 장착하고 작전한다.

70 유에스에이 투데이(USA Today) 유튜브 "Iran says video shows US drone get shot", 2019. 6. 21.

71 wikipedia, "Buk missile system", https://en.wikipedia.org/wiki/Buk_missile_system

와 대결 시 현재 드론으로는 전투가 거의 불가능하다.

이러한 문제를 해결하는 방법은 보다 고성능의 드론을 개발하는 것이다. 먼저 통신과 GPS에 의존하지 않는 드론의 개발이 필요하다. 이는 드론의 자율지능화를 통해 어느 정도 달성이 가능하다. 즉, 지상의 조종사에게 의존하지 않고, 통신이 두절되어도 드론 스스로가 판단해서 주어진 임무를 수행할 수 있는 충분한 지능을 확보할 필요가 있다. GPS 신호가 단절되어도 주위 지형 등을 참고로 자신의 위치를 충분히 추정할 수 있어야 한다. 스텔스 성능을 가진 고기동 드론의 개발도 꾸준히 추진되어야 한다. 현재 드론은 유인기에 비해 기동성능이나 스텔스 기능이 현저히 떨어진다. 미국을 비롯해 많은 국가들이 드론의 기동성을 높이기 위해 UCAV Unmanned Combat Aerial Vehicle(무인공격기)[72]를 개발 중에 있다. 하지만 스텔스 기능을 보유하고, 고속으로 비행하며 인간 조종사와 유사한 기동능력을 보유한 자율지능 드론의 개발은 매우 긴 시간이 소요될 가능성이 크다.

고기능 드론 개발의 어려움은 MQ-25의 개발 과정이 잘 보여주고 있다. 미 해군은 2010년에 항공모함에서 운용 가능한 감시 및 공격용 드론 개발에 착수했다. UCLASS Unmanned Carrier-Launched Airborne Surveillance and Strike 라고 명명된 이 프로그램은 처음에는 스텔스 기능을 가진 폭격용 드론 개발을 목표로 했다. 유인전폭기들이 적국의 본토를 공격하기 전에 대공미사일 기지와 레이더 등을 선제 폭격하는 임무를 수행하는 UCLASS 드론을 개발하려 했던 것이다. 그런데 이러한 UCLASS 드론의 임무와 F-35B와 미 해군이 F-18 후속으로 개발을 추진하는 6세대 전투기인 F/A-XX와 임무가 중복되는 문제, 드론의 기동성능과 전자파 공격에 대한 취약성 등을 고려해 미 해군은 UCLASS 프로그램을 잠정적으로 보류했다. 이후 UCLASS 프로그램은 제한적인 정찰·감시능력을 보유하고 함상에서 운용 가능한 공중급유기 개발로 전환되었다. 최종적으로 보잉사의 MQ-25

---

72 UCAV는 무인공격기를 의미한다. 무인공격기는 무인전투기와 구분할 필요가 있다. 미국 노스럽 그러먼(Northrop Grumman)의 X-47, 영국 BAE의 타라니스(Taranis), 프랑스 다소(Dassault)의 nEUROn 등이 연구가 진행되고 있는 대표적인 무인공격기다.

스팅레이Stingray가 무인함상공중급유기로 선정되었으며, 2024년까지 개발이 완료될 계획이다. 이처럼 현대의 유인전투기들을 대체하는 무인전투기의 개발은 여러 가지 면에서 기술적인 난관에 직면하고 있다. 물론, 유인전투기 조종사들이 다수인 군의 의사결정자들의 유인기 선호도 무인전투기 개발을 추진함에 있어 난관으로 작용한다.

또 다른 대안은 다수의 소형 드론들을 동시에 운용하는 군집 드론 기술이다. 군집 드론은 비교적 저가의 드론을 대규모로 운용하기 때문에 일부 드론을 잃더라도 그 역할을 다른 드론이 대신할 수 있다. 이러한 특성으로 인해 군집 드론은 고도의 대공능력을 보유한 적들을 무력화할 수 있는 좋은 방법이다. 아주 작은 드론은 대공미사일체계가 운용하는 레이더로 탐지하거나 추적이 불가능하다. 또 한 대의 소형 드론을 대공미사일로 공격하는 것은 비용 측면에서 그리 효율적인 방안이 아니다. 따라서 대공미사일체계가 견고한 지역을 먼저 군집 드론으로 공격하여 대공능력을 약화시킨 후에 고성능 드론을 투입하는 방법도 고려해볼 만하다.

상용 드론에 의한 테러 및 준군사적 공격의 일상화

한때 시리아의 대부분을 지배했던 이슬람 과격 단체인 IS(이슬람 국가)[73]는 2014년 이후로 취미용 드론을 군사적으로 사용하기 시작했다. 처음에는 정찰이나 선전용 영상을 촬영하는 데 그쳤으나, 이후 점점 공격무기로 활용하기 시작했다. IS는 서방세계를 통해 쉽게 구입할 수 있는 취미용 드론을 구매한 후에 개조해서 사용했다.

아래 사진과 같이 중국 DJI 팬텀 드론에 플라스틱 튜브를 부착하고 서보모터servomotor를 장착했다. 서보모터를 원격 스위치로 작동시켜 소형 수

---

73 IS(이슬람국가)는 급진 수니파 무장단체인 이라크-레반트 이슬람국가(ISIL, ISIS로 일컬어지기도 함)가 2014년 6월 29일 개명한 단체로, 그해 6월부터 이라크와 시리아를 중심으로 세력을 확장했다. 이후 IS는 중동은 물론 유럽에서도 테러를 자행하며 전 세계에 공포를 안겼으나, 2017년 7월과 10월에 걸쳐 각각 이라크 모술(mosul)과 IS의 수도인 시리아 락까(Raqqa)를 잃으면서 와해되었다. 이후 2019년 3월 시리아민주군(SDF)에 의해 마지막 근거지였던 바구즈(Baghouz)까지 상실했다.

〈IS가 상용 드론을 개조해 만든 폭탄투하장치〉

류탄 크기의 폭발물을 낙하시킬 수 있다. 드론에 장착된 카메라를 통해 목표물을 확인하고 조준해 원격에서 폭탄을 투하하는 것이다. 취미용 드론을 개조해 폭탄투하장치를 제작하는 것은 그리 어렵지 않다. 정밀한 동영상을 실시간으로 전송할 수 있으며, GPS 신호를 기반으로 자동비행이 가능한 드론을 이용해 폭격할 대상을 물색하고 폭탄을 투하한다.[74]

IS가 취미용 드론을 이용해 투하한 폭탄들은 매우 다양하다. 이 중 가장 많이 목격된 종류는 유탄발사기용 40mm 수류탄이다.[75] 이외에도 Mk2와 유사한 투척용 수류탄이나 40mm 이하의 포탄 등도 자주 사용한 것으로 확인되고 있다. 지상용 폭탄을 공중에서 투하하려면 꼬리부분에 안정핀stabilizing fin의 역할이 매우 중요하다. IS는 플라스틱, 금속, 나무 등을 가공해 꼬리핀을 제작한 것으로 파악되고 있다. 플라스틱은 간단한 3D 프린터로 제작이 가능하며, 금속이나 목재는 전통적인 가공 방식으로 쉽게 제작이 가능하다. IS는 쿠르드 민병대와의 전투에서 최초로 드론을 개조해 만든 폭탄투하장치를 사용했다. 이후에 이라크 북부의 중심 도시인 모술mosul에서 벌어진 전투에서 본격적으로 활용했다. 모술 시민들의 진술

---

74 Don Rassler, "The Islamic state and drone : Supply, Scale and Future Threats", 2018. 7.

75 Nick Waters, "Types of Islamic State Drone Bombs and Where to Find Them", 2017. 5.

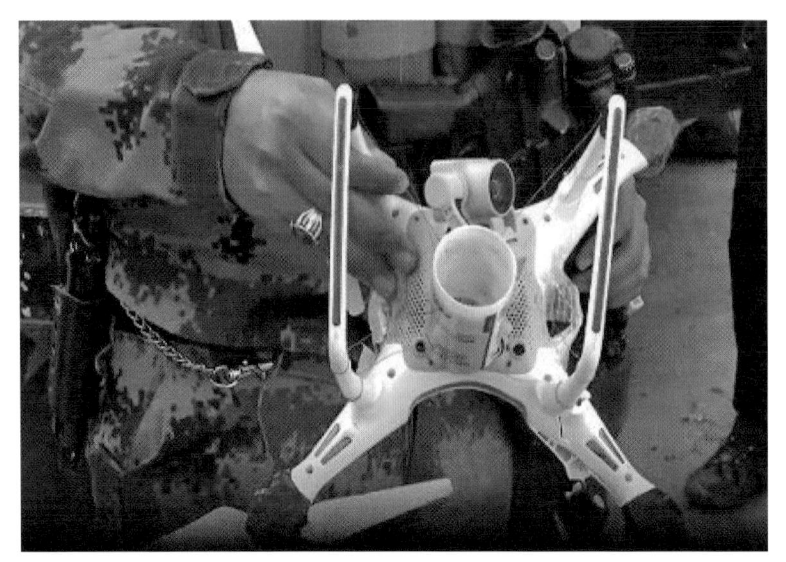

쿠르드족 언론사가 공개한 IS 폭탄 드론(가운데 사진)과 수니파 무장조직 IS가 선전매체에 공개한 '폭탄공격용 드론'의 폭탄 투하 영상 이미지(맨 아래 사진) 〈출처: 유튜브〉

에 따르면, 매번 집을 나갈 때마다 머리 위를 보며 드론이 있는지 확인해야 했으며, 드론의 속도가 너무 빨라 쉽게 도망칠 수 없었다고 한다. 모술의 한 의사는 하루에 자신의 환자 중 10여 명이 드론 공격으로 상해를 입

IS가 사용한 킬러 비(Killer Bee) 드론

었다고 증언했다.[76] IS는 공격에 사용할 드론을 공급하기 위해, 영국, 미국, 스페인, 그리고 방글라데시 등에 회사를 세우고 취미용 드론과 관련 부품을 공급받았다.[77] 이 회사와 관련자들은 미국의 대테러작전을 통해 사살되거나 체포되었다.

IS의 드론을 사용한 폭탄 공격은 공중전력이 전무한 준군사집단도 공중을 통한 공격이 가능함을 보여주고 있다. IS의 취미용 드론을 활용한 공격은 미군에게도 매우 심각한 위협으로 작용했다. 미국이 가지고 있는 대공중전력으로는 소형 드론을 상대할 수 없었기 때문이다. 보통 고속으로 비행하는 대형 군용 항공기를 목표로 개발된 대공중무기들은 소형 드론을 탐지하거나 추적할 수 없었다. 또 소형 드론을 대공미사일로 격추하는 것은 비용 측면에도 효율적이지 않았다. IS는 이라크와 시리아에서 비대칭전력으로 공격용 드론을 매우 유용하게 활용했다. 그들은 회전익 소형 드론뿐만 아니라, 킬러 비killer bee라고 불리는 고정익 소형 드론도 활용

76 Don Rassler, "The Islamic State and Drones: Supply, Scale, and Future Threats", Combating Terrorism Center at West Point, 2018. 7.

77 IS는 드론과 부품을 공급받기 위해서 IBACS라는 위성통신부품 기업을 영국 웨일즈에 설립하고, 지사들을 미국, 스페인, 방글라데시 등에 설립했다. 이 회사는 수잔(Siful Haque Sujan)이라는 방글라데시인이 주도했다. Don Rassler, "The Islamic State and Drones: Supply, Scale, and Future Threats", Combating Terrorism Center at West Point, 2018. 7.

했다. 이 고정익 드론은 회전익에 비해 훨씬 더 먼 거리를 정찰할 수 있다. 이처럼 군사적 능력이 열등한 준군사집단이 사용할 수 있는 드론의 종류는 점점 더 다양해지고 있다.

민간 기술의 군사적 활용 확산

수천억 원대의 글로벌 호크, 리퍼 등 고성능 드론과 몇 백만 원 대 DJI 팬텀과 같은 취미용 드론 사이에는 우리가 주목해야 할 또 다른 드론들이 있다. 이 드론들은 수천만 원에서 수십억 원대까지 다양하게 분포한다. 이 드론들은 군사용 드론에 비해서는 매우 저가이지만, 취미용 쿼드콥터에 비해서는 고성능을 자랑한다. 이 드론들은 우리가 상업용 드론이라고 부르는 민수용 드론 시장에서 특정 임무 수행을 목적으로 개발된 드론들이거나, 아니면 중국, 이란 등에서 제작한 저가형 군용 드론들이다. 이러한 드론들을 편의상 중급 드론으로 부르자.

중국은 CH-4(Rainbow 4)[78]로 명명된 정찰 및 공격용 드론을 개발해 해외에 판매하고 있다. 사우디아라비아, 아랍에미리트, 요르단, 이집트 등의 아랍국가들이 주요 고객이다. 사우디아라비아는 CH-4의 자체 생산을 위한 공장을 자국에 유치하기도 했다. CH-4는 미군이 사용하는 프레데터와 유사한 성능과 기능을 가지고 있다. 하지만 프레데터 무인기 시스템은 단가가 2,000만 달러인 데 비해, CH-4는 단가가 400만 달러로 상대적으로 매우 싼 가격에 판매되고 있다. CH-4는 AR-1 공대지미사일을 탑재하고 약 5km의 상공에서 목표물에 발사가 가능하다. 중국은 최근에 윙룽翼龍-2 드론을 해외에 공급하기 시작했다. 윙룽-2 드론은 최대중량이 4.2톤이고, 9.9km 고도까지 비행 가능하며, 미사일과 폭탄을 420kg까지 탑재할 수 있다.

---

78 CH-4는 중국 국영 항공기제작사인 CASC에서 개발했으며, 미국의 리퍼 MQ-9과 유사한 형상이다. 총중량이 1,260kg이고, 임무중량이 115kg이며, 30시간 정도 임무 수행이 가능하다.

❶ 2017년 2월 남예멘에서 회수한 콰세프-1 드론의 잔해 ❷ 중국제 DLE 111 엔진, ❸ 제작사 미상의 모델 V10 버티컬 자이로스코프 ❹ 국산 하이텍 모델 서보모터. 〈출처: CAR(Conflict Armament Research)〉

중국과 함께 중급 드론을 세계적으로 확산시키고 있는 국가는 이란이다. 2019년 8월 예멘의 후티 반군은 콰세프-1Qasef-1 드론을 이용해서 300km가량 떨어진 사우디아라비의 정유시설을 공격했다. 2019년 9월 14일 10대가 넘는 드론들이 바레인과의 접경지역인 사우디아라비아의 아브콰이크Abqaiq의 정유시설을 공격했다. 이 공격의 배후로 예멘 북부의 후티 반군과 이란이 지목되었으며, 공격에 사용한 드론은 콰세프-1로 추정된다. 이번 공격은 폭탄을 탑재한 드론이 정유시설로 돌진해 자폭하는 가미카제식 공격으로 추정되고 있다. 이처럼 취미용 드론이나 혹은 기존의 고성능 군용 드론이 아닌 매우 저렴한 중급 드론을 전쟁이나 테러에 적극적으로 활용하는 사례가 늘고 있다. 이란의 지원을 받아 후티 반군이 사용하는 콰세프-1 드론을 분석해보면, 중급 드론의 특징이 잘 나타난다. 이란의 아바빌-TAbabil-T를 개조한 이 드론은 엔진, 프로펠러, 서보모터 등의 대부분 부품들을 인터넷에서도 쉽게 구입이 가능한 제품들을 사용하고 있다. 이처럼 누구나 구매가 가능한 상용 제품이나 부품을 COTSCommercial Off The Shelf라고 부른다. COTS 제품이나 부품은 군용 전

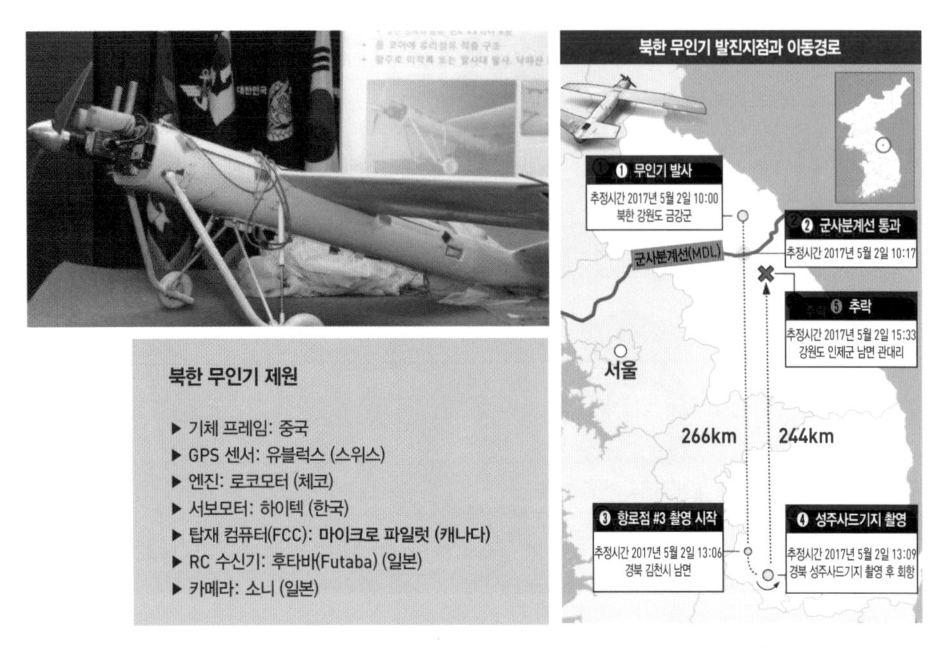

〈민수 상용 부품을 이용해 저가의 군용 드론을 개발한 사례인 북한 무인기〉

문 제품이나 부품보다 신뢰성이나 안전성을 다소 떨어지나, 가격이 매우 저렴해 가격대비 성능비가 매우 좋다. 이렇게 COTS 부품을 사용해 가격대비 성능비가 탁월한 무인기는 지난 2017년 성주 사드 기지를 촬영하고 귀환하다가 추락한 북한의 무인기가 대표적이다. 이 무인기는 GPS 센서는 유블럭스Ublox, 엔진은 로코모터Locomotor, 서보모터는 하이텍Hitec, 탑재 컴퓨터는 마이크로 파일럿Micro Pilot 등의 제품을 채택한 것을 알려졌다. 이러한 부품들의 결합을 통해 저렴한 가격으로 일정 정도 성능이 보장되는 드론의 개발이 가능하다. 북한 무인기나 후티 반군의 콰세프-1 등은 대당 가격이 1만 5,000달러에서 2만 달러 내외인 것으로 추정된다. 동급의 군용 드론들과 비교해서 10% 내외의 제작비만이 소요된다.

군용 드론의 종류 및 성능

군용 드론은 운용 주체나 상황 등에 따라 다양한 종류가 사용되고 있다. 현재 전장에서 활용되는 드론들은 크게 세 가지 종류로 구분할 수 있다. 고성능 군사용 드론, 중급 드론, 그리고 취미용 드론이다. 여기에 인공지능기술이 보강된 미래형 드론을 고려하면 군사용 드론은 아래 그림과 같이 분류가 가능하다. 각각의 드론이 가지는 특징은 다음과 같다.

- 취미용 드론
  - 200~300만원대의 취미, 촬영용 쿼드콥터 드론을 개조해 사용
  - 조종자의 시야 내에서 운용 가능
  - 40mm 유탄, 수류탄, 박격포탄 등의 투하용으로 사용
  - 최초 IS, 필리핀 회교반군 등 비정규군이나 테러 단체에서 사용했으나 우크라이나-러시아 전쟁 이후 정규군 조직에서도 적극적으로 활용하는 추세

- 중급 드론
  - 기체 프레임은 직접 제작, 주요 부품은 상업용 기성 부품COTS을 사용한 수천만 원 수준
  - GPS 기반의 장거리 비행 및 임무 수행 가능
  - 정찰·감시, 자폭공격, 전자전 수행 가능
  - 최초 이란, 북한, 중국 등이 자체 개발해 사용하며 우호적인 군사집단에 제공했으나 우크라이나-러시아 전쟁 이후 광범위하게 확산되는 추세

- 군용 드론
  - 고성능이며 고신뢰성을 가진 드론으로 군사용 규격을 만족하는 부품 사용, 수십억 원에서 수천억 원대까지 다양
  - GPS(위성항법)와 고정밀도의 INS(관성항법) 등이 가능해 장거리, 고난이도 임무 수행이 가능

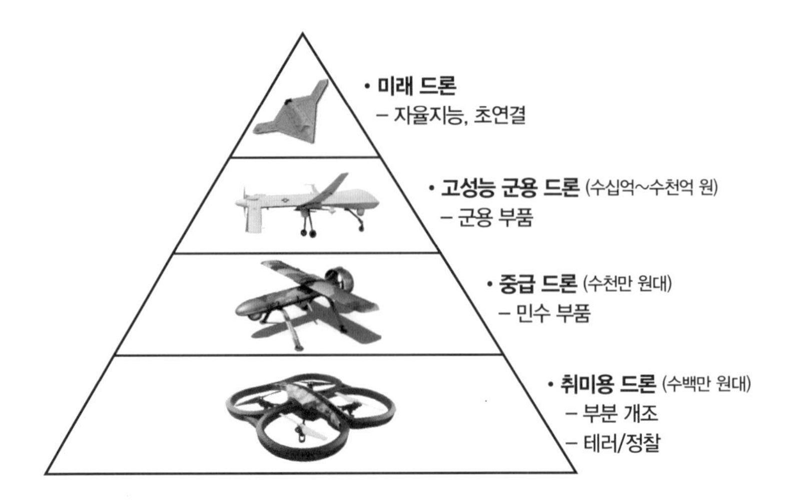

- 운용 지역의 통신 및 제공권이 일정 정도 이상 확보된 경우에만 운용이 가능, 제한적 기동성능을 보유
- 미국, 중국, 유럽, 이스라엘 등이 자체 개발해 실전 배치 중이며, 대한민국도 유사 기종 개발 중

• 미래 드론
- 자율지능 기반으로 타 무인이동체unmanned vehicle, 인간 병사 등과 협업 운용이 가능
- 적대적 세력이 통신 및 제공권에서 우위를 점유한 지역에서도 운용이 가능하며, 적 대공망의 공격을 회피할 수 있는 기동능력을 보유
- 미국, 중국, 유럽, 이스라엘, 대한민국 등이 관련 연구를 수행 중

몇 년 전까지는 미군이 운용하는 고성능 군용 드론만이 실제 군사작전에 주로 사용되었다. 미군은 제공망air-superiority과 통신과 항법신호에 대한 안전성이 확보된 지역을 중심으로 자국의 군용 드론들을 운용해왔다. 미군이 운용하는 군사용 드론들은 매우 고가이나, 적이 통신망과 제공권을

장악한 지역에서는 운용이 쉽지 않다. 또 유인기에 비해 여전히 기동성능이 부족해 대공무기에 취약점이 노출되었다.

최근에는 중국이나 이란이 제공하는 중급 드론들이 중동을 중심으로 사용이 확산되고 있다. 이 중급 드론들은 미군의 고성능 드론에 비해 성능과 신뢰성 측면에서 다소 부족한 점이 있지만 상대적으로 가격이 저렴하다는 것이 큰 장점이다. 따라서 임무 수행 시 격추되거나 추락해도 그 손해가 크지 않다. 이 때문에 점점 더 많은 국가들이 중급 드론을 군사용으로 사용한다. 앞으로 미래 전장은 고성능 군용 드론과 중급 드론, 그리고 인공지능이 기반이 된 미래 드론 간의 각축장이 될 것이다. 이어질 두 가지 사례에서 드론이 전쟁에 활용되고 있는 상황을 살펴보고, 미래 전장에서 드론의 진화 방향을 예측해보고자 한다.

드론 전술의 진화 : 우크라이나-러시아 전쟁

2014년에 시작된 우크라이나-러시아 전쟁은 현대전에 있어 드론과 전자전electric warfare[79]의 중요성을 일깨워주었다. 돈바스Donbass 전쟁으로 명명된 이 전쟁은 처음에는 크림 반도를 둘러싼 갈등으로 시작되었다. 러시아인이 전체 인구의 65%가량을 차지하는 크림 반도는 친러시아 성향이 강했다. 이에 러시아는 2014년 2월 기존 우크라이나의 영토였던 크림 반도를 병합하고 러시아군 2,000여 명을 크림 반도에 진주시킨다. 이를 계기로 러시아인이 다수인 우크라이나의 동쪽 지역인 돈바스 지역에서 친러시아 시위대와 우크라이나 정부 간에 긴장이 고조되었다. 이후 2014년 4월 친러시아 반군과 우크라이나 정부군 간에 전쟁이 발발한다. 이 전쟁에 러시아군이 직접적으로 참전함으로써 우크라이나-러시아 전쟁으로 발전했다.[80]

---

79 적의 지휘, 통제, 통신(C3) 및 전자무기체계의 기능을 마비 또는 무력화시키고, 적의 전자전 활동으로부터 아군의 지휘, 통제, 통신 및 전자무기체계를 보호하는 제반 군사활동을 말한다.

80 러시아는 자국군의 전쟁 개입을 부정하고 있다.

우크라이나-러시아 전쟁은 교전하는 양측이 유사한 수준의 드론을 동원한 최초의 전쟁이다. 미국의 이라크와 아프가니스탄 작전에서는 미군이 대테러 작전의 일환으로 드론을 운용했다. 이라크군이나 아프가니스탄의 탈레반은 자체 개발한 드론을 보유하지 못했고, 또 미군의 드론을 저지할 수 있는 유효한 수단이 없었다. 하지만 우크라이나-러시아 전쟁에서 러시아와 우크라이나는 모두 드론을 운용했다. 전쟁은 결과적으로 러시아군의 일방적인 우세로 진행되었다. 이처럼 러시아군이 전장을 지배할 수 있었던 것은 드론을 정찰·감시는 물론이고 폭넓은 전자전 수단으로 사용했기 때문이다.

러시아군은 우크라이나와의 전투를 다음과 같은 순서로 진행했다. 먼저 적진을 상대로 대대적인 전자전을 수행한다. 우크라이나군의 통신과 레이더 시설을 마비시키고, 폭탄에 장착된 전자 퓨즈를 끊는다. 이후 정찰용 드론을 날려 우크라이나 주요 병력의 배치 상황을 파악한다. 파악된 우크라이나군을 다연장로켓포MLRS 등을 사용해 집중적으로 포격한다. 이후 드론을 띄워 적의 피해 상황을 파악한다. 이후에 신호 탐지가 가능한 드론으로 남아 있는 우크라이나군의 레이더 기지나 통신 기지 등을 추적한 뒤, 포병 전력을 이용해 이를 제거한다. 이후 러시아군은 소규모 목표물에 대한 폭격, 소형 화물 배송 등에도 드론을 사용한 것으로 알려져 있다. 이러한 러시아군의 전술은 매우 효율적으로 작동했다. 러시아군이 사용한 전술에서 가장 특징적인 사안은 소규모 전투부대 단위, 즉 전술적 단위에서 드론을 효율적으로 활용한 것이다. 러시아군이 사용한 전술 중에서 가장 인상적인 것은 드론을 이용해 대포병레이더counter battery radar를 무력화한 것이다. 러시아는 전자전 드론을 이용해 우크라이나군의 대포병레이더를 찾아내어 집중적으로 포격했다. 드론은 전파를 추적해 대포병레이더의 위치를 찾아내어 지상의 MLRS부대에 알렸다. 대포병레이더가 무력화된 이후에 러시아는 우크라이나군에 대한 대대적인 포격을 가할 수 있었다.

오를란-10(Orlan-10)

- 러시아군이 운용하는 일반적인 드론
- 우크라이나에서 널리 사용
- 자이로 융합센서, 적외선(IR) 및 광학(EO) 카메라

최대이륙중량	18kg
탑재량	6kg
엔진	가솔린엔진
비행시간	10시간
최고비행고도	5,000m

그라낫 4(Granat 4)

- 영상 감시와 야포 발견 및 사격 통제
- SIGINT(신호정보정찰) 임무 및 아군을 위한 무선중계 임무 수행

탑재량	3kg
엔진	가솔린엔진
비행시간	6시간
최고비행고도	4,000m
임무장비	EO/IR 비디오, 전자전 장비

자스타바(Zastave)[IAI 버드 아이(Bird Eye) 400]

- 이스라엘 IAI 말라트(Malat)가 개발
- 2009년 러시아가 도입해 운용

최대이륙중량	5,6kg
탑재량	?
엔진	전기엔진
최대비행시간	1시간
최고비행고도	450m

포르포스트(Forpost)[IAI 서처 III(Seacher III)]

- 이스라엘 IAI 말라트(Malat)가 개발
- 2009년 러시아, 이스라엘 IAI 서처 III 구매 계약
- 우크라이나에서 많이 사용
- 야간투시경(night vision)이 장착된 고급형 감시체계

탑재량	68kg
엔진	가솔린엔진
최대비행시간	18시간
최고비행고도	6,100m

〈우크라이나-러시아 전쟁에서 사용된 러시아의 드론〉

군집 드론 공격의 시작 : 사우디아라비아 정유시설 드론 공격

2019년 9월 15일 사우디아라비아의 아브콰이크Abqaiq의 정유시설과 쿠라이스Khurais의 원유생산 기지에 대한 드론 공격이 발생했다. 사우디아라비아 당국에 따르면, 10여 대의 드론이 토요일 새벽 3시 40분경에 두 곳의 원유 생산 및 정제시설을 공격했고, 이로 인해 사우디아라비아의 석유생산능력의 50%가량이 축소되었다. 이 공격의 여파로 국제 원유가는 19%가량 폭등했다.

공격 직후부터 예멘 북부를 점령한 시아파 후티 반군과 이란이 이 드론 공격의 유력한 용의자로 부상했다. 먼저 예멘의 후티 반군은 드론 공격 직후에 이번 공격이 자신들이 수행한 것이라고 주장했다. 후티 반군의 군사 대변인은 "사우디아라비아 내부의 정보 협조를 바탕으로 10여 대의 드론을 발사"했으며, 사우디아라비아에 자신들에 대한 공격을 멈출 것을 요구했다. 예멘의 후티 반군은 이란의 기술 지원을 바탕으로, 아바빌-TAbabil-T를 개조한 콰세프-1Qasef-1을 개발해 군사적 용도로 사용해왔다. 콰세프-1은 처음에는 사우디아라비아의 미사일 포대를 공격하는 데 운용되었다. 미사일 포대의 레이더 신호를 찾아서 이를 파괴하는 것이 주된 목적이었다. 하지만 후티 반군은 이후 콰세프-1을 다양한 군사적 임무에 사용하기 시작했다. 후티 반군은 주로 원유생산시설이나 공항 등을 드론을 이용해 공격하기 시작했다. 2019년에 들어서 후티 반군은 드론을 이용해 남예멘과 사우디아라비아에 대한 공격을 강화하고 있다.

- 2019년 1월 10일: 남예멘의 알아나드Al-Anad 공군기지를 드론으로 공격해 남예멘군 수명을 사살
- 2019년 5월 14일: 사우디아라비아 리야드Riyadh 서쪽의 유정을 드론 2대가 공격했으며, 이로 인해 아람코Aramco의 정유시설 두 곳의 송유관이 파손
- 2019년 6월 17일: 사우디아라비아의 압하Abha 공항을 드론으로 공격
- 2019년 8월 5일: 사우디아라비아의 킹칼리드King Khalid 공군기지, 압

하 및 나즈란Najran 공항 등을 드론으로 공격

- 2019년 8월 17일: 사우디아라비아 동쪽의 유정을 드론 10여 대로 공격

이 사례들을 보면 북부 예멘으로부터 매우 멀리 떨어진 시설까지도 후티 반군의 공격 범위에 포함되어 있음을 알 수 있다. 최근 사우디아라비아 동쪽 유정에 대한 공격에는 다수의 드론을 동원한 것으로 알려졌다. 이번 아브콰이크 공격과 매우 유사한 형태의 공격을 수행한 것이다. 하지만 미국은 이번 공격의 배후로 이란을 지목했다. 미 국무장관인 폼페이오Mike Pompeo는 공격 직후 트위터를 통해서 이번 공격은 이란이 주도했음을 주장했으며, 예멘의 후티 반군이 개입한 증거가 없음을 강조했다. 물론 이란은 이에 대해서 즉각적으로 부정했다.

그럼에도 불구하고, 미국은 지속적으로 이번 드론 공격의 당사자가 이란이라고 주장했다. 공격이 발생한 후, 하루가 지난 9월 15일, 미국 정부는 아브콰이크의 정유시설을 촬영한 사진을 공개했다. 공개된 위성사진은 공격당한 4개의 정유시설과 파손된 지점을 보여주고 있다. 미국 정부는 사진을 공개하며 드론이 공격한 지점이 북쪽, 혹은 북서쪽을 바라보고 있기 때문에 드론이 날아온 방향은 예멘이 아니고,이란이나 이라크라고 주장했다. 이에 대해 《뉴욕 타임즈The New York Times》는 구글지도의 위성사진과 공개된 위성사진을 비교해 드론의 비행 방향이 정확히는 서쪽임을 밝혔으며, 이란과 이라크도 이에 대해 적극적으로 부정했다. 사우디아라비아의 서쪽 방향에는 시리아, 이스라엘 등이 위치하지만, 드론으로 공격하기에는 너무나 먼 거리에 위치해 있다.

이러한 미국 정부의 주장은 두 가지 측면을 내포하고 있다. 먼저 드론이 최종 공격 목표의 좌표를 입력하고 GPS(위성항법)를 통해 비행하게 되면, 이륙한 방향에서 공격해야 한다는 것이다. 이에 따라 공격이 이루어진 방향을 바탕으로 드론의 이륙 지점을 유추 가능하다. 하지만 이러한 주장은 GPS가 여러 개의 경로점waypoint을 지정 가능한 상황에서 일단 남쪽에서

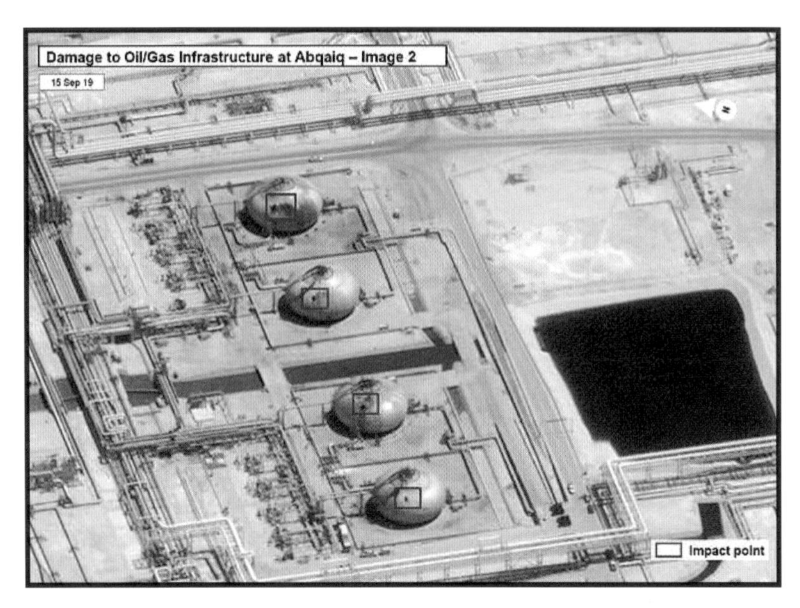

공격당한 아브콰이크 정유시설의 위성사진. 미국 정부가 북쪽에서 공격이 이루어졌다는 증거로 제시했으나, 사진에서 공격 방향은 서쪽으로 추정된다. 〈출처: U.S. Government / DigitalGlobe, via Associated Press, 《뉴욕 타임즈》 재인용〉

날아온 드론들이 목표물의 서쪽에 집결하고 이후 목표물을 향해 돌진할 수 있기 때문에 얼마든지 공격 방향은 변경이 가능하다는 반론을 받을 수 있다.

두 번째는 이번 공격이 매우 정밀하게 이루어진 것을 위성사진을 통해 확인할 수 있다는 점이다. 위성사진을 통해서 공격을 받은 정유시설은 직경이 20~30m 정도임을 파악할 수 있다. 이러한 목표물을 GPS 좌표에만 의존해 공격하는 것은 매우 고도의 기술을 요한다. 위성사진은 4개의 목표물이 거의 유사한 지점을 공격받았음을 보여주고 있다. 즉, 최소한 1~2m 이내의 정밀도를 가지는 공격 기술이 필요하다. 예멘의 후티 반군 스스로 이러한 기술력을 확보했을 가능성은 그리 높지 않다. 그러므로 이번 공격은 이란에 의해 주도되었을 것이라는 것이 미국 정부의 판단이다. 지금까지 예멘 후티 반군이 사용하는 드론들은 대부분 이란에서 제조되었거나, 예멘에서 단순 조립된 것으로 파악되고 있다. 이번 공격을 이란이 주도하지는 않았다 하더라도, 정밀한 공격 수준임을 고려할 때 이란이 기술 지원을 했음을 유추할 수 있다. 결론적으로 이번 공격은 예멘 후티 반군이 주도했을 가능성이 매우 크다. 하지만 이란의 대규모 기술 및 물자 지원이 필요했을 것이라는 추정도 가능하다.

미국 정부는 이번에 위성사진을 공개하면서 확인된 드론 공격 흔적이 열일곱 군데 정도 된다고 밝혔다. 아브콰이크에서는 드론 공격으로 대형 화재가 발생했다. 이로 인해 공격에 사용된 드론들은 대부분 완전연소가 되었을 가능성이 매우 크다. 하지만 몇몇의 경우에 전소가 충분히 이루어지지 않았을 가능성이 존재하며, 이 경우 잔해물을 분석해서 공격에 사용된 드론의 정체를 유추할 수 있다. 이번 드론 공격에 사용되었을 것으로 보이는 가장 유력한 드론으로는 앞서 소개한 콰세프-1 드론이다. 후티 반군은 이 드론을 스스로 개발했다고 주장하고 있지만, 사용된 기술과 부품들로 유추해보면 이란의 아바빌-T를 개조한 모델로 예상된다. 이란의 아바빌은 1980년대부터 이란에서 생산되어온 매우 오래된 모델이다. 예멘 반군이 개조한 모델인 아바빌-T는 1999년에 정찰, 감시, 레이더기지 공격 등을 목적으로 개발이 완료되었다. 이 모델은 이란에서는 최신 기종이라고 하기는 어렵다. 이란은 2011년 자국 상공에서 납포한 RQ-170기를 역설계해 고도의 드론 기술을 확보한 것으로 알려졌다. 당시 미국이 보유한 최첨단 무인기인 RQ-170을 이란은 GPS 스푸핑이라는 기술로 납포했다. 이란 상공을 비행하던 RQ-170에게 아프가니스탄의 미 공군기지로 착각하게 하는 거짓 GPS 신호를 보내서 착륙시킨 것이다. 이로 미루어볼 때, 이란은 드론에 사용하는 고도의 GPS 기술을 이미 확보한 것으로 보인다.

콰세프-1은 아바빌-T 기체의 후방부를 조금 개조한 것으로 파악된다. 미국 정보당국이 파악한 바에 따르면, 콰세프는 대부분 이란에서 제작되며, 예멘에서는 최종 조립되는 수준이라는 주장도 있다. 콰세프-1은 총중량 80~100kg에 40kg의 탑재물을 실을 수 있으며, 최대 700km까지 비행이 가능한 것으로 알려져 있다.

콰세프-1이 유명해진 것은 앞서 소개했듯이 후티 반군이 남예멘군 공

2017년 확보된 예멘 후티 반군의 콰세프-1의 잔해

군기지에 대한 테러에 콰세프-1을 이용하면서부터다. 사우디아라비아의 지원을 받는 남예멘군은 2019년 1월 10일 아덴Aden의 한 공군기지에서 퍼레이드를 벌였다. 후티 반군은 이 현장에 자폭형 콰세프-1을 보내 공중 20m 상공에서 폭발시켰고, 마치 클레이모어claymore처럼 터진 폭탄으로 인해 군인 6명이 목숨을 잃었다. 이 현장은 영상으로 촬영되어 전 세계에 생생하게 알려졌다.

콰세프-1은 처음에는 사우디아라비아와 아랍에미리트군이 운용하는 미사일 포대를 무력화시키기 위해 도입된 것으로 보인다. 중동의 군사강국인 사우디아라비아와 아랍에미리트의 지원을 받는 남예멘군은 북예멘 반군에 비해 군사무기 측면에서 월등히 우위에 있었다. 후티 반군은 이에 대항하는 무기로 이란의 드론을 도입한 것이다. 하지만 후티 반군은 이 드론을 다양한 현장에서 활용했으며, 2019년에 들어서는 남예멘과 사우디아라비아를 대상으로 한 무차별적 테러에 주로 사용하기 시작했다.

이러한 드론은 우리가 익숙한 취미용 쿼드콥터형 드론이나, 미군이 주로 운용하는 글로벌 호크나 프레데터 드론과는 다른 특성들을 가진다. 중국의 DJI가 생산하는 팬텀 등의 취미용 드론은 오랜시간 동안의 장거리 비행이 불가능하다. 취미용 드론은 조종사의 시야 내에서만 비행 가능하며, 조종사 시계 밖이라도 최대 5km 이내에서만 운용이 가능하다. 이번 공격처럼

1,000km가 넘는 원거리를 비행해 공격하는 것은 아예 불가능하다.

후티 반군의 드론은 미군이 주로 사용하는 고성능 군사용 드론에 비해 소형이며 저가형이라는 특징을 가진다. 드론의 크기가 작고 저고도로 날기 때문에 레이더나 적외선 카메라 등으로 탐지하기가 쉽지 않다. 하지만 이들 드론의 진정한 강점은 가격이 아주 저렴하다는 것이다. 물론 크기나 운용성능의 차이가 월등해 직접적인 비교가 불가능하지만, 미군이 운용하는 프레데터는 대당 가격이 약 2,000만 달러, 원화로 240억 원 정도다. 이에 비해서 콰세프-1은《뉴욕 타임즈》에 따르면 대당 약 1만 5,000달러, 원화로 1,700만 원 내외인 것으로 알려져 있다. 이처럼 아주 저렴한 드론 가격은 이란과 후티 반군에게 미국를 비롯한 서방국가들의 고가 무기를 주로 사용하는 사우디아라비아나 아랍에미리트 등의 중동국가들에 대한 상대적 우위 요소로 작용한다. 이란과 후티 반군이 저렴하게 군용 드론을 개발하는 비결은 민수용 상용 부품을 사용하는 것이다. 일반적으로 민수용 부품들은 군용에 비해 신뢰성이나 내구성이 떨어진다. 하지만 상대적으로 가격이 매우 저렴하기 때문에, 테러나 자살공격 등을 위한 군용 드론에 사용할 경우 매우 탁월한 가격 대비 성능을 자랑한다.

이번 드론 공격에서 가장 불확실한 부분은 공격에 사용된 드론의 이륙지점이다. 공격 목표가 된 아브콰이크나 쿠라이스는 예멘의 북부로부터 아무리 짧게 잡아도 1,000km 이상 떨어져 있고, 이라크 남부로부터는 700km 정도, 그리고 이란으로부터는 500km 이상 떨어져 있다. 콰세프-1은 일반적으로 200km 이내에서 운용되며, 아무리 길게 잡아도 700km가 최대운용범위인 것으로 알려져 있다. 알려진 것만으로 판단해 볼 때, 예멘 북부에서 드론을 이륙시켜서는 공격당한 정유시설에는 닿을 수 없게 된다. 또 이란에서 공격지점으로 날아오기 위해서는 바다를 건너야 하는데, 이는 이란과의 분쟁으로 첨예화된 미국의 경계망을 뚫어야 하는 난점이 있기 때문에 이 또한 가능성이 크지 않다. 가장 가능성 있는 방안은 탑재무장량을 줄이고, 15리터가량의 연료를 더 싣는 방안이다. 이 방법은 기술적으로 그리 어렵지 않은 것으로 판단된다.

이번 드론 공격에서 가장 큰 의문점은 어떻게 그 먼 거리를 날아와서 정확하게 타격했느냐다. 이는 경로비행waypoint navigation 기술을 사용하면 가능하다. 드론은 조종사의 시야를 벗어나 비행을 하는 경우가 많은데, 이 때는 미리 입력된 좌표를 따라 비행하게 된다. 비행 전에 드론에 탑재된 컴퓨터에 드론이 비행해야 할 좌표들을 입력하면 드론은 위성에서 전송된 GPS 신호에 따라 목표 위치로 날아간다. 이렇게 사전에 입력된 좌표로 경로비행을 할 경우에는 아무리 먼 거리를 비행해도, GPS 신호만 끊이지 않으면 매우 정밀한 비행이 가능하다. 공격자의 정체를 숨기거나 모호하게 하기 위해서, 이번 공격에는 다중 경로를 설정했을 가능성이 크다. 즉, 드론에게 최종 공격 목표의 좌표만을 입력하는 것이 아니라, 중간에 거쳐 가야 할 좌표들을 입력한다. 이를 통해 공격 목표에 근접했을 당시에는 목표물의 서쪽을 경유하고, 이후에 매우 빠른 속도로 목표물로 돌진했을 가능성이 있다. 이렇게 다중 경로를 설정하는 것은 연료소모량에 있어서는 조금 손해를 볼 수 있다. 하지만 주요 군사시설이나 대도시 등을 피해서 비행할 수 있기 때문에 은밀한 공격이 가능하다. 이번 공격에서 가장 어려운 부분은 아마도 공격 지점의 정확한 좌표를 얻는 것이었을 듯하다. 미국 정부가 공개한 위성사진을 통해서도 알 수 있듯이 이번 공격은 매우 정밀하게 수행되었다. 이를 위해서는 목표물의 정교한 좌표를 미리 확보해야 한다. 이에 대해서 후티 반군의 군사대변인은 사우디아라비아 내부의 정보원을 언급하고 있다. 아마도 사우디아라비아 내부의 협력자는 공격 목표물의 아주 정밀한 위치값을 공격자에게 제공했을 가능성이 크다.

이번 공격의 또 하나의 특징은 다수 드론에 의한 군집 공격이라는 점이다. 후티 반군에 의하면 10여 대, 미국 정부의 분석에 따르면 최소 17대 이상의 드론이 이번 공격에 사용되었다. 이렇게 다수의 드론을 동원한 공격은 방어가 매우 어렵다. 콰세프-1 드론은 최대탑재중량 30~40kg 내외이며, 이번 공격에는 별도의 연료를 실어야 했기 때문에 탑재할 수 있는 폭탄의 양은 기껏해야 20kg 내외였을 가능성이 크다. 하지만 다수의 드론을 동원했기 때문에 군집 드론의 전체 폭탄의 양은 200~400kg 정도가 된다. 이 정도면 토마호크 1기의 폭탄량에 맞먹는다. 즉, 2,000만 원대의 드론을 10~20대가량 동원하면 토마호크 1기의 효과를 낼 수 있다. 이때 군집 드론에 소요되는 비용은 최대 4억 정도다. 이에 반해 토마호크 1기에는 약 14억가량의 비용이 소모된다. 상대적으로 낮은 비용으로 동일한 군사적 효과가 가능해 질 수 있다. 군집 드론이 가지는 또 하나의 장점은 한두 대를 잃어도 나머지 드론들이 목표물을 명중시켜 임무를 완성할 수 있다는 점이다. 토마호크 1기를 저지하면 방어에 성공하지만, 군집 드론은 10대에서 20대를 모두 막아야 방어에 성공한다. 물론 토마호크가 방어하기에는 훨씬 더 힘든 것은 사실이다.

이란은 미군의 드론을 납포해 분석하면서 GPS를 교란하거나, 매우 정밀한 GPS 기반의 비행 기술을 확보했을 가능성이 매우 높다. 그리고 다수의 드론을 동시에 운용하는 기술도 충분히 확보한 듯 보인다. 이번 공격이 가능했던 이유는 이란의 이러한 고도의 기술이 뒷받침되었기 때문인 것으로 추정된다.

이처럼 원거리 타격에 드론을 사용하는 공격은 방어가 매우 어렵다. 일반적으로 드론을 방어하는 단계는 탐지, 식별, 타격으로 구분된다. 드론의 탐지에는 레이더나 광학 카메라 혹은 적외선 카메라 등을 사용한다. 드론이 통신에 사용하는 전파를 추적해 탐지하기도 한다. 이번 공격에 사용된 소형 고정익 드론들은 지상으로부터 500m 내외로 비행할 가능성이 크다. 크기가 작고 저고도로 비행하기 때문에 레이더로 추적하기가 쉽지 않다. 또 이륙 전 공격할 좌표를 입력하고, 이후에는 지상의 조종사와 모든 교신을 끊고 비행하기 때문에, 전파 신호를 추적하는 방식을 사용하기도 어렵다. 엔진에서 나오는 열을 탐지하는 적외선 추적 방식도 있으나, 엔진 크기가 상대적으로 작아 탐지가 쉽지 않다. 취미용 드론들처럼 배터리와 전기모터로 구동되는 경우에는 열의 발생량이 매우 작아 적외선 카메라를 이용한 탐지는 더더욱 어렵다. 현재로서는 저고도탐지 레이더와 광학 카메라, 그리고 적외선 카메라를 복합해 탐지 확률을 높이는 것이 가장 효율적인 방안이다.

고정익 소형 드론은 최종 공격 시 최대순항속도로 돌진하기 때문에 방어도 용이치 않다. 이번 공격에 사용된 드론은 360km/h의 속도로 비행한다. 1초에 100m를 날아가는 것이다. 소형 드론을 탐지할 수 있는 레이더의 유효거리가 약 5km 정도라고 보면, 탐지 이후 50초 안에 드론을 제거해야 한다. 기민하게 대처하기에는 너무 짧은 시간이다. 그렇다고 소형 드론을 제거하는 데 고가의 방공 미사일을 사용할 수도 없다. 소총과 같은 개인화기 등을 사용하는 것이 그나마 합리적이다. 현재까지 유일하게 입증된 방어 수단은 GPS 재밍이다. 하지만 GPS 재밍은 상시적으로 사용할 수 없다는 단점이 있다. 그 주변에 있는 모든 GPS 신호를 차단할 수 있기 때문이다. 그렇게 되면 주위에서 GPS를 사용하는 모든 기기들의 사용이 어려워진다. 침입하는 드론을 조기에 발견하고 GPS 재밍을 순간적으로 수행하는 것이 부수적인 피해를 최소화하고 중요 시설을 방어하는 방안이 될 듯하다.

드론을 막는 효율적인 방안으로는 우리가 직사에너지무기directed energy weapon라고 부르는 레이저나 고주파무기가 있다. 드론이 발견되면 바로 레이저를 발사해 추락시키는 것이다. 하지만 아직까지는 연구 단계에 있어 상용화에는 아주 긴 시간이 걸릴 것으로 예상된다.

이번 공격에 10대 이상의 드론이 동원되었다. 이처럼 저가의 드론을 수십 대 사용해 공격하는 전술은 막기가 쉽지 않다. 한 대를 막아도 나머지 드론들이 피해를 입힌다. 또 이처럼 군집 드론은 저가의 소형 드론들을 사용하기 때문에 고가의 무기를 사용해 막는 것도 비용 대비 효과 측면에서 바람직하지 않다.

이번 사우디아라비아의 정유시설에 대한 군집 드론 공격은 여러 가지 면에서 의미하는 바가 크다. 먼저 소형 고정익 드론을 군집해 순항미사일과 같이 사용하는 사례가 되었다는 점이다. 물론 순항미사일과 비교해 소형 드론들은 탑재할 수 있는 폭탄의 양이나 위력이 매우 제한적이다. 공격이 가능한 곳도 정유시설이나 민간공항 등에 제한적일 가능성이 크다. 하지만 다수의 드론을 동원함으로써 지금까지 한두 대의 드론으로는 가능하지 않았던 군사적으로 유의미한 타격을 줄 수 있는 정도까지 파괴력이 높아졌다는 것은 충분히 입증했다. 소형 드론을 활용한 군집 드론 공격은 상대적으로 매우 저렴한 비용으로 은밀하게 수행할 수 있다는 것 또한 입증되었다. 군용 드론의 확산으로 준군사집단이나 테러리스트들은 또 하나의 효과적인 수단을 확보한 듯하다. 향후 이에 대한 체계적인 연구와 대응이 필요해지고 있다.

전투 드론 등장의 계기가 된 욤키푸르 전쟁

무인기를 전쟁터에서 가장 활발하게 사용해온 나라로 미국과 함께 이스라엘을 들 수 있다. 이스라엘이 여기에 들어간 데는 특별한 배경이 있다. 이스라엘이 이집트와 시리아의 기습 공격을 받고 1973년 10월 6일부터 25일까지 20일 동안 짧게 벌였던 제4차 중동전쟁이 그 계기가 되었다. 이 전쟁은 유대교에서 속죄일이라는 의미의 종교 휴일인 욤 키푸르Yom Kippur에 발발해 욤 키푸르 전쟁Yom Kippur War이라고 불린다. 이스라엘로서는 긴장을 풀고 있던 종교 휴일에 기습을 받아 완전히 허를 찔린 전쟁이었다. 흔히 중동전에서는 이스라엘이 이집트나 시리아를 상대로 압도적으로 승리한 것으로 알려져 있지만, 이 전쟁 때는 이스라엘이 초반에 상당히 밀려 절체절명의 위기를 맞았다. 기습을 당한 데다 개전 첫날 긴급 출동한 이스라엘 전투기들이 이집트와 시리아가 들여온 소련제 지대공미사일에 줄줄이 격추되었기 때문이다. 당시 이스라엘은 보유한 440대의 공군기 중 최소 102대, 최대 387대가 격추되거나 손상을 입었다고 한다. 1967년 6일전쟁(제3차 중동전쟁)의 영웅인 모세 다얀Moshe Dayan 장군이 당시 국방부 장관이었는데 책임을 지고 자리에서 물러났을 정도다.

이런 상황에서 이스라엘은 필사적인 역습으로 간신히 전세를 뒤집을 수 있었다. 나중에 총리가 된 아리엘 샤론Ariel Sharon 장군이 당시 수에즈 반도 쪽에 있던 143기갑사단의 사단장이었는데 위험을 무릅쓰고 수에즈 운하를 건너 이집트 수도인 카이로Cairo 코앞까지 진군했다. 사태가 이렇게 되자 미국과 소련이 나서 중재를 한 덕분에 전쟁은 20일 만에 끝났다.

하지만 이스라엘은 군사적으로 상당한 손실을 입었다. 특히 이 전쟁으로 전력의 핵심인 전투기 조종사를 숱하게 잃었다. 이스라엘은 당장도 문제였지만 앞으로도 조종사를 이렇게 잃고서는 전쟁을 제대로 치를 수 없다는 사실을 깨달았다. 그래서 조종사가 꼭 필요한 전투기끼리의 공중전이나 지상 폭격 같은 복잡한 임무 외에 정찰을 비롯한 비교적 단순한 임무는 모두 조종사가 필요 없는 드론에 맡기기로 하고 본격적인 무인기 개발에 나서게 되었다. 그 전까지 단순한 전투기 훈련용 표적용 정도의 무인기가 있었지만, 이를 계기로 본격적인 드론 개발 및 활용이 시작되었다. 본격적인 군용 드론 시대가 열린 것이었다.

이렇게 이스라엘은 조종사의 위험을 줄이려고 드론 개발에 나섰지만 성과는 기대 이상이었다. 이스라엘은 군용 드론 개발에 전력투구한 결과 1982년 레바논 전쟁 때 드론을 대거 동원해 전쟁을 치를 수 있었다. 당시 드론 정찰기를 띄워 상대의 무기 배치, 병력 이동 등 군사정보를 풍부하게 입수했다. 이처럼 적 진영을 손바닥처럼 훤히 보면서 작전을 펼쳤으니 전쟁을 유리하게 치를 수밖에 없었다. 드론을 이용해 정찰을 했으니 당연히 정찰기 조종사 피해도 없었다.

이스라엘은 드론을 통해 얻은 이런 정보를 바탕으로 개전 초기 시리아 방공망을 초토화할 수 있었다. 상대 미사일이나 대공포를 무력화한 상황에서 출동했으니 이스라엘 전투기 조종사들은 안심하고 임무를 수행할 수 있었다. 드론으로 적 방공망의 사진·동영상을 촬영한 것은 물론, 방공망의 핵심인 레이더 전파도 효과적으로 추적해 이를 제거했기 때문이다. 대공망 무력화 작업이 얼마나 철저했는지는 레바논 전쟁 초기에 추락한 이스라엘 공군기가 하나도 없었다는 사실에서도 잘 드러난다. 드론을 본격적으로 활용함으로써 야구로 치면 퍼펙트 게임perfect game이라고 할 수 있는 전과를 거둘 수 있었다.

이스라엘은 이런 성과에 고무되어 드론을 정찰에만 쓰지 않고 활용 범위를 더욱 확대했다. 이스라엘은 특수부대나 정보부대의 작전에도 드론을 적극적으로 활용했다. 대표적인 것이 암살 작전이다. 이스라엘은 팔레스타인 무장단체인 하마스HAMAS의 창설자로 수많은 자살공격을 배후 조종한 것으로 알려진 아메드 야신Ahmed Yassin(1937~2004)을 2004년 3월 22일 가자 시티Gazah City에서 미사일로 공격해 살해했다. 이스라엘 입장에서는 위험인물을 제거한 것이겠지만, 팔레스타인 측에서 보면 지도자가 암살된 사건이었다.

당시 이스라엘은 휴민트HUMINT라고 불리는 인적 정보원과 통신 도감청을 비롯한 시긴트SIGINT, 즉 신호정보를 포함한 여러 정보 소스를 통해 목표물의 위치를 파악했다. 그런 다음 드론을 날려 목표물이 그 시간에 해당 위치에 실제로 있는지 최종 확인했다. 크기가 작아 육안으로 보기가 힘들고 엔진 소리도 거의 들리지 않는 드론이 요인 암살 작전에서 '침묵의 첩보원' 노릇을 한 셈이다. 이스라엘은 드론으로 상황을 실시간으로 파악하면서 F-16 전투기를 출동시켜 상공을 선회하게 했다. 엔진 굉음으로 경호원들의 주의를 분산시키고 접근하는 헬기의 소리를 못 듣게 하기 위해서였다. 그런 다음 아파치Apache 헬기를 출동시켜 헬파이어Hellfire 공대지 미사일을 발사해 작전을 완료했다. 드론이 없었으면 작전을 이렇게 치밀하게 펼치기가 쉽지 않았을 것이다.

드론은 그 뒤 암살 작전에서 정찰 보조 수준을 넘어 직접적인 암살자로 활용 범위가 확대되었다. 정보수집용 드론이 감쪽같이 적진을 유유히 날아다니다 보니 공격 임무도 수행할 수 있겠다는 생각을 하게 된 것이다. 드론은 적을 살피는 눈에서 적을 직접 공격하는 비수로 진화했다. 그 전까지는 드론이 적진 상공에 떠다니며 상황을 실시간으로 살펴보다가 공격 목표를 발견하면 전투기를 부르고 헬기를 불러 공격을 시켜 암살 임무를 수행했다. 문제는 그 사이에 목표물이 이동하거나 숨을 수 있는 시간을 벌 수 있다는 점이다. 드론에 공격 기능이 있으면 정보를 파악하는 것과 동시에 목표물을 공격할 수 있게 된다. 정보 파악과 작전 실행 사이의 시간적 간극을 줄일 수 있는 셈이다. 그야말로 실시간 작전이다.

그 예로 이스라엘은 2007년 5월부터 드론을 동원해 가자 지구의 팔레

Hermes 450

이스라엘 엘빗 시스템스(Elbit Systems) 사의 헤르메스 450. 이스라엘은 20시간 체공이 가능한 헤르메스 450을 개발해 여기에 미사일을 장착해 작전에 투입한다. 길이 6m, 날개 너비 10.5m, 총중량 450kg의 중형 드론으로, 정찰, 감시 및 통신 중계는 물론이고 미사일 발사 및 타격 플랫폼으로 쓰인다. 팔레스타인에서는 '소리 없는 암살자'로 통한다. 이 기종은 이스라엘의 수출 효자상품이기도 하다. 〈사진 출처: Elbit Systems Ltd.〉

스타인 로켓 발사대를 수색하고 있다. 수색과 공격용을 겸한 이 드론들은 목표를 발견하는 즉시 파괴하는 작전을 벌여왔다. 그 전까지 드론이 정찰한 뒤 공격용 헬기가 출동해 이런 작전을 벌였지만, 드론이 공격 기능을 갖게 되면서 작전의 양상은 진화했다. 작전의 은밀성과 기동성, 신속성을 높이기 위해 드론이 수색과 암살 작전을 모두 맡게 되었다. 이스라엘은 20시간 체공이 가능한 헤르메스Hermes 450 무인기를 개발해 여기에 미사일을 장착해 작전에 투입한다. 헤르메스 450 무인기는 팔레스타인에서 '소리 없는 암살자'로 통한다. 이 기종은 이스라엘의 수출 효자상품이기도 하다.

테러와의 전쟁 최전선에 선 드론봇

미국도 드론을 군사작전에 적극적으로 활용한다. 사실 군사용 드론을 가장 많이 보유하고 실전에 활용하고 있는 나라는 미국이다. 세계 최고·최대의 군사용 드론 전력을 보유한 미국은 군사작전에 드론을 아낌없이 활용해왔다. 낮은 고도를 날아다니는 저고도기부터 높은 하늘에서 성능 좋은 디지털 망원렌즈로 지상을 실시간으로 살펴보는 고고도기까지 다양한 드론을 활용한다. 물론 미사일을 발사해 목표물을 제거하는 기능까지 갖췄다. 미국은 아프가니스탄과 이라크의 전쟁터에서는 물론 예멘을 비롯해 알카에다가 활동하는 지역에서도 드론을 적극적으로 투입한다. 드론은 정찰은 물론 지상 공격에도 활용도가 높다. 드론이 없었으면 아프가니스탄 전쟁과 이라크 전쟁, 그리고 테러와의 전쟁을 어떻게 치렀을까 싶을 정도로 드론 사용이 많다. 미국은 인공위성을 투입해 전 세계를 정찰하고 감시하고 있지만, 여기에 드론의 힘까지 더해지면서 가공할 위력을 확보하게 되었다.

미국의 드론 활용은 군사 분야는 물론 정보 영역에서도 활발하다. 미군도 드론을 다양하게 작전에 투입하지만, 드론을 가장 활발하게 이용하는 조직은 중앙정보국CIA로 알려져 있다. CIA의 대테러센터CTC는 2001년 9월 4일 드론에 헬파이어 미사일을 장착해 표적 암살 작전을 펼칠 권한을 얻었다. CTC는 2006년 이후 기관장의 이름도 '로저 Roger'라는 암호명만 공개할 정도로 철저히 베일에 싸인 조직인데, 드론 공격을 주도하는 것으로 알려졌다. CIA는 9·11 테러 이후 정보수집과 함께 드론을 이용한 공격을 주도해왔다. 정찰 기능은 물론이고 실시간 공격 기능까지 갖춘 공격형 드론을 사용하고 있다.

미국은 특히 아프가니스탄과 파키스탄 서북 변경주 등 탈레반 준동 지역과 예멘 등 알카에다 활동 지역에서 드론을 활용한 '표적 암살' 작전을 진행해왔다. 초기에는 9·11 테러의 기획자인 오사마 빈 라덴을 수색하는 작전에 드론을 집중 투입했지만, 차츰 탈레반 지도자 암살을 비롯한 거의 모든 작전으로 활동 범위를 넓혔다. 실제 2011년 빈 라덴을 암살하는 '제로니모' 작전에서도 암살 공격은 헬기를 타고 출동한 미국 해군 소속 네이비실이 담당했지만 최종적으로 빈 라덴 거주지 위치를 확인하는 데는 드론을 동원했다. 드론은 은밀하게 제 몫을 다한 셈이다.

미국은 본국에서 멀리 떨어진 아프가니스탄이나 파키스탄 영공에 드론을 투입해 작전에 활용한다. 도대체 어디에서 드론을 조종하는지 궁금증이 증폭될 수밖에 없다. CIA 드론은 파키스탄 남부 발루치스탄Baluchistan주의 황무지에 있는 비밀 비행장에서 이륙하고 있다. 아주 외진 곳이라 주변에서 공격하기도 쉽지 않고 공격을 위해 접근하면 중간에서 파악해 무력화할 수 있다. 파키스탄은 공식적으로는 오폭으로 인해 민간인 피해가 발생하고 있다고 미국에 항의하지만, 다른 한편으로는 정보기관끼리 은밀한 밀약을 맺어 이런 공격을 지원하는 것으로 알려져 있다.

네바다주 크리치 공군기지 드론 조종 훈련실에서 MQ-9 리퍼 모의비행훈련을 하고 있는 드론 조종사들의 모습.
〈출처: Public Domain〉

드론 조종은 미국 네바다주 라스베이거스Las Vegas 인근에 있는 공군기지의 작전통제실에서 이뤄진다. 위성통신을 이용해 드론과 수천 km 떨어진 안전한 통제실에서 전자오락 하듯이 드론을 조종한다. 조이스틱을 이용해 아프가니스탄에서 암살 작전을 벌인 뒤 퇴근 시간이 되면 라스베이거스의 네온 사이 불빛 사이로 퇴근하는 CIA의 드론 조종사는 21세기 첨단기술 시대의 아이러니컬한 모습이라고 할 수 있다.

현대 전장에서 드론은 어디까지 발전할까? 미래에도 드론이 군사와 정보 작전에 필요할까? 현재 미국에서는 최첨단 스텔스기인 F-22 랩터Raptor와 한국 공군도 도입 작업을 진행 중인 F-35가 마지막 유인기가 될 것으로 보는 시각이 많다. 갈수록 드론과 유인기의 성능 차이가 줄어들고 있기 때문이다. 앞으로 드론 원격조종은 물론 자율 작전 수행까지 가능한데 군이 엄청난 비용과 시간을 투입해 양성한 고급 군사 인력인 조종사를 유인기에 태워 위험한 적진 상공까지 보낼 필요가 있느냐는 목소리가 높아질 수 있다. 여기서 한 발 더 나아가 드론이 스스로 알아서 작전을 벌이는 드론봇, 즉 로봇 드론의 시대도 멀지 않았다는 전망도 나오고 있다. 인공지능까지 가진 드론봇이 등장하면 인류는 무슨 시대를 맞을 것인가? 인류가 지혜를 발휘해 첨단 기술을 좋은 방향으로 이끌고 잘 통제하기를 바랄 따름이다.

2. 미래 전장의 드론

과학기술의 눈부신 발전으로 인해 과거 선진국들이 독점하고 있던 최첨단 무기들이 빠른 속도로 세계 각국으로 확산되고 있다. 물론 이것은 최첨단 무기에만 국한된 이야기가 아니다. 일상생활에 활용되는 다양한 스마트 기기, 그중에서도 스마트폰은 현대 전쟁 환경을 극적으로 변화시키고 있다. 단적인 예로 제3세계 국가에서도 최신형 스마트폰을 어렵지 않게 구하거나 사용할 수 있게 되면서 과거에는 상상조차 할 수 없었던 놀라운 일들이 벌어지고 있다. 테러리스트들이 인터넷 홈페이지와 SNS를 활용해 명령을 주고받거나 아예 정부군과 사이버 전쟁을 벌이는 현재의 상황이 바로 그 증거다.

드론 역시 예외는 아니다. 장난감 드론을 개조해 테러는 물론 정부군과의 전투에서 활용하고 있기 때문이다. 과거 고성능 군용 드론은 선진국들의 전유물이었지만, 이제는 일정 수준 이상의 산업 능력을 갖춘 국가라면 장난감 드론은 물론 본격적인 고성능 군용 드론을 개발하고 생산하는 데 전혀 어려움이 없다. 더욱이 과거와 달리 군용 드론을 확보할 수 있는 방법 역시 다양해졌다. 실제로 아제르바이잔은 이스라엘과 튀르키예에서 수입한 군용 드론을 활용해 지난 2020년 9월 27일부터 11월 10일까지

아제르바이잔이 튀르키예에서 도입한 바이락타르(Bayraktar) TB2 드론은 아르메니아–아제르바이잔 전쟁 기간 동안 기대 이상의 활약을 했고 드론을 활용한 공대지 정밀공격이 더 이상 군사강대국들의 전유물이 아님을 확인시켜주었다. 〈출처: Wikimedia Commons〉

벌어진 아르메니아와의 국경분쟁에서 승리했다. 여기에 더해 중국이 수출하는 다종다양한 취미용 혹은 장난감 드론이 테러리스트들의 손을 거쳐 훌륭한 자폭무기로 개조되는 것 역시 더 이상 신기하거나 놀라운 일이 아니다.

이처럼 전장에서 드론의 역할은 점점 확대되고 있다. 불과 얼마 전까지 드론은 주로 정찰 및 감시 역할을 담당해왔지만, 전장 환경의 변화와 첨단과학기술 덕분에 전자전과 정밀공격의 영역까지 그 역할이 확대되고 있다. 중동에서 준군사집단들은 상업용 소형 드론에 폭탄을 탑재한 뒤에 행인이나 소형 차량에 테러를 가하고 있다. 처음에는 정찰 임무로 개발된 프레데터는 이제 리퍼로 개량되어 적의 차량 등을 폭격한다. 드론의 군사적 역할은 이제 물품과 부상자 등의 수송까지 넓혀지고 있다.

하지만 대다수 군사전문가는 드론을 활용해 전투가 아닌 전쟁에서 승리하기 위해서는 보다 체계적이고 효율적인 전략이 뒷받침되어야 한다고 지적한다. 드론의 성능을 극대화할 수 있는 운용전략·전술 혹은 작전 환

군사강대국들을 중심으로 이미 다종다양한 드론이 활용되고 있으며 이제는 개발도상국들조차도 드론으로 군대를 무장시키고 있다. 사진은 프랑스군 제35낙하산포병연대 병사들이 소형 드론을 활용해 표적정보를 획득하는 모습이다. 〈출처: 프랑스 국방부 홈페이지(https://www.defense.gouv.fr/)〉

경이 선행되어야 한다는 뜻이다.

일례로 미 육군은 2025년 이후 미래 전쟁에서 승리하기 위해서는 다음 여덟 가지 특성을 중심으로 지상군 전력을 재편해야 한다고 주장한다. 바로 기민성Agile, 전문성Expert, 혁신성Innovative, 상호운용성Interoperable, 원정기동성Expeditionary, 유연성Scalable, 다재다능Versatile, 균형Balanced이다. 그리고 그 중심에 무인항공기시스템Unmanned Aircraft System, UAS이 있다. 미 육군은 UAS 로드맵을 통해 2035년 이후 감시·정찰, 지휘·통제·통신, 공격, 보급, 수송, 환자수송 등 대부분의 임무를 UAS가 수행하게 될 것이라고 예측하고 있다. 이를 위해 미 국방부는 드론봇 전투체계 기초개발에만 125억 달러(14조 원)를 투입할 계획이며 이미 2017년까지 42억 달러(4조 7,500억 원)를 지출했다.

그리고 그 결과 드론이 적의 전투기와 교전하고 적의 방공망을 무력화시키는 적극적인 전투 임무까지 수행할 수 있는 날이 눈앞의 현실로 다가오고 있다. 미래의 전장에서 드론이 활용되는 다양한 모습을 살펴보자.

군집 드론

수십 혹은 수백, 수천 개의 개체가 무리를 지어 한꺼번에 움직이고 행동하는 것을 군집swarm이라고 부른다. 군집은 주로 곤충이나 새들처럼 무리를 지어 행동하는 개체들에서 발생한다. 작지만 동일한 개체들이 신호를 주고받고 정보를 공유하며 동시에 움직인다. 각각의 개체는 주위의 이웃 개체의 행동에 반응해 움직이지만, 전체 군집을 이룬 거대한 집단은 마치 하나의 생명체처럼 시시각각으로 변화한다. 이처럼 자연계에서 아주 흔히 볼 수 있는 군집은 다수의 드론에도 적용이 가능하다.

통신 네트워크로 연결된 다수의 소형 드론이 아주 초보적인 자율지능을 가지고 서로 협력하며 비행하고 임무를 수행하는 경우를 생각해보자. 드론들 간에 아주 간단한 비행 규칙을 정의해 운용한다고 가정하자. A드론은 특정한 지역으로 이동하라는 명령을 받는다. B드론은 A드론을 쫓아가되 빨간 지붕을 만나면 착륙한다. C드론은 A, B드론과 일정한 거리를 두고 이동하도록 명령을 받고 B드론의 행동을 모방한다. 이러한 방식으로 수십, 수백 대의 드론을 운용하면, 지상의 조종자는 A드론과 B드론만을 조종함으로써 수십, 수백 대의 드론을 조종할 수 있다. 우리는 곤충의 무리나 새떼들에서 나타나는 거대한 군집의 형태를 다수의 드론으로도 구현이 가능하다.

군집 드론swarm drones은 군사적으로 아주 다양한 응용이 가능하다. 정찰·감시부터 공격, 그리고 방어에 이르기까지 다수의 드론을 이용하는 것은 여러 가지 면에서 장점들을 가지고 있다. 숲속으로 침투하는 위장된 적을 감시하는 임무를 생각해보자. 대형 무인기로 5km 이상 고도에서 정찰할 경우에는 교묘하게 위장한 적을 발견하기는 쉽지 않다. 하지만 지상에서 20~30m가량 접근해 근접촬영하는 드론 수십 대의 감시망을 피하기는

군집 드론은 비교적 저가의 드론을 대규모로 운용하기 때문에 일부 드론을 잃더라도 그 역할을 다른 드론이 대신할 수 있다. 이러한 특성으로 인해 군집 드론은 고도의 대공능력을 보유한 적들을 무력화할 수 있는 좋은 방법이다. 〈사진 출처: 123rf〉

쉽지 않다. 또 한 대가 아니라 수십 대 이상의 드론이 넓은 지역을 나누어 정찰함으로써 아주 빠른 시간 내에 넓은 지역을 정밀하게 감시할 수 있다.

군집 드론은 공격 임무에서 가장 큰 가치를 발휘한다. 미 해군은 미 구축함을 다수의 원격조종 무인기(RC드론)와 레이더 신호를 포착해 비행하는 하피Harpy[81]가 동시에 공격하는 모의훈련을 수행한 바 있다.[82] 이 모의훈련은 시계가 매우 좋은 날에 5~10대 정도의 드론이 사방에서 미 구축함을 공격하는 시나리오로 구성되었다. RC드론은 구축함 주변의 어선에서 이

81 하피(Harpy)는 이스라엘 IAI사가 개발한 무인항공기로, 적의 레이더 신호를 포착해 자동으로 비행(radar homing)하는 자폭드론이다.

82 Loc V. Pham et al. UAV swarm attack: protection system alternatives for Destroyers, Naval Postgraduate School, 2012.

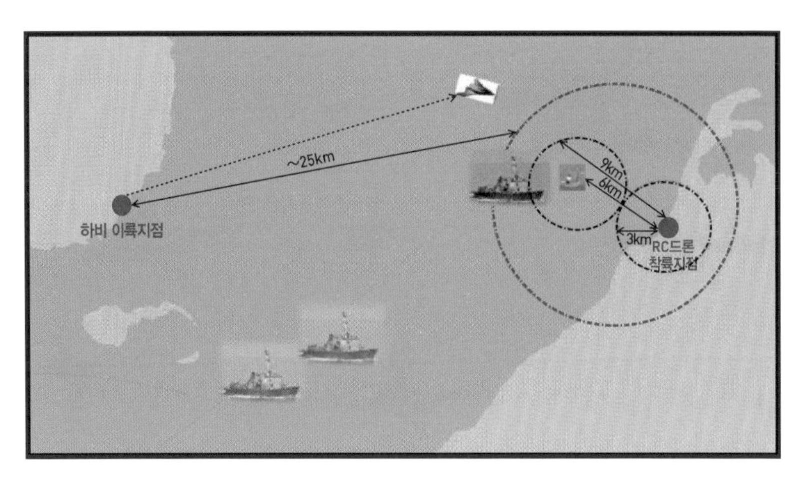

미 해군이 수행한 이지스급 구축함에 대한 군집 드론 방어 모의훈련 캡스톤 프로젝트(Capstone Project)

륙했다. 몇몇 드론은 지상의 조종사가 육안으로 조종하고, 몇몇 드론은 레이더를 쫓아가는 하피 드론의 행동을 모방하는 방식으로 운영되었다. 하피 드론은 미 구축함의 레이더를 겨냥했다. 미 구축함은 이지스Aegis 방어체계로 무장되어 통합센서 시스템과 재머, 전자전 디코이decoy, 대공미사일, 5인치 대포, 그리고 2대의 20mm 대공포로 무장되었다. 수백 번의 모의훈련 결과 8대의 드론 중에서 평균 2.8대의 드론이 목표물을 타격했다. 드론은 미 구축함으로부터 약 1마일 밖에서 탐지되었다. 소형 드론의 RCS(레이더반사면적)가 매우 작았기 때문이다. 시속 250km로 비행하는 소형 드론들은 미 구축함이 이 소형 드론들의 위치를 파악하고 난 후 약 15초 만에 미 구축함에 도달했다. 공격하는 드론의 수를 늘리자, 공격에 성공하는 드론의 수는 빠르게 증가했다. 공격하는 드론의 수가 15대에 이르자, 공격에 성공하는 드론은 절반 가까이 증가했다. 소형 드론에 탑재할 수 있는 폭발물의 양은 매우 제한적이다. 하지만 이 드론들이 레이더와 같은 센서들을 무력화시킬 경우에는 문제는 심각해진다. 군집 드론으로 방어체계를 무력화한 후 대함 순항미사일 등으로 공격하면 이지스 구축함도 매우 취약해질 수밖에 없다.

군집 드론이 가진 가장 큰 장점은 분산을 통해 위험도를 감소시킬 수 있다는 것이다. 한 대의 대형 무인기보다는 수십 대의 소형 드론이 격추될 가능성이 낮다. 물론 군집을 이루는 한 대 한 대의 소형 드론은 외부의 공격에 더 취약하다. 하지만 숫자가 늘어나면, 모든 드론을 격추하는 것은 거의 불가능해진다. 하나의 대형 무인기는 단 한 번이라도 적의 공격에 피격되면 임무 자체가 실패한다. 군집 드론은 전체 드론의 70~80%가 격추되더라도 한두 대만 침투에 성공해 적을 피격함으로써 임무를 성공시킬 수 있다. 군집 드론은 드론 간의 유기적인 협력을 통해 임무를 보다 효율화할 수 있는 장점도 가진다. 미 국방고등연구계획국DARPA, Defence Advanced Research Projects Agency[83]이 수행 중인 CODECollaborative Operations in Denied Environment 프로그램[84]은 통신신호가 재밍된 상태에서 서로 형상이 다른heterogenous 무인기 간의 협업을 통해 임무효율을 극대화하는 기술을 개발하고 실증하고자 한다. 통신중계, 대공방어, 목표물 타격 등에 특화된 무인기들이 후방의 지휘통제소와 통신이 두절되거나 매우 제한된 통신만이 가능한 상황에서 자율협력해 임무를 수행하는 기술을 개발한다.

군집 드론은 다수의 소형 드론[85]들이 서로 네트워크 통신으로 연결되어 정보와 비행 의도를 공유하고, 협력을 통해 보다 높은 자율성을 구현해, 주어진 임무를 보다 효율적으로 수행하는 방식을 의미한다. 군집 드론을 성공적으로 구현하기 위해서는 군집을 이룬 드론들 간에 네트워크망을 구축해야 한다. 기존의 드론과 지상통제소 간의 통신을 통해 조종하는 방식을 극복할 필요가 있다. 드론들 간에 구축된 네트워크를 통해 드론들은 서로의 정보와 임무를 교환하고, 자율지능을 발휘해 새로운 상황에 스스로 적응해야 한다. 군집 드론은 군집 내에 분산된 자율지능에 의해 스스로 조종되거나, 최소한 하나의 지휘통제소를 통해 조종되어야 한다. 각각

83 DARPA는 미국 국방성 산하 핵심 연구개발 조직 중의 하나로 국방 분야에서 혁신적인 연구를 발굴해 이를 수행하는 기관이다.

84 CODE 프로그램은 통신과 항법이 제한된 구역에서 다수의 무인기가 협력 운용을 통해 임무를 수행하기 위한 연구를 진행하고 있다.

85 군집 드론은 형상이 동일한 드론들이 군집을 이루는 것이 일반적이나, 최근에는 서로 다른 형상이나 기능을 가진 드론들이 군집을 이루는 경우도 연구되고 있다.

CODE 프로그램: 적의 재밍 등으로 통신과 위성항법이 제한된 공간에서 이종의 무인기간 협업을 통한 임무를 수행

그렘린즈 프로그램(Gremlins Program): 소형 군집 드론을 화물기를 통해 살포하고 회수하며 정밀 제어하는 기술 개발

공격형 군집비행 전술 프로그램(OFFSET, OFFensive Swarm-Enabled Tactics program): 다수의 드론과 지상로봇, 그리고 보병 간의 협업 기술 개발

〈미 국방고등연구계획국(DARPA)의 군집 드론 프로그램〉

의 드론을 지상의 조종사가 별도로 조종하는 방식은 자율 군집 드론이라고 칭할 수 없다. 군집 드론에서 유연한 상황 대처도 매우 중요한 사항이다. 현재 군집 드론 쇼라고 불리는 군집 드론은 날씨, 긴급상황 발생, 군집 내 구성원의 갑작스런 변화 등을 반영해 전체 비행과 임무를 유연하게 변화시킬 수 있는 능력이 결여되어 있다. 군집 드론 쇼는 미리 정해진 비행 계획에 따라 비행할 뿐이다. 군집 드론이란 고가의 고성능 대형 드론 한두 대를 저가의 자율화된 소형 드론 다수로 대체하는 것이다. 군집 드론을 성공적으로 구현하기 위해서는 일정 정도의 신뢰성과 성능을 가지는 소형 드론을 낮은 가격으로 구현해야 한다. 3D 프린팅 등의 대체 제조 기술을 드론에 적용해 저가화할 필요가 있다.

나노 드론

군사용으로 생체 모방 나노 드론Nano drones을 개발하는 주 목적은 도심과 같은 복잡한 환경에서 은밀하게 드론을 운용하기 위해서다. 도심에 숨어서 아군을 저격하는 적군에게 은밀하게 다가가서 적의 위치를 아군에게 알려주고, 인질을 잡고 협상을 시도하는 일군의 테러리스트들을 무력화하는 임무를 드론이 수행하기 위해서는 무엇이 필요할까?

도심 환경에서 드론을 운용하기 위해서는 먼저 정교한 비행이 필요하다. 고정익 드론은 회전반경 등이 커서 도심의 낮은 고도나 실내에서는 비행이 불가능하다. 멀티콥터 드론은 정교한 비행이 가능하나 소음 문제가 발생한다. 또 크기가 작아지면 비행효율이 떨어져 장기간의 비행이 불가능하다. 그래서 장기간의 비행과 정숙비행을 위해 곤충이나 새의 비행 방식을 모방하려고 한다.

과학기술자들이 모방하려는 비행생명체는 곤충, 조류, 허밍버드, 그리고 박쥐다. 곤충은 주로 날갯짓flapping으로 비행한다. 날개를 아래위, 혹은 앞뒤로 빠르게 펄럭이며 비행한다. 곤충의 날갯짓 속도는 대략 초당 5~100회 정도인 것으로 알려져 있다. 곤충의 비행은 정밀비행에 특화되어 있다. 곤충은 크기가 작아 대부분이 지면 근처에서 비행한다. 곤충의 비행은 지면의 다양한 장애물들을 피하는 것이 가장 핵심적인 기능이다. 이 때문에 고속비행보다는 정밀비행이 훨씬 더 필요한 기능이다. 특히 꽃가루를 옮기는 역할을 담당하는 일부 벌이나 나비들에게는 어떤 비행체보다도 훨씬 더 정교한 비행능력이 요구된다. 곤충의 비행을 모방한 드론은 초소형으로, 실내 등의 좁은 공간에서 정교한 비행을 수행하기 위해 연구된다. 곤충과 같은 초소형 비행체의 가장 큰 문제점은 중량 대비 에너지소모량이 많다는 것이다. 이 때문에 장시간 비행에는 적합하지 않다. 현재 대표적인 곤충모방형 드론으로는 하버드대 마이크로로보틱스 연구실Microrobotics Lab[86]의 로보비 엑스-윙Robobee X-wing이 있다. 하버드대는 중량 260mg에 크기 5cm인 잠자리형 초소형 드론을 연구하고 있다. 하버드대의 이 초소형 드론은 태양전지와 테더선tether cable[87]으로 에너지를 외부에서 공급받는다. 소형의 태양전지에 레이저를 쏘아서 충전할 수도 있다.

곤충에 비해 그 크기와 중량이 매우 큰 조류도 기본적인 비행은 날갯짓을 이용한다. 하지만 날갯짓은 많은 에너지 소모를 가져온다. 조류는 날개를

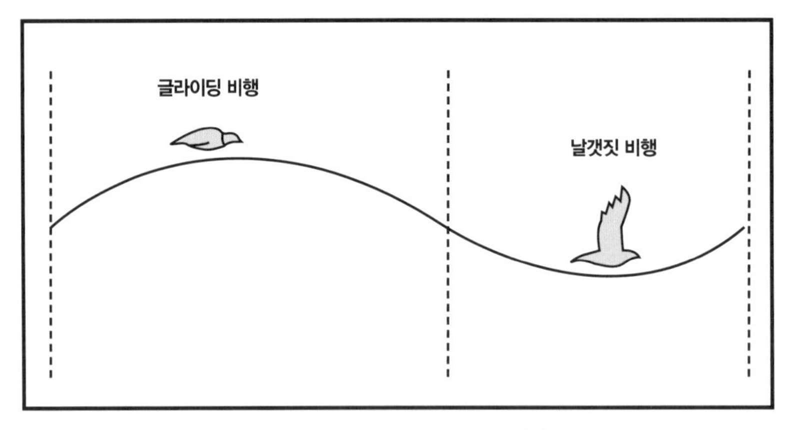

〈조류의 글라이딩 비행과 날갯짓 비행〉

86 https://www.micro.seas.harvard.edu/

87 테더선(tether cable)은 외부에서 전력이나 조종신호 등을 전달하는 데 사용한다.

좌우로 펴서 날아가는 글라이딩 비행과 날갯짓 비행을 번갈아가며 비행하는 것이 일반적이다. 소형 조류들은 대략 1초에 3번 내외의 날갯짓을 한다.

조류는 날갯짓 비행으로 이륙한다. 수평비행 시에는 날갯짓 비행을 통해 고도를 높이고, 일정 고도에 도달하면 글라이딩 비행으로 에너지를 절약한다. 이러한 비행 방식으로 조류들은 곤충에 비해 훨씬 더 먼 거리를 비행할 수 있다. 조류의 비행 방식을 차용한 드론은 이미 상업화 수준에 도달해 있다. 프랑스 기업 바이오닉 버드Bionic Bird는 10g가량의 메타플라이Metafly와 메타버드Metabird를 판매 중에 있다. 제작사에 따르면 8분가량 비행 가능한 이 비행체는 자율비행이 가능하고, 시속 20km까지 비행할 수 있다.

벌새라고도 불리는 허밍버드hummingbird는 비행이라는 측면에서 매우 특이한 위치를 점하고 있다. 허밍버드는 중량이 대략 3~6g이며, 날개폭은 12cm가량이다. 가장 작은 종류인 꿀벌 허밍버드bee hummingbird는 쿠바에서 서식하는데, 중량이 1.6g 정도이며 크기는 5.7cm가량 된다. 허밍버드는 조류임에도 불구하고 날갯짓 비행을 매우 효율적으로 수행한다. 일반적인 조류보다는 곤충에 더 가깝다. 일반적으로 날갯짓은 일정한 위치에 지속적으로 떠 있는 호버링hovering에 최적화된 비행 방식이다. 허밍버드는 대형 종의 경우에는 초당 12번 정도 날갯짓을 하며, 소형 종은 초당 80번의 날갯짓을 한다. 이러한 날갯짓 특성은 곤충과 매우 유사하다. 이 때문에 꿀이 주식인 허밍버드는 하루에 자신의 몸무게의 절반에 해당하는 당분을 에너지로 소모한다. 이러한 엄청난 대사량은 성인 남자가 하루에 500공기의 쌀밥을 먹는 것과 동일하다. 허밍버드가 독특한 것은 비행속도와 비행거리도 다른 새들과 비교해 결코 떨어지지 않는다는 것이다. 허밍버드의 몇몇 종은 수천 km를 비행하는 철새이기도 하다. 이러한 허밍버드의 비행 특성을 모방한 드론은 아주 초기부터 연구되어왔다. DARPA의 지원을 받아 미국의 에어로바이런먼트AeroVironment사는 16g 정도의 드론을 개발한 바 있다. 이 비행체는 시속 25km까지 비행할 수 있었으나, 비행시간은 4분 정도에 지나지 않았다.

허밍버드 드론

- 미국 에어로바이런먼트사가 DARPA 지원으로 개발
- 실내외의 도시 환경에서 운용을 목적
- 2008년~2011년 개발
- 중량: 19g
- 날개폭: 16.5cm
- 속도: 6.7m 풍속에서도 호버링 가능
- 비행시간: 4분 이내

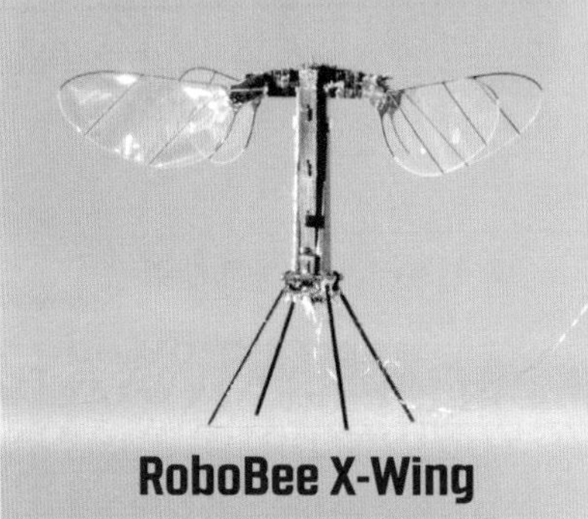

로보비 엑스-윙

- 미국 하버드대 마이크로로보틱스 연구소 개발 중
- 크기: 5cm
- 중량: 259mg
- 태양전지와 테더선에 의해 동력 전달
- 태양전지에 레이저를 쏘아 전기 발생도 가능

스키터

- 영국 애니멀다이내믹스(Animal Dynamics) 사가 국방성 지원으로 개발 중
- 잠자리 비행을 모방
- 중량: 5g
- 최고속도: 50km/h 내외

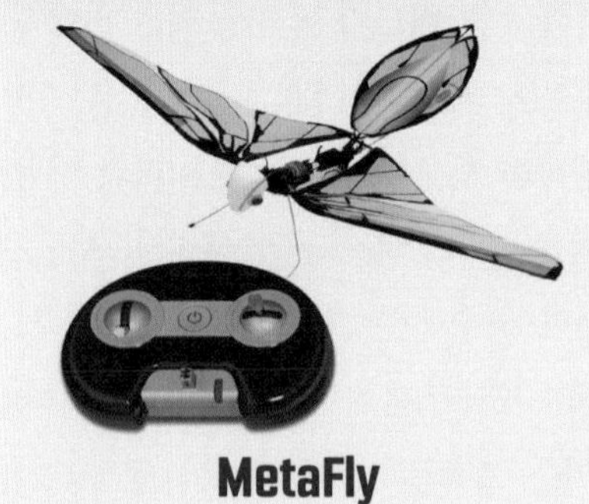

메타플라이

- 프랑스 바이오닉버드(Bionic Bird)사가 개발해 판매 중
- 새의 비행을 모방해 개발
- 중량: 9.2g
- 최고속도: 20km/h 내외
- 8분가량 비행 가능
- 가격: 100~120유로

〈생체 모방 나노 드론 개발 프로그램〉

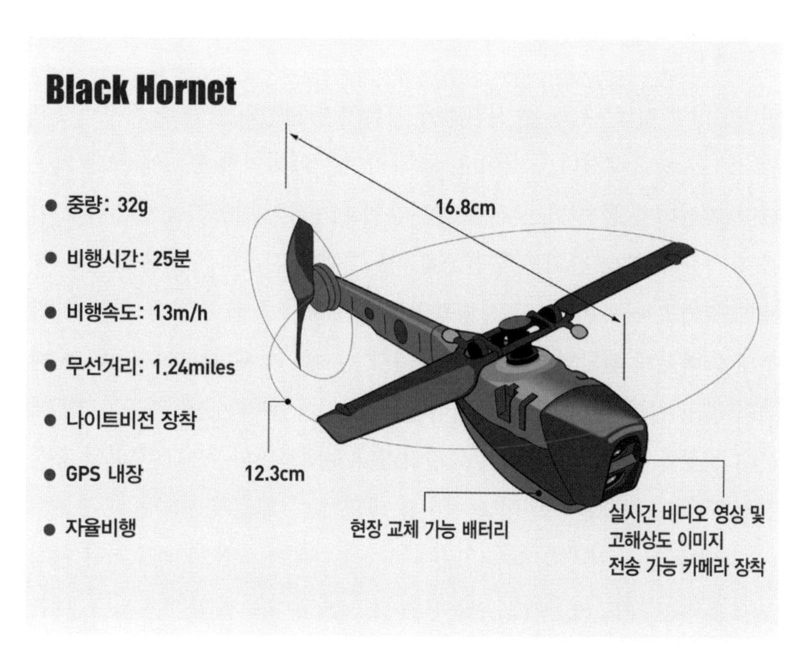

〈최초로 상용화된 군용 초소형 드론 블랙 호넷의 제원〉

노르웨이의 프록스다이나믹스Prox Dynamics사가 개발하고, 현재는 미국의 플리어FLIR사가 판매하고 있는 블랙 호넷Black Hornet은 최초로 상용화된 군용 초소형 드론이다. 블랙 호넷은 헬리콥터를 아주 작게 축소한 모양으로 총중량이 32g에 지나지 않고, 크기도 12cm가량으로 채 한 뼘도 되지 않는다. 블랙 호넷은 무려 2km 밖에서도 통신이 가능해 앞쪽에 달린 카메라로 촬영한 영상을 지상의 조종사에게 보낼 수 있다. 실내에서는 영상과 관성센서를 융합한 영상관성항법VIN[88]을 사용해 GPS 도움 없이도 비행이 가능하다. 나이트비전night vision을 탑재해 햇빛이 차단된 실내나 지하공간, 그리고 야간에도 작전이 가능하다. 이 때문에 미 해병대를 비롯한 9개 국가의 군과 경호부대 등이 블랙 호크를 작전에 사용하고 있다.

---

88 VIN(Visual-Inertia Navigation)은 카메라에서 전달되는 영상신호를 옵티컬 플로(optical flow) 기법으로 처리해 비행고도를 추정하고, 자세를 안정화한 이후에 탑재된 관성센서로 이동거리와 방향을 계산하는 항법을 의미한다.

전자전 드론

현대전의 가장 큰 특징은 전자전이 기본이며 전쟁의 승패를 좌우한다고 할 정도로 중요해졌다는 것이다. 군의 작전은 레이더와 통신에 크게 의존한다. 레이더를 통해 아군 진영으로 침투하는 적의 항공기를 탐지하고 이를 요격한다. 분대 단위부터 전군에 이르기까지 전장의 상황은 통신을 통해 보고되고 공유된다. 군 사령부의 작전명령은 통신 신호를 통해 하위 부대에 빠르게 전달된다. 이처럼 전자파 신호를 사용하는 통신장비와 레이더 등의 탐지장비를 무력화시키는 것이 전자전이다. 전자전은 적의 레이더 신호와 통신을 재밍하고 교란하거나 무력화한다. 또 레이더 및 통신 신호를 추적해 관련 시설이나 장비를 파괴하는 것도 전자전의 한 부분이다. 적의 통신을 감청하거나 디지털 통신을 해킹해 정보를 빼오거나 역정보를 흘리는 것도 최근에는 전자전의 중요한 임무로 부상하고 있다. 많은 첨단무기들은 전자부품을 포함하고 있다. 전자부품을 강력한 전자기파로 무력화시키는 것도 전자전의 일종이다.

최근 들어 드론을 이용한 전자전이 점점 본격화되고 있다. 기술의 발전으로 전자전 장비들이 소형화·경량화되고, 작동 에너지가 작아지고 있기 때문이다. 소형 경량의 전자전 장비들이 개발됨에 따라 전자전을 수행하는 공중 플랫폼들이 확산되고 있다. F-18G 그라울러Growler는 전투기를 개조해 전자전에 사용하는 대표적인 예다. 그라울러는 레이더 재밍 장비인 ALQ-99와 ALQ-218, 통신 재밍 장비인 ALQ-227 등을 탑재한다. 전자전 무장장비로는 AIM-120 미사일과 AGM-88을 탑재할 수 있다. AIM-120은 그라울러에 탑재된 AESA[89] 레이더 APG-79를 통해 적의 레이더 기지를 공격할 수 있다. AGM-88은 적의 레이더 신호를 추적해 정확하게 시설을 파괴할 수 있다. 전자전 장비의 소형화·경량화 덕분에 그라울러급에 탑재된 전자전 장비들을 군용 드론에 탑재할 수 있는 가능성이

---

89 능동위상배열 레이더(Active electronically Scanned Array Radar)를 의미하며, 반도체 소자를 이용해 레이더 신호를 빔포밍해 적의 위치를 능동적으로 추적할 수 있다. 또 적의 레이더 신호를 분석해 위치를 추적도 가능하다.

아제르바이잔에서 수행한 하롭 드론을 이용한 기지 파괴 훈련 〈출처: Azeri Defence〉

높아지고 있다. 실제로 몇몇 장비들은 이미 상용화되어 전장에서 사용되고 있다.

이스라엘이 개발한 하피harpy와 후속 기종인 하롭harop이 대표적인 전자전 드론electronic-warfare drones이다. 하피와 하롭은 적의 방공망을 무력화시키기 위해 레이더기지를 공격하도록 개발되었다. 하롭은 장시간 작전지역에서 체공하다가 적의 레이더·통신 전파가 탐지되면 이를 추적하면서 비행해 레이더기지나 통신기지를 파괴한다. 하롭은 실전에서도 사용되었다. 아제르바이잔군은 2016년 아르메니아와 분쟁에서 하롭을 이용해 아르메이아군을 수송하던 버스를 공격해 파괴한 것으로 알려졌다.[90] 이스라엘은 하롭을 이용해 시리아의 대공기지를 파괴한 바 있다.[91] 시리아 정부군은 러시아에서 공급받은 판치르Pantsir-S1을 운용하고 있다. 이스라엘과 시리아는 2018년 10월 양국의 미사일을 동원해 상대방에 대한 포격전을 수행한 바 있다. 이스라엘은 시리아의 방공망을 하롭을 이용해 파괴했다.

---

90 https://arminfo.info/

91 The national interest, "Insrael Secret Kamikaze Drones are Killing Syria's Air Defences", 2019. 5. 19.

주요 전자전용 드론

하피(Harpy) / 하롭(Harop)

- 이스라엘 IAI 사 개발
- 비행시간: 9시간
- 비행거리: 900km
- 무장능력: 탄두 중량 16kg으로 1m 내 타격
- 비행속도: 225노트(konts)
- 통신거리: 200km 이내
- 레이더반사면적(RCS): $< 0.5m^2$

Harop

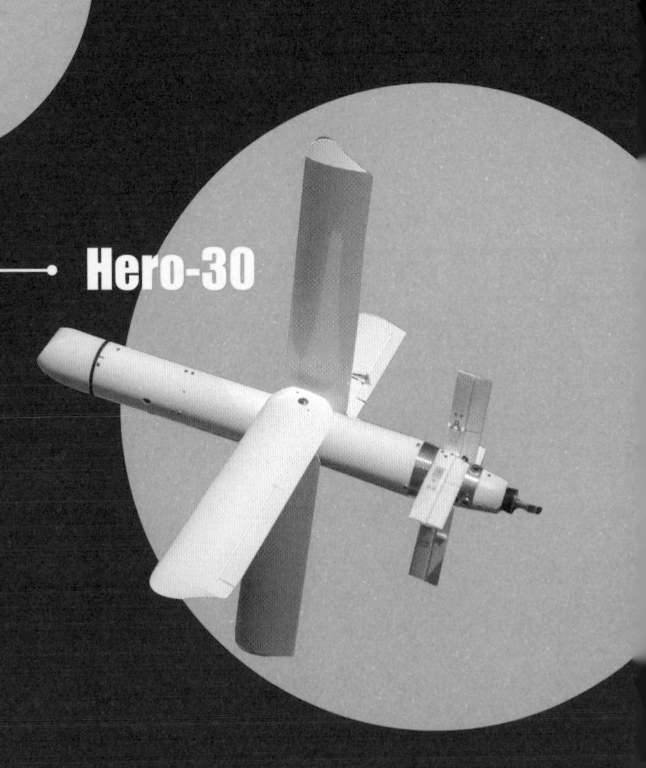

히어로(Hero) 시리즈

(히어로-30 기준)

- 이스라엘 유비전(UVison) 사 개발
- 비행시간: 30분
- 비행거리: 최대 40km
- 무장능력: 탄두 중량 0.5kg
- 비행속도: 100노트(konts)
- 전기동력 비행

Bat UAV

판도라(Pandora) 전자전 공격 시스템 및 Bat 드론

- 미국 노스럽 그러먼(Northrop Grumman) 사 개발
- 비행시간: 18시간
- 무장능력: 탄두 중량 34kg
- 비행속도: 166km/h
- 총중량: 158.8kg
- 레이더 재밍·추적이 가능한 판도라 전자전 공격 시스템 탑재

Orlan-10

오를란-10(Orlan-10) 전자전 드론

- 러시아 특수기술센터(Special Technical Center) 개발
- 비행시간: 16시간
- 무장능력: 탄두 중량 6kg
- 비행속도: 150km/h
- 총중량: 15kg
- 전자전 장비인 리어-3(Leer-3) 탑재
- 운용거리: 140km 이내
- 이동식 캐터펄트 발사대 이용해 발사
- 낙하산 이용해 착륙

히어로Hero 시리즈[92]는 최근에 이스라엘의 유비전UVision 사가 개발하고 있는 소형 전자전 드론이다. 히어로 시리즈는 병사들이 휴대해 운반이 가능한 발사포대를 사용한다.

미국은 기존의 정찰 및 공격 드론에 전자전 장비를 탑재해 운용하고자 한다. 노스럽그러먼 사는 자사의 레이더경보장비인 APR-39를 개량해 드론에 탑재가 가능한 판도라Pandora 전자전 공격 임무장비를 개발했다. 이 판도라 전자전 공격 임무장비는 노스럽그러먼 사의 Bat 무인기에 탑재되어 시험 중에 있다. 또 다른 방산업체인 미국의 레이시온Raytheon 사는 레이더경보장비인 ALR-69를 공격용 무인기인 리퍼에 탑재하려고 한다.

드론을 이용한 전자전은 러시아가 매우 적극적으로 작전에 활용하고 있다. 우크라이나와의 전쟁에서 러시아는 드론을 이용한 전자전을 매우 효율적으로 활용했다. 러시아는 우크라이나 정부군이 사용하는 드론의 통신과 조종을 지상 재밍 시스템을 활용해 무력화시켰다. 러시아는 오를란orlan-10 드론에 통신교란장비인 리어Leer-3를 탑재해 운용했다.[93] 러시아는 또 드론을 우크라이나군의 박격포나 포병 대응 레이더counter-battery radar[94]의 위치를 찾아내는 데 사용했다. EO(전자광학) 카메라와 전파탐지기를 탑재한 드론이 레이더의 전파를 감지해 그 위치를 찾아냈다. 러시아군은 레이더가 위치한 장소를 집중적으로 포격하거나 전파 재밍을 통해 무력화시켰다. 오를란-10을 이용한 통신 교란은 단지 우크라이나군 군용 통신장비만 대상으로 한 것이 아니었다. 러시아군은 드론에 탑재된 통신교란장비를 통해 우크라이나군 병사들에게 휴대폰 메시지[95]를 대량으로

92 히어로(Hero) 시리즈는 소형급 단거리용인 히어로-20/30/70/120과 중형급 중장거리용인 히어로-250/400/900/1250 등이 있다. 히어로-20은 총중량이 1.8kg, 탄두중량이 0.2kg, 사정거리가 10km 정도이고, 히어로-125는 총중량이 125kg에 탄두중량이 30kg, 사정거리가 200km 내외다.

93 RKK/ICDS, "Russia's Electronic Warfare Capabilities to 2025", 에스토니아 국방성.

94 포병 대응 레이더는 박격포나 포의 궤적을 추적해 발사 위치를 추정하는 레이더를 의미한다.

95 휴대폰 메시지의 내용은 "당신은 당신의 상관들에게 고깃덩어리에 지나지 않는다. 당신의 시체는 눈이 녹으면 발견될 것이다(You're nothing but meat to your commanders! Your body will be found when snow melts.)"였다고 한다.

차세대 전자전용 드론

노마드(NOMAD)

- 미 해군이 연구개발 중
- 함정에서 수직으로 발사되는 회전익형 드론
- 전자기파교란장치 장착
- 전자기파 교란을 통해 적의 유도무기를 유인하는 것이 주 목적

NOMAD

레미디(Remedy) 군집 드론

- 미 해군이 연구개발 중
- F-18G 그라울러에서 다수의 전자파 교란이 가능한 드론을 투하하고, 이 드론들이 적의 레이더나 통신기지를 공격하는 것이 목표

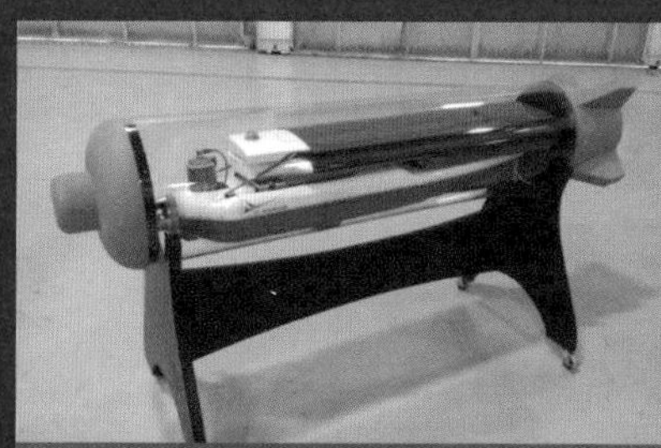

Remedy

살포했다. 이 메시지는 휴대폰 기지국을 통해 전달된 것이 아니라 드론 탑재 통신교란장비를 통해 전달된 것으로 밝혀졌다.

미국은 드론을 이용한 차세대 전자전을 연구하고 있다. 미 해군의 노마드NOMAD, Netted Offboard Miniature Active Decoy 드론이 대표적이다. 노마드는 함정에서 수직으로 발사되는 회전익형 드론이다. 노마드는 전자기파교란장치를 달고 비행한다. 이 장치가 일으키는 전자기파 교란 때문에 적의 레이더에는 노마드 드론이 함정이나 대형 항공기처럼 보인다. 노마드NOMAD의 영문 D는 decoy의 약자로 미끼를 의미한다. 이처럼 노마드 드론은 전자기파 교란을 통해서 적의 유도무기를 유인하는 것이 주 목적이다.

또 다른 전자전용 드론은 미 해군에서 진행 중인 레미디Remedy 프로그램이다. 레미디는 F-18G 그라울러에서 다수의 전자파 교란이 가능한 드론을 투하하고, 이 드론들이 적의 레이더나 통신기지를 공격하는 것이 목표이다. 전투기에서 투하된 다수의 드론은 적의 레이더에 매우 작은 크기로 잡히거나, 속도가 매우 낮아 덜 위협적으로 인식될 가능성이 크다. 또 군집으로 이동하기 때문에 적이 정체를 파악한 이후에도 제압하기가 쉽지 않다.

전투용 고속 드론(High speed combat drones)

대부분의 드론은 저속으로 비행하며, 프로펠러가 주요 추진장치로 사용된다. 비행속도는 대략 시속 200km 내외이고, 빠른 드론들도 시속 300~400km에 머물 뿐이다.[96] 지금까지 대부분의 드론들은 정찰 임무나 제한적인 폭격 임무에 사용되었기 때문에 빠른 속도나 기동성이 크게 중요하지 않았다. 속도나 기동성보다는 넓은 운용반경과 장기간의 비행시간이 더욱더 중요한 성능으로 간주되었다. 이러한 낮은 속도는 지상의 목표물을 자세하게 장기적으로 감시하는 것에는 유리했다. 하지만 이런 낮은 속도와 제한적 기동능력은 드론이 전장에서 생존하는 데 점점 더 불리하게 작용

---

96 물론 글로벌 호크는 최고속도가 600km/h가 넘는다. 하지만 이 속도는 고고도에서만 가능하다.

하고 있다. 드론을 전문적으로 요격하기 위한 무기들이 개발되고 그 성능이 점점 더 고도화되고 있기 때문이다. 이 때문에 고속비행이 가능하며 기동성능이 뛰어난 드론에 대한 수요가 점점 증가하고 있다. 드론의 임무가 단순히 정찰이나 폭격 등의 임무를 넘어서 어느 수준 이상의 전투 임무로까지 확장됨에 따라서 고속의 고기동 드론에 대한 수요는 점점 더 커지고 있다.

고속 드론은 크게 두 가지 방향으로 개발이 진행 중이다. 먼저 유인전투기나 폭격기 등을 호위하는 윙맨wingman 드론이다. 윙맨 드론은 무인전투기 개발을 추진하기 전 단계로 생각할 수 있다. 일반적으로 윙맨 항공기는 위험한 주 임무를 수행하는 전투기나 폭격기를 양쪽에서 호위하면서 적들로부터 이들을 보호한다. 윙맨 드론은 유인항공기의 측면에서 비행하면서 적의 방공망이나 적기로부터 유인항공기를 보호하거나 미끼decoy 역할을 담당한다. 윙맨 드론은 주 임무를 수행하기보다는 주 임무를 수행하는 유인항공기를 보호하는 역할을 수행하기 때문에 주 임무를 수행하는 유인항공기(전투기나 폭격기 등)에 비해 획득비용과 유지비용이 아주 적게 들어야 한다. 낮은 가격으로 대량 구매가 가능하고, 유지보수에 비용이 적게 들기 때문에 윙맨 드론은 소모성으로 취급된다. 윙맨 드론은 유인전투기 혹은 후방의 지상이나 공중 조종국에서 반자율semi-autonomous비행으로 조종이 가능해야 한다. 대표적인 윙맨 드론으로는 먼저 미 공군 연구소가 진행 중인 크라토스Kratos 사의 X-58A 발키리Valkyrie가 대표적이다. X-58A는 250kg까지 무기 장착이 가능해 JDAMJoint Direct Attack Munition[97]이나 GBU-39[98] 탑재가 가능하다. X-58A는 2019년 초에 초도비행시험에 성공한 바 있다. 보잉Boeing 사는 호주 정부의 지원으로 '로열 윙맨Royal Wingman'을 개발하고 있다. 로열 윙맨은 호주군이 보유하고 있는 전투기와 합동작전을 목표로 개발 중이다. 로열 윙맨은 X-58a와 유사한 운용 개념을 가지고 있다. 소모가 가능한 저가의 호위기 역할 수행을 목표로 개발

---

97 JDAM은 일반 폭탄을 활강유도비행이 가능하도록 개조한 폭탄을 의미한다.

98 GBU-39는 110kg의 소형 활강형 유도폭탄이다. F-15, F-35, F-22, F-16 등의 전투기에 장착 가능하며, 프레데터-C(Predator-C) 드론에도 장착될 예정이다.

중에 있으며, 2020년 초에 상세 형상이 공개된 바 있다.

유인항공기의 호위기 개념이 아닌 전투기나 전폭기를 대체할 드론에 대한 개발도 진행 중에 있다. 영국의 BAE 시스템스BAE Systems는 템페스트Tempest 개념기를 개발하고 있다. 영국 국방성이 20억 파운드를 투자해 2025년까지 유인기와 무인기로 개발이 진행 중이다. 템페스트는 퀸엘리자베스 항공모함HMS Queen Elizabeth에서 이착륙이 가능하도록 개발할 계획이기도 하다. 영국이 중심이 된 이 유·무인기형 6세대 전투기는 이탈리아 등이 함께 개발에 참여하고 있기도 하다. 유사한 방식으로 러시아에서도 무인형 6세대 전투기가 개발 중이다. 러시아의 전투기 개발사인 수호이Sukhoi 사와 미그MiG 사가 협력해 개발 중인 S-70 오호트니크Okhotnik는 장거리 임무 수행이 가능한 무인전투기다.

드론의 속도와 기동성을 높이기 위해서는 고속용 엔진이 필요하다. 지금까지 대부분의 드론들은 왕복동엔진이나, 터보프롭엔진을 장착해왔다. 고속의 드론들은 터보팬엔진이나 터보제트엔진을 장착해야 한다. 유인전투기보다는 훨씬 더 소형으로 제작이 가능하기 때문에 고속의 고기동 드론 전용의 터보팬엔진을 자체적으로 확보하는 것이 필요하다. 현재 고기동 드론용의 터보팬엔진은 미국의 강력한 수출 통제를 받고 있기 때문이다. 고속 드론은 저속 드론과는 전혀 다른 공기역학적 특성을 보인다. 고속 공기역학에 대한 기술 투자가 선행될 필요가 있다. 해외 군사강국들은 고속 고기동형 드론 개발을 집중적으로 추진하고 있다. 이제는 드론의 역할이 단순히 정찰을 하거나 아군이 방공망과 통신을 완벽하게 장악한 지역에서 지상 목표물을 폭격하거나 공격하는 임무를 뛰어넘어, 적국의 전투기와 공중전을 수행하는 것으로까지 확대될 것이기 때문이다. 고속 고기동형 드론을 개발하기 위해서는 해외에서 수출이 통제되는 터보팬엔진과 디지털 센서, 그리고 고속 공기역학적 특성을 고려한 자율비행기술 등이 선제적으로 확보될 필요가 있다. 우리 군도 이제 저속 정찰 드론에서 고속 고성능 드론으로 관심을 돌릴 필요가 있다.

주요 고속기동 공격·전투 드론

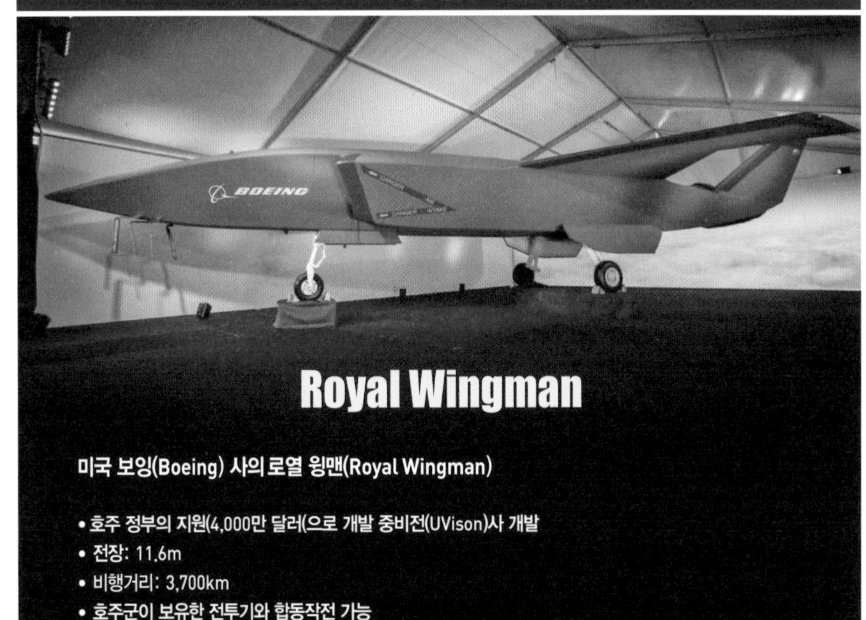

미국 보잉(Boeing) 사의 로열 윙맨(Royal Wingman)

- 호주 정부의 지원(4,000만 달러(으로 개발 중비전(UVison)사 개발
- 전장: 11.6m
- 비행거리: 3,700km
- 호주군이 보유한 전투기와 합동작전 가능

미국 크라토스(Boeing) 사의 XQ-58A 발키리(Valkyrie)

- 미 공군의 저가 소모성 항공기 기술(Low Cost Attritable Aircraft Technology) 프로그램으로 개발 진행 중
- 비행거리: 3,941km
- 무장능력: 250kg
- 비행속도 : 마하 0.85
- JDAM, GBU-39 등 탑재 가능

러시아 수호이(Sukhoi) 사의 S-70 오호트니크(Okhotnik)

- 러시아가 6세대 전투기로 개발하는 스텔스 드론
- 비행거리: 6,000km
- 무장능력: 2,000kg의 유도 · 비유도무기
- 비행속도: 1,000KPH
- 공허중량: 20톤
- 주익폭: 20m

영국 BAE 시스템스(BAE Systems) 사의 템페스트(Tempest)

- 영국 국방성이 6세대 전투기로 개발 중
- 유인전투기이나 무인으로 군집 드론 역할 가능
- BAE, 롤스로이스, 레오나르도, MBDA 참여
- 개발비: 1단계 20억 파운드 (2025년까지)

러시아군의 비밀병기 란쳇 자폭드론

지난 2022년 6월 이후 우크라이나군 장병들을 꾸준히 괴롭히고 있는 러시아제 자폭드론이 있다. 최근에는 서방세계에서 지원한 각종 고가치 첨단무기의 파괴 영상이 일반에 공개되며 러시아군의 심리전 도구로도 활용되고 있다. 악몽의 주인공은 바로 러시아 방위산업체 잘라 항공그룹ZALA Aero Group이 만든 란쳇Lancet 자폭드론이다.

로스트아머LostArmour는 2022년 7월부터 2023년 8월 3일까지 란쳇 자폭드론을 사용한 러시아군의 공격이 총 507회나 이루어졌으며, 그 결과 170개의 표적이 완전파괴되고 269개 이상의 표적이 심각한 손상을 입었다고 분석했다. 공격대상의 50% 이상은 우크라이나군 포병에 집중되었으며, 실제로 자주포 106문, 곡사포 및 박격포 131문, 다연장로켓시스템MLRS과 고속기동포병로켓시스템HIMARS(하이마스) 18대가 란쳇 자폭드론의 공격을 받았다. 이외에도 레이더 및 통신중계소 43개, 대공방어무기 및 진지 41개, 전차 및 장갑차 67대가 란쳇 자폭드론의 공격을 받았다.

2022년 6월, 실전에 투입된 것으로 확인된 러시아군의 란쳇 자폭드론이 우크라이나군에 입힌 공식적 피해만 해도 대공레이더, 방공요격미사일, 자주포, 견인포, 전차 등 51대 이상이다. 우크라이나 해군의 그루자Gyurza-M 경비함을 포함한 해상 표적에 대한 공격도 계속되고 있다. 일부에서는 M777 경량곡사포 59문, M109 자주포 13문, M142 HIMARS 14대, 독일이 지원한 PzHPanzerhaubitze 2000 자주포와 폴란드가 지원한 AHS 크라프Krab 자주포, 프랑스가 지원한 케사르Caesar 자주포 등 30문이 란쳇 자폭드론의 공격으로 파괴되거나 손상되었다고 주장한다. 란쳇 자폭드론에 의한 실제 피해는 공개된 수의 최소 2배 이상이라고 분석하는 군사전문가들도 있다.

러시아군과 정보기관은 관련 영상을 인터넷에 공개하며 훌륭한 심리전 도구로도 활용하고 있다. 란쳇 자폭드론의 공격을 직접 경험한 우크라이나군 장병들 역시 대응이 쉽지 않으며 충분히 치명적이라고 증언하고 있다. 실제로 2022년 7월까지 영국이 우크라이나에 지원한 6대 이상의 스토머Stormer HVM 근접 대공 방어차 중 최소 2대 이상이 2023년 3월과 5월, 란셋 자폭드론의 공격으로 피해를 당했다.

러시아판 스위치블레이드?

등장 시기와 설계 개념, 사용 방식의 유사성으로 인해 란쳇 자폭드론은 종종 러시아판 스위치블레이드Switchblade LMAMSLethal Miniature Aerial Munition System로 평가되기도 한다. 하지만 일부에서는 우크라이나군 특수부대가 은밀하게 운용하는 스위치블레이드와 달리, 란쳇 자폭드론은 PFM-1 대인지뢰와 함께 러시아군이 공개적으로 가장 활발하게 사용하고 있어, 우크라이나군을 괴롭히는 무기로 평가받고 있다. 실제로 란쳇 자폭드론을 사용한 러시아군의 물량 공세에 우크라이나군이 속절없이 피해를 보고 있기 때문이다.

란쳇 자폭드론은 2019년 6월 모스크바에서 개최된 ARMY-2019 방산 전시회에서 최초로 공개된 후 2020년 11월부터 시작된 시리아 내전에 투입되어 처음으로 실전 평가를 거친 러시아군의 정찰 및 배회형 자폭드론이다. 등장 초기에는 러시아제 무기들의 고질적인 신뢰성 문제 때문에 별다른 주목을 받지 못했지만, 2022년 2월, 러시아의 우크라이나 무력침공 이후 실전을 통해 성능이 검증되면서 최고 위협 대상으로 재평가되고 있다.

러시아판 GPS라고 할 수 있는 GLONASS 지원 관성항법체계, 레이저 위치측정장비, 광학전자 및 TV유도장치를 갖추고 고정 및 이동 표적을 감지·추적하거나 공격해 파괴할 수 있다. 운반·설치·발사하는 데 최소 3명의 운용요원이 필요하며, 일단 이륙하면 정해진 목표 혹은 지정된 경로를 비행하면서 전장을 감시하거나 알아서 표적을 은밀하고 정밀하게 공격하는 것이 특징이다. 참고로 개발자인 알렉산더 자카로프Alexander Zakharov의 설명에 의하면, 란쳇 자폭드론은 미군의 MQ-9급 무인항공기UAV를 공중에서 요격할 수 있는 능력을 갖추고 있다. 하지만 아직 확인된 실전 사례는 없다.

기본형 란쳇-3와 파생형

가장 기본형은 란쳇-3으로 불리며 유리섬유와 복합소재로 제작된 연필 형태의 동체와 앞뒤로 X자로 배치된 8개의 날개가 특징이다. 꼬리에 부착된 전동모터로 프로펠러를 돌려 엔진 방식의 동급 드론과 비교하면 비교할 수 없을 정도로 소음이 작다. 최대 상승고도 5,000m에 80~110km/h 내외의 속도로 40분 동안 순항할 수 있고, 전동모터 덕분에 공격 직전 순간적으로 300km/h까지 가속할 수 있다. 특히 최종 공격단계에서 표적 바로 머리 위에서 수직에 가깝게 급강하하거나 낮은 고도로 미끄러지듯 비행할 수 있으므로 란쳇 자폭드론을 미리 발견하고 대응하는 것이 매우 어렵다.

공격 범위는 반경 40km 수준으로 크기는 전장 1.6m에 날개폭 1m, 중량 12kg에 탄두 중량 3kg으로 KZ-6 탄두의 관통력은 강철판 215mm 수준으로 알려져 있다. 참고로 란쳇-3의 파괴력은 RPG-7 대전차로켓에 장착 가능한 슬포바키아산 PG-7VM 110 대전차고폭탄과 비슷한 수준으로 평가된다.

란쳇-3의 대당 가격은 3만 5,000달러(우리 돈으로 약 464만 원) 수준이며 2023년 3월 이후 더 큰 탄두와 새로운 광학EO 유도체계, 완전 자율공격능력을 갖춘 성능 개량형이 확인되고 있다. 아직 공식 명칭이 확인되지 않아 최대 비행시간 1시간에 5kg급 탄두를 장착한 란쳇-3의 개량형은 이즈델리예Izdeliye 51로, 기본형 란쳇-3는 이즈델리예 52로, 란쳇-3 자폭드론 4대를 4연장 발사관으로 통합한 파생형은 이즈델리예 53으로 분류하고 있다. 한편 란쳇-1은 기본형 란쳇-3를 중량 5kg에 탄두 중량 1kg으로 소형화시킨 변형으로, 비행 가능한 시간이 최대 30분에 불과하지만 란쳇-3에 비해 포착과 요격이 더 어려운 것이 특징이다.

첨단기술이 뒤바꾼 전쟁의 미래

란쳇 자폭드론에 의한 피해가 누적되면서 우크라이나 국방부 역시 대응

러시아군이 대량으로 운용하고 있는 란쳇-3 자폭드론은 현대전의 새로운 저비용 고효율 무기다. 대당 가격이 3만 5,000달러(우리 돈으로 약 464만 원) 수준인 란쳇-3는 유리섬유와 복합소재로 제작된 연필 형태의 동체와 앞뒤로 X자로 배치된 8개의 날개가 특징이다. 꼬리에 부착된 전동모터로 프로펠러를 돌려 엔진 방식의 동급 드론과 비교하면 비교할 수 없을 정도로 소음이 작다. 러시아판 GPS라고 할 수 있는 GLONASS 지원 관성항법체계, 레이저 위치측정장비, 광학전자 및 TV유도장치를 갖추고 고정 및 이동 표적을 감지·추적하거나 공격해 파괴할 수 있다. 란쳇-3의 파괴력은 RPG-7 대전차로켓에 장착 가능한 슬포바키아산 PG-7VM 110 대전차고폭탄과 비슷한 수준으로 평가된다. 〈사진 출처: 로스텍 홈페이지(https://www.rostec.ru/en/)〉

러시아 국방부는 서방세계가 우크라이나에 지원한 각종 고가치 첨단무기에 대한 란쳇-3 자폭드론의 공격 영상을 공개하며 심리전 도구로도 활용하고 있다. 〈사진 출처: 러시아국방부 유튜브(https://www.youtube.com/@user-in9ut2zu6e)〉

책 마련을 위해 고심하고 있다. 현재까지 알려진 가장 효과적인 대응책은 35mm 기관포 2문을 장착한 게파르트Gepard 자주대공포이며, 우크라이나 국방부의 요청에 따라 독일은 추가로 게파르트 자주대공포 45대를 2023년 연말까지 지원하기로 약속했다. 실제로 (란쳇 자폭드론과 교전 경험이 있는 우크라이나군 장병들의 증언에 의하면) 최종 돌입단계의 란쳇 자폭드론은 구경 20mm 이상의 기관포로 혹은 강력한 지향성 전자전 장비로만 제압 가능하며, 휴대용 지대공미사일의 경우는 대응시간이 너무 짧아서 조준하기 어렵고, 구경 12.7mm 이상의 기관총은 사거리와 저지력이 부족하다는 것이 공통된 증언이다. 현재 우크라이나 국방부는 물리적 대응보다는 레이저와 같은 광학무기와 지향성 전파방해장비의 확보에 노력을 집중하고 있다.

러시아군의 란쳇 자폭드론은 자폭드론이 현대전의 저비용 고효율 무기체계로 완전히 자리 잡았음을 상징하는 것은 물론, 러시아·중국·이란의 군사기술이 상당한 수준에 도달했다는 것을 보여준다. 우크라이나에서의 활약상이 알려지고, 러시아군의 추가 주문이 이어지면서 잘라 항공그룹은 현재 연간 20만 대 수준의 란쳇 자폭드론 생산 규모를 연간 100만 대 수준으로 확대할 계획이다. 일부에서는 란쳇 자폭드론의 공격 실패율이 무려 7.8%(507회의 공격 시도 중 표적 상실 28회, 통신 단절 40회)나 되는 만큼 여전히 신뢰성에 문제가 많으며, 러시아군의 물량공세 역시 조만간 한계에 직면할 것이라는 분석을 내놓고 있다.

하지만 다종다양한 드론으로 러시아군과 아슬아슬한 힘의 균형을 맞추고 있는 우크라이나군이 러시아군 란쳇 자폭드론으로 인해 반격작전에 차질을 빚고 있는 것 역시 엄연한 현실이다. 이처럼 우크라이나와 러시아 양측 모두 적극적으로 드론을 활용하고 있으며 어느 한쪽의 일방적인 우세를 확신할 수 없는 상황이다.

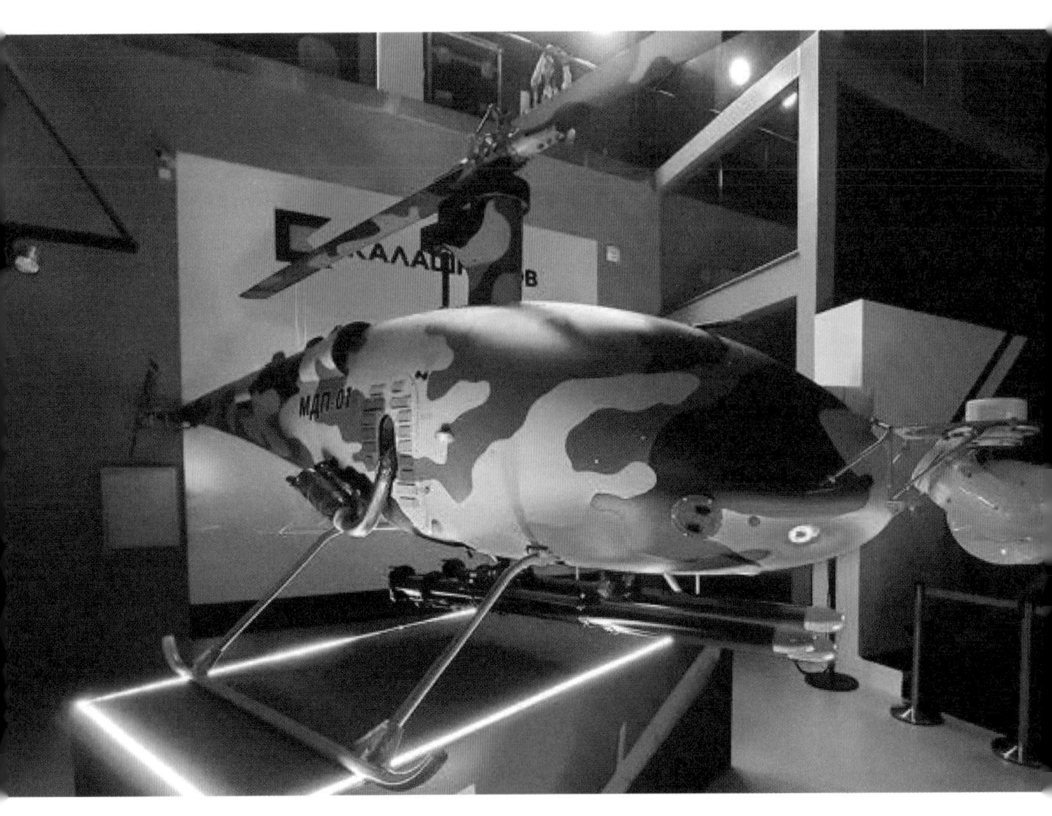

MDP-01 터마이트는 러시아어로 흰개미(термит)를 뜻하며 최대 6km 거리에서 레이저 정밀 유도 공대지미사일로 표적을 공격할 수 있다. MDP-01 터마이트는 BVS-VT 450의 군용 파생형으로, 현재 크론슈타트 그룹 산하 주코프스키의 과학생산기업 NPP 스트렐라에서 개발 및 양산이 진행되고 있다. 〈사진 출처: 러시아 국방부 홈페이지(https://eng.mil.ru/en/)〉

러시아가 만든 신형 무인 공격헬기 MDP-01 터마이트

러시아가 실전배치에 박차를 가하는 신형 무인 공격헬기는 바로 MDP-01 터마이트Termite다. 러시아 군부는 MDP-01 터마이트 신형 무인 공격헬기를 우크라이나 전선에 대량 투입해 팽팽한 균형을 이루고 있는 전세를 역전시킨다는 계획이다.

러시아 군부의 기대를 한몸에 받는 MDP-01 터마이트는 러시아어로 흰개미термит를 뜻하며, 그 존재는 2020년 처음 확인되었다. 2021년 러시아 쿠빙카Kubinka에서 개최된 ARMY-2021 국제군사기술포럼IMTF에서 처음 실물 일반공개와 양산 계약 체결이 이루어졌다. 양산 계약 체결 당시 MDP-01 터마이트의 실전배치 계획은 늦어도 2027년 이전에 진수될 러시아 최초의 범용 상륙함UDC에 함재기로 탑재·운용되는 것이었다. 2022년부터 본격적인 양산과 실전배치가 진행될 계획이었으나, 신형 레이저 유도 공대지미사일의 통합 문제로 최초 계획보다 2년이나 지연되었다. 하나의 주날개Main Rotor와 꼬리날개Tail Rotor가 있는 MDP-01 터마이트는 길이 5m, 높이 2.3m에 일반적인 헬리콥터의 형상을 갖추고 있다. 외형상 기수에 장착된 광학탐지장비GOES, Gyro-stabilized Optical-Electronic System와 동체 아래에 장착된 공대지미사일이 특징이다.

사실 MDP-01 터마이트 자체는 지난 2016년부터 개발이 시작된 민수용 BVS-VT 450 무인헬기와 큰 차이가 없다. 두 기체 모두 자체 중량 270kg, 최대 이륙중량은 450kg 수준이며 최고 속도는 시속 150km, 순항속도는 시속 90km 수준이다. 최대 상승고도는 해발 3,500m이며, 최대 비행시간은 6시간이다. 일부 정보기관에서는 동일한 기체 성능 때문에 민간판매용 SmartHELI-450과 MDP-01 터마이트를 BVS-VT 450의 민수용 및 군용 파생형으로 구분하고 있다. 현재 크론슈타트 그룹Kronstadt Concern 산하 주코프스키Zhukovsky의 과학생산기업 NPP 스트렐라Strela가 개발 및 양산을 담당하고 있다.

터마이트의 강력한 독침과 탐지능력

민수용과 차별되는 MDP-01 터마이트의 가장 큰 특징은 최대 사거리 6km에 레이저 정밀유도능력을 갖춘 S-8L 공대지미사일과 벌새-SWIR로 불리는 광학탐지장비GOES의 조합을 통해 정밀공격이 가능하다는 것이다. 러시아 측은 기존 항공 유도 로켓 S-8을 더욱 정밀하게 개량한 S-8L이 미국의 APKWSAdvanced Precision Kill Weapon System보다 정밀도와 명중률이 높다고 주장하고 있다. S-8L 공대지미사일은 반능동 레이저 유도Semi-active Laser Guidance 방식으로 최대 3발을 MDP-01 터마이트 동체 아래 장착할 수 있으며, 고폭탄 파편 탄두로 2세대급 전차와 장갑차를 일격에 격파할 수 있다.

한편 벌새-SWIR 광학탐지장비는 단일 회로 3축 안정화 기술을 바탕으로 어떠한 상황에서도 주·야간 관계없이 주변을 수색하고 목표물의 좌표와 거리를 자동 계산할 수 있다. 중량 12kg에 좌우 64도, 상하 25도의 시야각을 갖는 광학 및 열화상 카메라와 레이저 거리측정기 등을 조합해 최대 5km 거리 밖의 움직임을 자동포착하거나 지상통제소에서 지시한 표적을 자동추적할 수 있다.

러시아군의 무인무기 전략

현재까지 공개된 MDP-01 터마이트의 성능 자체는 이미 전력화된 서방세계의 동급 무인 공격헬기와 비교할 때 비슷한 수준으로 정밀유도무기 운용 능력 외에 별다른 특이점은 없다. 작전능력 면에서는 미 육군이 아프가니스탄에서 운용한 MQ-8B 파이어 스카웃Fire Scout보다 한 수 아래로 평가받는다.

하지만 MDP-01 터마이트는 전투기와 공격헬기의 무덤으로 불리는 우크라이나-러시아 전쟁의 상황을 극적으로 반전시킬 수 있을 것으로 기대되고 있다. 손실된 공격헬기는 새로운 공격헬기로 대체할 수 있지만 숙련된 조종사들의 빈자리는 쉽게 채울 수 없는 문제로 인해 러시아군의 근접항공지원은 크게 위축된 상황이다. 그런데 튼튼한 기본기와 저렴한 가격을 바탕으로 대량생산된 MDP-01 터마이트가 전선에 투입된다면 러시아 군부는 인명피해를 전혀 걱정할 필요 없이 우크라이나군을 상대로 소모전을 강요할 수 있게 된다. 우크라이나-러시아 전쟁을 예로 들지 않더라도 유인 공격헬기에 점점 더 적대적으로 변화하는 전장 환경으로 인해 MDP-01 터마이트와 같은 무인 공격헬기에 대한 관심이 높아지고 있다.

3.
드론 대응 기술 (Counter Drone Technology)

장난감 드론으로 자폭공격을?

3D 프린팅 기술과 같은 생산 기술의 혁신과 함께 대량 생산이 가능해지면서 이제는 누구나 손쉽게 저렴한 가격으로 최첨단 가전, IT 기기들을 구매할 수 있는 시대가 열렸다. 문제는 대량 생산되고 있는 다양한 장난감 드론을 테러리스트들 혹은 제3세계 반정부단체가 테러는 물론 전쟁에 무기로 사용하고 있다는 것이다. 지난 2016년 10월 2일, 이라크 북부지역에서 이슬람 테러 단체의 이라크 북부지역에서 이슬람 테러 단체의 드론 폭탄 공격으로 쿠르드 민병대원 2명이 사망하고 프랑스 특수부대원 2명이 중상을 입었다. 이슬람 테러 단체에 의한 최초의 드론 폭탄 공격으로 불리는 이 공격 이후 드론을 활용한 폭탄 공격 횟수가 급격히 증가하기 시작했다.

물론 상업용 쿼드콥터 드론에 수류탄 크기의 폭탄을 장착해 일종의 자폭무기로 활용하는 것이 고작이었고 정밀도나 위력도 형편없는 수준이었다. 하지만 최근에는 장난감 드론의 대량 확보가 가능해지면서 현재는 근접항공지원 목적으로 제식무기로 편입시켜 대량 운영하고 있는 상황이다. 과거에 비해 저렴해진 가격에 조종은 쉬워졌고 장난감 드론이라고 해도 비행 정밀도와 최대탑재중량은 향상되었기 때문이다.

폭탄을 장착한 장난감 드론이 실전에서 위력을 발휘하면서 일부 이슬람 테러 단체들은 아예 '무자헤딘 무인항공부대'를 편성하고 인터넷 등을 통해 장난감 자폭드론의 공격 영상을 선전 자료로 활용하고 있을 정도다. 일부에서는 자폭드론을 2016년 8월, 시리아에서 드론을 활용한 미군의 공습으로 사망한 '아부 모하메드 알아드나니Abu Mohammad al-Adnani의 복수(혹은 분노)'라는 표현으로 부를 정도다.

한편 이들을 상대하는 이라크군은 2016년 2월 한 달 동안에만 최소 10회 이상의 자폭드론 공격을 받았다는 정보를 공개하고 탐지 레이더와 방해전파 무기를 확보하기 위해 지속적으로 노력하고 있다. 일부 이라크 관리들은 현재까지 약 12기의 자폭드론을 무력화하는 데 성공했으며 미국이 드론 대응 무기Counter Drone Weapon를 지원해줄 경우 더 효율적인 자폭드론 대응이 가능할 것이라고 주장하고 있다.

장난감 드론도 무기가 되는 세상

실제로 중동지역에서 작전 중인 미군에게 자폭드론은 꽤 성가신 존재가 되었다. 처음에는 수류탄 수준의 폭탄을 장착하고 미군 특수부대의 머리 위로 떨어지는 것이 고작이었지만, 최근에는 보다 위력이 강력한 40mm 박격포탄 혹은 이와 비슷한 위력의 사제폭탄을 장착하기 시작했기 때문이다. 더 큰 문제는 이들 자폭드론의 공격 정밀도가 점점 높아지고 있다는 것이다.

아직은 정규군이 아닌 소수정예의 특수부대를 중심으로 작전이 진행되고 있어 그 피해가 미미한 수준이지만, 만약 지상군 작전이 본격적으로 시작된다면 자칫 심각한 위협이 될 수도 있다. 그렇기 때문에 모술 탈환 작전에 투입된 미 육군 제82공정사단 병력의 경우 AUDSAnti-UAV Defense System(무인기대응방어체계)로 불리는 차량 탑재형 드론 방어장비가 배치된 상태다.

제2차 세계대전 이후 주요 전장에서 제공권이 완벽하게 확보된 상태에

차량 탑재 AUDS는 군용 트럭이나 상용 차량에서 운용할 수 있도록 제작되었다. 영국의 BSS(Blighter Surmeillance Systems) 사, 체스 다이내믹스(Chess Dynamics) 사, ECS(Enterprise Control Systems) 사가 공동개발한 AUDS는 이라크에서 작전 중인 미군과 영국 게트윅 및 히드로 공항이 운용 중이다. 1명이 운용하고 최대 10km 거리에서 약 15초 이내에 드론을 탐지·추적·식별·격퇴할 수 있다. 레이더가 드론을 탐지하면 첨단 비디오 추적 소프트웨어가 통합된 정밀제어 적외선/주간 카메라 체계로 이를 추적해 RF 교란장치로 드론을 무력화한다. 〈출처: https://liteye.com/counter-uas/auds/〉

서 작전을 펼쳤던 미 육군 입장에서 자폭드론의 등장은 전장 환경의 극단적 변화를 의미한다. 과거에는 머리 위의 적기를 걱정할 필요가 없었고, 심지어 머리 위의 드론은 모두 아군이라고 믿을 수 있었지만 이제는 제공권 확보 유무에 관계없이 항상 머리 위를 경계해야 하는 상황이 된 것이다.

더욱이 아직 적절한 대응방법이 없다는 것도 큰 골칫거리다. 올해 초 쿠웨이트는 이슬람 테러 단체가 띄운 것으로 추정되는 쿼드콥터 형태의 자폭드론을 패트리어트 지대공미사일(PAC-3)로 요격했다. 물론 작전 측면에서 패트리어트는 완벽하게 영공방어 임무를 완수했다. 문제는 약 200달러(약 22만 원) 수준의 자폭드론을 요격하는 데 약 300만 달러(약 33억 원) 상당의 패트리어트 미사일을 사용하는 것이 과연 합리적이냐 하는 것이다. 요격 작전의 성패 여부를 떠나 경제적 측면에서 보면 이러한 결정은 그 자체로 엄청난 낭비가 아닐 수 없다. 이론상 적국이 약 2,000달러 정도의 예산으로 100여 대의 자폭드론을 날려 보내면 아군은 이를 요격하기 위해 최소 패트리어트 미사일 100발, 약 3억 달러의 군비를 지출해야 한다.

이에 대한 대안으로는 스팅어 지대공미사일이 고려되고 있다. 대당 가격이 3만 8,000달러(4,200만 원)에 불과해 그나마 패트리어트 미사일보다 저렴하다는 평가를 받기 때문이다.

드론 활용 범위가 넓어질수록 깊어지는 고민

이미 2013년, 미국의 최대 온라인 쇼핑몰인 아마존(https://www.amazon.com/)은 앞으로 무인항공기, 즉 드론을 이용해 상품을 배달하는 서비스를 제공하겠다는 야심 찬 계획을 발표했다. 물론 아마존의 야심 찬 계획은 아직 해결해야 할 기술적·제도적 문제 때문에 가시적인 성과를 거두지 못하고 있다. 하지만 드론을 실제 생활에 활용하려는 시도는 국가와 분야를 막론하고 계속 이어지고 있다.

당장 방송 분야의 경우 영상 촬영용 방송 드론은 지미집Jimmy Jib 무인

주요 국가시설 및 보안시설을 무단 침입하는 드론은 이미 전 세계적인 문제가 되고 있다.

카메라를 빠른 속도로 대체하고 있다. 영상 촬영용 방송 드론의 사용으로 기존 지미집의 한계를 뛰어넘는, 방송용 영상촬영 헬기와 같은 수준의 촬영이 가능해지면서 이제 시청자들은 안방에서도 보다 시원하고 감각적인 영상을 즐길 수 있게 되었다.

문제는 일상생활 속에서 드론의 활용 범위가 넓어지면서 전혀 새로운 문제들이 발생하고 있다는 것이다. 작게는 사생활 침범부터 크게는 국가 주요 보안시설에 대한 무단 침입까지 사건·사고 사례는 셀 수 없을 정도로 많다.

대표적으로 지난 2015년 1월, 지름 61cm의 장난감 드론이 세계 최고 수준의 보안을 자랑하는 백악관 영내에 추락하는 사건이 벌어져 한바탕 소동이 벌어지기도 했다. 2012년에는 미 국방부와 의회를 플라스틱 폭탄을 장착한 소형 드론으로 공격하려던 남성이 체포되어 17년형을 선고받기도 했다. 미국 내에서만 매달 1만 5,000개 이상이 판매되고 있고, 전 세계적으로는 얼마나 많은 수의 소형 상업용 혹은 장난감 드론이 판매되는지 확인조차 불가능한 상황에서 별도의 면허나 등록 의무가 없는 취미용 드론이 테러 혹은 군사적 목적으로 전용될 가능성은 매우 높다.

새롭게 주목받는 드론 대응 기술

미국 국방성은 2015년 기준, 전 세계 80개국 이상이 자체 기술로 킬러 드론을 설계·양산하거나 부품을 수입해 조립할 수 있을 만큼 관련 기술이 보편화되었다고 미 의회에 보고했다. 여기에는 중동지역의 이슬람 테러 단체도 포함되어 있다. 이제 드론 개발 기술 못지않게 드론 방어 기술도 절실히 필요한 시점이 도래한 것이다. 최근 주목받고 있는 드론 대응 기술Counter Drone Technology은 대략 세 가지 정도로 구분할 수 있다.

첫 번째는 가장 단순한 지대공미사일, 대공포, 대공기관총 등의 대공무기를 활용하는 방법과 그물 혹은 와이어를 설치해 드론의 이동을 물리적으로 제한하는 방법이다. 이는 가장 단순하고 가장 확실한 방법이지만 몇 가지 문제가 있다.

첫 번째 문제는 가격 대비 효과의 문제다. 앞에서 언급한 바와 같이 수십 달러짜리 드론을 요격하기 위해 최소 수천 달러에서 최대 수억 달러의 미사일을 사용하는 것은 경제적 관점에서 매우 비효율적이다.

두 번째 문제는 드론의 작은 크기 때문에 생기는 문제들이다. 대공포나 대공기관총, 발칸 등으로는 커다란 맹금류 수준의 드론을 제압하기 어렵다는 것이 여러 사례를 통해 확인되었다.

영국 기업 오픈웍스 엔지니어링 Openworks Engineering이 만든 스카이월 Skywall 같은 장비는 그물을 공중을 향해 발사해 드론을 포획하면 낙하산이 자동으로 펼쳐져 지상으로 강제 착륙시키는 방식을 취하고 있다. 다만 드론이 빠른 속도로 혹은 불규칙하게 움직일 경우 포획이 쉽지 않다는 문제가 있다.

그럼에도 불구하고 물리적 제압 방법은 가장 확실하게 드론을 제압할 수 있는 방법으로 인식되고 있다.

다음으로 미확인 혹은 고위험 드론에 대해 강력한 방해전파, 음파 혹은 레이저 광선을 조사해 드론을 무력화시키는 방법이다. 그중 가장 대표적인 것이 바로 미국의 비영리 연구기관인 바텔Battelle이 개발한 '드론디펜더DroneDefender'다. 안티드론건Anti-drone gun으로 불리는 이 전자무기는 강력한

영국 기업 오픈웍스 엔지니어링 Openworks Engineering이 만든 스카이월Skywall)은 그물을 공중을 향해 발사해 드론을 포획하면 낙하산이 자동으로 펼쳐져 지상으로 강제 착륙시키는 방식을 취하고 있다. 다만 드론이 빠른 속도로 혹은 불규칙하게 움직일 경우 포획이 쉽지 않다는 문제가 있다. 〈출처: https://openworksengineering.com/skywall-patrol/〉

비인가 드론을 전자제압하고 있는 드론디펜더. 미국 바텔이 개발한 드론디펜더는 드론을 조준하고 방어쇠를 당기면 드론의 GPS 기능을 무력화하는 전파를 발사해 드론을 안전하게 착륙시킬 뿐만 아니라 추가적으로 드론에 저장된 정보도 확보할 수 있다. 〈사진 출처: https://www.battelle.org/〉

불법 드론을 잡는 안티 드론 기술의 선두 기업인 드론쉴드(DroneShield)의 드론건(DroneGun). 드론건은 일종의 주파수 방해장치로 주파수 대역을 차단해 드론을 조종 불능 상태로 만든다. 조종 불능이 된 드론은 지상에 안전하게 착륙하거나 출발지로 되돌아가게 된다. 〈사진 출처: https://www.droneshield.com/〉

네덜란드 경찰이 공개한 드론 사냥을 위해 훈련된 독수리 〈사진 출처: 네덜란드 경찰청 홈페이지(https://www.government.nl/topics/police)〉

전자파를 드론에 지향해 일시적으로 드론의 전자 기능을 무력화시킬 수 있다. 물론 잘못 조준할 경우 주변의 다른 전자장비까지 무력화시킨다는 부작용이 있다.

한편 미국 방위고등연구계획국DARPA은 대對 드론 무기체계Anti-drone weapon system 개발에 노력을 경주하는 한편, 2020년까지 구체적 성과를 바탕으로 실전배치를 완료해 중·대형 군사용 무인기까지 대응할 수 있는 능력을 갖춘다는 계획을 갖고 있다.

끝으로 생물을 활용하는 방법이다. 이는 미국, 영국, 호주 등에서 제안되고 있으며 독수리, 송골매 혹은 수리부엉이와 같은 맹금류를 훈련시켜 공중의 드론을 제압하는 방법이다. 문제는 사냥의 주체가 되는 맹금류의 컨디션이나 기상 상황에 따라 일률적인 결과를 얻기 어렵다는 것이다. 또한 맹금류의 훈련에 오랜 시일이 필요하기 때문에 보편적으로 활용하기에는 어려움이 있다.

드론 대응 기술과 드론 잡는 드론, 코요테 C-UAS

기술 발전과 함께 저비용 고성능 소형 드론의 등장과 그 활용 범위가 점점 더 확장되면서 드론 대응 기술의 중요성 역시 더욱 강조되고 있다. 현재까지 널리 활용되고 있는 드론 대응 기술은 통신 혹은 GPS(위성위치확인시스템) 신호를 교란하거나 전자파로 드론을 무력화시키는 소프트 킬soft kill 방식과, 직사화기 혹은 유도무기 등을 동원해 드론을 물리적으로 파괴하는 하드 킬hard kill 방식으로 구분할 수 있다. 그런데 여기에 드론을 드론으로 제압하는 하드 킬 방식이 새롭게 등장해 관심을 끌고 있다. 특히 미 육군과 해병대가 전력화 중인 코요테Coyote C-UASCounter-Unmanned Air System는 공중충돌 혹은 근접 후 자폭하는 방식으로 다수의 군집 드론을 제압할 수 있는 드론 잡는 드론이다.

지난 2018년부터 미 육군과 해병대에 전력화 중인 코요테 C-UAS는 미국 레이시온Raytheon사에서 생산하고 있는 소형 소모성 드론이다. 코요테 블록Block 1B의 경우, 발사관에 내장된 형태로 보관되며 항공기 혹은 전용 발사기에 장착한 뒤 발사하면 접혀 있던 2개의 주날개와 수직꼬리날개가 펼쳐지면서 활공비행할 수 있다. 동체 길이 0.91m, 날개 폭 1.5m에 중량은 5.9kg 수준이며 순항속도는 102km/h, 최고 속도는 130km/h에 최대 9,100m까지 상승할 수 있다. 기상관측용 코요테의 경우, 93km 반경을 1시간 이상 비행할 수 있었지만, 성능을 개량한 코요테 블록1B은 130km 반경을 2시간 이상 비행할 수 있다.

최초 미국 애리조나주 투손Tucson에 위치한 첨단 세라믹연구원Advanced Ceramic Research에서 미 해군 연구소의 연구용역으로 개발을 시작했고, 2007년에 첫 비행에 성공했다. 2009년 영국 방산업체 BAE시스템즈BAE Systems사가 회사를 인수한 이후 센티넬Sensintel로 회사 이름이 바뀌었으며, 첫 납품은 지난 2014년 이루어졌다. 미국 국립해양대기청NOAA, National Oceanic and Atmospheric Administration(이하 NOAA)이 허리케인Hurricane 근처에서 대기압, 온도, 습도, 풍속 및 풍향과 표면 온도에 대한 실시간 정보를 조사하기 위한 목적으로 코요테를 도입한 것이다. 만약 지난 2015년 레이

드론 대응 기술이 군의 방공작전에 중요한 변수로 등장하면서 세계 각국은 효과적인 드론 대응능력 확보에 노력을 기울이고 있다. 2018년부터 미 육군과 해병대에 전력화 중인 레이시온사의 소형 소모성 드론인 코요테 C-UAS는 고정 진지용 FS-LIDS와 이동식 차량 탑재용 M-LIDS로 나뉜다. 위 사진은 미 육군이 도입 중인 고정 진지용 FS-LIDS(사진 좌우)와 이동식 M-LIDS(사진 중앙)의 모습이다. 〈사진 출처: 레이시온 홈페이지(https://www.raytheon.com/news)〉

드론보다는 미사일에 가까운 형태를 취하고 있는 코요테 블록 2 C-UAS는 블록1B 보다 4배 이상 빠른 속도와 최대 15km 거리의 드론을 요격할 수 있다. 〈사진 출처: 레이시온 홈페이지(https://www.raytheon.com/news)〉

시온이 센티넬을 인수하지 않았다면 코요테 역시 허리케인 추적 항공기에서 발사하는 기상관측 드론 정도로 남았을 것이다. 센티넬을 인수한 이후 코요테의 군사적 활용 가능성에 주목한 레이시온은 기상관측용 드론인 코요테를 레이시언 미사일 앤드 디펜스Raytheon Missiles & Defense)에서 드론 잡는 드론 코요테 C-UAS로 진화시켰다. 코요테 C-UAS의 가장 큰 특징은 저렴한 가격과 다수의 드론과 교전 가능한 군집 드론 요격 능력으로 요약할 수 있다. 코요테 드론의 본체에는 탐색기와 폭약만 장착해 단가를 낮추고 실제로 적 드론을 식별·추적하고 교전하는 전투능력은 지상 통제 장비가 담당한다.

코요테 C-UAS의 실전배치

드론 잡는 드론으로 재탄생한 코요테 C-UAS를 먼저 실전배치한 것은 미 해병대다. 지난 2018년 미 해병대는 RPS-42 S-밴드 레이더, Midi 전자전 시스템, 시각 센서 및 코요테 C-UAS로 구성된 지상탄도미사일방어GBAD, Ground-Based Air Defense 대드론 체계를 전력화했다. 지상탄도미사일방어 대드론 체계는 M-ATV 또는 2대의 MRAR 차량에 탑재해 작전 가능할 정도로 경량화되고 간략화된 운영체계가 특징이다.

한편 미 육군 역시 2018년 연말부터 무선주파수RF, Radio Frequency 추적장치와 근접 탄두가 장착되고 전기 모터가 프로펠러를 회전시켜 비행하는 코요테 블록 1B의 실전배치를 시작했다. 특히 코요테-KFRS 전투체계는 11km 거리의 9mm 권총탄 탄두를 식별할 정도로 강력한 성능을 갖춘 Ku대역(12~14GHz) 무선 주파수 시스템KuRFS 레이더가 특징이다. 초기 작전 능력은 2019년 6월 달성되었으며, 2020년 3월부터는 개선된 센서와 제트엔진의 장착으로 최대 15km 거리의 드론을 요격할 수 있는 코요테 블록 2가 실전배치되고 있다. 유도탄 형태의 코요테 블록 2는 블록 1B보다 4배 이상 빠른 속도와 꼬리 주변에 설치된 4개의 제어핀으로 표적에서 빗나갈 경우 즉시 자세를 바꿔 재공격할 수 있다. 2022년 11월에는 카타르에 200대의 코요테 블록 2가 포함된 고정 대공 진지용 FS-LIDSFixed Site-Low, Slow, Small UAV Integrated Defeat Systems의 판매가 승인되기도 했다.

한편 미 해군 역시 2021년 2월부터 무인수상무기체계USV 및 무인수중무기체계UUV에서 운용 가능한 코요테 블록 3의 도입을 추진하고 있다. 최초의 실전은 2022년 4월, 이라크 아인 알-아사드Ain Al Assad 공군기지 인근에서 반정부세력의 드론을 격추한 것으로 알려졌다. 현재 레이시언의 코요테 블록 2 C-UAS는 고정 진지용 FS-LIDS와 차량 탑재 이동식 M-LIDSMobile-Low, Slow, Small Unmanned Aircraft Integrated Defeat System으로 나뉘어져 있다.

창의력이 필요한 드론 대응 기술

갑자기 드론으로 드론을 잡는 코요테 C-UAS가 주목받는 배경에는 기존 드론 대응 기술이 분명한 한계에 직면한 문제가 있다. 인터넷 통신판매와 국제우편시스템 덕분에 후진국에서도 다종다양한 드론을 어렵지 않게 구매할 수 있는 것은 물론 상용 혹은 취미용 드론과 군용 드론과의 성능 격차 역시 점점 좁혀지고 있다. 우크라이나군은 러시아군과의 전투에서 중국산 상용 혹은 취미용 드론을 적극적으로 활용해 큰 전과를 거두고 있다. 반대로 군사적 대응 측면에서 적군 혹은 테러 단체가 보유한 고성능 소형 드론은 효과적 대응이 쉽지 않은 골칫거리이며, 일부에서는 비대칭무기로 격상해 평가할 정도다. 현재까지 널리 활용되고 있는 드론 대응 기술은 통신신호나 GPS 신호를 교란하거나 지오펜싱 등을 통해 드론을 비행금지구역 밖으로 내쫓는 소프트 킬 방식과, 개인화기, 유도무기 혹은 그물, 필요할 경우 공격헬기와 전투기 등을 동원해 드론을 포획하거나 물리적으로 파괴하는 하드 킬 방식으로 구분할 수 있다.

그런데 2023년 10월 초, 항공정찰임무를 수행 중이던 우크라이나군의 드론이 러시아군 드론을 몸싸움으로 격추하는 기상천외한 드론 공중전이 실제로 벌어졌다. 흥미로운 사실은 우크라이나군과 러시아군의 드론 모두 무장과 전투능력이 없는 중국제 DJI 매빅MAVIC 드론이었다는 것이다. 격추 역시 좀 더 공세적인 기동을 펼치던 우크라이나군의 드론이 러시아군의 드론을 동체로 누르며 4개의 회전날개 중 하나를 손상시키는 방법으로 이루어졌다.

코요테 C-UAS와 드론 대응 기술의 미래

우크라이나군의 사례를 통해 확인할 수 있듯이 드론 대응 기술은 고정관념을 뛰어넘거나 깨는 창의력이 필요하다. 물론 드론으로 드론을 잡는 코요테 C-UAS는 이론상 새로울 것이 전혀 없는 드론 대응 기술이다. 굳이 차이점을 찾는다면 기존에 있는 기술을 응용해 군집 드론 요격이라는 목적에 부합하도록 코요테 C-UAS라는 그릇에 최적화시킨 것뿐이다. 코요테 블록 2가 전통적인 드론보다 정밀유도무기에 근접한 외형을 취하고 있는 것도 이러한 시행착오의 결과물이다. 현재 개발 중인 코요테 블록 3가 블록 1과 같은 전통적인 드론의 형태로 회귀하는 것도 흥미로운 대목이다. 한편 새로운 위협이 등장할 때마다 적절한 대응법을 찾아내 적시적소에 활용하거나 미래의 위협을 예측해 대응하는 것은 현실적으로 불가능하다. 이러한 관점에서 발상의 전환과 현존하는 기술을 최대한 활용해 드론 잡는 드론으로 재탄생한 코요테 C-UAS는 드론 대응 기술 발전이라는 측면에서 매우 흥미로운 존재임이 분명하다.

드론의 위협

기술이 발전함에 따라, 드론은 점점 소형화되고 저렴해지고 있으며, 성능과 기능 또한 향상되고 있다. 드론의 성능 향상과 가격 인하는 드론을 더 광범위하게 확산시키고 있다. 드론의 확산과 함께 드론 산업이 성장하고, 이는 또다시 드론의 기술 발전을 더욱더 가속화시키고 있다. 이러한 경향은 소형이며 자율지능을 갖춘cheap, small and autonomous 무기체계로의 확산으로까지 이어진다. 드론을 이용해 국가와 사회를 위협하고 혼란에 빠지게 하는 행위가 가능해지고 있고, 실제로 현실화되고 있다.[99] 이에 따라 드론의 위협과 테러에 대응하기 위한 체계적인 대응의 필요성이 점점 더 커지고 있다.

드론을 이용한 위협과 공격은 아주 다양한 형태로 나타난다. 먼저 가장 낮은 단계의 위협으로는 드론을 이용한 도촬이나, 영상 촬영 시 나타나는 비의도적인 개인초상권 침해를 들 수 있다. 드론이 비행금지구역이나 사유지를 허가 없이 비행하는 것 또한 드론을 이용한 불법행위 중 하나다. 드론을 이용해서 불법적인 물품을 배송하거나 밀수에 이용하는 것도 드론을 이용한 대표적인 불법행위로 볼 수 있다.[100] 멕시코의 마약 카르텔은 필로폰이나 코카인과 같은 마약류를 미국으로 밀수출하는 데 드론을 이용하는 것으로 전해지고 있다. 또 미국 오하이오의 감옥에서 마약이나 불법물품들을 수감자에게 드론으로 전달하는 영상이 찍혀 뉴스에 보도가 되기도 했다.[101]

공항과 그 주변에서 허가받지 않은 드론을 비행함으로써 항공기 운항을 중지시키는 사례도 지속적으로 발생하고 있다. 2018년에 발생한 영국 개트윅 공항Gatwick Airport의 마비 사태는 드론을 이용해 항공교통을 마비시킨 대표적인 사례다. 2018년 12월 19일 영국 런던 남부의 국제공항인 개트윅 공항에 정체불명의 드론 2대가 출현했다. 이 드론들은 30시간 동안 공항을 마비시켰다. 이로 인해 1,000회의 비행기 이착륙이 지연되거나 취소되는 바람에 14만 명의 승객이 피해를 입었다. 공항이나 공항 주변에서 허가받지 않은 드론의 비행은 철저하게 금지되어 있다. 이는 드론의 통신 신호가 공항이나 항공기들이 사용하는 통신에 간섭을 일으킬 수 있기 때

---

99 2018년 영국 런던의 개트윅 공항(Gatwick Airport)에 정체불명의 드론 2대가 출현해 한동안 공항을 마비시킨 바 있으며, 2019년에는 이란산 드론으로 사우디아라비아의 공항과 산유시설을 예멘의 후티반군이 지속적으로 공격한 바 있다.

100 현재 드론을 이용한 배송 자체가 합법은 아니며, 마약이나 무기류 등의 반사회적 물품들을 배송하는 것은 철저하게 금지하고 단속해야 하는 불법행위다.

101 Fox News, "Ohio jail video shows moment drone drops off phone, drugs to inmate", 2019. 9. 25.

문이며, 또 드론과 항공기가 충돌할 경우 자칫하면 항공기의 추락으로 이어질 수 있기 때문이다.[102] 공항 이외에도 원자력발전소, 정유시설 등 국가적으로 중요한 시설에 드론이 출현해 사회적으로 불안감을 증가시키는 사례도 나타나고 있다.

앞에서 열거한 사례들은 조종사가 의도하지 않았는데 위협을 초래했거나, 사람에게 부상을 입히는 등의 신체적 피해를 동반하지 않은 경우가 대부분이다. 하지만 최근 사우디아라비아에서 발생한 드론 공격에서 볼 수 있듯이 드론을 이용한 군사적, 혹은 비군사적 테러의 위협도 증가하고 있다. 드론을 이용한 직접적인 공격은 몇 가지로 구분된다. 먼저 드론이 의도적이든 비의도적이든 간에 사람이나 시설물에 직접 충돌하는 것이다. 소형 드론일지라도 고속으로 회전하는 프로펠러는 사람에게 심각한 위협이 될 수 있다. 또 100m 이상에서 자유낙하하는 5kg 이상의 물체는 그 자체가 매우 치명적인 무기가 될 수 있다.

두 번째로 드론을 이용해서 화생방 및 핵물질CBRN, Chemical, Biological, Radiological & Nuclear materials 등을 살포하는 것이다. CBRN 무기들은 작은 양으로도 대규모 살상이 가능하거나, 사회적 혼란을 일으킬 수 있어 드론을 이용한 테러에 유력시되고 있다. 2015년 일본 총리관저에 원전을 반대하는 단체에서 후쿠시마에서 채취한 미량의 방사성물질을 담은 물질을 살포한 것이 대표적으로 CBRN을 이용한 테러로 볼 수 있다.

세 번째로 드론에 총기류를 장착해 공격하는 것이다. 최근 러시아의 국영 방산기업인 알마즈-안테이Almaz-Antey가 AK-47을 탑재하고 수직이착륙이 가능한 드론을 선보였다.[103] 이 드론은 빠른 속도로 비행하며 지상의 목표물을 사격할 수 있는 것으로 밝혀졌다. 우크라이나의 매트릭스

---

102 새가 항공기와 충돌하는 것을 버드 스트라이크(bird strike)라고 하는데, 버드 스트라이크가 발생하면 항공기 기체가 손상되거나, 새의 잔해가 엔진에 빨려들어가 엔진 손상을 일으킬 수 있다. 이처럼 새와 충돌해도 항공기가 손상을 입는데, 새의 몸체보다 훨씬 더 강도가 센 금속이나 플라스틱 등으로 만들어진 드론과 충돌하면 이보다 훨씬 더 큰 손상을 입게 된다.

103 러시아 국영 방산기업인 알마즈-안테이는 AK-47을 탑재한 고정익 드론을 제작해 비행에 성공했다. 자세한 영상은 "https://www.youtube.com/watch?v=1zN33m3Dq6Y"에서 볼 수 있다.

러시아 국영 군수기업인 알마즈-안테이(Almaz-Antey) 모스크바 항공연구소(Moscow Aviation Intitute)가 개발한 샷건 드론. 수직이륙을 할 수 있으며, AK-47을 탑재해 비행 중 사격이 가능하다. 운용자는 바이저를 쓴 채 카메라 영상을 보면서 조종하며 중앙에 표시판을 통해 표적을 겨냥해 샷건을 쏜다. 〈출처: 모스크바 항공연구소(Moscow Aviation Intitute)〉

쿼드콥터 무인기에 유탄발사기를 장착한 우크라이나 매트릭스 UAV(Matrix UAV) 사의 "데몬(Demon)" 다목적 공격 드론. 〈출처: Matrix UAV〉

UAVMatrix UAV 사는 유탄발사기를 장착한 드론을 제작해 시험비행 중인 것으로 알려졌다. 이 드론은 최대 10km 밖의 목표물도 공격할 수 있는 것으로 알려져 있다. 한때 이라크 북부와 시리아를 점령한 ISISThe Islamic State of Iraq and Syria는 쿼드콥터 드론을 개조해 폭탄투하장치를 장착하고 이를 공격에 사용한 바 있다. 이들은 수류탄, 40mm 유탄, 박격포탄 등에 안정핀을 달아 인명이나 험비와 같은 무장차량을 공격한 바 있다. 드론에 장착된 카메라에서 전송되는 선명한 영상을 보고 공격하기 때문에 정확도는 매우 높은 것으로 알려져 있다. 최근에는 드론에 폭발물을 탑재하고 목표물에 드론이 직접 충돌해 공격하는 자폭드론을 이용한 테러가 증가하고 있다. 2018년 8월 5일에는 베네수엘라 마두로Nicolas Maduro 대통령이 광장에서 연설하는 동안에 폭발물을 탑재한 쿼드콥터형 드론의 폭탄테러로 군인 7명이 중경상을 입었다. 최근에 발생한 사우디아라비아 정유시설에 대한 드론 공격도 대표적인 자폭드론형 테러다.

위협별 드론의 종류

드론을 이용한 위협은 아주 다양하다. 모든 위협에 대응 가능한 드론방어체계는 존재하지 않는다. 효과적인 드론방어체계를 개발하기 위해서는 먼저 특성과 성능에 따라 드론의 종류를 분류하고 그에 따른 위협의 종류를 분류할 필요가 있다. 그런 다음에 드론 종류별로 그에 적합한 방어체계를 구축해야 한다. 드론의 종류를 분류하는 데 근거가 되는 중요한 요소로는 드론의 크기, 속도, 운항(조종)거리, 기동성 등이 있다. 이와 같은 요소들을 기준으로 드론의 종류를 분류하면 다음과 같이 크게 다섯 종으로 나눌 수 있다.

1종 드론은 중대형 드론으로, 고속으로 비행 가능하며 높은 기동성을 갖춘 기종들이다. 현재 미국 등에서 무인전투기나 무인공격기UCAV로 개발 중인 기체들이 이에 해당한다. 이 기체들은 아직까지 실전에 배치된 사례가 없지만, 기존 유인전투기 방어 수단으로 대응이 가능할 것으로 판단된다.

〈드론의 종류별 특징과 성능, 방어 방안〉

드론의 종류	크기	속도	기동성	운항거리	대표 기종	방어 방안
1종	대형/중형	고속	높음	중거리	UCAV(무인공격기), MQ-25 스팅레이(Stingray)	기존 방공체계
2종	대형/중형	중속	낮음	장거리	프레데터, 글로벌호크	기존 방공체계
3종	소형	저속	낮음	단거리	DJI 팬텀 등	드론방어체계
4종	소형	중속	높음	장거리	콰세프(Qasef)	신드론방어체계
5종	소형	고속	중간	중거리	–	신드론방어체계

2종 드론은 프레데터Predator, 글로벌호크Global Hawk 등과 같은 군용 정찰·감시용 무인기들이다. 기존 전투기에 비해 속도도 느리고 기동성능도 떨어지나, 장거리를 장시간에 걸쳐 운항 가능한 것이 특징이다. 이 무인기들은 현재 수준의 대공방어체계로도 충분히 대처가 가능하다. 실제로 2019년 이란은 걸프 해협을 비행하던 글로벌호크Global Hawk기를 자국이 보유한 지대공미사일 방어체계인 코르다드Khordad 체계로 격추했다. 코르다드 체계는 1979년부터 실전 배치된 러시아의 부크Buk 대공방어체계를 개량한 것으로, 최신 대공방어체계라고 보기는 힘들다.

3종 드론은 우리가 매우 익숙한 수직이착륙이 가능한 소형 무인기들이다. 이 소형 무인기들은 그 크기가 매우 작아 탐지가 어렵지만, 기동성능이 좋지 않고 속도가 낮아 현재 상용화된 드론방어체계로 충분히 제압이 가능하다. 3종 드론은 개인들이 보유한 취미용이나 촬영용 드론들이 대부분이며, 이에 대한 방어체계는 뒤에서 자세하게 설명하겠다.

4종 드론은 총중량이 수백 킬로그램 내외의 고정익 드론이다. 이 드론들은 취미용 쿼드콥터에 비해 장거리[104]를 운항할 수 있으며, 순항속도도

104 이 부류의 드론들은 일반적으로 운항거리가 2~300km 정도다. 하지만 장거리 비행이 필요할 경우에는 1,000km 이상도 가능한 것으로 판단된다.

시속 2~300km 이상일 정도로 고속이다. 또 기존 중대형 무인기와는 다르게 저고도 비행이 가능하고, 그 크기가 상대적으로 작아 기존의 방공망 레이더로는 탐지가 쉽지 않다. 최근 사우디아라비아 정유시설에 대한 드론 공격의 사례에서 보듯이 기존 방공체계로는 탐지와 방어가 쉽지 않으며, 취미·촬영용 드론 방어체계로는 제압이 불가능한 무인항공기들이다.

마지막으로 5종 드론은 아직 현실화되지는 않았지만, 소형이나 중장거리를 빠른 속도로 비행할 수 있는 무인기들이다. 소형 무인기들은 대략적으로 시속 300km 이상으로 순항하는 것이 불가능하다. 추진기관이 왕복운동엔진이거나 전동모터이기 때문이다. 하지만 소형 터보엔진을 적용할 경우 소형 무인기의 고속화도 가능하다. 체코의 소형 터보엔진 제작사인 PBS는 2kg의 중량에 최대 230N의 추력이 가능한 소형 터보제트엔진 TJ23U를 개발해 판매하고 있다. 이 엔진은 현재 표적 드론target drone에 사용되고 있는 것으로 알려져 있는데, 최고속도 마하 0.6까지 가능하다. 고속으로 비행하는 소형 무인기는 탐지와 제압이 매우 어렵다.

TJ23U

표적 드론에 장착한 PBS사의 터보제트엔진 TJ23U의 모습. 〈출처: PBS 홈페이지〉

드론의 종류별로 가능한 위협을 평가해 대비할 필요가 있다. 1종이나 2종 드론과 같이 고성능의 군사용 드론은 전시나 준전시 상태 하에서 사용이 예상된다. 이는 평화 시에 테러나 민간에 대한 위협용으로 사용될 가능성은 상대적으로 작다. 테러용으로 사용하기에는 너무 고가이며, 사용

〈드론 종류별 위협 가능성〉

드론 위협	1종	2종	3종	4종	5종
도촬	X	X	◎	△	X
공항 침입	X	X	◎	○	X
밀수, 마약 운반	X	X	◎	○	X
CBRN 공격	△	△	△	◎	○
자폭공격	△	△	△	◎	◎

에 있어서도 특수한 장비와 훈련된 인원이 필요하기 때문이다. 3종 드론인 취미·촬영용 드론은 테러와 같은 고의적인 위협보다는 도촬이나 공항 등과 같은 국가 주요 인프라에 침입해 교란하거나 마약류와 같은 불법물품의 밀수 등에 광범위하게 사용될 수 있다. 4종 드론인 소형 고정익 드론은 자폭공격이나 CBRN 물질의 살포 등에 훨씬 더 효과적이다. 장거리 공격이 가능하며, 3종 드론인 소형 무인기보다 훨씬 더 많은 양의 폭탄이나 위험물질의 운반이 가능하기 때문이다. 터보제트엔진 등을 장착해 고속으로 비행 가능한 5종 드론은 미래 사회에 가장 치명적인 테러용 드론으로 부상할 가능성이 크다. 매우 빠른 속도로 비행이 가능하며, 고속기동도 가능해 방어가 매우 어렵다. 마하 0.6으로 비행하는 소형 비행체는 우리가 레이더로 탐지할 수 있는 5km를 30초 만에 비행한다. 이와 같은 고속 비행체를 30초 안에 인지하고 방어하기는 사실상 어렵다.

불법 드론 대응 체계

불법행위나 테러·공격을 자행하는 드론에 대응하는 방법은 탐지sensing–인식recognition–식별identification–제압killing 등의 단계로 구성된다. 먼저 탐지는 특정 구역에 드론의 존재 유무를 파악하는 것이다. 인식은 탐지된 드론의 종류 등을 확인하는 것을 의미한다. 즉, 탐지된 드론의 종류와 크기 등을 파악하는 것이다. 식별은 드론의 등록번호, 소유주 등을 확인하고 비행의 합법 여부를 파악하는 것이다. 이후 불법 드론임이 확인되면, 이를 제압한다. 불법 드론을 제압하는 방식은 통신신호나 GPS 신호를 재밍하거나, 지오펜싱 등을 통해 드론이 비행금지구역에 진입하지 못하게 하는 방식의 소프트 킬soft kill 방식과, 불법 드론에 물리적인 타격을 가하는 하드 킬hard kill 방식으로 구분된다.

드론 탐지 및 인식 기술

드론을 탐지하는 방법 중 하나는 육안으로 확인하거나 소리를 듣는 등 사람이 직접 감시하는 것이다. 하지만 이러한 방법은 감시자가 지속적으로 집중하기 쉽지 않고, 또 나안이나 직접 청취만을 통해서 탐지할 수 있는 거리가 매우 제한적이라는 단점이 있다. 이외에 또 다른 드론 탐지 방법으로는 레이더를 이용한 탐지 방법이 있다. 모든 물체는 레이더 전파를 반사하는데, 이렇게 반사된 레이더 전파를 수신하고 분석해 드론의 위치와 크기 등을 파악할 수 있다. 각각의 물체가 레이더 전파를 반사하는 면적을 RCSRadar Cross Section(레이더반사면적)라고 하는데, RCS가 크면 그만큼 더 멀리서부터 레이더로 탐지가 가능하다. 드론을 추진하는 엔진이나 전기모터는 열을 발생시킨다. 이 때문에 열화상 카메라를 이용해 드론을 탐지할 수도 있다. 또, 전자광학 카메라를 이용해 드론을 탐지하는 것도 가능하다.

레이더를 이용한 드론 탐지는 기존의 방공체계에서 주로 사용된 기법이다. 레이더에 의한 RCS는 비행체의 형상과 크기에 따라 달라진다.

취미용 드론들을 중심으로 레이더 특성 연구를 수행한 결과 DJI 사의 팬텀시리즈는 0.01~0.05의 RCS를 가지는 것으로 알려졌다.[105] 체코의 국방대학에서 다양한 쿼드콥터의 RCS를 시험한 결과[106]를 보면 좀 더 자세한 값을 알 수 있다. 체코 연구진은 8.6~9.4GHz의 X대역X-band 레이더로

105 A. Quevedo, "Drone detection and RCS measurements with ubiquitou Radar", Radar2018 conference.

106 J. Farlik, "Multispectral Detection of Commercial Unmanned Aerial Vehicles", sensors, 2019. 03.

〈특정 물체의 RCS(레이더반사면적) 비교〉

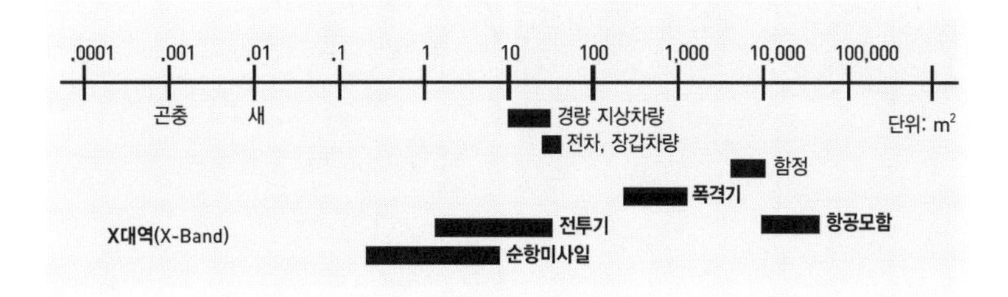

〈다양한 비행체들의 RCS〉

비행체	B-52	F-15	F-18	토마호크	하푼	새	F-35	F-22
RCS(m^2)	100	25	1	0.5	0.1	0.01	0.005	0.0001

〈출처: Globalsecurity.org〉

〈취미용 드론의 RCS〉

쿼드콥터	DJI Phantom2	DJI Phantom4	3DR Y6	3DR X8
RCS(m^2)	0.02~0.06	0.035~0.04	0.02~0.06	0.07~0.1

〈출처: Jan Farlik et al.,"Multispectral Detection of Commercial Unmanned Aerial Vehicles", 2019〉

드론을 탐지한 실험을 수행했다. 체코 연구진의 결과는 다음과 같으며, X대역 레이더로 쿼드콥터 드론을 탐지할 수 있는 거리는 최대 3.2km 정도인 것으로 파악되었다.

드론을 탐지하는 또 다른 방법은 드론과 지상의 조종자 간에 통신신호를 수신해 분석하는 것이다. 드론은 지상의 조종기 혹은 조종국ground control station[107]과 조종신호command & control, 상태정보telemetry, 그리고 영상정보 중심의 임무정보를 주고받는다. 드론과 지상 조종기 간의 신호를 수신해 드론의 위치와 정체를 파악할 수 있다. 드론의 통신신호를 수신하기 위해서는 드론이 사용하는 통신 주파수와 방식을 파악해야 한다. 드론은 주

---

107 조종국은 한 명이 아닌 다수의 조종사가 드론을 조종할 경우에 사용하는 지상조종시스템이다. 일반적으로 대형 군용 무인기의 조종팀은 비행조종사 1명, 임무조종사 1명, 감독관 1명으로 구성된다.

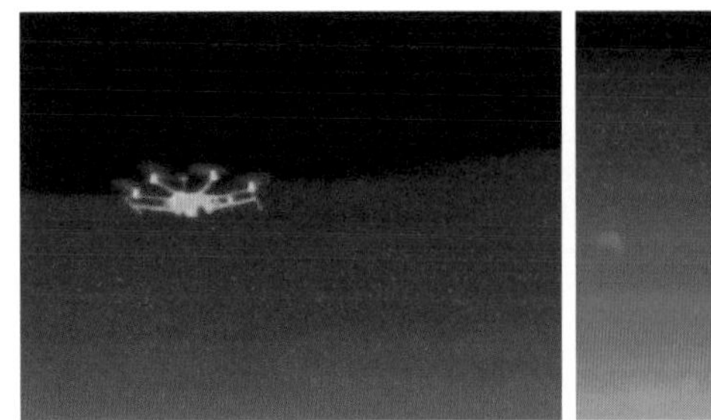

▲ 10m 떨어져 있을 때 탐지된 모습

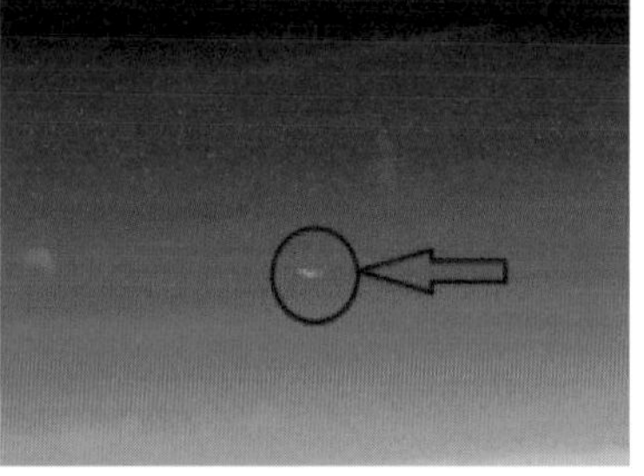

▲ 70m 떨어져 있을 때 탐지된 모습

〈FLIR 사의 A40M 적외선 열화상 카메라로 탐지한 드론〉

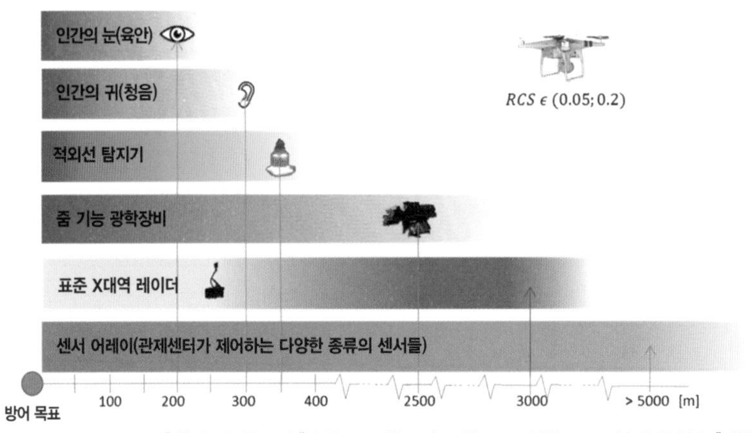

출처: Jan Farlik et al.,"Multispectral Detection of Commercial Unmanned Aerial Vehicles", 2019.

〈드론을 탐지하는 다양한 방식〉

로 RF통신과 와이파이, 이동통신, 그리고 위성통신 등을 사용한다. 드론이 사용 가능한 주파수와 통신 방식에 대한 정보가 확보되면 RF스캐너[108]를 통해 드론의 존재를 파악할 수 있다. 드론의 통신신호를 다수의 수신기를 이용해서 3각측량으로 드론의 위치 추정도 가능하다. 드론과 지상 조종기 양쪽에서 통신신호가 발신되기 때문에 조종자의 위치를 파악하는 것도 가능하다. 통신신호로 드론을 탐지하는 방식은 주로 광학 카메라를 함

---

108 드론이 사용하는 통신신호를 감지한다. 통신 신호의 방향도 측정할 수 있다.

〈각 드론 탐지 방식의 비교〉

구분	음향	RF스캐너	레이더	EO/IR	복합센서
탐지거리	X	△	O	△	O
탐지능력	O	△	O	△	O
정확도	X	△	O	△	O
추적 여부	X	O	O	O	O
식별능력	X	△	△	O	O
호버링 표적	O	O	X	O	O
자동비행 표적	O	X	O	O	O

께 운용함으로써 유용성을 높일 수 있다. 각각의 드론이 사용하는 통신 프로토콜이 상이할 수 있기 때문에 이를 분석해 드론의 정체를 파악할 수도 있다. 현재 시판되는 드론 통신 탐지장비들의 경우에는 약 1~2km 내외에서 드론 탐지가 가능하다.[109]

드론은 비행을 위해서 전기모터나 엔진을 사용한다. 전기모터와 엔진은 비행 중에 열을 발생시킨다. 드론이 방출하는 열을 적외선IR, Infra-Red 카메라[110]로 탐지할 수 있다. 엔진을 사용하는 드론에 비해 전기모터를 사용하는 드론은 방출하는 적외선의 양이 작아 적외선 카메라로 탐지가 상대적으로 어렵다. 하지만 전기모터의 경우 작동 시작 후 3분 후에는 35℃ 내외로 가열된다. 이 열을 탐지해서 드론을 확인할 수 있다. 적외선 카메라로 식별할 수 있는 최대거리는 약 350m 내외인 것으로 알려져 있다.

육안이나 청음을 통해 드론을 탐지할 수도 있다. 장비 없이 맨눈으로 탐지할 수 있는 거리는 최대 200m 정도이고, 드론의 모터와 프로펠러의 소음을 인간의 귀가 식별해낼 수 있는 최대거리는 300m 정도인 것으로 알려져 있다. 줌 기능이 있는 광학장비의 경우에는 최대 2.5km 거리에서 드

109 Dedrone 홈페이지 https://www.dedrone.com/, RF-100,300 성능지표 참고.

110 적외선은 760~1,000nm 정도의 파장대를 가진다.

론 탐지가 가능하다. 하지만 이는 드론의 위치를 대략적으로 파악할 수 있는 보조장비가 있을 경우에만 효율적으로 사용할 수 있다.

전기모터로 구동되는 소형 드론의 경우에는 크기가 작고, 소음 수준이 낮으며, 방출하는 열의 양도 적고, 또 비행고도가 낮아 기존의 방공망 레이더를 사용해 탐지하는 것이 쉽지 않다. 현재까지 가장 효율적인 방식은 통신 탐지와 X대역 레이더, 그리고 광학장비를 복합해서 사용하는 것이다.

드론 제압 기술

불법으로 침입한 드론이 확인되면, 이를 제압해야 한다. 드론을 제압하는 방법은 물리적 강제력의 유무에 따라서 소프트 킬soft kill과 하드 킬hard kill 방식으로 구분된다. 소프트 킬 방식은 드론의 통신신호나 항법신호를 방해하거나 위조해서 드론을 제압하는 방식이다. 하드 킬 방식은 개인화기, 유도무기 혹은 그물 등을 이용해 드론을 포획하거나 파괴하는 방식을 의미한다.

- **재밍:** 드론이 사용하는 통신신호를 파악해 통신신호보다 더 강한 세기로 해당 주파수의 전파를 발사해서 드론과 조종사 간의 통신을 무력화시킬 수 있다. 드론은 지상조종사와 통신이 두절되면 안전 모드가 작동해 입력된 출발 위치로 되돌아간다. 이러한 방식은 통신 재밍jamming에 의한 드론 제압이다. 드론은 통신 주파수가 공개되어 있어 재밍에 의한 제압은 비교적 수월하게 구현될 수 있다. GPS 신호를 재밍하는 것도 가능하다. GPS 신호 전파를 통신 전파의 재밍과 동일한 원리로 교란할 수 있다. GPS 재밍은 위성항법을 중심으로 하는 드론에는 매우 효율적으로 작동한다. GPS 신호가 차단되면 대부분의 드론은 표류하게 된다. 하지만 재밍은 몇 가지 단점을 가지고 있다. 먼저 통신 신호나 GPS 신호를 재밍할 경우에는 주변에서 동일한 주파수를 사용하는 기기들에 간섭을 주어 원하지 않는 부작용이 발생할 수 있다. GPS는 L대역의 매우 미약한 신호를 사용한다. 이 때문에 지상에서 재밍 신호를 발사할 경우, 매우 광범위한 범

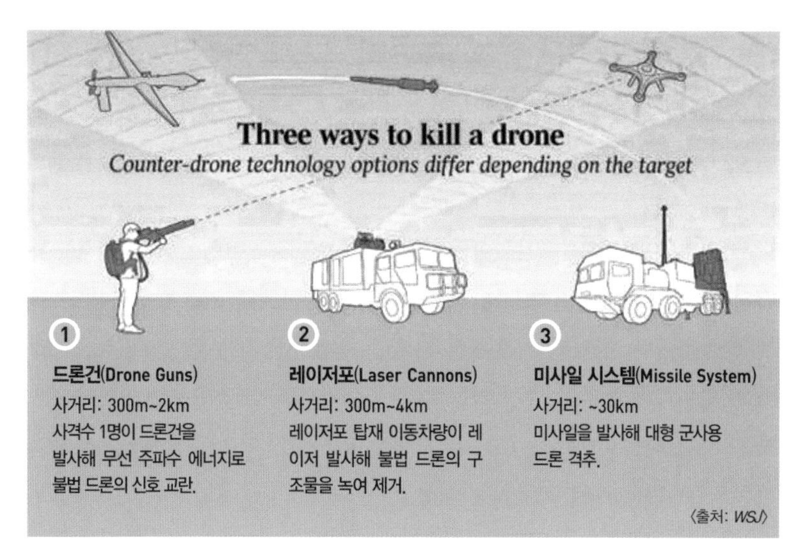

〈드론을 제압하는 세 가지 방법〉

위에서 GPS를 사용하는 기기들이 영향을 받는다. 휴대폰, 자동차용 내비게이션뿐만 아니라 항공기 등의 운항에도 지장을 줄 수 있다. 통신신호에 대한 재밍은 그 효과가 아직 입증된 바 없다. 통신신호를 확실하게 재밍하는 방법은 드론과 지상의 조종기 간의 통신신호보다 더 강력한 전파를 사용하는 것이다. 하지만 이는 주변의 타 기기에 대한 간섭을 심화시킨다. 타 기기에 대한 간섭을 최소화하기 위해서 빔포밍beamforming 등을 이용해 아주 좁은 지역으로 재밍 전파를 발사할 수 있다. 하지만 이 경우 드론이 재밍 전파가 전달되는 지역에서 빠르게 이동할 경우에는 그 효과가 반감된다.

• **지오펜싱:** 상업용 드론의 대부분은 GPS 등의 위성항법 신호를 이용해 비행을 하고 있다. 이 위성항법 신호를 이용해서 드론의 불법행위를 제압하는 것도 가능하다. 가장 간단한 방법은 지오펜싱geo-fencing[111]이다.

---

111 지오펜싱(Geofencing)은 '지리적(Geographic)'과 '울타리(Fencing)'의 합성어로, 위치정보 솔루션에 바탕을 두고 반경을 설정하여 특정 대상이 범위 안에 있느냐 없느냐를 분석하는 기술이다.

드론 비행이 허가되지 않은 장소의 좌표를 드론에 입력해 드론이 이 지역에 진입하면 드론을 비행이 허가된 지역으로 물러나게 할 수 있다. 지오펜싱이 적용되는 지역에서는 아예 드론이 작동되지 않도록 프로그램을 수정할 수 있다. 중동지역에서 ISIS가 드론을 이용한 테러를 자행하자, 미국 국방부는 드론 제작사들에게 중동에서는 드론 비행이 불가능하도록 펌웨어firm-ware를 설정하도록 요구했다. 중동 전체를 지오펜싱 지역으로 설정한 것이다. 하지만 지오펜싱 기술은 펌웨어를 비롯한 탑재 소프트웨어를 운용자가 충분히 변경 가능하다는 점에서 의도적인 불법행위자들을 막을 수 없다는 단점이 있다. 이 기술은 비의도적으로 중요 시설에 침입하는 조종자들을 막는 것에 효과적이다.

• **스푸핑:** 가짜 GPS 신호를 발사해서 드론을 나포하거나 엉뚱한 위치로 비행하게끔 할 수 있다. 이를 GPS 스푸핑spoofing이라고 칭한다. 시중에는 다양한 GPS 시뮬레이터가 판매되고 있다. GPS 시뮬레이터는 지상에서 위조된 GPS 신호를 발사할 수 있도록 해준다. 이 신호를 전파발생기에 연결해 비행하는 드론에 가짜 GPS 정보를 전달한다. 가짜 GPS 정보를 수신한 드론은 엉뚱한 장소를 비행하고 있다고 판단해 조종자가 원하지 않는 방향으로 비행하게 된다. GPS 신호에 대한 재밍이나 스푸핑은 현재까지 유용한 드론 제압 기술 중에 가장 효율적인 것으로 알려져 있다. 하지만 GPS 신호를 사용하든 다양한 기기들이 주변에 존재할 경우에는 타 기기에도 영향을 줄 수밖에 없어 사용에 매우 주의가 필요하다.

• **그물:** 드론을 직접 나포해 파괴할 수도 있다. 쿼드콥터형 드론 나포에 가장 많이 사용되는 방법은 지상이나 공중에서 그물을 발사하는 것이다. 드론네트건drone net gun을 이용해 그물을 발사새 비행금지구역에 침입한 드론을 포획할 수 있다. 영국 기업 오픈웍스 엔지니어링OpenWorks Engineering사가 제작한 지상 발사 드론네트건인 스카이월 100Skywall 100의 최대사거리는 200m라고 한다.[112] 또 네트발사장치를 드론에 장착해서 불법 드론

(왼쪽) 지상 발사 드론네트건인 스카이월 100(skywall 100)을 이용한 불법 드론 포획
(오른쪽) 드론에 장착한 네트 발사장치를 이용한 불법 드론 포획

에 가까이 접근했을 때 그물을 쏴서 포획하는 방법도 있다. 다양한 기업들이 관련된 상품들을 개발해 판매 중에 있다.[113] 하지만 드론네트건을 이용한 포획은 빠르게 움직이는 드론을 나포하는 것은 거의 불가능하다는 단점이 있다. 높은 운동에너지를 가지고 빠르게 침투하는 드론에는 효과성이 떨어진다. 그물을 이용한 드론의 포획은 쿼드콥터와 같이 정지비행이나 천천히 비행하는 드론에만 유용한 기술이다. 유사한 방법으로 독수리를 훈련시켜 불법드론을 포획하는 것도 가능하다. 하지만 이 기술또한 경량의 저속 드론에만 유용한 기술이다.

• **대공화기:** 기존 방공망용 대공화기를 이용해 드론을 파괴할 수 있다. 프랑스의 탈레스Thales 사나 독일의 라인메탈Rheinmetall 사 등은 기존의 순항미사일이나 대함미사일 방어체계를 변경해 드론 방어가 가능한 시스템을 판매하고 있다. 이들은 35~40mm 대공포와 근거리 레이더를 결합해 드론을 탐지하고 바로 자동으로 요격한다. 때로는 MANPADSMan Portable air Defence System와 같은 휴대용 미사일 시스템과 연계한 드론 방어도 가능하다. 하지만 대부분의 대공화기들은 고속으로 비행하는 군용기나 미사

112 Skywall 100 브로셔 참고.

113 대표적으로 네덜란드 델프트다이나믹스(Delft Dynamics) 사의 드론캐처(Dronecatcher) 제품군이 있다.

(왼쪽) 탈레스 사의 래피드파이어(RapidFire) 시스템을 이용한 드론방어체계
(오른쪽) 라인메탈 사의 스카이쉴드(Skyshield)

일을 막는 것에 최적화되어 있어, 저속, 저고도로 비행하는 소형 드론에는 적합하지 않을 수 있다.

• **직사에너지무기:** 레이저나 RF와 같은 직사에너지무기directed energy weapon를 사용해 드론을 파괴하는 것도 가능하다. 5~30kW의 파워를 가진 레이저로 2km 이내의 드론을 요격할 수 있는 제품들이 소개되고 있다. 독일의 라인메탈 사는 자사의 대공무기 시스템인 스카이쉴드Skyshield에 10kW급의 레이저를 탑재한 바 있다. 하지만 충분한 파워를 가지지 못한 레이저의 경우에는 불법 드론을 파괴하는 데 다소 시간이 소요된다. 이 때문에 다수의 드론을 요격하는 데에는 적합하지 않다는 지적도 있다. 레이저 대신에 고에너지의 RF나 EMP를 사용해 드론을 제압할 수도 있다. 독일의 디엘Diehl 사는 HPMHigh Power Microwave(고출력 마이크로파)를 이용해 드론에 장착된 반도체 소자를 태우는 드론방어시스템을 소개한 바 있다. 드론에 장착된 반도체 소자가 기능을 잃게 되면 대부분의 드론은 안전 모드로 전환되어 출발지나 홈home으로 지정된 장소로 되돌아가게 된다.[114] 이 밖에도 강력한 EMP탄ElectroMagnetic Pulse bomb(전자기펄스탄)을 발사해서 드론을 무력화할 수 있다. 이 방법은 다수의 군집드론을 방어하는 데 매

114 RTH(Return to Home) 혹은 RTL(return to launch)이라 칭한다.

(왼쪽) 라인메탈 사의 스카이쉴드에 적용된 외를리콘(Oerlikon)의 고에너지레이저건(High Energy Laser Gun)
(오른쪽) 디엘 사의 HPM 무기

우 효과적이다. 하지만 주위의 전자기기도 파괴시킬 수 있어 사용에는 한계가 있다.

우크라이나군의 드론 대응 전술

다종다양한 드론이 전투에 동원되고 있는 우크라이나-러시아 전쟁은 드론의 전술적 활용 못지않게 드론 대응 기술의 중요성을 재차 강조하는 계기가 되고 있다. 기술 발전과 함께 저비용 고성능 소형 드론의 등장으로 인해 전장에서 적군의 드론을 식별하고 효과적으로 차단하는 것이 점점 더 어려워지고 있기 때문이다. 그런데 우크라이나군의 부코벨Bukovel-AD 대드론 전자전 시스템이 다종다양한 러시아군의 드론을 효과적으로 차단하면서 서방세계 군사전문가들의 관심이 집중되고 있다.

우크라이나의 대드론 전자전 시스템 부코벨-AD

부코벨-AD는 지난 2014년, 러시아의 크림 반도 강제합병 이후 벌어진 크고 작은 무력충돌을 계기로 본격적인 개발이 시작되었다. 무인기를 활용하는 러시아군의 대대전투단BTG에 대항하기 위한 목적으로 2015년 개발 완료되었고, 우크라이나군에는 2016년부터 실전배치되기 시작했다.

고성능 소형 드론의 등장 덕분에 이제 군용 드론과 상용 드론을 구분하는 것은 사실상 무의미해졌다. 다종다양한 드론이 전투에 동원되고 있는 우크라이나-러시아 전쟁은 드론의 전술적 활용 못지않게 드론 대응 기술의 중요성을 재차 강조하는 계기가 되고 있다. 사진은 중국산 DJI 드론을 활용해 근거리 정찰 임무를 수행 중인 우크라이나군의 모습이다. 〈출처: 우크라이나군 합동군 페이스북 계정(https://www.facebook.com/GeneralStaff.ua)〉

2021년부터는 보다 성능이 개량된 부코벨-AD R4가 주요 국가 시설물 방호에 활용되고 있다. 부코벨-AD를 개발한 우크라이나 정보통신회사인 프록시무스Proximus LLC는 해외 수출에도 적극적으로 뛰어들어 2019년 왕립 모로코 육군Royal Moroccan Army에 부코벨-AD를 수출하기도 했다. 문제는 예산 부족과 전력획득 우선순위 문제로 러시아의 무력침공 전까지 우크라이나군이 충분한 수의 부코벨-AD를 실전배치하지 못했다는 것이다.

실제로 2023년 2월 러시아의 무력침공 이후 러시아군 드론에 의한 피해가 급증하면서 야전에서 부코벨-AD를 빨리 지원해달라는 요구가 빗발

가장 저렴하고 확실한 하드 킬 방식의 드론 대응 전술은 보병용 소화기 또는 기관총과 같은 공용화기로 드론을 공격해 파괴하는 것이다. 우크라이나군은 전술통신망을 기반으로 하는 기동방공팀(드론 사냥꾼)을 적극적으로 활용해 큰 효과를 거두고 있다. 〈출처: 우크라이나군 합동군 페이스북 계정(https://www.facebook.com/GeneralStaff.ua)〉

쳤음에도 불구하고 여전히 획득 우선순위에서 밀리는 상황이다. 사실 부코벨-AD의 성능은 서방세계 주요 방위사업체들이 내놓은 여느 무인항공기 대응체계에 비하면 평범 그 자체다. 70~100km 거리에서 무인항공기UAV를 포착하고 16~20km 이내의 거리에서 전파방해로 UAV와 통제소의 무선 연결을 차단해 무력화시킬 수 있다. 손바닥만한 DJI 매빅과 같은 소형 드론은 탐지거리가 더 짧아진다. 대신 강력한 출력으로 한번 포착하면 확실하게 무력화시킬 수 있다. 미국의 GPS는 물론 러시아의 글로나스GLONASS, 유럽연합의 갈릴레오Galileo, 중국의 비다우Beidou 신호를 완벽하게

우크라이나 정보통신회사인 프록시무스 LLC가 개발한 대드론 전자전 시스템인 부코벨-AD가 다종다양한 러시아군의 드론을 효과적으로 차단하면서 서방세계 군사전문가들의 관심이 집중되고 있다. 부코벨-AD는 70~100km 거리에서 무인항공기(UAV)를 포착하고 16~20km 이내의 거리에서 전파방해로 UAV와 통제소의 무선 연결을 차단해 무력화시킬 수 있다. 미국의 GPS는 물론 러시아의 글로나스(GLONASS), 유럽연합의 갈릴레오(Galileo), 중국의 비다우(Beidou) 신호를 완벽하게 차단할 수 있다. 무엇보다도 부코벨-AD의 가장 큰 장점은 별다른 개조 없이도 다양한 차량과 삼각대에 장착해 사용할 수 있고, 장비 작동 준비시간도 2분 이내로 짧다는 것이다. 〈출처: Wikimedia Commons | CC BY-SA 4.0〉

차단할 수 있다. 무엇보다도 부코벨-AD의 가장 큰 장점은 별다른 개조 없이도 다양한 차량과 삼각대에 장착해 사용할 수 있고, 장비 작동 준비시간도 2분 이내로 짧다는 것이다.

성능은 평범하지만 놀라운 전과를 거둔 부코벨-AD의 비결

사실 부코벨-AD는 전파교란을 통해 UAV와 드론을 제압하는 소프트 킬 방식의 드론 대응 무기체계다. 당연히 물리적으로 드론을 완전히 파괴하는 하드 킬 방식에 비해 효과가 약할 수밖에 없다. 그럼에도 불구하고 우크라이나에서 부코벨-AD가 놀라운 활약을 할 수 있는 배경은 무엇일까?

먼저 부코벨-AD의 놀라운 활약상이 외부에 알려지게 된 계기부터가 흥미롭다. 최전선에서 전투 중인 우크라이나군 전투부대에 모금을 통한 기부 형태로 부코벨-AD가 전달되면서 관련 정보가 언론을 통해 조금씩 공개된 것이다. 실제로 부코벨-AD를 전달받은 제59차량화보병여단 '야키우 한쥬크Yakiv Gandzyuk'는 2023년 2월, 러시아군의 무력침공 직후 멜리토폴Melitopol 및 토막Tokmak 전투에서 큰 피해를 입은 부대다. 우크라이나 언론인 유리 부투소브Yurii Butusov는 다양한 모금 활동을 통해 1,600만 흐리우냐(우리 돈으로 약 5억 4,000만 원)를 확보하고 제59차량화보병여단에 부코벨-AD를 전달했다. 프록시무스 LLC 역시 사회관계망서비스SNS, 영상통화 및 메신저 등을 활용해 야전에서 부코벨-AD를 실제로 운용하는 장병들을 적극적으로 지원하고 있다. 그런데 이러한 실시간 소통이 부코벨-AD의 성능 개량은 물론 러시아군 드론에 대한 확실한 차단 효과까지 이어지고 있다. 야전의 전투원과 체계 개발자가 소통하면서 지식과 경험을 공유하는 것은 물론 완전히 다른 관점에서 문제를 분석하는 것이 가능해지면서 엄청난 상승효과를 거두고 있는 것이다.

전술통신망을 통해 다른 부대 혹은 다른 무기체계와 유기적으로 연동하는 것도 주목할 부분이다. 2분 내외의 짧은 장비 작동 준비시간 덕분에 장시간 장비 사용으로 위치를 노출시키는 것이 아닌, 순간적으로 장비를 작동시켜 러시아군의 드론을 기습 공격하는 전술도 자주 사용되고 있다. 이것이 전부가 아니다. 전시라는 특수성을 고려해 불필요한 행정 절차를 과감히 생략하고 야전부대의 결정권을 보장하는 우크라이나군 수뇌부의 통 큰 결정으로 부코벨-AD의 확장성은 더욱 광범위해졌다. 부코벨-AD를 활용한 기상천외한 드론 대응 전술이 등장하고 시도되고 있으며, 이것은 역설적으로 러시아군의 대응을 점점 더 어렵게 만들고 있다. 결과적으로 부코벨-AD를 효율적으로 활용한 덕분에 제59차량화보병여단은 러시아군 드론에 대한 확실한 거부능력을 확보하게 되었다. 참고로 지난

2001년 설립된 프록시무스 LLC는 통신 및 시스템 통합 분야에서 독창적인 첨단기술을 제공하는 엔지니어링 회사이며 경찰과 군을 위한 다종다양한 무선통신장비와 기술을 다루고 있다.

부코벨-AD를 통해 첨단무기의 미래를 보다

과거에는 무기체계에도 천적天敵 혹은 서로 대칭점에 있는 적수敵手가 존재했다. 하지만 기술 발전 속도가 점점 빨라지면서 이러한 대결 구도는 완전히 다른 무기체계로 대체되고 있다. 일례로 과거에는 전차를 상대하기 위해 전차가 필요했지만, 지금은 전투기 혹은 공격헬기에서 발사 가능한 정밀유도폭탄부터 보병용 대전차유도무기까지 선택의 폭이 넓어졌다. 드론과 드론 대응 전술만 놓고 보더라도 관련 기술의 눈부신 발전 때문에 "눈에는 눈"과 같은 대응은 효과를 보기 점점 더 어려워지고 있다. 새로운 위협이 등장할때마다 '즉응성' 혹은 '발상의 전환' 같은 것이 강조되는 것도 이러한 배경 때문이다.

앞서 수차례 언급한 바와 같이 새로운 위협이 등장하는 속도와 주기가 점점 짧아지고 있어서 군은 더 빠르고 효과적으로 위협에 대응할 것을 강요당하고 있다. 이러한 상황에서 전력을 유지할 수 있는 방법은 '기본기가 튼튼한 무기체계'와 '서로 다른 무기체계를 효과적으로 조합해 활용할 수 있는 창의력'으로 요약할 수 있을 것이다. 미국을 비롯한 선진국들이 과거의 대전략을 포기하고 새로운 무기체계와 전술로 전환하는 것 역시 이와 무관하지 않다.

한편 일반적인 전력획득 과정을 초월해 해당 무기체계를 긴급하게 필요로 하는 전투부대를 위해 민간인들이 십시일반 돈을 모아 기부하고, 무기를 만든 회사가 실시간으로 전투원들과 소통하며 성능을 개량하는 일련의 과정은 전문가들이 흔히 이야기하는 상상 속 미래 전쟁의 한 장면이다. 흥미로운 사실은 이러한 상상 속 미래 전쟁의 모습이 우크라이나에서 부코벨-AD를 통해 현실로 구현되고 있다는 것이다. 서방세계 군사전문가들이 부코벨-AD에 관심을 갖는 배경 역시 무기체계 자체의 성능보다는 무기체계의 성능을 극한까지 활용할 수 있는 창의력과 발상의 전환에 있다. 이러한 관점에서 우크라이나군의 드론 대응 전술은 분명히 연구하고 본받을 만한 가치가 있다.

기술 발전에 의한 드론 방어 기술 발전 전망

끝나지 않는 창과 방패의 전쟁

미 국방부 국방정보국DIA, Defense Intelligence Agency은 2002년부터 '블랙 다트Black Dart'로 불리는 드론 공격 대응 훈련을 비공개로 진행하고 있다. 2014년 7월에는 이례적으로 훈련 현장을 언론에 공개했는데, 중요한 것은 한 가지 대응 방법에 집착하지 않고 상황에 따라 레이저, 미사일, 대공포, 첨단 레이저 기술 등 다양한 방법을 복합적으로 사용했다는 것이다.

드론방어체계는 드론 기술의 발달에 따라서 무력화될 수 있다. 드론이 위성항법 신호에 의존하지 않고 자율비행이 가능해지면, GPS 재밍이나 스푸핑에 의한 방어는 무력화된다. 2019년 9월의 사우디아라비아 드론 공격과 같이 수십 대의 드론이 군집으로 공격할 경우에는 현재 대부분의 드론방어체계는 매우 취약할 수밖에 없다. 이처럼 드론에 대한 방어수단이 발달함에 따라 이를 회피하려는 기술 또한 발전한다. 드론 기술은 방어 회피가 목적이기보다는 다양한 필요성 때문에 발전한다. 최근에는 민수 부분에서 응용 분야의 다양화로 인한 수요 증가가 드론 기술 발달의 주요 요인이 되고 있다. 드론 기술이 발달하면 드론을 탐지하고 추적하며 제압하는 것이 점점 더 어려워진다. 현재 드론은 위성항법 신호를 바탕으로 운항한다. 위성항법 신호에 의존하는 드론을 방어하기 위해서는 위성항법 신호를 교란하거나 위조하는 것이 가장 효과적이다. 하지만 위성항법 신호가 아닌 주변의 영상을 기반으로 운항하는 영상항법vision navigation을 사용하는 드론의 경우에는 위성항법 신호 교란으로는 방어할 수 없다. 이처럼 새로운 기술이 등장하면 이에 걸맞는 드론 방어 기술을 개발해야

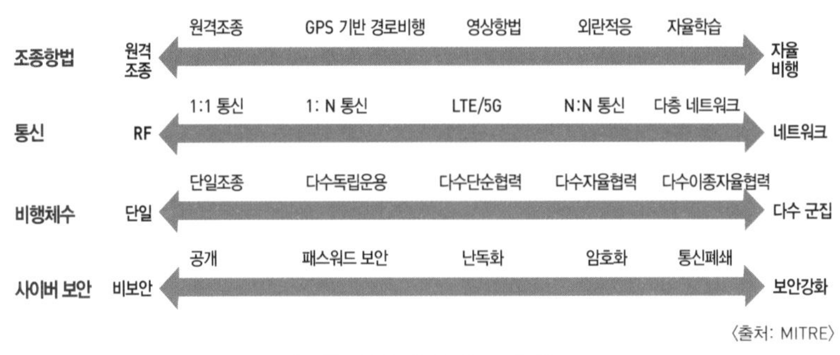

〈출처: MITRE〉

〈드론 방어 관련 발전 전망〉

한다. 드론 방어와 관련된 기술들을 정리해서 이에 대한 장기적인 대책을 마련하는 것이 필요한 이유다. 드론 방어와 관련된 기술들[115]로는 통신 기술, 항법 기술, 군집 기술, 보안 기술 등을 들 수 있다.

조종항법 분야에서는 통신 기반 원격조종 기술이나, GPS 기반 경로비행 기술 등이 현재 가장 많이 쓰이는 기술이다. 이 두 가지 조종항법은 외부로부터 신호와 정보의 전달이 필수적이다. 기계학습과 영상정보 처리에 특화된 각종 프로세서processor unit[116]의 발달이 급속하게 진행됨에 따라, 영상으로부터 조종항법에 필요한 정보[117]를 추출하고 가공하는 것이 점점 쉬워지고 있다. 영상을 분석해 드론의 현재 위치와 고도, 자세 등의 상태 정보를 추출해 이를 바탕으로 비행이 가능해지면, 외부 조종사로부터 조종신호를 받을 필요가 없고 GPS가 제공하는 위치정보가 필요 없다. 외부 정보에 의존하지 않는 드론은 재밍이나 스푸핑으로 제압하기가 매우 어렵다.

통신 기술은 현재 RF를 사용해 하나의 조종기가 하나의 드론을 조종하는 방식이 사용된다. 이러한 방식은 통신신호를 재밍해 무력화가 가능하다. 하지만 드론이 한두 가지 통신 방법에 의존하지 않고 디지털 네트워

---

115 MITRE, "Small Unmanned Aircraft: Characterizing the Threat", 2019. 2.

116 영상정보 처리에 특화된 프로세서로는 NVIDIA의 GPU, 인텔의 VPU, 구글의 TPU, 삼성의 NPU 등이 개발되거나 상용화되고 있다.

117 드론의 위치, 고도, 속도, 자세 등의 상태와 주변의 지형과 지물정보 등을 의미한다.

크로부터 RF까지 다양한 방식의 통신 주파수와 프로토콜을 사용하게 되면, 통신 방식을 파악해 드론의 정체를 파악한 후에 통신 주파수를 재밍하거나 통신 신호를 해킹해 무력화하는 것이 더 어려워질 수 있다. 불법 드론이 통신 주파수에 대한 재밍이나 해킹 시도를 인지하면 통신 주파수와 통신 방식을 변경해 이를 회피할 것이기 때문이다.

공격하는 드론의 수가 급격하게 늘어나면 이를 방어하는 것은 더욱더 어려워진다. 기존에는 대형 기체를 사용해 공격하는 것이 일반적이었다. 하지만 이렇게 대형 기체를 사용할 경우, 대형 기체가 요격되면 작전 자체가 실패할 수 있다. 이에 대한 대안으로 소형 경량의 드론 다수가 군집을 이뤄 공격하는 방식이 등장했다. 군집을 이루는 드론들은 각자 역할을 분담하면서 목표물을 공격하고 군집드론의 일부가 격추되면 다른 드론이 그 임무를 대신하며 빈틈을 메운다. 대형 기체가 아닌 소형 기체를 사용하기 때문에 방공체계에 의한 요격 가능성은 더욱더 낮아진다. 그리고 한두 대의 드론이 격추되어도 살아남은 드론들이 임무를 완성할 수 있다. 따라서 소형 군집드론을 방어하는 것은 아직까지도 해결해야 할 중요한 과제로 남아 있다.

따라서 현재 개발되고 있는 대 드론 무기체계 혹은 드론 대응 기술 역시 드론 기술 발전에 맞춰 지속적으로 보완·발전할 것으로 예상된다. 특히 1~2m 크기의 드론을 포착하는 것은 매우 고난도의 기술을 요구하는 만큼 대 드론 무기체계 혹은 드론 대응 기술 못지않게 드론 포착 기술 역시 지속적으로 개발될 것으로 전망된다.

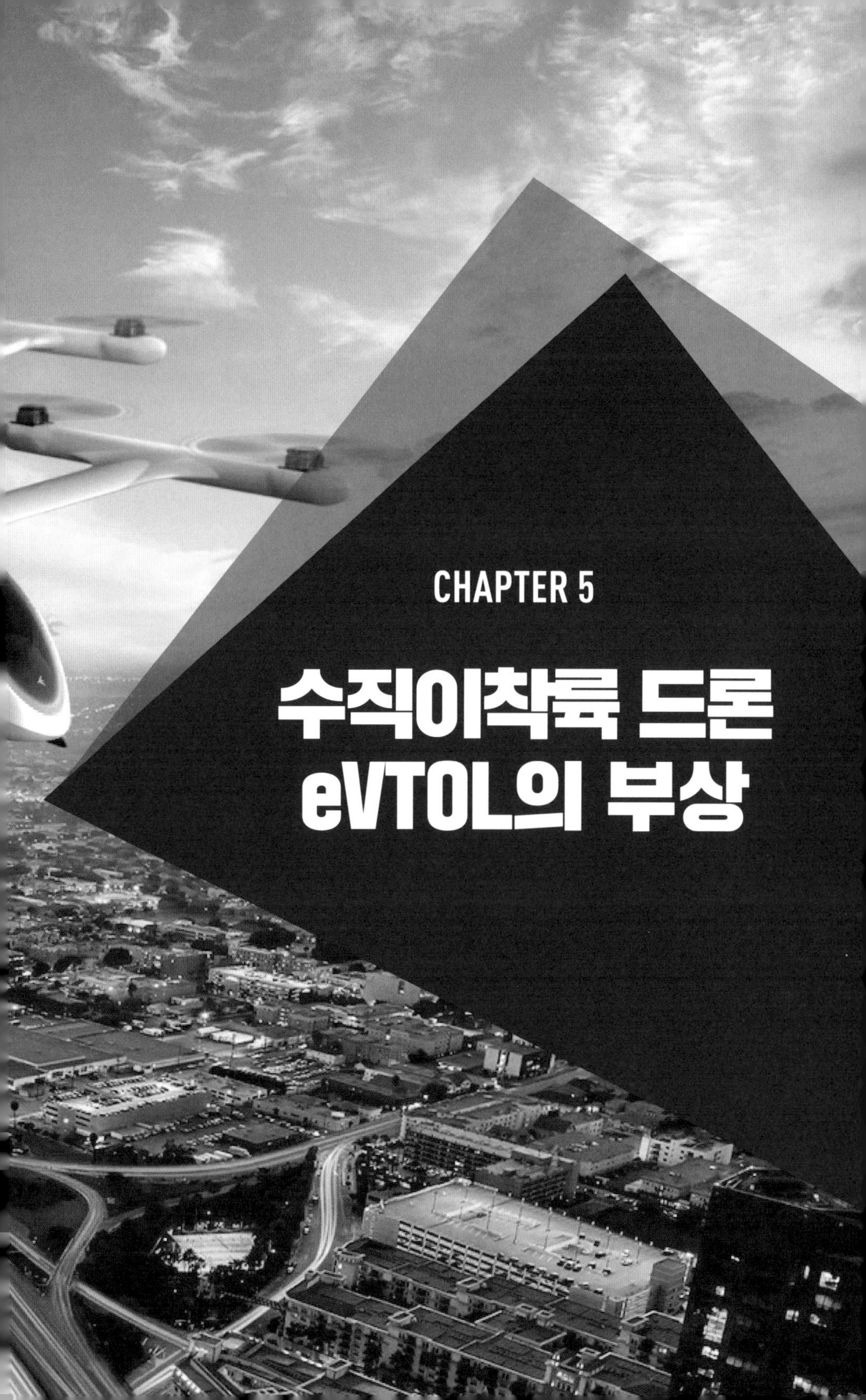

CHAPTER 5

수직이착륙 드론 eVTOL의 부상

1.
드론을 대중교통수단으로

미국 NASA의 중장기 항공교통 비전(AAM, Advanced Air Mobility)

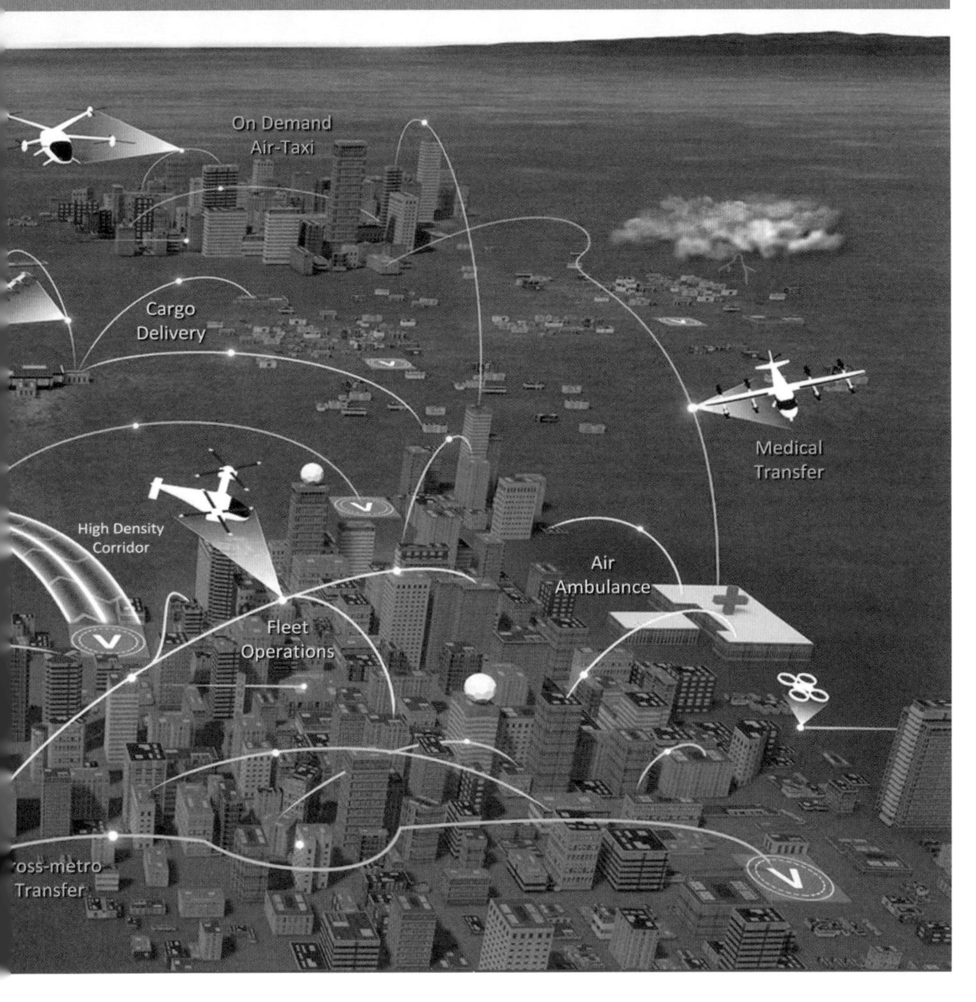

전 세계적인 급격한 도시화와 인구 집중으로 인한 도시의 무한 확장, 지상 및 지하 교통 기반시설Infrastructure 확충의 한계와 교통량 폭발에 따른 혼잡은 새로운 교통수단에 대한 필요성과 수요를 증폭시키고 있다. 이러한 시대적 요구에 맞춰 세계 각국은 3차원 교통수단인 도심항공교통UAM, Urban Air Mobility(이하 UAM)[118] 개념을 새롭게 정립하고 실용화를 위한 기술

---

118 자율비행이 가능한 소형(2~8인승 내외) 비행기를 이용해 도시의 대중교통을 담당하는 방식을 의미한다. 도시에 건설된 수직이착륙장(vertiport) 사이를 정시비행(scheduled flight) 혹은 택시와 같은 온디맨드(on-demand) 방식으로 약 50km 내외를 비행한다.

적·제도적 기반을 마련하기 위해 노력하고 있다. 공상과학영화 속에서나 가능해 보였던 하늘을 날아다니는 대중교통수단, 그중에서도 조종사 없이 승객만 탑승하는 에어택시Air Taxi가 눈앞의 현실로 다가오고 있는 것이다.

PAVPersonal Air Vehicle(개인용 항공기)[119]가 차세대 교통수단이라면 UAM은 PAV와 소형 수직이착륙 드론 등을 활용해 도심 내 사람과 물품을 수송하는 보다 포괄적인 개념이다. 일반적으로 PAV는 비행체 자체를 의미하며, UAM은 도심 내 교통을 담당할 비행체와 비행체를 운용하기 위한 제반 규정 그리고 도심 내에서 비행체가 운항할 항로, 이착륙장, 에너지 충전시설 등의 기반시설 전반을 포함한다고 말할 수 있다.

UAM 개념은 무인항공기의 원거리제어long distance Remote control 혹은 군집 드론 제어swarm drone control 같은 무인 통제 기술을 근간으로 하고 있는 것이 특징이다. 여기에 더해 기존의 회전익 항공기와 달리 별도의 조종사가 없고, 작은 크기에 완벽한 원격 무인제어기술을 바탕으로 정해진 비행 구간을 빠르고 안정적으로 이동할 수 있으며, 합리적인 비용과 손쉬운 이용이 가능할 것으로 예상된다. 바로 최첨단 정보통신기술ICT, Information & Communication Technology의 발전과 4차 산업혁명 덕분이다.

정보통신기술의 발전과 4차 산업혁명 덕분에 인류는 새로운 물질문명의 시대를 맞이하고 있다고 해도 과언이 아니다. 정보통신기술의 발전과 4차 산업혁명의 영향으로 새로운 교통수단 및 교통 서비스가 속속 등장하고 있으며, 여기에 더해 공유경제sharing economy 개념은 대중교통에 대한 사람들의 인식 자체를 변화시키고 있다. 실제로 개인이 교통수단을 소유하기보다는 다양한 서비스를 필요에 따라 선택적으로 이용하는 서비스형 모빌리티MaaS, Mobility-as-a-Service[120] 및 연계교통 서비스Seamless Service가 확대되고 있는 추세다.

---

119 PAV는 개인이 소유하는 승용차의 항공기 버전을 의미하며, 출퇴근이나 레저 등에 개인이 직접 운전하는 항공기를 의미한다.

120 서비스형 모빌리티, 일명 마스(MaaS)는 자동차를 포함한 철도, 택시, 버스, 자전거, 렌터카, 카셰어링 등 다양한 교통수단을 단일 플랫폼에 결합하는 통합 이동서비스를 의미한다. 자율주행차나 로보택시 등 새로운 교통서비스도 속속 등장하고 있다.

여기에 더해 대도시를 중심으로 하는 기존 지상 및 지하교통체계의 한계 및 혼잡으로 인해 도심 상공을 자유롭게 비행하는 3차원 교통수단인 UAM에 대한 관심이 높아지고 있는 추세다. 정보통신기술의 발전과 4차 산업혁명 덕분에 UAM 구현에 필요한 소재, 배터리, 제어(S/W), 항법 등 핵심 기술이 충분히 성숙되었기 때문이다. 여기에 더해 내연기관이 아닌 전기를 동력원으로 하는 eVTOLelectric Vertical Take Off & Landing의 등장으로 UAM은 환경문제에서도 자유롭다는 특징이 있다.

실제로 헬리콥터와 같은 회전익 항공기와 유사한 고도와 경로 및 속도로 비행 가능하면서도 진보된 설계 및 항공역학적 특성으로 소음이 적고(헬기 소음 80dB 대비 UAM 소음은 체감 기준 20%인 63~65dB 수준) 탄소 배출이 거의 없을 것으로 예상된다. 이러한 장점을 바탕으로 UAM은 대도시 기준 승용차로 1시간 내외가 소요되는 30~50km의 도로 정체구간을 단 20분 만에 이동할 수 있는 친환경 교통서비스다. 여기에 더해 기존 버스, 철도, PMPersonal Mobility 등과 연계해 환승 시간을 최소화하고 안정적인 연계교통 서비스를 통해 충분한 가격경쟁력까지 확보할 수 있을 것으로 예상된다.

차세대 교통수단으로 부상한 eVTOL

CES 2020에서 현대차는 PAV(개인용 항공기) 개발 계획을 발표했다. 미국의 우버UBER 사와 합작해 2028년까지 도심에서 PAV를 사용한 공중교통망 상용화를 시작하겠다는 계획이다. 현대차의 계획과 같이 소형 수직이착륙VTOL, Vertical Take-off and Landing 드론을 사용해 도심 내 인력과 물품을 수송하는 계획을 UAM(도심항공교통)이라고 표현한다.

eVTOL은 미래 UAM을 구현하는 데 있어 핵심적인 비행체다. 수직이착륙기인 VTOLVertical Take-off & Landing[121]에 전기 동력을 의미하는 e가 붙

---

121 VTOL은 활주로 없이 수직으로 이착륙이 가능한 비행체다. 헬리콥터가 대표적인 VTOL이다.

은 eVTOL은 전기로 구동되는 수직이착륙 비행체를 의미한다. eVTOL은 드론과 유인항공기의 중간 형태로 볼 수 있다. 전기모터로 구동되며, 자율비행이 가능하다는 측면에서 드론으로 볼 수 있고, 승객을 태우고 비행한다는 측면에서는 기존의 유인항공기로 분류될 수 있다. eVTOL이 최근에 각광을 받게 된 가장 큰 이유는 점점 더 악화되는 도심 내 교통상황 때문이다. 《월스트리트저널Wall Street Journal》의 보도[122]에 따르면, 베이징의 평균 자동차 속도는 12km/h에 지나지 않는다. 자동차가 발명되기 전 마차의 평균 속도가 10~15km/h였다는 사실을 감안하면 교통량 증가로 인해 기술 발전의 효과가 거의 상쇄되었다고 보아야 할 것이다. 세계 주요 대도시에서도 비슷한 현상이 벌어지고 있으며, 특히 교통량이 집중되는 출퇴근 시간대에는 평균 속도가 더욱 떨어져 대부분 10km/h에도 미치지 못한다. 흥미로운 사실은 이러한 현상이 세계 주요 대도시에서 예외 없이 벌어지고 있다는 것이다.

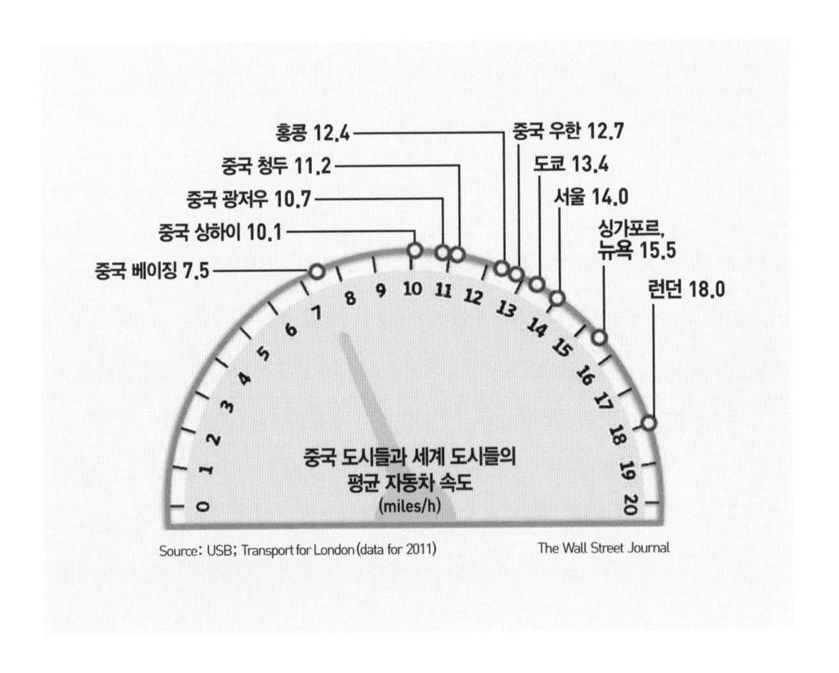

122 The wall street journal, "China's Urban Nightmare: Gridlock", 2014. 1. 2.

물론 도심 내 교통 정체의 원인은 도시의 지정학적 위치, 인구밀도, 도시의 형태 등에 따라 매우 다양하다. 좁은 도로, 예측 범위를 넘어 급속하게 증가하는 교통량, 반대로 더디기만 한 도로망 추가 건설 및 개선, 병목 현상과 출퇴근 시간의 중복 등이 주요 원인으로 지목된다. 그렇기 때문에 eVTOL에 의한 UAM이 대도시에서 교통정체를 해소할 수 있는 유력한 후보로 부상하고 있다. 하늘이라는 3차원 공간을 비행하는 eVTOL은 상대적으로 유연한 교통량 분산 및 통제가 가능하기 때문에 교통정체 유발 가능성이 매우 낮다. eVTOL은 전기모터로 구동되기 때문에 미세먼지 등의 원인물질 등을 배출하지 않는다는 큰 장점도 가지고 있다. 점점 더 많은 국가들과 기업들이 도심공중모빌리티의 가능성에 주목하고 있으며, 그 핵심 수단인 eVTOL 개발에 뛰어들고 있다.

헬리콥터와 eVTOL 비교

eVTOL은 다양한 면에서 기존의 헬리콥터와 비교된다. 수직이착륙이 가능한 헬리콥터는 개발 초기부터 도심 교통의 유력한 수단으로 주목받아 왔다. 수직이착륙이 가능한 헬리콥터는 민간 분야에서 주로 승객 수송이나 환자 수송 목적으로 사용되어왔다. 미국의 경우 도심에서 범죄예방 및 범죄자 추적에 경찰 헬리콥터가 적극적으로 사용되고 있으며 응급환자 이송을 위한 에어엠뷸런스Air Ambulance 혹은 닥터헬기의 활용 빈도 역시 높다. 여기에 방송사들의 속보 경쟁이 치열해지면서 사고 현장에 신속한 접근이 가능한, 영상중계장치를 갖춘 방송용 헬기 역시 대량으로 운용되고 있다. 그럼에도 불구하고 헬리콥터는 승객을 수송하는 교통수단으로서는 몇몇 도시[123]들을 제외하고는 널리 활용되지 못하고 있다. 여러 가지 이

123 브라질의 상파울루(São Paulo)는 가장 많은 헬리콥터가 운용되고 있는 도시로 유명하다. 상파울루의 경우 등록된 헬리콥터의 수가 약 500여 대이고, 하루 700회 이상의 비행이 이루어진다. 도심에서 차량의 속도가 15km/h 내외에 머물고 있는 상파울루에서는 주로 공항과 도심 간에 비행이 이루어지고 있다. 차량으로 50분 이상이 소요되는 공항과 도심 간의 거리를 헬리콥터로는 5분 이내에 도달한다.

유로 자유로운 운항이 쉽지 않고 시간당 운용비가 매우 비싸기 때문이다. 이러한 이유로 수직이착륙이 가능한 헬리콥터는 민간 분야보다는 군대에서 더 많이 활용되고 있다.

〈헬리콥터와 eVTOL 비교〉

	헬리콥터	eVTOL
형상		
프로펠러	주 로터 1, 꼬리 로터 1	수직 방향 다수의 프로펠러(4개 이상)
추력	내연기관 엔진	전기모터
동력원	연료	전기배터리/연료전지 등
조종 방식	조종사	자동 혹은 자율비행

헬리콥터가 도심에서 교통수단으로 자리잡지 못한 것은 몇 가지 원인이 있다. 상대적으로 나쁜 연비에 조종하기가 어렵고, 소음이 크고 진동이 심해 탑승감이 좋지 못했다. 고속으로 회전하는 주 로터를 빈번하게 정비해야 했고, 이로 인해 높은 정비비용이 소모되는 것도 헬리콥터가 가진 단점 중 하나였다. 주 로터가 발생시키는 소음은 탑승객뿐만 아니라 헬리콥터의 이착륙장 근처에 거주하는 주민들에게도 큰 불편을 야기했다. 헬리콥터의 상대적으로 높은 사고율과 비싼 가격도 헬리콥터의 대중화에 걸림돌로 작용했다.

eVTOL은 이러한 헬리콥터의 주요 단점들을 극복할 수 있을 것으로 기대된다. 전기를 주 동력원으로 사용하는 eVTOL은 연료비에서 큰 비용 절감이 가능하다. 전기모터로 직접 프로펠러를 구동하기 때문에, 헬리콥터에 필요한 다양한 동력전달 장치가 필요 없게 된다. 특히 헬리콥터의 주 로터를 조종하기 위한 스와시 플레이트swash plate[124]가 필요 없게 되어

124 스와시 플레이트(swash plate)는 헬리콥터 주 로터의 피치각을 조절해주는 기계장치다. 헬리콥

정비가 매우 간단해질 수 있다. 전기모터는 엔진에 비해 고장 등이 적어 유지비용이 상대적으로 저렴하다. 이처럼 eVTOL은 헬리콥터와 비교 시 운용유지비가 저렴하다. 또 eVTOL은 헬리콥터보다 훨씬 더 소음이 작다. 헬리콥터의 주 소음은 내연기관 엔진과 주 로터에서 발생한다. 전기모터는 구동 시 아주 작은 소음이 발생한다. eVTOL은 다수의 프로펠러를 사용하기 때문에 하나의 대형 로터를 사용하는 헬리콥터보다 소음이 훨씬 작다. 하지만 프로펠러가 작아짐에 따라 회전수가 증가하고, 이로 인해 사람들이 더 피로하게 느끼는 고주파의 소음이 발생하는 것은 앞으로 해결해야 할 과제다. 스와시 플레이트를 제거하고 엔진을 사용하지 않음으로써 비행체에 발생하는 진동도 매우 낮아질 수 있다. 낮아진 진동과 소음은 탑승객의 안락하고 쾌적한 비행을 보장한다.

eVTOL은 다수의 프로펠러를 사용해 추력을 발생시킨다. 이러한 방식을 분산형 추진distributed propulsion 방식[125]이라고 한다. 분산형 추진 방식은 한두 개의 프로펠러나 모터가 고장나거나 오작동해도 비행체의 추락으로 이어지지 않는다. 정상적으로 작동하는 나머지 프로펠러들이 비행체가 서서히 하강할 수 있는 정도의 추력을 발생시킬 수 있기 때문이다. 따라서 분산형 추진 방식은 eVTOL의 안전성을 향상시키는 데 활용된다. 분산형 추진 방식은 추진 시스템을 이중화할 수 있는 장점도 가진다. 만약 8개의 프로펠러를 사용한 분산형 추진 방식이라면, 4개씩 두 쌍의 추진장치는 각각 별도의 배터리와 조종장치로 구성할 수 있다. 각각 별도의 추진 시스템으로 구성됨에 따라서 하나의 시스템이 파손되거나 고장 난다고 해도 나머지 추진 시스템을 이용해 안전하게 착륙하는 것이 가능하다. eVTOL

터의 주 로터는 비행 모드에 따라 일괄적으로 받음각(pitch angle)을 조절하는 컬렉티브 피치(collective pitch)와 로터가 헬리콥터 전진 방향으로 움직일 경우와 후방으로 움직일 경우에 각도를 조절해주는 싸이클릭 피치(cyclic pitch)가 필요하다.

125 소형 비행기는 하나 혹은 2개의 추진장치를 장착하는 것이 일반적이나, 8개 이상의 추력장치가 요구 마력을 나누어 감당하도록 배치하기도 하는데, 이러한 방식을 분산형 추진 방식이라 한다. 전기모터는 여러 개의 모터로 나누어 추력장치를 구성해도 중량이 급격하게 증가하지 않아 분산형 추진 방식을 적용하는 것이 가능하다.

은 드론용으로 개발된 고도화된 자율비행 기술의 적용이 가능하다. 레벨 3 이상[126]의 자율비행 기능이 구현된 드론은 조종에 특별한 기술이 필요 없어진다. eVTOL의 성공 여부는 무엇보다도 비행체의 가격이 결정할 가능성이 크다. 현재 헬리콥터의 약 10분의 1 정도의 가격을 구현하는 것이 필요해 보인다. 비행체에서 전기모터는 내연기관 엔진에 비해 가격에서 큰 이점[127]을 지닌다. 기체 구조나 항전장비는 그 비용이 생산 대수에 크게 좌우된다. eVTOL이 자동차와 유사하게 대량생산체계를 구축한다면 현재 헬리콥터와 비교 시 아주 큰 폭의 생산단가 절감이 기대된다.

다양한 형태의 eVTOL

항공기제작사, 스타트업 등의 기업들과 세계적인 연구기관들과 같은 많은 플레이어들이 eVTOL의 개발에 참여하고 있다. 지금까지 제안된 eVTOL의 기체 형상들은 크게 세 가지 형태로 요약된다. 드론과 같은 멀티콥터형, 고정익과 드론을 복합한 리프트앤크루즈Lift & Cruise형, 그리고 틸트형이다. 멀티콥터형은 2~4명의 승객이 탑승할 수 있도록 소형 드론의 크기를 확대한 형상이다. 중국 이항億航, EHang과 독일의 볼로콥터Volocopter, 유럽연합의 에어버스Airbus 사의 시티에어버스cityairbus 등이 대표적이다. 고정익과 드론을 복합한 리프트앤크루즈형은 고정익에 수직이착륙을 위한 프로펠러를 추가로 배치한 형상이다. 리프트앤크루즈형은 헬리콥터나 쿼드콥터와 같이 수직으로 이착륙하고, 순항비행은 고정익 비행기와 같이 날개에서 발생하는 양력을 이용한다. 고정익과 드론을 복합한 리프트앤크루즈형으로는 항공기제작사인 보잉 사와 합작으로 스타트업 기업인 키티 호크Kitty Hawk 사가 개발 중인 코라Cora와 브라질의 항공기

---

126 이에 대해서는 5장의 자율비행 부분을 참고하기 바란다.

127 자동차는 일반적으로 전기자동차가 엔진자동차보다 가격이 비싸다. 이는 엔진자동차가 대량생산으로 인해 규모의 경제를 달성했기 때문이다. 반면, 비행기는 생산대수가 적어 엔진의 가격이 매우 높을 수밖에 없다. 비행기에 적용되는 전기모터는 생산시설과 기술들을 자동차 등과 공유할 수 있을 것으로 예상된다. 이 때문에 전기모터 비행기는 가격경쟁력 확보가 가능해질 수 있다.

멀티콥터형 eVTOL은 승객 2~4명이 탑승할 수 있도록 소형 드론의 크기를 확대한 형상이다. 사진은 독일의 볼로콥터다. 〈사진 출처: https://www.volocopter.com〉

고정익과 드론을 복합한 리프트앤크루즈형 eVTOL은 고정익에 수직이착륙을 위한 프로펠러를 추가로 배치한 형상이다. 쿼드콥터와 같은 방식으로 이착륙하고, 고정익으로 순항한다. 사진은 항공기제작사인 보잉 사와 합작으로 스타트업 기업인 키티 호크 사가 개발 중인 코라다. 〈사진 출처: https://kittyhawk.aero〉

틸트형 eVTOL은 추력을 담당하는 프로펠러가 이착륙 시는 수직 방향으로 작동하고 순항 시는 수평 방향으로 작동한다. 사진은 벨 헬리콥터의 넥서스다. 〈사진 출처: https://www.bellflight.com/products/bell-nexus〉

제작사인 엠브레어EMBRAER가 제안한 형상 등을 들 수 있다. 틸트형은 추력을 담당하는 프로펠러가 이착륙 시는 수직 방향으로 작동하고 순항 시는 수평 방향으로 작동한다. 한국항공우주연구원KARI, Korea Aerospace Research Institute에서 개발한 틸트로터형 무인항공기인 스마트무인기를 유인용으로 발전시킨 모델이다. 한국항공우주연구원이 개발 중인 OPPAV, 벨 헬리콥터Bell Helicopter의 넥서스Nexus, 에어버스 사의 바하나Vahana 등이 대표적으로 개발이 진행 중인 모델이다. 현대차가 2020 CES에서 발표한 형상도 틸트형이다.

eVTOL은 351쪽 그림과 같은 비행임무선도를 가지는 것이 일반적이다. 다양한 비행체들의 장단점을 비교하기 위해서는 eVTOL을 위한 표준 임무선도를 정의하고 이에 따라 정량적인 비교를 수행해야 한다. eVTOL은 정의된 임무선도와 같이 여유비행시간reserved flight time을 확보해야 한다. 여유비행시간은 계획된 착륙지점이 기상상황 악화나 이착륙 지연 등에 의한 혼잡상황 발생, 혹은 예기치 못한 사고 등으로 인해 사용이 불가능한 상황에 대비해 최소한 근접한 착륙장소로 이동할 수 있는 비행시간을 의미한다. 여유비행시간은 각국의 항공국[128]이 정해 운항자들에게 준수를 강제하고 있다. 당분간은 여객운항과 같이 20~30분의 여유비행시간을 확보하는 것이 필요하다.

멀티콥터형은 현재 25kg 이하급으로 사용되는 드론 기체들을 사람이 탑승할 수 있도록 캐빈을 장착하고 크기를 키우는 방식으로 개발이 진행된다. 수직으로 장착된 프로펠러들은 이착륙과 순항 시 모두 사용된다. 멀티콥터형은 이미 상용화가 완성된 드론의 기술적 성과들을 계승할 수 있다는 장점이 있다. 멀티콥터형 eVTOL은 사람이 탑승하는 캐빈을 제외하고는 대부분의 기능들이 소형 드론에서 충분히 검증되었다. 자동조종이나 이착륙 안정성, 그리고 전기모터 구동 등은 대형화에 따른 하

---

128 항공운항과 관련되어 기체, 인프라, 운항 등에 안전을 책임 지는 정부기관이다. 미국은 FAA(Federal Aviation Administration: 연방항공국)이, 유럽은 EASA(European Union Aviation Safety Agency: 유럽항공안전청)이 담당하고 있다.

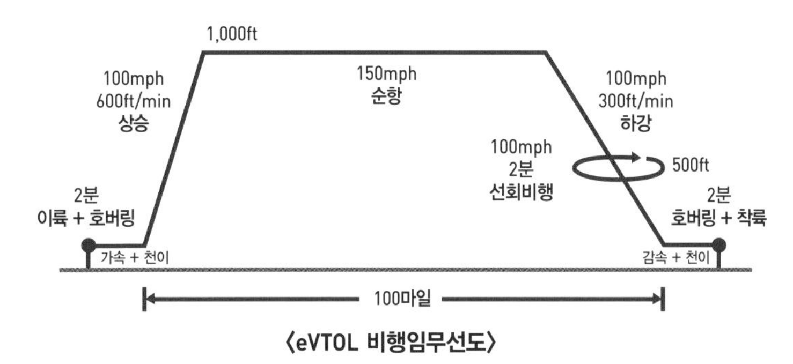

〈eVTOL 비행임무선도〉

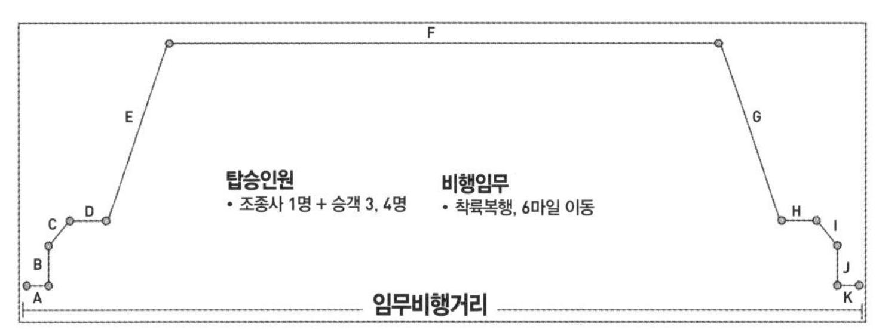

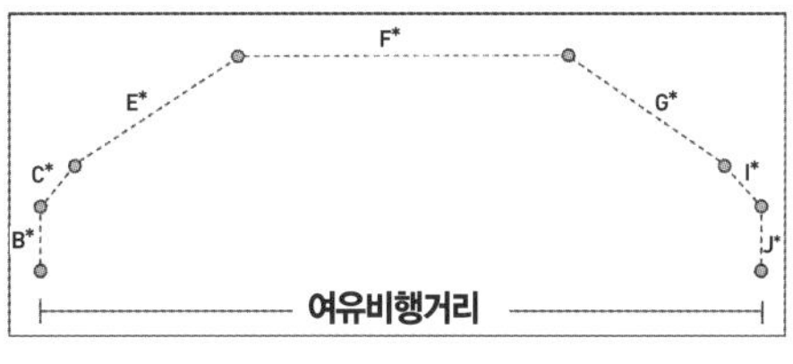

		비행거리	수직속도 (ft/min)	수평속도 (mph)	최종지표기준고도 (ft)
A	지상 이동	미정의	0	3	0
B	호버 상승		0~500	0	50
C	천이 + 상승	비행구간에 따라 정의	500	0~1.2*Vstall	300
D	출발 종말 절차		0	1.2*Vstall	300
E	가속 + 상승		500	1.2*Vstall~150	1500
F	순항		0	150	1500
G	감속 + 하강		500	150~1.2*Vstall	300
H	도착 종말 절차		500	1.2*Vstall~0	50
I	천이 + 하강		500~300	1.2*Vstall~0	50
J	호버 하강	미정의	300~0	0	0
K	지상 이동		0	3	0
L	여유비행	착륙복행, 500피트 지표기준고도에서 6마일 이동			

중 증가를 제외하고는 대부분이 입증된 기술들이다. 이 때문에 멀티콥터형 eVTOL은 가장 먼저 인증당국[129]으로부터 안전인증과 비행허가를 획득할 것으로 기대된다. 멀티콥터형 eVTOL의 가장 큰 단점은 에너지효율이 낮다는 것이다. 헬리콥터와 같은 회전익기는 날개를 가진 고정익기에 비해 순항 시 에너지효율이 떨어진다. 동일한 거리를 같은 속도로 비행하면 4배 이상의 에너지가 소모된다. 순항 시의 낮은 에너지효율은 멀티콥터형 eVTOL의 비행거리를 제한한다. 비행거리가 늘어날수록 필요한 배터리의 중량이 급증하기 때문이다. 날개가 없는 멀티콥터형 eVTOL의 또 다른 단점은 추력을 발생시키는 프로펠러의 고장이나 오작동에 대한 대책이 부족하다는 것이다. 이는 동일한 회전익기와 비교할 때 매우 큰 단점이다. 멀티콥터와 비교해 헬리콥터는 매우 큰 로터를 가지고 있다. 엔진이나 모터가 동력을 잃으면 회전익기는 낙하를 시작한다. 낙하 시 헬리콥터의 로터를 통과하는 공기는 주 로터를 회전시킨다. 주 로터가 회전하면 양력이 발생해 동력을 잃은 헬리콥터가 자유낙하하는 것을 막아준다. 이를 오토자이로 효과로 부르는데, 이 효과 덕분에 주 로터에 동력 공급이 끊어지더라도 헬리콥터는 천천히 낙하해 안전성을 확보할 수 있다. 오토자이로 효과가 나타나기 위해서는 주 로터가 자유회전을 일으킬 수 있을 만큼 충분히 커야 한다. 4개 이상의 프로펠러를 사용하는 멀티콥터는 각 프로펠러의 크기는 작아질 수밖에 없어 오토자이로 효과가 매우 작거나 나타나지 않을 수 있다. 따라서 동력을 잃었을 경우에 비행체의 자유낙하를 막을 수 있는 별도의 보조 수단을 갖출 필요가 있다. 멀티콥터에서 동력장치에 이상이 발생할 경우에 추가 안전성을 확보하는 방법은 동력장치를 이중화하는 것이다. 멀티콥터의 프로펠러를 8개 이상 장착하고, 이를 2개의 그룹으로 나누어 전력을 공급하는 것이다. 하나의 동력장치가 고장이나 오작동을 할 경우에도 나머지 그룹의 프로펠러가 정상적으로

---

129 미국의 FAA와 유럽의 EASA가 대표적이다. 항공교통을 담당하는 유인항공기들은 대부분 이 양대 인증기관의 안전인증을 통과해야 상업적인 판매가 가능하다. FAA와 EASA는 여객기 분야에서 상호감항인증을 폭넓게 인정하고 있어, eVTOL에도 유사한 방식이 적용될 것으로 예상된다.

구글 프로젝트 윙의 배달용 드론에 적용된 고정익과 드론을 복합한 리프트앤크루즈형 기체

작동하면, 추락을 막을 수 있거나 추락 속도를 최대한 낮춰 치명적인 사고를 방지할 수 있다.

고정익과 드론을 복합한 리프트앤크루즈형은 주익과 꼬리날개를 가진 고정익기와 멀티콥터를 결합한 형태로 이해할 수 있다. 이 방식은 최근 구글Google의 모기업인 알파벳Alphabet에서 시작한 프로젝트 윙Wing의 배달용 드론에 적용된 바 있다. 구글 윙은 주날개-동체-꼬리날개와 같은 전통적인 고정익기 형상을 채용했다(위 사진 참조). 주익에서 앞뒤 방향으로 긴 붐을 장착해 그 위에 수직 방향으로 이착륙용 프로펠러를 장착했다. 이 붐의 후방에 안정성 확보를 위해 꼬리날개를 장착했다. 승객이 탑승하는 eVTOL은 동체 하단이나 상부에 캐빈을 장착한다. 복합형 드론은 순항 단계에서 고정익 모드로 비행한다. 앞서 기술한 바와 같이 순항 단계에서는 고정익 모드가 훨씬 더 효율적이다. 이 때문에 고정익과 드론을 복합한 리프트앤크루즈형이 멀티콥터형에 비해 훨씬 더 먼 거리를 비행할 수 있다. 고정익 모드는 보다 빠르게 비행할 수 있다는 추가적인 장점도 있다. 주익이 장착된 경우에는 동력장치가 고장이나 오작동 시에도 글라이딩[130]

---

130 글라이딩 방식은 비행체가 서서히 고도를 낮추며 주익에서 발생하는 양력으로 비행하는 방식이다. 주익의 면적이 일정 정도 큰 경우에만 가능하다. 주익의 면적이 작으면 날개의 단위면적에 작용하는 하중이 커져 실속이 발생할 수 있다. 실속이 발생하면 글라이딩은 불가능해진다.

방식으로 추가적인 비행이 가능해 활주가 가능한 공간을 찾아 안전하게 착륙할 수 있다. 하지만 고정익과 드론을 복합한 리프트앤크루즈형의 가장 큰 단점은 이착륙과 순항 시에 사용하는 추진장치가 구분되어 추가적인 중량 증가가 불가피하다는 것이다. 또 순항효율을 높이기 위해 장착된 주익과 꼬리날개는 이착륙 시에는 불필요한 중량물일뿐더러, 측풍이나 돌풍 시에는 안정성을 저해한다. 항공기 사고의 많은 부분이 이착륙 과정에서 발생함을 고려하면, 주익의 장착으로 인해 이착륙 시에 발생하는 불안정성은 매우 큰 단점으로 작용한다.

틸트로터 비행체 비행 형상

틸트형은 고정익과 드론을 복합한 리프트앤크루즈형과 거의 유사하나 이륙 시 수직 방향으로 향하던 프로펠러를 순항 시 90도 방향을 바꾸어 수평으로 향하는 방식이다. 착륙 시는 수평으로 향하던 프로펠러를 다시 회전시켜 수직 방향으로 변경한다. 즉, 이착륙 시는 수직 방향으로 프로펠러의 추력이 작용하는 회전익 모드, 순항 시는 전진 방향으로 추력이 작용하는 고정익 모드로 비행한다. 틸트형은 고정익 비행기의 최대 약점인 이착륙을 위한 활주로가 필요 없다. 이는 좁은 공간에서 이륙과 착륙을 할 수 있다는 운용상의 엄청난 이점을 가져다준다. 틸트를 위해서 프로펠러와 전기모터의 방향을 전환할 수 있는 기계적 장치를 장착한다. 미국의 벨 헬리콥터는 군용으로 V-22 오스프리Osprey[131]를 상용화한 바 있

131 1989년 초도비행에 성공했으며, 2007년에 실전에 배치되어 현재 200대 이상이 생산되었다. 24명에서 32명까지의 병력 수송이 가능하다. 최대 1,628km까지 비행이 가능하며 최대 운용고도는 7,600m이다

으며, 국내에서는 한국항공우주연구원KARI에서 틸트로터 방식의 스마트 무인기[132]를 개발해 비행시험에 성공한 바 있다. 한국항공우주연구원은 틸트로터 무인기 개발에서 축적한 기술을 기반으로 OPPAVOptionally Piloted PAV[133] 개발에 착수했다. 틸트형 eVTOL은 최소한 4개 이상의 추력장치를 장착하는 것이 일반적이다. 추력장치의 수가 많아지면 고장이나 오작동 시 안전성을 보강할 수 있다. 항공기는 고정익 모드보다 회전익 모드가 더 많은 추력을 요구한다. 회전익 모드에서는 추력장치가 항공기의 무게와 항력drag을 모두 이길 수 있어야 하지만, 고정익 모드에서는 항공기의 무게는 주날개의 양력lift이 담당하고, 추력장치는 항력만을 이기면 되기 때문이다. 이 때문에 4개 이상의 추력장치가 장착된 틸트형에서는 회전익 모드에서 고정익 모드로 전환 시 모든 추력장치를 틸트할 필요는 없다. 최근에 개발되고 있는 많은 틸트형 eVTOL들이 모든 추력장치를 틸트하지 않고 일부만을 틸트하는 것은 틸트에 필요한 장치들의 수를 줄여 중량과 비용을 줄일 수 있기 때문이다. 틸트형의 장점은 고정익과 드론을 복합한 리프트앤크루즈형에 비해 더 적은 수의 추력장치가 필요하다는 점이다. 적은 수의 추력장치로 인해 시스템이 보다 간단해지고, 중량이 절감된다. 하지만 틸트를 위한 기계장치들이 추가로 필요해 이에 의한 중량 및 시스템 복잡도 증가는 불가피하다. 틸트형은 전익 모드와 고정익 모드 간에 천이transition 과정에서 나타날 수 있는 불안정성이 먼저 해결될 필요가 있다. 한국항공우주연구원이 개발한 스마트 무인기는 천이 과정에서 나타나는 불안정성을 대부분 해결한 것으로 알려지고 있다. 하지만 보수적인 항공인증당국의 업무 관행을 고려해보면, 틸트형 eVTOL에 대한 안전인증에는 상당한 시간이 소요될 것으로 예상된다.

---

132 2011년 1톤급의 TR-100 초도비행에 성공했다. 이후 200kg급의 TR-60이 추가로 개발되었다. 스마트 무인기 개발로 대한민국은 틸트로터 무인항공기 개발에 성공한 세계 두 번째 국가가 되었다.

133 OPPAV는 무인 자동비행과 유인 파일롯 비행이 가능한 eVTOL이다. 기존의 스마트 무인기는 터보샤프트와 로터리 등의 내연기관 엔진을 동력원으로 사용했다면, OPPAV는 전기모터로 구동된다.

〈비행체 형상별 개발 진행 중인 eVTOL 프로젝트〉

형식	멀티콥터형	
개발 기체		
	이항 184(EHang 184)	볼로콥터(Volocopter)
속도	100~150KPH	
비행거리	50~70km	
승객수	2~4명	
운용범위	도시 내(intracity)	
인증시기	단기 가능	
장점	경량, 단기 내 현재 드론 기술 기반 인증 가능	
단점	낮은 연비, 단거리 운행	

형식	고정익과 드론을 복합한 리프트앤크루즈형	
개발 기체	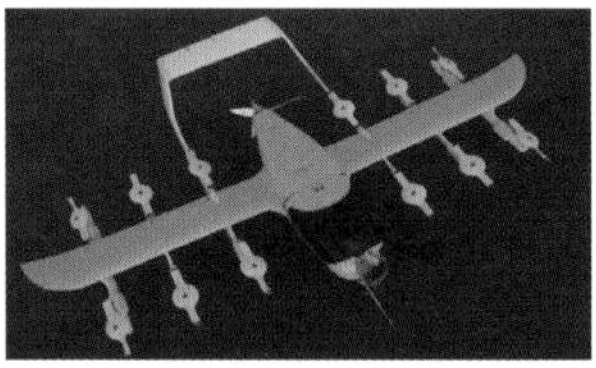	
	키티 호크 코라(Kitty Hawk Cora)	엠브라에르(Embraer) eVTOL
속도	150~250KPH	
비행거리	~300km	
승객수	4~6명	
운용범위	도시 내(intracity), 도시 간(intercity)	
인증시기	중장기 가능	
장점	중장거리 비행 가능, 개선된 연비	
단점	고중량으로 인한 비효율	

형식	틸트형	
개발 기체		
	벨 넥서스(Bell Nexus)	현대 PAV
속도	250KPH 이상	
비행거리	~500km	
승객수	4~6명	
운용범위	도시 내(intracity), 도시 간(intercity)	
인증시기	장기 소요	
장점	높은 연비, 장거리 비행	
단점	유인틸트기의 안전성 확보 필요	

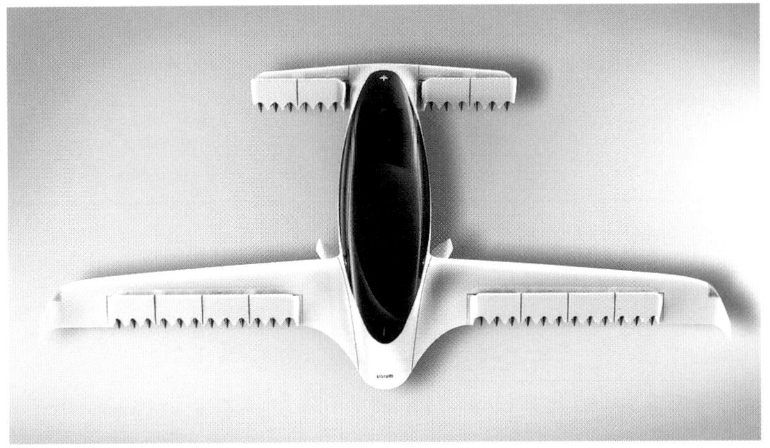

릴리움 사가 개발 중인 분산틸트형 eVTOL 릴리움 제트 〈사진 출처: https://lilium.com/〉

독일의 릴리움Lilium[134] 사가 개발하는 분산틸트형 제트는 eVTOL이 나가야 할 바를 보여준다. 릴리움 제트Lilium Jet는 36개의 덕티드 e-fanducted electric fan jet[135]으로 구동된다. 소형의 e-fan은 날개의 일부분인 플랩flap[136]과 엘리베이터elevator[137] 등에 삽입된다. 플랩과 엘리베이터가 틸트되면

134 자세한 사항은 홈페이지(www.lilium.com)을 통해 확인이 가능하다.

135 덕티드 e-fan은 고속비행을 위해 덕트로 둘러쌓인 팬엔진을 사용한다.

136 플랩은 주 날개의 후방부에 장착된 움직이는 날개를 의미한다. 낮은 속도에서 양력을 증가시키기 위해 사용한다.

137 엘리베이터는 꼬리날개에 장착되는 조종면(control surface)이며, 항공기의 피치각을 조절한다.

〈주요 스타트업들이 개발 중인 eVTOL의 제원 및 발전 현황〉

	이항(EHang)	키티 호크	릴리움
국가	중국	미국	독일
eVTOL 기체명	이항 216(EHang 216)	코라(Cora)	릴리움 제트(Lilium Jet)
탑승인원	2명	2명	5명
전폭	약 4m	약 11m	약 11m
로터 수	16개	12개	36개
비행속도	약 130km/h	약 180km/h	약 300km/h
항속거리	약 70km	약 100km	약 300km
발전 현황	• 2021년 대량생산 개시 계획 • 1,000회 넘는 비행 기록 • 오스트리아 항공업체 FACC와 공동 개발	• 2020년대 상반기에 뉴질랜드에서 드론택시 운항 개시 계획 • 400회 넘는 비행 기록 • 에어 뉴질랜드(Air New Zealand)와 공동 개발	• 2025년까지 실용화 계획 • 2019년 4월 VTOL 시험비행 성공 • 중국 텐센트(Tencent)와 그외 다수 기업으로부터 9,000만 달러 자금 조달

e-fan의 추력 방향이 수직과 수평 방향으로 변화해 이착륙과 순항비행이 가능해진다. 릴리움 제트가 특별한 이유는 프로펠러가 아닌 덕티드 팬ducted fan을 추력장치로 사용한다는 점이다. 덕티드 팬은 프로펠러에 비해 고속비행을 가능하게 한다. eVTOL이 도시와 도시 간을 연결하기 위해서는 보다 빠른 속도를 구현해야 한다. 릴리움 제트는 현재 시점에서 상상 가능한 가장 미래형 eVTOL이다.

eVTOL 운항의 경제성

eVTOL은 도심 내intracity와 도시 간intercity에서 사람과 화물을 운송할 목적으로 개발되고 있다. eVTOL이 미래의 주요한 교통수단으로 자리 잡기 위해서는 많은 난관들을 극복해야 한다. 먼저 eVTOL이 타 교통수단에 비해 뚜렷한 장점을 가져야 한다. eVTOL이 가진 가진 가장 큰 장점은 교통정체 없이 목적지에 바로 도착할 수 있다는 점이다. 차량의 평균 속도가 15km/h인 도시의 경우 30km 떨어진 목적지에 도착하는 데 2시간이 소요된다. 최고속도 150km/h인 eVTOL을 사용한다면, 이착륙을 위한 시간을 고려해도 20분 이내에 도착이 가능하다. 즉, 1시간 40여분의 여유 시간을 확보할 수 있는 셈이다. 탑승, 하차, 그리고 목적지까지 도보나 차량 등으로 추가 이동이 각각 10분씩 필요한 경우라도 40여분이면 이동이 가능해진다. 최소한 1시간 20여분의 여유 시간이 확보된다. 하지만 이러한 이득은 차량의 평균 속도가 30km/h가 되면 시간 이득은 20여분으로 줄어들고, 대략 50km/h가 되면 시간 이득은 사라진다.[138] 도심 내 교통에서 eVTOL의 비교우위는 확실히 교통정체 정도에 따라 결정된다.

우리나라에서는 도시와 도시 간의 이동에서 eVTOL의 비교우위가 확실하게 나타날 수 있어 보인다. 부산 해운대에서 서울의 강남으로 이동하는 경우를 생각해보자. 이때 선택할 수 있는 교통수단은 김해공항에서 비행기를 타는 것과 부산역에서 KTX를 타는 것, 그리고 자동차로 이동하는 것이다. 각각의 방식에 대해 소요되는 시간을 계산해보면 다음과 같다.

〈부산 해운대에서 서울 강남으로 이동 시 각 교통수단별 소요시간〉

<table>
<tr><th colspan="2">교통수단</th><th>탑승이동</th><th>탑승대기</th><th>주 이동</th><th>하차</th><th>최종이동</th><th>총소요시간</th></tr>
<tr><td rowspan="2">항공기</td><td>자가용</td><td>45분</td><td rowspan="2">40분</td><td rowspan="2">70분</td><td rowspan="2">20분</td><td>40분</td><td>215분</td></tr>
<tr><td>대중교통</td><td>70분</td><td>50분</td><td>250분</td></tr>
<tr><td rowspan="2">KTX</td><td>자가용</td><td>30분</td><td rowspan="2">15분</td><td rowspan="2">160분</td><td rowspan="2">10분</td><td>30분</td><td>245분</td></tr>
<tr><td>대중교통</td><td>50분</td><td>40분</td><td>275분</td></tr>
<tr><td colspan="2">자가용</td><td colspan="5">270분</td><td>270분</td></tr>
<tr><td colspan="2">eVTOL</td><td colspan="2">10분</td><td>90분[22]</td><td colspan="2">10분</td><td>110분</td></tr>
</table>

eVTOL을 이용해 부산 해운대에서 서울 강남까지 이동할 경우에는 항공기를 이용하는 경우보다 최소 105분에서 140분가량의 시간을 절약할 수 있다. KTX를 탈 경우에는 최대 165분(2시간 45분)가량의 시간을 절약

138 서울에서 러시아워 시 차량 평균 속도는 15km/h, 평상시 차량 평균 속도는 30km/h, 심야의 차량 평균 속도는 50km/h로 가정할 수 있다.

할 수 있다. eVTOL의 효율성은 중소도시에서 중소도시로 이동 시 더욱 더 커진다. 여수에서 울진으로 이동하는 경우를 고려해보자. 두 도시는 직선거리로 300km가량 떨어져 있고, 자동차를 이용할 경우 이동 거리는 425km가량 된다. 대중교통을 이용할 경우에는 여수에서 부산으로 이동해 부산에서 포항을 거쳐 울진으로 이동해야 한다. 각각 소요되는 시간을 비교해보면 eVTOL은 100분, 자가용은 290분, 대중교통은 무려 8시간 이상이 필요하다.[139] eVTOL은 공항 건설이나 KTX와 같은 대규모 인프라 투자가 힘든 중소도시와 중소도시를 연결하는 교통에서 아주 큰 효용을 가져다줄 것이다. 특히 육지에서 멀리 떨어진 낙도를 연결할 경우에는 그 경제적 효용성이 극대화될 수 있다.

eVTOL은 운송비용 면에서 타 교통수단과 비교해 경쟁력을 확보해야 한다. 다양한 교통수단별 운송비용은 기존의 운용 사례를 통해 도출된 비용을 통해 비교가 가능하다.[140] 마일당 소요되는 비용을 eVTOL이 대체할 수 있는 기존의 교통수단들을 통해 유추할 수 있다. 마일당 운용비용은 헬리콥터가 9달러, 택시가 3달러, 그리고 자동차는 약 0.5달러 내외의 비용이 소요된다. 부즈 앨런 앤드 해밀턴Booz Allen & Hamilton은 eVTOL의 마일당 운용비용을 6.25달러에서 최대 11달러 정도로 추산하고 있다.

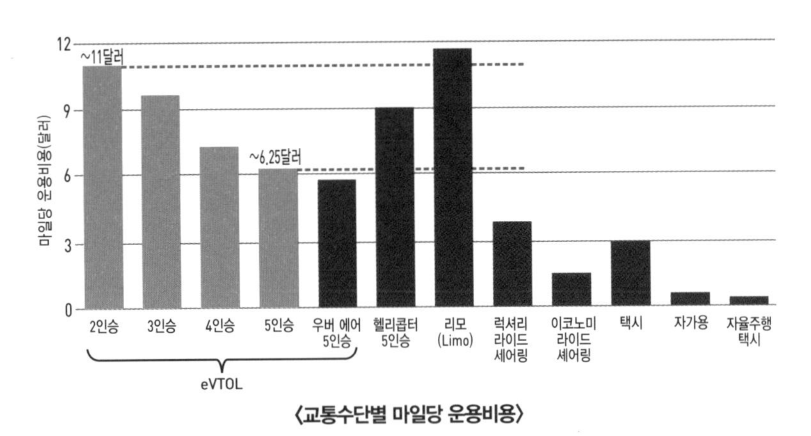

<교통수단별 마일당 운용비용>

139 네이버지도의 길찾기 기능을 이용해 계산했다. 실제 소요시간이나 거리 등은 조금 다를 수 있다.

140 결과값들은 부즈 앨런 앤드 해밀턴의 "Urban air mobility market study"를 인용했다.

앞의 결과를 그대로 사용하면 부산역에서 서울역까지 eVTOL을 타고 이동하면 대략 1,300~2,400달러 정도가 소요된다. 우버사가 제안하는 마일당 5.8달러를 적용하면 약 1,240달러의 운송비용이 소요된다. 원화로는 150만 원 정도다. 국내에서 다양한 교통수단들로 부산에서 서울까지 이동할 경우 실비용과 직접적인 비교가 가능하다. 국내 지도 내비게이션 서비스[141]를 이용해 관련된 비용을 산출했다. 현재 이용 가능한 교통수단으로 이동할 경우 부산 해운대에서 서울 강남까지는 고속철도와 대중교통수단을 이용할 경우 최저 6만 2,600원에서 택시를 이용할 경우 최대 38만 1,300원이 소요된다. eVTOL은 비용 구조가 확립되지 않아 세 가지 운용비용을 가정해 비용을 산출했다. km당 1.5달러, 3달러, 5달러에 대한 비용을 계산해보면 최소 62만 6,600원에서 최고 210만 6,600원이 예상된다. 헬리콥터와 유사한 비용이 소요될 경우가 가장 최대치이고, 헬리콥터 운용비용의 30%가량이 소요될 경우가 최소치다.

〈부산 해운대에서 서울 강남으로 이동 시 각 교통수단별 비용〉

교통수단		탑승이동	주 이동	최종이동	총비용
항공기	택시	22,000원	83,300원	29,530원	134,830원
	대중교통	2,000원		1,550원	86,850원
KTX	택시	16,000원	59,800원	12,500원	88,300원
	대중교통	1,500원		1,300원	62,600원
자동차		톨비 21,300원, 주유비 60,000원, 감가상각 85,000원			166,300원
택시		택시비 360,000원, 톨비 21,300원			381,300원
eVTOL	1.5달러/km	3,300원	630,000원	3,300원	636,600원
	3달러/km		1,260,000원		1,266,600원
	5달러/km		2,100,000원		2,106,600원

141 네이버지도를 이용해 산출했다.

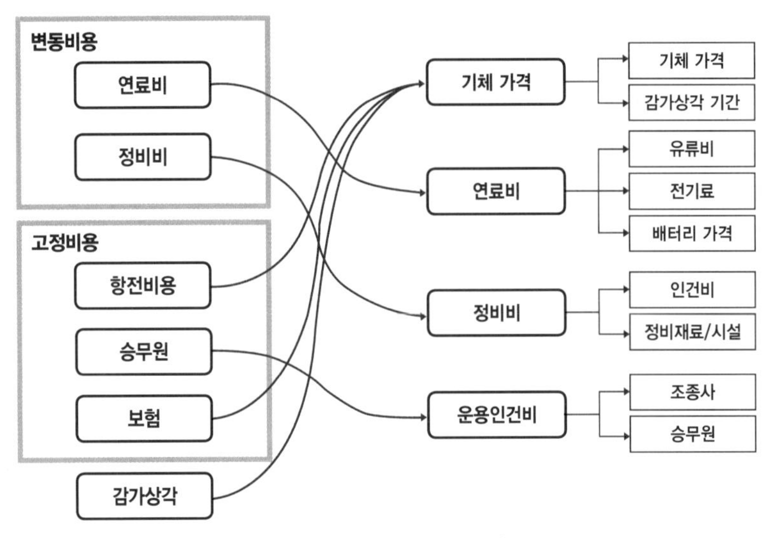

〈항공기의 운용비 중 직접비용〉

eVTOL이 미래 교통수단의 하나로 성공하기 위해서는 운용비용을 현재 헬리콥터 대비 30~35%으로 낮추는 것이 필요하다. 대부분의 운용비용은 직접비용과 간접비용, 그리고 감가상각비로 구분할 수 있다. 직접비용은 항공기를 운용하고 유지하는 데 필요한 비용으로 구성된다. 간접비용은 항공사를 운영하는 데 필요한 간접비, 마케팅비 등으로 구성된다. 간접비용은 운영사의 형태, 크기 등에 따라 달라진다. 간접비용을 절감하는 것은 새로운 비즈니스 모델의 창출로 가능해 더 이상은 언급하지 않겠다. 항공기의 운용비 중 직접비용은 간략하게 변동비용variable cost, 고정비용fixed cost, 그리고 감가상각비로 구분된다. 변동비용은 연료비와 정비비로 구성된다. 고정비용은 항전비용, 승무원 유지비, 그리고 보험비용으로 구성된다. 감가상각비[142]는 항공기 구입에 소모된 초기 비용을 평균 운영기간[143]에 걸쳐 균일하게 나누어 계상한다. 항공 운항에서는 관제 및 출

---

142 감가상각은 depreciation(유형의 자산에 대한 감가상각)과 amortization(무형의 자산에 대한 감모상각)을 모두 포함한다. 전자는 보유하고 있는 항공기의 가치 하락에 의해 발생하는 비용이고, 후자는 구매비용을 보유 기간으로 균등하게 분배해 추산하는 비용이다.

143 감가상각 기간은 운영사마다 조금씩 다르게 책정한다. 대형 민항기는 일반적으로 15년 내외를 책정한다. eVTOL은 기술갱신주기 등을 고려해 10년으로 책정하는 것이 타당해 보인다.

도착과 관련해 항공관제수수료와 출도착비용, 그리고 공항시설이용비용[144] 등이 운영비용에서 적지 않은 비중을 차지하기도 한다. 이러한 시설이용비는 일반적으로 간접비에 포함되는 경우가 많다. eVTOL의 경우에는 철도, 자동차, 항공기 등의 다양한 교통수단과 비교가 필요해 비용 비교는 직접비용뿐만 아니라 시설이용비[145]를 고려할 필요도 있다.

eVTOL의 운용비용을 낮추기 위해서는 기체 가격, 연료비와 정비비용, 그리고 승무원 비용을 절감해야 한다. 기체 가격은 신기체의 가격과 신기체에 대한 감가상각 기간이 모두 고려되어야 한다. eVTOL과 유사급의 헬리콥터[146]들은 대략 500만~600만 달러에 기체 가격이 형성되어 있다. 약 3톤급의 최대 하중을 가질 것으로 예상되는 eVTOL은 150~200만 달러 내외에서 신기체의 가격을 구현해야 한다. 항공기의 가격은 중량, 최고속도, 엔진의 종류, 생산대수 등에 의해 결정된다. 중량과 최고속도는 헬리콥터와 유사하기 때문에 eVTOL은 엔진과 생산대수 측면에서 대대적인 가격인하 요인을 창출해야 한다. 유사급의 헬리콥터에 사용되는 터보샤프트엔진 대비 전기모터의 가격이 저렴해질 것은 확실하다. 하지만 전기모터만으로는 충분한 가격인하는 불가능하다. 대량생산을 통한 가격인하가 필수적이다. 일반적으로 헬리콥터는 한 기종에 대한 생산대수가 최대 1,000여 대에 지나지 않는다. eVTOL은 한 기종을 수만~수십만 대를 생산함으로써 큰 폭의 가격인하를 구현해야 한다. 감가상각 기간은 항공기의 경우에는 15~20년을 설정하는 것이 일반적이나, 기술교체주기가 매우 빠를 것으로 예상되는 eVTOL은 이보다는 적은 기간으로 설정할 필요가 있다. 전기동력을 사용할 경우에는 화석연료를 사용하는 경우와 비교해서 약 30%의 비용만이 소모되는 것으로 알려져 있다. 일반적으로 헬

---

144 공항시설이용비용은 대표적으로 출도착 게이트를 사용하는 비용과 게이트와 항공기를 이어주는 제트웨이(jetway) 사용료 등으로 구성된다. 저비용항공사들은 비용을 절감하기 위해 제트웨이를 이용하지 않고 버스 등을 이용해 승객을 이동시키기도 한다.

145 자동차 사용 시는 톨게이트 비용이 시설이용비다. 철도 등은 이 모든 비용을 요금으로 청구한다.

146 벨(Bell)의 B419, 에어버스 헬리콥터스(Airbus Helicopters)의 EC135, 레오나르도(Leonardo)의 AW119 등의 6~8인승 3톤 내외의 민수용 헬리콥터들이다.

회전수 변환 방식 대 관절형 로터

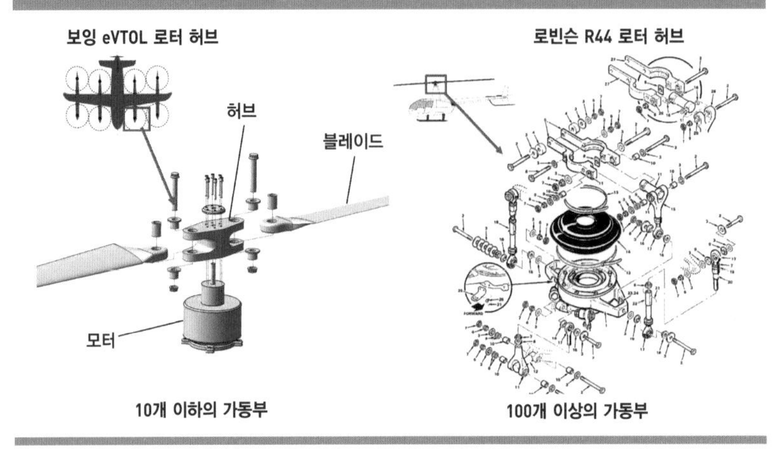

〈eVTOL과 로빈슨 R44의 로터 허브 부품 비교〉

리콥터의 운용비용에서 연료비는 약 20%를 차지한다. eVTOL은 이 비용을 6%로 낮출 수 있는 가능성이 있는 것이다.

헬리콥터에서 정비비용은 전체 운용비용의 20~30%를 차지한다. 항공기의 정비비용은 시스템과 주요 부품의 복잡도에 의해 결정된다. 헬리콥터는 고속으로 회전하는 메인 로터에서 매우 큰 동적하중이 발생한다. 따라서 이착륙 시와 순항 시에 로터 피치각을 달리해야 하고, 각각의 로터 회전 시에도 전진 로터와 후진 로터 간의 피치각을 변화시켜야 한다. 로터의 피치각을 조절해주는 장치가 로터 허브rotor hub다. 헬리콥터는 엔진과 로터 허브를 위한 정비비가 매우 많이 든다. eVTOL은 프로펠러의 회전수RPM을 조절해 추력의 크기를 조절하기 때문에 복잡한 기계장치가 필요없다. 전기모터는 항공기 엔진보다 구조가 훨씬 더 간단하기 때문에 정비비용이 큰 폭으로 낮아진다.

승무원 비용의 대부분은 조종사의 인건비가 차지한다. 헬리콥터는 조종하기가 매우 까다로운 비행체로 유명하다. 안정적인 비행을 위해서는 많은 훈련이 필요하다. 이 때문에 승객을 운송하는 헬리콥터 조종사의 인건비도 매우 높을 수밖에 없다. eVTOL은 자동 혹은 높은 수준의 자율비행능력을 갖출 것으로 기대된다. 자율비행이 가능한 eVTOL은 조종사의 탑승이 필요없거나 숙련도가 높지 않은 조종사를 고용하는 것도 가능할 수 있다. 이는 eVTOL의 운용비용 절감에 크게 기여할 수 있다. 안전비행을 위한 항전[147] 장비들의 가격도 운용비를 결정하는 중요한 요소다. 하지만 드론과 관련된 기술이 발달함에 따라 각종 안전센서와 관련 전자장비들의 가격이 급속도로 낮아지고 있어 관련 운용비용은 더 감소될 것으로 판단된다.

eVTOL 운용 인프라

eVTOL이 미래의 중요한 교통수단으로 자리 잡기 위해서는 운용비용을 대대적으로 낮출 필요가 있음을 확인했다. 운용비용을 낮추기 위해서 가장 중요한 것은 생산대수다. 즉, 현재 1,000여 대 수준의 헬리콥터 양산대수를 수만 대에서 수십만 대로 확대해야 한다. 이는 바꾸어 말하면, 미래에는 수십만 대에서 수백만 대의 eVTOL이 대한민국의 하늘을 비행하게 되리라는 것을 의미한다. 현재 전 세계에서 운항되는 민항기는 약 2만 대이며, 헬리콥터의 수도 2만여 대에 지나지 않는다. 미래에는 이보다 훨씬 더 많은 수의 eVTOL이 전 세계가 아닌 한반도 상공에서 동시에 비행할 가능성이 크다.[148] 이처럼 비행하는 eVTOL의 수가 급속하게 증가하면, 이를 안전하게 운용할 수 있는 인프라를 구축하는 것이 무엇보다도 우선되어야 한다.

eVTOL 운용에 필요한 인프라로는 드론교통관제시스템, 즉 UTM과 이착륙장, 그리고 충전시설을 들 수 있다. UTM에 대해서는 이미 앞에서 관련된 사항들을 충분히 설명했으니 생략하고 여기에서는 eVTOL에서 추가로 고려해야 할 사항인 공역에 대해 설명하겠다. 소형 드론은 150m 이하의 공역에서만 비행한다. 이 공역은 유인항공기와는 철저하게 분리된다. eVTOL은 비행효율과 안전성을 위해 최고 1.2km 고도까지 상승할 필요

---

147 항공전자(avionics)을 의미하며, 안전비행을 위한 각종 비행보조장비 등을 포함한다. 대표적으로 지형과의 충돌을 막아주는 TAWS(Terrain Awareness Warning System: 지형 인식 및 경고 시스템) 등이 있다.

148 국내에서 운행되는 자동차는 약 1,000만 대다. 이 중 1%만 eVTOL로 전환된다고 해도 10만 대의 eVTOL이 운용되어야 한다.

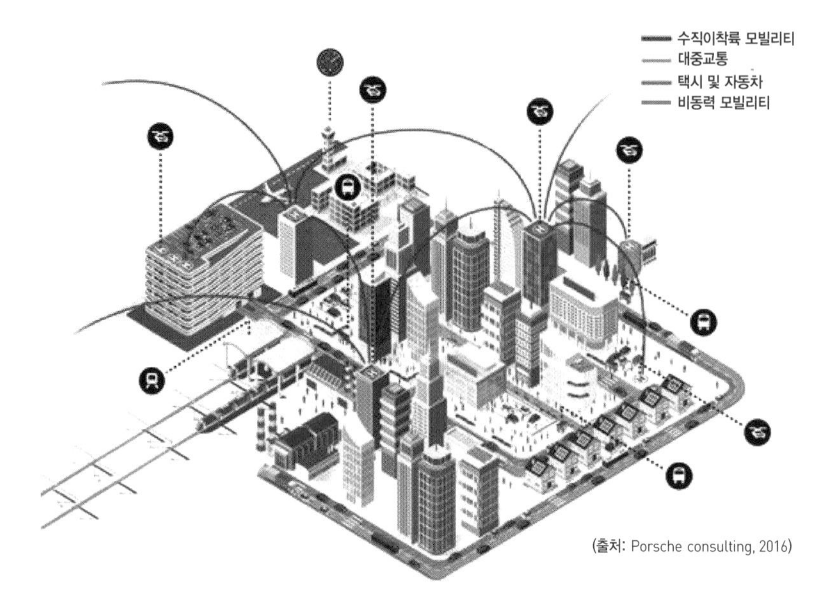

〈도심 내 eVTOL 운용 개념도〉

(왼쪽) 우버 사의 수직이착륙형 UAM 전용 비행장인 버티포트(Vertiport)
(오른쪽) 볼로콥터의 수직이착륙형 UAM 전용 비행장인 볼로포트(Voloport)

가 있다.[149] 이 고도까지 상승해서 비행할 경우에는 유인항공기와의 통합관제가 필요하다. 기존의 UTM으로는 eVTOL 관제가 충분하게 서비스되지 않을 가능성이 크며, 향후 이에 대한 추가 연구와 인프라 구축이 필요하다.

이착륙장과 충전소는 같은 장소에 위치할 가능성이 매우 높다. 우버나 볼로콥터는 대도심에 위치한 eVTOL용 이착륙장을 각각 제안한 바 있다.

---

149 민수용 헬리콥터들은 일반적으로 3km(1만 ft)까지 상승해 비행할 수 있도록 개발된다. eVTOL은 헬리콥터의 최고상승고도의 40~50%까지는 운항이 허가될 필요가 있다. 건물이나 지상구조물, 산악지형 등과 충돌 위험성을 최소화하기 위해서다.

eVTOL 운용을 위한 안전성 및 소음 조건

eVTOL은 최대한 도심의 거주지역에 근접해야 한다. 도어투도어door-to-door, 즉 집 앞에서 eVTOL을 타고 목적지에 바로 도착하는 서비스는 당분간은 가능하지 않다. eVTOL은 도심의 곳곳에 마련된 이착륙장을 통해 운용되어야 한다.

도심 한가운데 주거지역과 아주 근접한 곳에 이착륙장을 운용하기 위해서는 고려해야 할 조건이 있다. 헬리콥터에서 문제가 된 소음을 획기적으로 줄이고, 비행안전성을 대대적으로 개선해야 한다. 닥터헬기의 사례에서 알 수 있듯이, 소음은 헬리콥터가 주민 거주지역으로 접근하는 데 가장 큰 걸림돌이다. eVTOL은 헬리콥터보다 훨씬 더 작은 소음을 발생시켜야 성공 가능성이 크다. 여론조사나 관련 연구결과들은 헬리콥터 대비 4배 이상 최대 7배까지는 소음을 줄여할 것을 요구하고 있다. 비행체의 형상으로만 보면 eVTOL은 헬리콥터보다 소음 측면에서 훨씬 더 경쟁력이 있다. 다수의 프로펠러를 사용하는 분산추진 기술과 엔진 대신 전기모터를 사용하는 기술 덕분이다. 하나의 메인로터로 추력을 발생시키는 헬리콥터와 달리, eVTOL은 다수의 프로펠러를 사용한다. 다수의 프로펠러를 사용하기 때문에 eVTOL의 프로펠러는 크기가 상대적으로 작고, 회전수가 많다. 프로펠러의 크기가 작으므로 소음의 크기도 작다. eVTOL이 헬리콥터를 대체할 가능성이 큰 이유다.

하지만 프로펠러의 크기가 작고 회전수가 증가하면 발생하는 소음의 주파수는 높아진다. 높은 주파수의 소음은 사람들에게 단기적으로 훨씬 더 큰 피로를 발생시킨다. 따라서 고속으로 회전하는 프로펠러의 소음을 획기적으로 줄일 수 있는 신기술이 필요하다. 전기모터는 화석연료처럼 폭발적인 연소에 의한 소음이 발생하지는 않지만 그 대신 고속 회전에 의한 기계소음이 발생하며, 이는 승객에게 불쾌감을 주는 요인이다. 분산추진과 전기모터는 소음뿐만 아니라 진동도 크게 줄여준다. 이처럼 다수의 전기모터를 사용하는 분산추진 방식은 진동이 작아 헬리콥터 탑승 시 가장 큰 불만 중 하나인 진동을 줄임으로써 승객의 안락감을 크게 높여줄 수 있다.

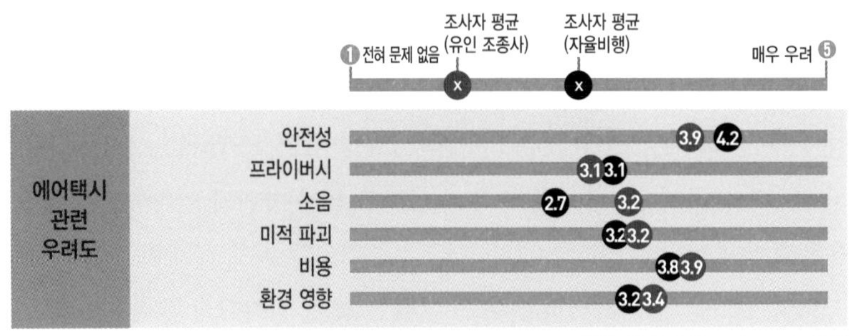

(출처: NASA, UAM market study, 2018)

〈에어택시에 대한 대중 인식조사〉

높은 안전성의 확보도 eVTOL이 달성해야 할 중요한 목표 중 하나다. NASA가 크라운 컨설팅Crown Consulting과 수행한 일반인 대상 설문조사에서도 안전성은 eVTOL의 대중화에 가장 큰 장애가 될 것으로 예상하고 있다. 대중이 에어택시 탑승을 결정하는 데 가장 큰 요인으로 작용하는 것은 높은 안전도와 적당한 비용이다. NASA의 연구에 따르면, 대중은 에어택시에 대해 자동차 수준의 안전성을 요구한다. 항공여행은 실제로는 매우 안전하다. 교통통계들을 분석해보면 10억 km를 여행할 경우, 항공기는 0.1명의 사망자가 발생한다. 이에 비해 자동차는 4.45명, 그리고 오토바이는 53명 정도가 사망한다. 물론 항공기는 한 번 비행에 아주 먼 거리를 이동한다. 이 때문에 거리당 사고율은 낮을 수밖에 없다. 그럼에도 불구하고 대형 민항기의 경우는 사고발생률이 매우 낮은 것이 사실이다.

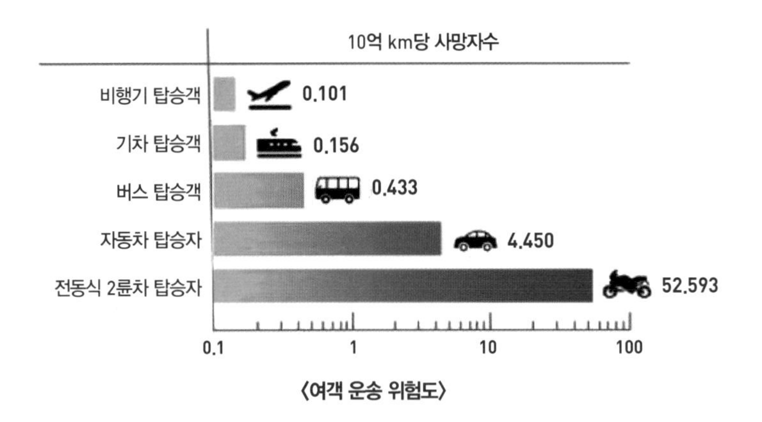

〈여객 운송 위험도〉

〈항공운항 방식에 따른 사망사고율〉

항공운항 방식	100만비행시간별 사망률 (Fatalities per million flight hours)	비고
정기운항(Airline)	4.03	
커뮤터(Commuter)	10.74	
에어택시(Airtaxi)	12.24	eVTOL 대상 시장
개인비행(General Aviation)	22.43	eVTOL 대상 시장

(출처: NTSB 1998~2007)

하지만 한 번의 사고가 많은 인명 손실로 이어지기 때문에 대중의 높은 관심이 집중된다. 이 때문에 항공여행에 대한 대중의 불안은 다소 높은 편이다.

하지만 이러한 통계도 사실을 어느 정도는 왜곡한다. 미국교통안전국 NTSB, National Transportion Safety Board의 통계에 따르면, eVTOL이 타깃target으로 하는 에어택시와 개인비행은 정기운항에 비해 3배에서 5배 이상 사망률이 높다. 현재까지 에어택시 시장의 대부분은 헬리콥터가 차지했다. 안전성은 헬리콥터의 대중화를 가로막는 가장 큰 장애물이다. 헬리콥터가 상대적으로 사고율이 높은 이유는 조종하기가 까다로워 조종사의 피로도가 높고, 회전하는 거대한 메인로터가 큰 동적하중에 의해 자주 손상되기 때문이다. 또 낮게 비행하기 때문에 지면이나 지상 구조물과 충돌할 확률이 높은 것도 상대적으로 높은 사고율의 원인이었다. 헬리콥터의 높은 사고율은 eVTOL에서 상당히 많이 개선될 것으로 예상된다. 먼저 자동·자율비행이 가능한 eVTOL은 조종사의 피로도를 매우 큰 폭으로 개선할 것이다. eVTOL은 비행 내내 조종사의 도움 없이 스스로 비행할 것이며, 조종사는 예상치 못한 위험에 대처하는 역할만 수행한다. 이 때문에 조종사의 실수에 의한 사고는 크게 감소할 것이다. 하나의 대형 메인로터를 다수의 소형 프로펠러가 대체하기 때문에 하나의 동력장치에 작용하는 하중은 크게 감소한다. 헬리콥터의 진동의 원인이 되는 피치 조절도 분산추진에서는 필요 없다. 분산추진을 적용하면 진동과 작동하중이 작아져 파손 가능성도 줄어든다. 항공운항을 보조하는 다양한 항전제품들은 eVTOL의 안전성을 크게 향상시킬 것이다. 지면 근처를 비행하는 소형 드론들은 상시적으로 지상 구조물이나 산악지형, 나무 등과 충돌할 가능성이 크다. 이를 방지하기 위해 많은 드론들이 지형항법terrain navigation[150]을 사용한다. 지형항법을 통해 지상과의 충돌을 원천적으로 방지할 수 있다. 또 광학 카메라와 레이더, 그리고 라이다 등을 이용한 충돌방지 기술의 적용이 가능하다. 이 기술들은 지면이나 움직이는 물체 등과의 충돌을 막아준다. 전자 및 센서 기술의 급속한 발전으로 이 충돌회피를 위한 기술과 장비들의 가격은 급속도로 저렴해지고 있고, 성능과 기능 또한 급속도로 개선되고 있다.

UAM 시장을 선점하라

UAM이 미래 모빌리티 산업의 새로운 성장 동력으로 주목받으면서 시장 선점을 위한 글로벌 기업들 간의 경쟁 역시 치열하게 전개되고 있다. 현재 항공우주산업 분야의 선두주자라 할 수 있는 미국의 보잉, 유럽의 에어버스 등은 물론 주요 글로벌 자동차회사부터 애플, 구글, 테슬라와 같은 IT기업까지 200여 개가 넘는 주요 기업체가 UAM 시장 선점을 위해 치열한 경쟁을 펼치고 있다.

이러한 자국 기업을 지원하기 위한 세계 각국 정부의 움직임 역시 매우 분주하다. 미국의 연방항공청FAA이나 유럽연합EU의 유럽항공안전청EASA은 UAM에 대한 기술적 안전 기준을 마련하고 인증을 위한 관련 규정과 제도를 정비하고 있다. 구체적으로 UAM 운항과 연관되는 공역(고도), 운항대수, 회귀 간격, 환승 방식 등이 복합적으로 표현되는 국가 차원의 포괄적 운항 기준National ConOps을 수립하고 있다. 또한 이를 통해 기상, 통신, 도시 등 지역별 실태조사 결과를 반영한 지역별 운항 기준Regional ConOps도 준비하고 있다. 이처럼 세계 각국이 UAM 시장 선점을 위해 경쟁하는 이

150 지형항법은 지형의 고도와 지상구조물 등을 디지털 맵에 구현해 충돌을 방지하는 기술이다.

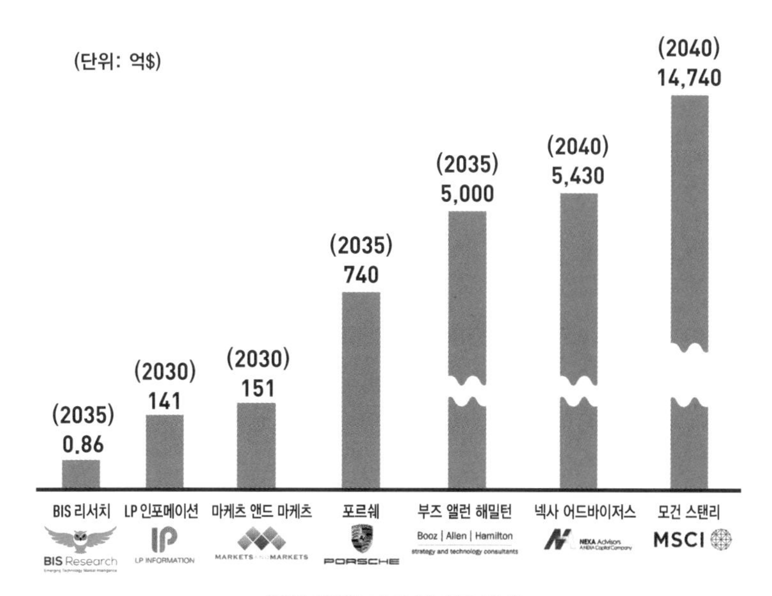

〈세계 컨설팅 보고서별 시장 규모〉

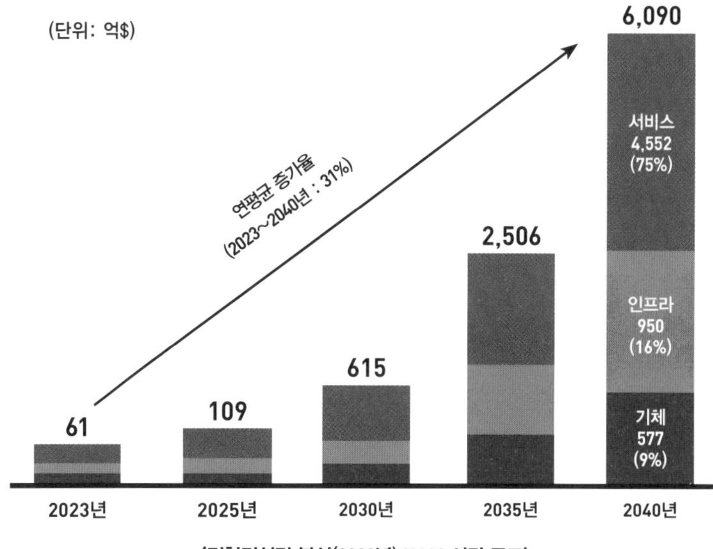

〈집현컨설팅 분석(2020년) UAM 시장 규모〉

〈출처: 「한국형 도심항공교통(K-UAM) 로드맵」, 국토교통부, 2020〉

유는 UAM 구축을 통해 물리적 경계를 최소화하고 보다 효율적인 대중교통체계 운영을 통해 사회적 비용을 70% 이상 절감할 수 있다는 연구결과 때문이다.

한국형 도심항공교통(K-UAM)

우리나라 역시 이러한 시대 변화에 발맞춰 2025년부터 친환경, 저소음 3차원 교통수단인 한국형 도심항공교통K-UAM, Korea Urban Air Mobility(이하 K-UAM) 서비스를 시작한다는 계획이다. 이를 위해 2023~2025년 사이에 기체, 운항, 인프라 등 안전기준 마련과 시험비행을 통한 인증을 완료하고 2025년 이후부터 주요 도심 내·외 거점 간 시범서비스 및 연계교통체계를 단계적으로 구축하는 것이 목표다. 이후 2030~2035년 사이에 노선을 확대하고 관련 산업 성장을 통해 2035년 이후에는 새로운 대중교통으로 편입 가능할 것으로 예상된다. 특히 K-UAM은 2040년까지 기체(부품) 제작·유지보수MRO, 운항·관제, 인프라, 서비스 및 보험 등 종합적인 산업생태계를 형성, 일자리 16만 명·생산유발 23조 원·부가가치 11조 원 창출이 기대된다.

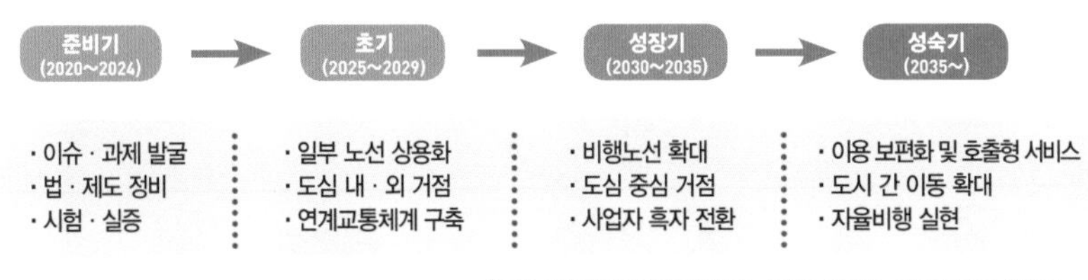

〈출처: 「한국형 도심항공교통(K-UAM) 로드맵」, 국토교통부, 2020〉

〈도심항공교통(UAM) 단계별 주요 추진 계획〉

2020년 정부가 발표한 「한국형 도심항공교통K-UAM 로드맵」에 의하면 먼저 다양한 형태로 개발 중인 신개념 비행체는 미국, 유럽 등의 인증체계를 벤치마킹해 세부 인증 기준·절차를 마련하고 국가 간 상호인증을 추진하는 한편, UAM의 교통관리는 한국형 드론교통관리체계UTM인 K드론시스템(2017~2022년, R&D 중)을 활용해 단계적으로 구현해나간다. K드론시스템 운용고도(150m)를 현재 헬기 운용고도(300~600m)까지 확대해 2020년부터 전자적 비행계획 제출·승인, 비행체-통제센터-관계자 간 비행 상황 모니터링 및 공유가 가능하도록 서비스할 예정이다.

UAM용 터미널Vertiport의 건축과 관련된 구조, 충전, 비상착륙설비 등에 대한 안전 기준은 민관합동으로 마련해나가고 MRO(기체 유지보수·정비), 조종사 자격도 기준을 탐색·구체화하며, 중장기적으로 자율비행용 항공분야 AI인증방안도 마련해나간다는 계획이다. 기체·핵심 부품에 대한 기술역량을 확보할 수 있는 R&D도 지원하여 1인승 시제기 개발(2019~2023년, 국토·산업부)을 우선 완료하고, 도심 내 운항을 넘어 도시 간 운항도 가능하도록 중·장거리(100~400km) 기체와 2~8인승(현재 4인승 위주 개발 중) 기체 개발도 검토한다. 특히, 핵심 부품으로 꼽히는 전기배터리 분야 관련 고출력·고에너지밀도 배터리셀과 배터리패키징 기술, 고속충전기술, 배터리관리시스템BMS을 2020~2023년까지 개발 완료한다.

추진·동력 계통에서 전기식·저소음 분산추진용 모터·인버터와 중장거리 비행을 위한 하이브리드 및 수소연료전지를 개발해나간다. 빠른 시장 성장으로 생겨날 대량 수요에 대비하여 탄소복합소재, 수지, 전지·배터리용 등 주요 소재는 생산기술도 확보한다. 특히, UAM의 미래인 자율비행을 준비하기 위해 인지·판단·제어 3대 핵심 분야를 좌우할 센서·항법·시스템반도체·소프트웨어S/W를 종합적으로 개발해나갈 예정이다. 끝으로 도심항공터미널Vertiport을 구축할 때 교통유발부담금 일부 감면, 기체 과세표준 마련 및 세제혜택, 기체·충전설비 친환경 보조금 등 경제적 혜택도 시장의 성숙 수준에 맞춰 준비한다는 계획이다.

K-UAM이 변화시킬 미래

2025년 이후 상용 서비스를 시작하는 K-UAM은 우리의 일상생활 중 많은 부분을 변화시킬 것으로 예상된다. 먼저 가장 큰 관심의 대상인 비용의 경우 우버 등 주요 기업이 예상한 미국 기준 운임(1km당)은 상용화 초기 3~4달러 수준으로 예상되며 여기에는 기체 구매·유지보수, 인프라 구축·사용료, 전력 사용, 조종사 인건비 등이 포함되어 있다. 기술 발전을 통해 자율비행 실현 시 1km당 0.6달러 수준까지 떨어질 것으로 예상되며 국내에서는 초기 1km당 0.3만 원, 자율비행이 가능해지면 1km당 0.05만 원 수준까지도 예상된다. 인천공항에서 여의도까지 40km를 이동할 경우 비용은 상용화 초기 12만 원(헬기 대비 60%) 자율비행 실현(2035년 이후) 이후에는 2만 원 (헬기 대비 10%) 수준으로 예상된다. 서비스 초기에는 모범택시보다 비싸지만 자율비행이 가능해지면 일반택시보다 저렴하게 이용할 수 있다는 의미다.

2025년까지 민간의 상용 기체 제작 기술은 충분히 확보 가능할 것으로 예상되며, 정부 역시 인증·교통관리·이착륙장 등에 관한 제도 및 지원 인프라 구축을 위한 세부 계획을 마련 중이다. 현재 기술 개발 수준·추세와 미국·유럽 정부 당국의 정책 준비 현황을 고려하면 2023~2025년경에는 초기 수준의 상용 서비스가 시작될 것으로 예상되며, 우리나라 역시 긴밀한 국제 협력을 통해 신속히 기술·제도를 수용하고 관련 인프라를 신속하게 구축해나가면 주요 서울 및 부산 등에서 최소 1~2개 노선의 상용화가 가능할 것으로 예상된다.

이처럼 K-UAM은 큰 이변이 없는 한 기존 버스, 택시, 철도, PMPersonal Mobility이 혼합된 연계교통Seamless 형태로 교통서비스MaaS에 편입될 것으로 예상된다. 도시권 중장거리(30~50km)를 20여 분에 이동할 수 있고, 초기 서비스는 공항·도심 간 운행Airport Shuttle부터 시작될 것으로 예측된다. 기존 회전익 항공기보다 낮은 고도(300~600m)에서 비행하며 도시당 UAM터미널Vertiport 30여 개와 여객 수송용 기체 300여 대가 비행할 것으로 전망된다. 소음은 기존 회전익 항공기 대비 20% 이하인 최대 63dB을 목표로 하고 있으며, 궁극적으로는 인공지능을 활용한 자율비행을 목표로 하고 있으나 기술 개발 시간 소요와 대중수용성 등을 고려할 경우 상용화부터 10여 년은 조종사가 탑승해야 할 것으로 예상된다.

eVTOL의 군사적 활용 가능성

군의 높은 관심에 비해 eVTOL의 군사적 활용 가능성은 매우 낮다. 군이 요구하는 성능을 갖춘, 군사적 목적에 부합하는 eVTOL의 개발이 아직 걸음마 단계에 머물러 있기 때문이다. 그럼에도 불구하고 최근 eVTOL 관련 기술의 눈부신 발전은 eVTOL의 군사적 활용 가능성에 대한 기대감을 더욱 고조시키고 있다. 먼저 가장 실현 가능성이 높은 분야는 전장에 전개된 병력을 대상으로 한 재보급 임무resupply mission다. 실제로 미 국방부 고등방위연구계획국DARPA은 2019년 예산 문제로 사업이 취소되기 전까지 '하늘을 나는 험비Flying Humvee'로 불린 무인보급체계의 개발을 추진했다. 이 계획의 정식 명칭은 '공중 재구성 가능 임베디드 시스템ARES, Aerial Reconfigurable Embedded System'(이하 ARES)으로 수직이착륙 비행이 가능한 eVTOL 전술 비행체 개발이 목표였다.

이처럼 직접적인 전투임무에 투입되는 드론과 달리 eVTOL은 보급품 공중수송 혹은 부상병 후송과 같은 비전투임무를 수행하기 위해 개발되고 있는 것이 특징이다. 실제로 전투 중에는 탄약과 식량, 물, 그리고 긴급 의약품 등을 지속적으로 보급해야 한다. 제2차 세계대전 당시 미군 병사가 전투 시 운반해야 했던 짐의 무게는 60파운드가량이었으며, 아프가니스탄전에서는 80파운드로 증가했다고 한다. 지금까지 이 임무는 군용 트

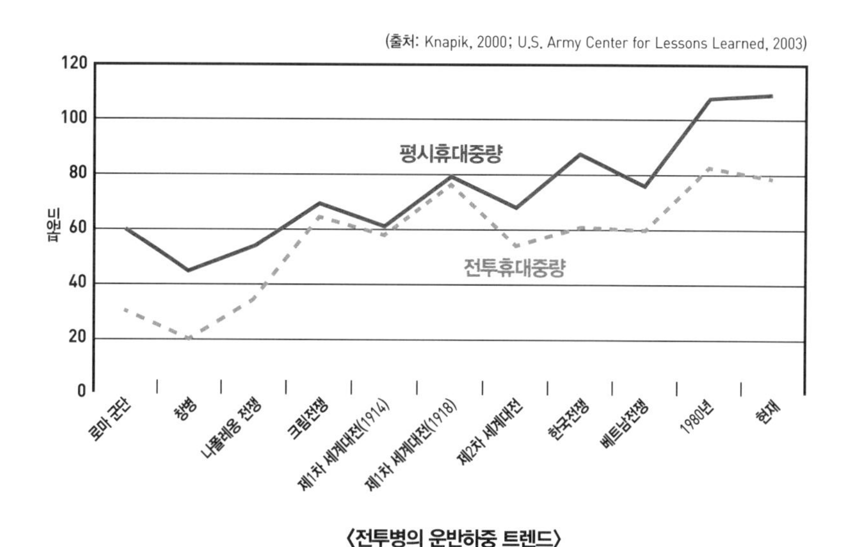

〈전투병의 운반하중 트렌드〉

럭이나 헬리콥터 등을 이용한 공중보급을 통해 해결했다. 미군은 아프가니스탄에서 경험을 통해 무인항공기를 이용한 정밀보급의 필요성을 깨달았다.

아프가니스탄 동부는 지형이 험난하기로 유명했으며 물품을 수송하기 위한 도로나 다리 등의 인프라가 매우 부족했다. 겨울에는 난방을 위해 보급의 양을 늘려야 했지만 악기상 등으로 인해 보급은 지연되었다. 봄이 되면 겨울에 내린 눈이 녹아 하천이 범람하여 건설된 다리들이 유실되었다. 이 때문에 지상을 통한 보급은 더욱더 어려워졌다. 미군은 이 지역에서 재보급을 공중보급에 많이 의존했다. 하지만 공중보급에 사용된 군용 헬기들은 적의 대공화기에 매우 취약했다. 대형 군용 헬기들은 또 정밀보급을 위해 접근할 수 있는 이착륙장이 매우 제한되었다. 대형 헬기의 큰 소음은 적에게 노출되기 쉬웠다. 군용 헬기보다 소형이며 저소음의 보급수단이 필요했다. 또 추락 시 인명 피해가 없는 무인화가 필요했다. 미군은 K-MAX 무인헬기를 아프가니스탄에서 시험했다. 3톤의 임무중량과 최대 12시간 이상의 비행이 가능한 K-MAX는 미 해군에서 재보급용으로 타당성을 확인하는 시험을 수행했다. K-MAX를 운용한 결과 장단점이 발견되었다. 최대중량이 6톤인 K-MAX는 소형 정찰용 무인기와는 다르게 운용을 위한 전용 부대가 필요했다. 이 때문에 보다 큰 부대 단위에서 운용될 필요가 있었던 K-MAX는 소부대 단위에 대한 정밀보급에는 적합하지 않았다. 미육군전쟁대학U.S. Army War College[151]에서는 60파운드(약 27kg)의 보급품을 운송할 수 있는 소형 무인기를 대안으로 제안했다. 제안된 소형 무인기는 대략 총중량 100kg 내외로 구현 가능하며, 일선 부대에서 운용이 가능하다. 하지만 60파운드는 전투부대의 긴급보급 중량으로는 너무나 작았다. 60파운드면 전투보병 한 명을 무장시키거나, 1개 소대원에게 물 한 병씩 보급할 수 있는 정도다. 이처럼 적은 양의 보급은

---

151 미국 육군 전쟁 대학(US army war college)는 펜실바니아주 카리슬에 있는 미육군 교육기관이다. 미군의 고참 장교와 육군의 고위직에 지원하고자 하는 민간인을 교육한다.

화물운송용으로 실증 평가된 K-MAX 무인헬기. 〈사진 출처: KAMAN CORPORATION〉

전술적으로 의미를 갖기 힘들다. 최소한 1개 분대를 완전보급할 수 있는 500파운드 이상의 임무중량이 필요하다. 현재 민수용으로 개발되고 있는 eVTOL은 이 임무에 매우 적합하다. eVTOL은 헬리콥터에 비해 운용 시 소음이 작고, 전기동력 분산추진의 특성이나 지형항법을 이용해 정밀이 착륙이 가능하다.

군용 닥터드론으로 개발 중인 DP-14 〈사진 출처: DPI UAV Systems〉

또 하나의 유망한 응용 분야는 군용 엠블런스다. 한두 명의 부상자를 후방으로 긴급하게 수송할 수 있는 엠블런스 드론은 민간보다는 군에서 우선적으로 적용 가능하다. 민간에서는 엠블런스 드론, 즉 닥터드론[152]은 조종사, 의사, 간호사, 그리고 환자 등 최소 4명의 탑승자를 태울 수 있어야 한다. 4명의 탑승자와 긴급의료기기를 탑재하기 위해서는 최소한 500kg 이상의 유상하중을 확보해야 한다. 하지만 4명 이상이 탑승하는 유상하중 500kg의 eVTOL은 최대중량이 4톤 이상으로 크기가 꽤 클 것으로 예상

152 닥터헬기에 대한 드론 버전을 닥터드론으로 부를 수 있다.

된다. 하지만 이러한 대형 eVTOL은 상용화에 많은 시간이 소요될 가능성이 크다. 하지만 부상병 한 사람을 50km 정도 실어 나를 수 있는 소형 eVTOL은 단기간에 개발이 가능하다. 한 사람이 탑승 가능한 eVTOL은 총중량 500~600kg 내외일 것으로 추정되는데, 이러한 소형 eVTOL은 현재 기술로도 구현이 가능하다. 이 소형 eVTOL은 응급조치된 부상병을 50km 후방으로 긴급하게 후송하거나, 적진에 고립된 병사를 구출하는 작전 등에 활용이 가능할 것으로 예상된다. 군에서는 응급조치된 부상병을 50km 후방으로 긴급후송할 수만 있어도 소형 eVTOL의 유용성은 충분하다고 할 수 있다.

미 육군이 워크호스 그룹과 PAV의 군사적 이용 가능성을 확인하기 위해 연구개발 협력 중인 슈어플라이 PAV.
〈사진 출처: Wikimedia Commons | CC BY-SA 4.0 | Bokenoet〉

현재 eVTOL의 군사적 활용에 가장 적극적인 곳은 역시 미 육군과 미 공군이다. 미 육군의 경우 지난 2018년 워크호스Workhorse 그룹과 슈어플라이SureFly PAV의 군사적 이용 가능성을 확인하기 위해 연구개발 협력 중이다. 미 공군은 성숙되지 않은 PAV와 eVTOL, UAM에 대한 개념을 정립하고 군사적 활용 가능성을 검증하기 위한 '어질리티 프라임Agility Prime' 계획을 추진 중이다.

미 공군은 이 계획을 통해 미국 내 eVTOL 및 PAV 시장을 성숙시키고 핵심 기술 및 시험, 인증 능력을 갖춘 기업을 체계적으로 지원하여 관련

미 공군이 PAV와 eVTOL, UAM에 대한 개념을 정립하고 군사적 활용 가능성을 검증하기 위한 '어질리티 프라임' 계획의 일환으로 시험평가 중인 리프트 에어크래프트(Lifr Aircraft) 사의 헥사(Hexa) eVTOL. 〈사진 출처: LIFT Aircraft〉

기술의 군사적 실용화를 앞당기는 것이 목표다. 미 공군의 어질리티 프라임 계획은 2020년 12월까지 참가업체들의 시제품들을 평가하는 것이며, 현재 미 공군은 160km/h 이상의 속도로 3~8명의 병사들을 이동시킬 수 있으며 1시간 이상 비행 가능한 성능을 요구하고 있다.

급격한 관련 기술의 발전으로 인해 군사적 목적으로 활용 가능한 eVTOL의 등장은 시간 문제로 예상된다. 물론 장점보다 단점이 더 많은 eVTOL이지만 발전 가능성만큼은 무궁무진하다고 말할 수 있다.

CHAPTER 6

드론의 진화

1.
유무인복합체계

우크라이나-러시아 전쟁에서 드론과 야포의 협동작전

현재 진행되고 있는 우크라이나-러시아 전쟁의 가장 큰 특징은 소모전이다. 2024년 기준, 3년차에 접어든 우크라이나-러시아 전쟁에서 전선의 고착과 소모전을 가져온 핵심 요인은 드론이다. 정보력에서 열세에 있는 우크라이나는 드론을 이용한 정찰과 감시를 전쟁 초기부터 적극적으로 수행해왔다. 드론을 이용한 정찰은 전장의 상황을 실시간으로 아주 정확하게 가시화한다. 드론 정찰은 적의 병력과 전차, 장갑차 등의 움직임을 보여주는 것에 그치지 않는다. 드론은 목표물을 정찰하고, 추적하며, 실시간으로 주요 목표물의 위치 정보를 전송해준다. 드론의 활약으로 전장이 투명해지자 기동전이 효과를 보기 어렵게 되었다.

2023년 1월 말에서 2월 초까지 진행된 블레다르Vuhledar 전투는 드론이 가져온 전투 환경을 아주 잘 보여준다. 우크라이나의 동쪽에 위치한 블레다르는 1만 5,000명 인구의 소규모 탄광도시다. 블레다르는 우크라이나 최대의 석탄지대로, 주로 평지인 우크라이나에서 약간 솟아오른 지형을 가지고 있다. 이러한 지형적 이점으로 블레다르는 주변을 감시하고 포대를 이용해 적을 제압할 수 있는 장점이 있다. 블레다르가 가진 이러한 장

우크라이나가 자체 개발한 렐레카-100(Leleka-100) 정찰 드론은 우크라이나-러시아 전쟁에 실제 투입되어 목표물을 정찰하고, 추적하며, 실시간으로 주요 목표물의 위치 정보를 전송해준다. 우크라이나군은 전쟁 초기부터 드론을 이용한 정찰과 감시를 적극적으로 수행해왔다. 우크라이나군의 정찰 드론으로 인해 러시아군은 기동전의 효과를 보기 어렵게 되었다. 〈사진 출처: Wikimedia Commons | CC BY 4.0 | 4th Rapid Reaction Brigade of National Guard of Ukraine〉

점으로 우크라이나군은 전략적 요충지이자 대도시인 돈네츠크Donetsk와 항구도시인 마리우폴Mariupol을 연결하는 T-0509 고속도로를 야포와 로켓포를 이용해 통제할 수 있었다.[153] 2023년 1월 말 블레다르 남쪽의 소도시인 파블리브카Pavlivka를 점령하고 있던 러시아군은 불레다르를 점령하기 위해 작전을 시작했다. 1월 말의 첫 공격에서 러시아군은 전진 배치된 우크라이나군을 제압하는 데 성공했다. 우크라이나군은 블레다르 앞쪽을 가로지는 도로 주변의 숲속지대까지 후퇴해 매복했다. 1차 방어 라

---

153 Eckel, M. 2023. What Happened in Vuhledar? A Battle Points to Major Russian Military Problems. - Radio free Europe, 17 February

우크라이나 UA다이내믹스(Dynamics)사가 만든 저가 소형 전투용 드론 퍼니셔(Punisher)는 최대 3kg의 폭탄을 탑재할 수 있다. 우크라이나군은 전쟁 초기 퍼니셔 드론을 이용해 러시아 전차를 폭격하면서 진격을 늦췄다. UA다이내믹스사는 "퍼니셔는 러시아 무력침공 이후 60건의 임무를 성공적으로 수행했다"고 밝혔다. 위 사진은 퍼니셔 드론을 운용하는 우크라이나군의 모습이고, 아래 사진은 퍼니셔 드론 풀세트의 모습이다. 〈사진 출처: Wikimedia Commons | CC0 1.0 | Maxim Subotin〉

인이 숲으로 이루어져 있었다.

2월 초가 되자 블레다르를 점령하기 위해 러시아군은 대규모 전차부대로 공격을 개시했다. 러시아군은 직접 블레다르를 공격하기보다는 북서쪽으로 우회해서 측면에 대한 기동공격을 시작했다. 이러한 러시아군의 시도는 초기에 우크라이나군의 정찰 드론에 의해 탐지되었다. 우크라이나군은 대열을 이룬 러시아 전차들이 공격 범위 안쪽까지 도착하기를 기다렸다. 러시아 전차와 장잡차들이 공격범위에 다다르자, 우크라이나군은 전차 대열의 좌우 측면을 미국이 지원한 RAAM Remote Anti-Armor Mine system(원격 대전차 지뢰 시스템)으로 봉쇄했다. 미국은 우크라이나에 1만여 기의 RAAM을 공급한 바 있다. 이후 정찰 드론으로부터 러시아 전차들의 위치를 정확하게 전달받은 우크라이나군은 야포와 대전차 화기들을 이용해 러시아 전차와 장갑차를 차례로 파괴했다. 대열을 벗어나 우회를 시도한 러시아 전차들은 지뢰에 의해 파괴되었다. 블레다르 전투에서 러시아군은 88~160대의 전차와 기갑차량을 잃었다. 블레다르 전투는 제2차 세계대전 이후 최대의 전차전으로 기록되었다.

우크라이나 전쟁을 분석하는 대부분의 분석가들은 우크라이나군이 승리한 결정적인 요인들 중에 하나로 드론과 야포, 로켓포의 협동작전을 들고 있다. 이러한 드론과 야포의 협동작전이 효과를 발휘한 것은 단지 블레다르 전투뿐만이 아니다. 우크라이나군은 모든 전투에서 드론을 적극적으로 활용하고 있다. 우리가 유튜브나 텔레그램 등을 통해 접하는 많은 영상들은 FPV 드론을 이용한 자폭드론의 활약상이다. 하지만 많은 분석가들은 드론의 가장 큰 이점은 실시간으로 전장을 가시화하여 적의 이동 영상과 함께 적의 위치 정보를 획득할 수 있게 해준다는 것이라고 지적한다. 드론이 출현하기 전에는 야포와 박격포에 대한 정밀유도가 불가능했다. 지금까지는 전방에 전개된 관측병이 목표물을 발견해 위치를 관측해 무선으로 포대에 전달하고, 포병은 전달받은 좌표로 포를 사격한다. 사격이 이루어지면 관측병이 사격 결과를 재관측해 포대로 보고한다. 보고받은 결과에 따라 포병은 재사격을 실시한다. 이처럼 기존에 관측병이 수행

민간용 FPV(1인칭 시점) 드론을 개조한 자폭드론을 운용하고 있는 우크라이나군의 모습. FPV 자폭드론은 주로 전투 현장 최전선에서 활용된다. 350g 미만의 소형 드론에 유탄이나 수류탄, 박격포탄 등을 개조해 장착해 적의 보병이나 진지, 전차, 장갑차량에 직충돌하는 방식으로 공격을 수행한다. 드론 조종사가 FPV 고글을 쓰고 조종해 목표물을 발견하고 직충돌까지 수동으로 조작한다. 〈사진 출처: Wikimedia Commons | CC BY 4.0 | АрміяInform〉

하던 임무를 우크라이나에서는 드론이 대체했다. 드론은 보다 빠르고 정확하게 목표물의 종류와 위치를 파악해 포병에게 그 결과를 전달한다. 드론이 획득한 정보를 바탕으로 포 사격이 실시되고, 포 사격 결과는 즉시 보고되어 재사격이 실시된다. 드론은 단독으로 운용하기보다는 타 무기체계와 연동해 운용할 때 최대한의 효과를 얻을 수 있다. 아주 초보적인 형태이기는 하지만 드론을 활용한 유무인 복합전투가 이미 우크라이나-러시아 전쟁에서 시작되었다. 유무인복합체계에서 드론이 가장 핵심적인 요소라고 보기는 어렵다. 하지만 기존의 무기체계, 정보체계에서는 제공하지 못했거나, 많은 비용이 수반되었던 핵심 정보를 드론을 통해 값싸게 확보할 수 있게 되자, 드디어 유무인복합전투가 아주 단순한 형태이지만 시작된 것이다.

다음으로 넘어가기 전에 FPV 자폭드론에 대해 간략하게 언급하고자 한다. FPV 자폭드론은 주로 전투 현장 최전선에서 활용된다. 350g 미만의 소형 드론에 유탄이나 수류탄, 박격포탄 등을 개조해 장착해 적의 보병이나 진지, 전차, 장갑차량에 직충돌하는 방식으로 공격을 수행한다. 드론 조종사가 FPVFirst Person View 고글을 쓰고 조종해 목표물을 발견하고 직충돌까지 수동으로 조작한다. FPV 자폭드론은 장점만큼이나 단점 또한 명확하다. 일단 운용거리가 제한된다. 전장과 같은 복잡한 환경에서 드론을 조종할 수 있는 거리는 400~500m 이상이 되기 힘들다. 또한 FPV 드론을 운용하는 조종사가 위험에 노출되기 쉽다. 장착할 수 있는 폭약의 양도 제한적이다. 하지만 FPV 드론의 효용성은 타 드론과 비교가 아니라, 타 대전차 화기와 비교를 통해 확인할 수 있다. FPV 자폭드론은 타 대전차 화기에 비해 매우 저렴하며, 대량생산이 가능하다. FPV 드론이 대량으로 값싸게 생산되는 이유는 상업용 드론의 부품을 개조 없이 사용하기 때문이다.

2. 전장 정보체계와 드론

러시아의 침공을 맞아 우크라이나가 이처럼 성공적으로 드론 전쟁을 펼칠 수 있는 배경에는 델타 시스템Delta system이 있다.[154] 델타는 네트워크 기반의 전장상황인식 시스템이다. 델타는 드론, 위성, 정찰병, 고정 카메라 등과 같은 다양한 정보를 통합하고 분석한다. 델타는 적의 위치, 구성, 규모 등에 대한 정보를 나토NATO 표준에 따라 우크라이나군에 제공한다. 델타가 제공하는 정보는 PC, 노트북, 태블릿 등의 다양한 기기를 통해 전투 현장에 전달된다. 우크라이나 국방부는 우크라이나의 민간자원봉사그룹인 아에로로즈비드카Aerorozvidka가 개발한 델타를 정식으로 채택했다.

델타의 성공에는 정밀디지털지도체계인 GIS-Arta의 역할도 빼놓을 수 없다. GIS-Arta는 "GIS Art for Artillery"의 약자다.[155] 우크라이나군은 자국 영토에 대한 정밀한 디지털 지도를 구축한 바 있다. 이 디지털 지도 위에 포병의 사격지원 시스템을 결합해 GIS-Arta를 개발했다. 델타로부터 적의 정보가 전달되면 GIS-Arta는 다양한 자산들의 포격을 위한 핵심

154 https://aerorozvidka.ngo/situational-awareness/

155 https://en.wikipedia.org/wiki/GIS_Arta

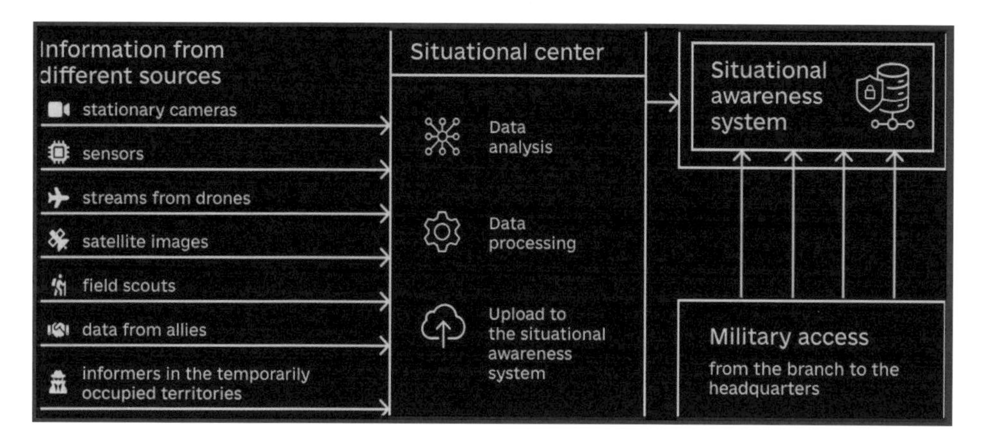

전장상황인식 시스템 델타(Delta) 〈출처: Aerorozvidka 홈페이지〉

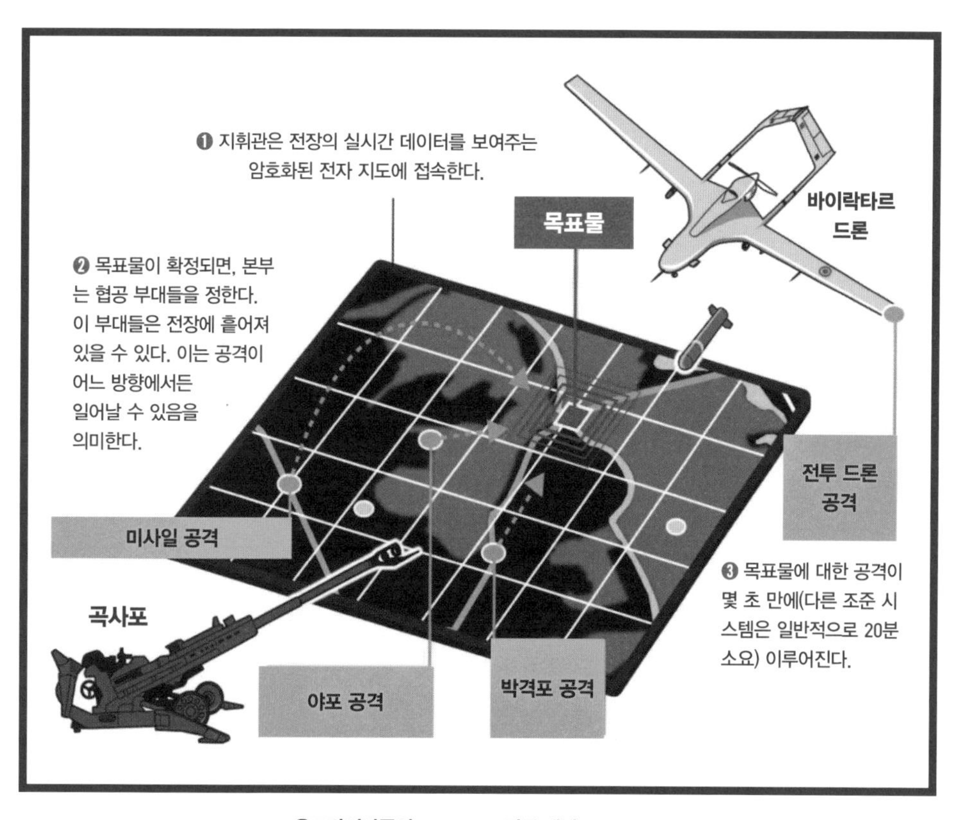

우크라이나군의 GIS-Arta 작동 개념도 〈출처: Asia Times〉

정보를 수십 초 내에 생성한다. GIS-Arta를 이용해 보다 빠르고 정밀하게 타격이 가능하며, 또 목표물 주위에 배치되어 있는 아군의 미사일, 박격포, 드론, 야포 중에서 최적의 타격 수단을 빠르게 선택할 수 있다. 기존과 같이 무전에 의해 정보를 주고 받을 경우 적 목표물 발견에서 사격까지 수십 분이 소요되었다면, GIS-Arta는 이를 45~60초 정도로 단축시켰다.

우크라이나군이 드론 전쟁을 구현할 수 있는 또 다른 배경은 스타링크 Starlink다. 전장에서 발생하는 다양한 정보들을 실시간으로 획득해 취합해 분석하고, 이를 바탕으로 전투를 수행하기 위해서는 전장 통신 네트워크가 뒷받침되어야 한다. 군의 디지털 네트워크가 제대로 구축되지 않은 우크라이나군은 전차, 지휘차량, 야포, 자주포, 보병 간의 통신을 위성통신인 스타링크에 의존했다. 델타와 GIS-Arta의 통신도 많은 부분은 스타링크가 제공한 것으로 파악된다. 수천 기의 저궤도 위성을 운용하는 스타링크는 초당 80메가비트의 통신 속도와 최소 3mbps의 비디오 스트리밍을 제공한다. 하지만 이러한 우크라이나의 스타링크에 대한 과도한 의존은 전략적인 약점이기도 하다. 사기업이 제공하는 저궤도 위성통신은 언제라도 서비스가 중단될 위험성을 가지기 때문이다.

3. 미래 전장의 유무인복합전투

러시아의 침공에 맞서 우크라이나는 드론을 중심으로 한 유무인 복합전투의 초기 형태를 구현하고 있다. 전장에서 드론의 진정한 가치는 공격능력이 아니라, 실시간으로 전장을 가시화하고, 이를 델타와 같은 전장상황인식 플랫폼에 전달해 기존의 재래식 무기인 야포, 전차, 박격포 등과 협력전투를 수행할 수 있는 능력에 있음이 입증되었다. 우크라이나에서 시작된 유무인복합전투는 미래의 또 다른 전쟁에서는 보다 심화되고 복잡화된 형태로 구현될 것이다.

미래 유무인복합전투에는 AI로 무장된 다양한 육·해·공 무인이동체들이 참여할 것이다. 전투에 참여하는 다양한 유무인복합체계들은 위 그림과 같이 실시간으로 정보를 교환하며 협력해야 할 것이다. 적의 구성, 규모, 위치 등의 정보와 각 유무인체계들의 위치, 운동 정보 등을 교환해야 하며, 각 유무인체계가 수행하고자 하는 행동action에 대한 정보들도 서로 공유해야 한다.

하지만 유인체계와 무인체계, 그리고 병력 간에 데이터를 주고 받는 것만으로 유무인복합체계가 완성되지는 않는다. 진정한 의미에서 복합체계를 이루기 위해서는 각 체계 간에 임무장비를 공유해야 한다. 임무장비를

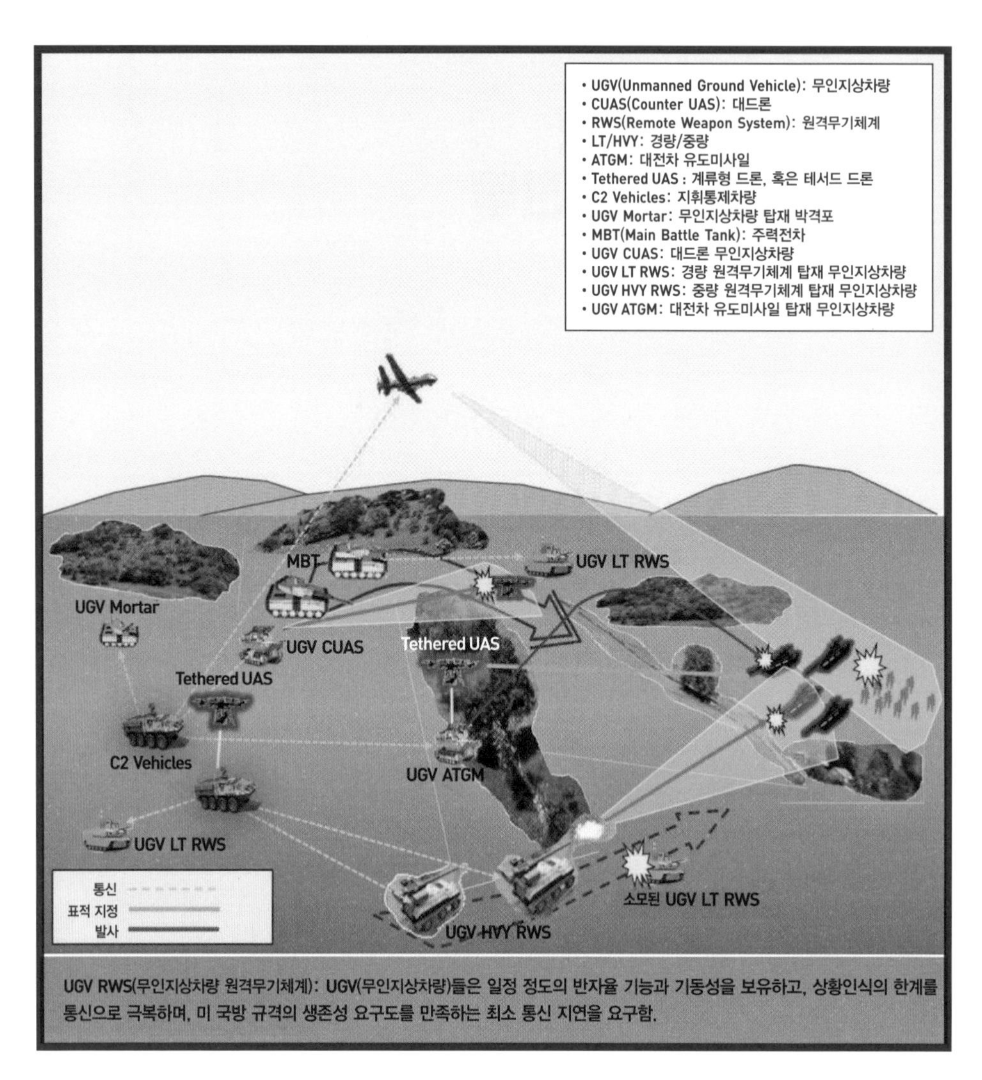

미래 유무인복합전투 개념도 〈출처: 미 육군 GVSC〉

공유한다는 의미는 각 체계 간에 임무장비의 교환 사용뿐만 아니라, 실시간으로 무선을 이용한 임무 정보의 공유까지를 포함한다. 각 무인체계 간에 조종기의 공통화도 핵심적인 요소다. 무인체계를 조종하고 통제하는 지상조종장비가 서로 상이한 방식으로 데이터를 전송하고 UI의 구성이 이질적일 경우, 전투에 참여하는 조종 병력의 혼란을 가중시킬 수 있다. 또 특정한 조종장비가 불능이 된 경우에 타 장비를 이용해 동일한 조종이 가능해야 한다. 공통화된 조종기는 조종 인력과 정비 인력의 교육에도 큰 이점을 가져온다. 이처럼 조종장비, 임무장비, 정보교환체계(통신 네트워크) 등을 표준화하고 공통화함으로써 미래 유무인복합체계의 기틀을 조성할 수 있다.

유무인복합체계의 성공에서 또 하나 빼놓을 수 없는 요소로는 각각의 체계를 개발하고 생산하며 유지보수하는 데 있어 경제성을 확보하는 것이다. 현대전의 핵심 전력인 전투기의 경우 성능은 선형적으로 향상되었으나, 이에 수반하는 비용은 지수적으로 증가했다. 이러한 급격한 비용 증가를 적절한 수준에서 통제하지 못한다면 미래 유무인복합체계의 성공은 결코 보장되지 않는다. 이를 잘 보여주는 예가 우크라이나-러시아 전쟁에서 중국드론의 성공과 미국 드론의 실패이다. 수백 달러의 중국산 드론이 우크라이나 전쟁에서 각광받는 이유는 기술적인 우위가 아니라, 싼 가격과 안정적인 공급, 그리고 사용 편의성 때문이다.

4. 유무인복합체계의 진화와 MOSA 정책의 등장

다양한 유무인체계의 조종장비, 임무장비, 통신-네트워크 및 데이터 링크를 표준화하고 공통화하는 것이 미래 유무인복합전투를 구현하는 데 있어 핵심임을 언급했다. 하지만 이를 어떻게 구현할 것인가는 그리 쉬운 질문은 아니다. 이에 대한 적절한 답변을 하기 위해서는 지난 10여 년간 다양한 유무인체계에서 어떤 일들이 벌어졌는지를 간략하게 알아볼 필요가 있다.

전장에서 활용되는 유인체계를 대표하는 것으로는 전투기, 함정, 전차 등이 있다. 이 중 전투기는 현대 첨단기술의 집약체다. 지난 30여 년간 전투기에서 발생한 가장 큰 기술적 변화를 꼽으라면 당연히 탑재 소프트웨어의 급격한 증가다. 물론 스텔스, 정밀유도무기의 탑재, 데이터 통신, 그리고 탑재 센서의 고성능화와 다양화도 전투기에 적용된 기술적인 혁신들이다. 하지만 이를 아우르는 핵심적인 기술 진보는 소프트웨어의 급속한 도입이다. 전투기에서 점점 더 많은 핵심 기능들이 이제는 소프트웨어로 구현된다.

항공기에서 탑재 소프트웨어의 양이 증가함에 따라, 개발 기간과 비용이 급속하게 증가했다. 아래 그림은 지난 수십 년간 전투기와 민항기에서 발생한 소프트웨어의 복잡도와 소스 코드 라인 수SLOC, source lines of code의

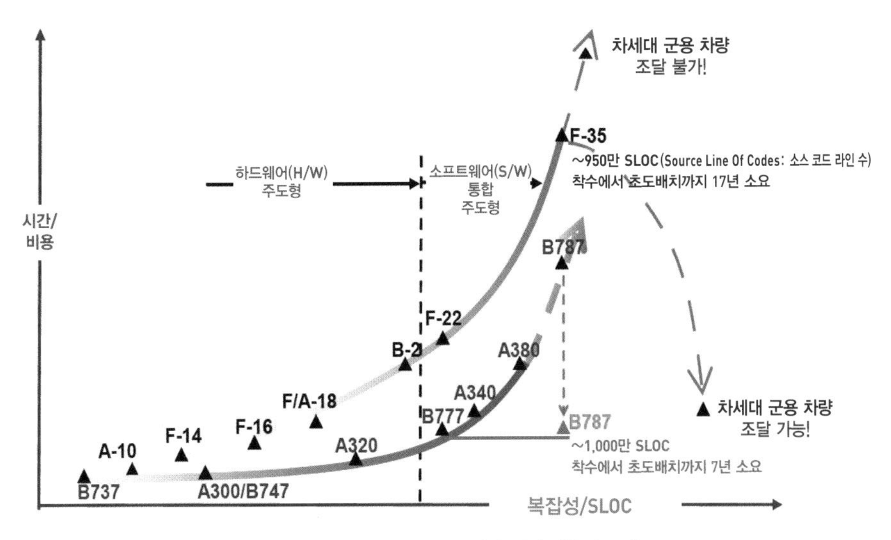

항공기에서 소프트웨어 사용의 증가와 개발 기간 비용의 증가
〈출처: FACE(Future Airborne Capability Environment) Consortium〉

증가에 따른 개발 기간과 비용의 증가를 보여준다. 이러한 개발 기간과 비용의 증가는 항공기 개발에 필수적으로 뒤따르는 정비 비용, 개조 비용의 동반 상승을 유발한다. 이러한 경향이 지속될 경우, 더 이상 첨단 전투기의 개발은 어떤 국가든 감당하기 어렵다.

유인체계에서 탑재 소프트웨어의 복잡도와 양이 증가하는 핵심적인 이유는 비행조종의 자동화에 있다. 초음속으로 비행하며 적의 정밀유도무기를 회피해야 하는 전투기를 이제 조종사의 능력만으로 조종하기는 불가능하다. 전투기에 탑재되는 센서들의 종류와 성능이 증가함에 따라 처리해야 할 정보의 양도 급증했다. 이러한 기술 발전과 위협의 증가에 따라 전투기의 항전 시스템도 진화를 거듭해왔다. 1960년대 F-4 팬텀Phantom이 분산형 아날로그 아키텍처를 채택했고, 1970년대 F-14는 분산형 디지털 아키텍처를 선보였다. 1980대 이후 점점 더 많은 임무장비들이 디지털 센서로 대체되기 시작했다. 무기체계를 작동시키는 각종 스위치들도 디지털 신호에 의해 구동되기 시작했다. 전투기 항전 시스템Avionics이 점점 더 커지고 복잡해지기 시작했다. 항전 시스템은 F-18의 연방형 구조Federated

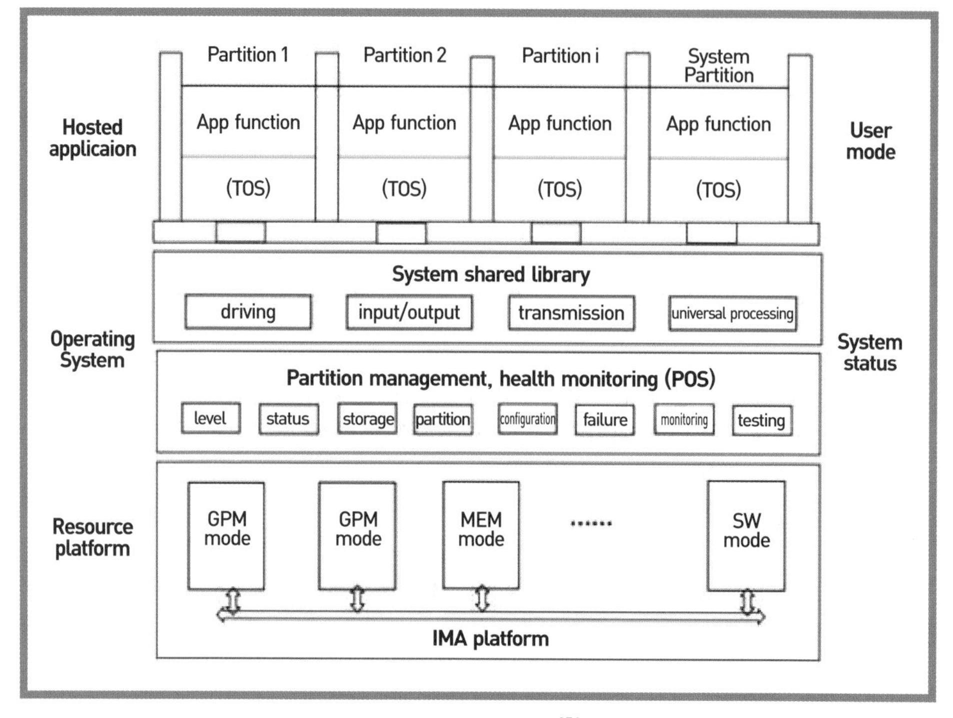

통합 모듈형 항전체계(IMA)의 구성[156]

Architecture를 거쳐, F-22와 F-35에서 채택한 통합 모듈형 구조IMA, Integrated Modular Architecture로 최종 진화했다. 통합 모듈형 구조IMA는 위 그림과 같이 하드웨어-데이터버스-운영체계-응용체계를 모듈화하고 구조화하는 방식으로 구현된다.

IMA의 등장으로 인해 항전 시스템이 구조화됨에 따라, 전투기는 더욱더 디지털화되고 소프트웨어 중심으로 변모했다. 전투기는 더욱더 고성능화되었고 지능화되었다. 하지만 IMA는 한 가지 커다란 단점을 노출했다. 개발 비용과 시간이 급증했고, 전투기 개발사에 대한 의존도가 점점 더 심화되었다. 핵심 전력인 전투기 분야를 소수의 기업들이 독점하게 되

---

156 Guoqing Wang and Wenhoo Zhao, "The Principles of Integrated Technology in Avionics Systems"

었다. IMA의 한계를 극복하기 위해 등장한 것이 미 공군의 개방형 아키텍처 기반의 항전 시스템Open Architecture Avionics 프로그램과, 미 해군 주도로 육·해·공군의 합동 프로그램인 FACEFuture Airborne Capability Environment[157]다. 개방형 아키텍처 기반의 항전 시스템은 모듈화, 개방형, 그리고 표준 인터페이스를 채택했다. 상용품COTS, commercial off the shelf에 기반한 공통 하드웨어와 소프트웨어를 적극적으로 도입하고, 코드의 재사용과 이식성이 가능한 계층화된 아키텍처, 응용 프로그램의 모듈화, 소프트웨어의 경우 초기 인증 후라도 점진적 개선이 가능한 설계 도입 등의 원칙을 가지고 연구개발이 진행되었다. 이러한 공군의 노력은 FACE로 이어졌는데, FACE

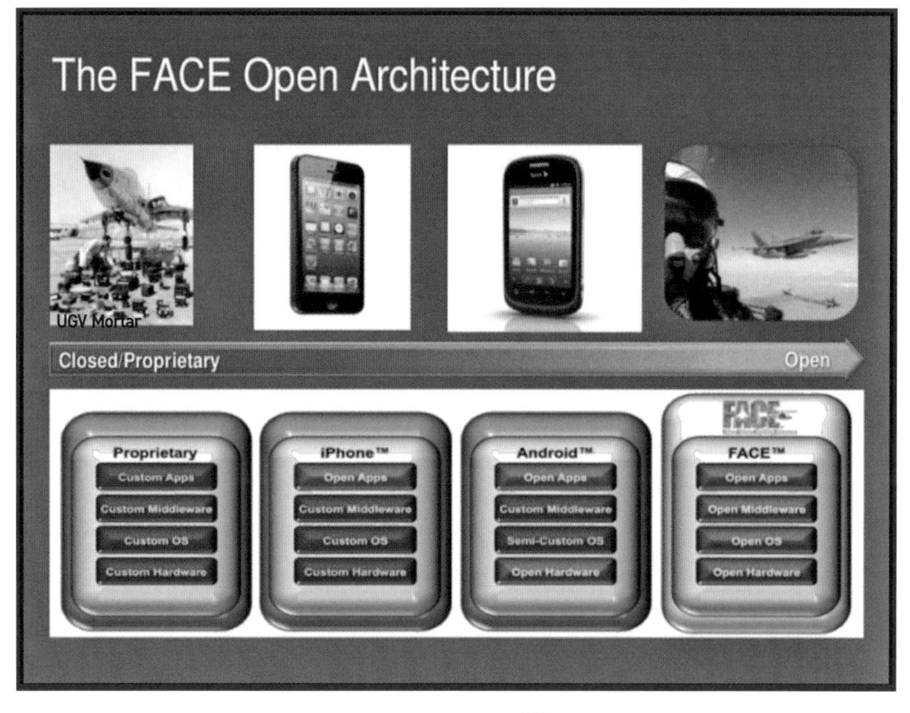

FACE의 개방형 구조 개념[158]

157 자세한 사항은 FACE 컨소시엄의 공개 홈페이지인 opengroup.org/face를 참고하시기 바란다

158 Learn About the FACE Standard for Avionics Software and a Ready-to-Go COTS Platform, RTI & Wind River

가 추구하는 항전 시스템의 철학을 한마디로 정의하면 스마트폰 생태계의 도입이다. IMA가 가진 폐쇄성을 극복하고, 다양한 개발자와 기업들이 참여할 수 있는 개방형 구조를 도입하는 것이다.

현대의 소프트웨어와 하드웨어 복합 시스템들은 모듈형 구조로 진화했다. 이를 간략하게 정리하면 하드웨어hardware(센서, 통신, 프로세서 등)-운영체계OS-미들웨어middleware(드라이버 등)-응용 프로그램(앱Apps)의 구조다. 애플Apple의 아이폰은 이 중 응용 프로그램, 즉 앱을 공개형으로 전환해 다양한 개발자들을 자신들의 생태계 안으로 끌어들였다. 구글Google의 안드로이드Android는 하드웨어로 이 개방체계를 확장했다. FACE는 운영체계OS와 미들웨어조차도 공개 소프트웨어를 사용하고자 한다. 물론 이러한 FACE의 시도가 모두 성공한 것은 아니다. 하지만 모듈형Modular 구조Architecture와 개방Open이라는 방향은 최소한 미군 내에서는 미래의 복합체계 개발과 획득에서 하나의 큰 원칙으로 자리잡게 된다. 최근에는 항전Avionics에 이어 차량Vehicle과 전자Electronics를 합친 차량전자Vetronics라는 단어가 등장했다. 이제 하드웨어와 소프트웨어가 결합된 복합 시스템은 항공기를 넘어 차량과 해양체계로 확장되어 광범위하게 적용되기 시작했다.

개방형 항전체계Open-Architecture-Avionics와 FACE를 거치면서 미국은 미래 복합체계 개발과 획득에서 모듈, 개방이라는 원칙을 수립했다. 이러한 원칙이 구현된 정책이 미 의회가 수립한 MOSAModular Open System Approach(모듈형 개방체계 접근법) 법안이다. 미 의회는 2019년 MOSA를 주요 무기체계 개발 및 획득에 도입하기 위해 연방법 제10조를 입법화했다. 연방법 제10조는 1,000만 달러가 넘는 주요 무기체계의 개발 시 MOSA의 도입을 강제하고 있다. 연방법에 따르면, 이제부터 MOSA의 원칙을 준수하지 않는 체계 개발은 마일스톤MilestoneA(기본설계 진입) 혹은 마일스톤MilestoneB(상세설계 진입)이 불가능하게 되었다. 연방법 제10조에서 요구하는 MOSA의 원칙은 모듈형 개방체계 접근법으로 설계 및 개발을 요구하고 있으며, 미래에 발생 가능한 기술의 진화, 새로운 위협의 등장, 그리고 타 체계와의 상호운용성 확보가 가능하도록 무기체계 개발을 강제한다.

이를 위해서 각군이나 국방기관, 국가표준기구 등에 의해 널리 받아들여지는 민간 규격의 국방 분야 적용을 요구하고 있다.

미 의회가 MOSA를 연방법으로 법제화하기 이전에 개방형 모듈식의 구조를 가진 무기체계의 개발은 이미 몇몇 분야에서 진행되었다. 대표적인 사례로 육·해·공 통합 지상통제 시스템인 UCSUnmanned Systems Control Segment[159]와 UCS 기반의 미 육군 공통조종장비인 WMIWarfighter Machine Interface, 그리고 나토의 NGVANATO Generic Vehicle Architecture[160] 등이 있다.

미군에서 사용하는 드론의 종류가 증가하자, 드론에 탑재된 임무센서의 정보를 빠른 시간 내에 여러 단위에서 사용할 필요성이 제기되었다. 하지만 드론의 종류별로 통신 주파수, 통신 방식, 그리고 데이터 프로토콜이 상이해 동일한 지상조종 시스템Ground Control System을 사용해야만 가능했다. 이에 미군은 드론의 종류와 개발사에 상관없이 공통 아키텍처와 표준규약, 그리고 모듈식 설계를 채택한 지상조종 시스템의 필요성을 인지하고 국제자동차기술자협회SAE에 의뢰해 지상조종 시스템에 대한 표준화를 수행했다. UCS는 나토의 무인체계 데이터통신 표준규격인 STANAG-4586을 채택해, 나토군 내에서 다양한 무인체계를 동일한 지상조종 시스템으로 운용할 수 있게 했다. 미 육군은 UCS 표준체계를 받아들여 자군이 운용하는 드론, 무인로봇, 지상자율차량 등에 대한 표준화된 조종장치인 WMI를 개발해 사용하고 있다.

나토의 NGVA는 나토군이 사용하는 군용차량의 공통 아키텍처다. 나토는 향후 나토군 내에서 운용할 모든 군용차량은 NGVA 표준과 아키텍처를 준수해 차량 전자장비를 개발하고 제작할 것을 요구한다. NGVA는 동력장치, 데이터 인프라, 조종장치, 데이터모델에 대한 표준규격을 제시하고, NGVA를 채택한 군용차량에 대한 안전Safety 확보 방안을 제시하고, 검증과 검정Verification and Validation 방법을 제시한다.

---

159 SAE, "Unmanned Systems Control Segment Architecture", https://www.sae.org/standards/content/as6512b/r

160 NATO Generic Vehicle Architecture, https://natogva.org

5. 유무인복합체계의 구현을 위한 K-MOSA 수립 방안

국내에서 유무인복합체계의 조기 구현을 위해 K-MOSA 정책이 제시되고 있다.[161] MOSA 체계는 아래 그림과 같이 유무인체계에서 탑재임무장비, 체계 내부, 외부 타 체계와의 통신 네트워크, 그리고 지상조종장비 등의 부체계 들에 대한 표준화 모듈화를 통해 완성된다.

먼저 탑재임무장비는 이전에 언급한 바와 같이 서로 다른 유무인체계에 플러그 앤 플레이Plug&Play로 연결되어야 한다. 이를 위해서 임무장비는 유무인이동체에 기계적·전기적 연결이 표준화되어야 한다. 그리고 임무장비가 생산해 방송하는streaming 임무 데이터와 임무장비를 제어하기 위한 조종신호의 데이터 모델이 구축되어야 한다. 이를 표준화된 데이터버스로 구현할 필요가 있다. 탑재임무장비에 대한 표준화, 모듈화는 SOSASensor Open Systems Architecture[162] 프로그램을 통해 진행되고 있다.

앞 그림에서 내부 모듈과 같이 유무인이동체에 대한 표준화도 필요하다. 이동체 내부에서 구현되어야 할 모듈화·표준화는 아래 그림과 같다.

---

161 《국방일보》, "내년부터 국방무인체계 계열화·모듈화 정책 본격 추진", 2023년 12월 28일.

162 https://opengroup.org/sosa

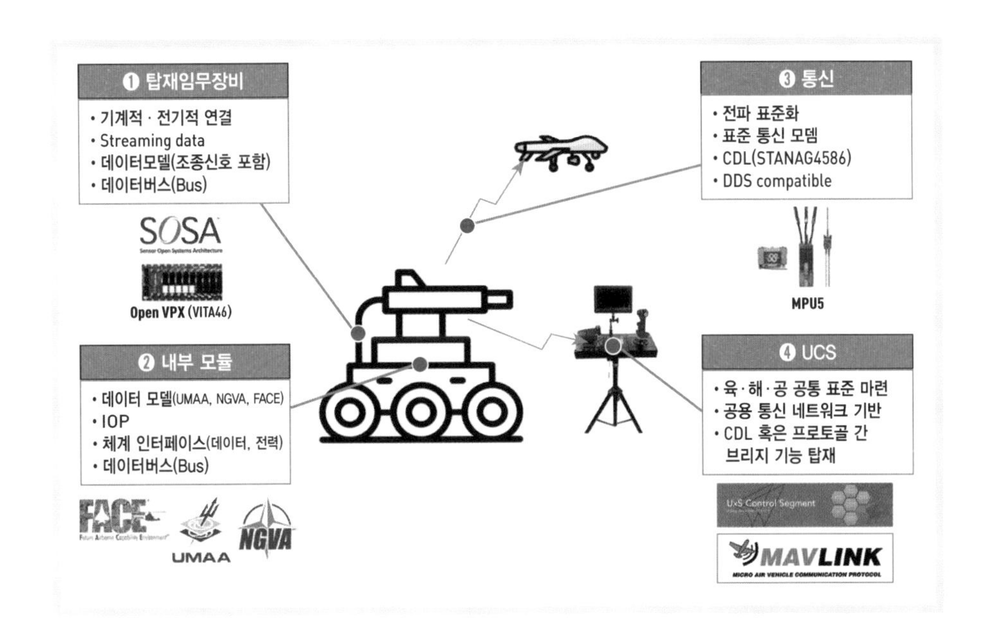

임무장비(센서, 무장체계)와 기계적 · 전기적 데이터에 대한 표준 인터페이스가 마련되어야 한다. 또 내부 소프트웨어는 FACE의 예와 같이 하드웨어-운영체계-미들웨어-응용 소프트웨어 식의 계층화된 구조로 조직되어야 한다. 응용 소프트웨어는 동일한 임무를 수행하는 단위 소프트웨어들을 하나의 모듈로 구성하고, 각각의 모듈은 표준화된 데이터 모델에 의해 연결되어야 한다. 타 유무인체계와 지상조종장비와 연결하는 통신 네트워크장비와 인터페이스 또한 모듈화 · 표준화되어야 한다.

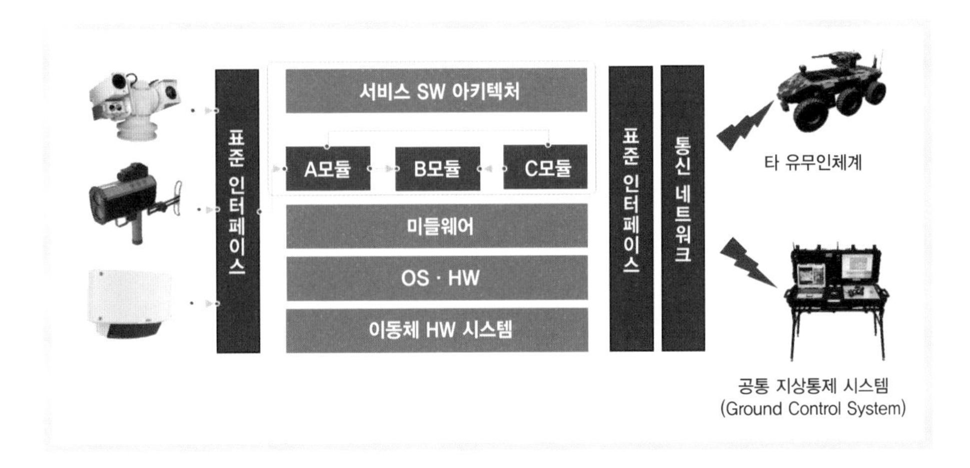

외부의 타 유무인체계, 그리고 지상조종 시스템과의 연결성 또한 보장되어야 한다. 이를 위해서는 사용하는 전파를 공통화하거나, 주파수 대역과 프로토콜이 서로 다른 통신을 모두 수용 가능한 브릿지 하드웨어·소프트웨어를 사용해야 한다. 또 통신을 위한 프로토콜과 공통 데이터링크Common Data Link가 도입되어야 한다. 최근에는 미 해군이 개발해 표준화한 분산형 데이터 네트워크 서비스인 DDSData Distribution Service를 이용해 각 유무인체계 간 통신하는 방법도 널리 연구하고 적용하고 있다.

6.
인공지능(AI)과 드론

2022년 11월 챗GPT가 공개된 이후로 AI는 새로운 전환점을 맞고 있다. 이전에는 소수의 컴퓨터과학자와 공학자들의 도구였던 AI는 챗GPT의 등장으로 인터넷에 접속할 수 있는 모든 이들의 도구가 되었다. AI는 더 이상 특정한 기능만을 수행하지 않는다. 대형 언어 모델로 구성된 생성형 AI는 다양한 질문에 답을 하고, SW 코드를 프로그램한다. 그림을 그리고 음악을 작곡하며 만화를 그리는 AI도 이제는 일상이 되었다. 생성형 AI는 단순히 번역만을 하지 않는다. AI는 우리가 한글로 작성한 글을 영어로 번역하고 문법과 어법에 맞게 수정해준다.

이처럼 점점 더 우리 일상에서 익숙해지는 AI는 장밋빛 미래만을 약속하지는 않는다. 현재의 딥러닝을 창조한 것으로 평가받는 제프리 힌턴 Geoffrey Hinton 교수는 5년내 AI가 인간지능을 능가할 가능성을 경고하고, 구글이나 마이크로소프트 등의 빅테크들의 AI 기술 개발 경쟁을 규제할 것을 주장하고 있다. 인간지능을 능가하는 AI가 인간의 직업을 빼앗는 수준을 넘어 AI로 인한 인간 멸종 가능성도 일각에서는 주장하기도 한다.

AI 기술의 확산은 군사 분야에서도 나타나고 있다. 2022년에 발발한 우크라이나-러시아 전쟁은 드론 전쟁으로 불리고 있다. 드론은 감시 정찰

AI 기술의 확산은 군사 분야에서도 나타나고 있다. 2022년에 발발한 우크라이나-러시아 전쟁은 드론 전쟁으로 불릴 정도로 양측은 많은 드론을 전쟁에 사용하고 있다. 드론은 감시 정찰의 영역을 넘어 침투해오는 적에게 포탄을 투하하고, 적의 전차나 대포를 직격해 무력화한다. 많은 미래학자들은 다음 전쟁에서는 자율비행이 가능한 수백, 수천 대의 드론이 군집으로 비행해 항공모함이나 미사일기지 등을 무력화시킬 것으로 예상한다.

의 영역을 넘어 침투해오는 적에게 포탄을 투하하고, 적의 전차나 대포를 직격해 무력화한다. 공중 드론뿐만이 아니다. 해상에서는 폭탄을 탑재한 자율무인선박이 수백 킬로미터를 항해해 항구에 정박한 적의 군함을 침몰시킨다. 많은 미래학자들은 다음 전쟁에서는 자율비행이 가능한 수백, 수천 대의 드론이 군집으로 비행해 항공모함이나 미사일기지 등을 무력화시킬 것으로 예상한다. AI로 작동되는 수백, 수천 대의 드론이 벌떼 공격으로 목표물을 공격하면 방어가 거의 불가능하다.

2023년에 발발한 이스라엘과 팔레스타인 간의 전쟁에서는 한 단계 더 고도화된 AI 무기가 사용되기 시작했다. 가자 지구에 몰래 침투한 드론이 팔레스타인 민병대인 하마스Hamas 주요 인사들의 통화를 감청하고, 이를 AI로 분석해 폭격 대상이 되는 건물을 골라낸 뒤에 빠르고 정확하게 폭격한다. 이 새로운 AI 무기체계는 히브리어로 합소라Habsora(찬송가라는 뜻)라고 불린다. 팔레스타인인들은 합소라가 팔레스타인 민병대 주요 인사들을 AI 기술로 빠르게 추적해 제거함으로써 전쟁의 피해를 확대시켰다고 비난한다.

이스라엘의 합소라와 같이 폭격 목표물을 사람이 아닌 AI가 결정할 경우, 인명 살상에 대한 결정을 기계가 하는 것이 윤리적인가 하는 문제가 제기된다. 인류가 인간성을 보존하고, AI로 인간 멸종을 피하기 위해서는 인간의 생명과 관련된 결정은 인간 스스로가 내려야 한다는 주장들이 거세다.

챗GPT와 같은 거대 AI도 군사 분야에서 다양하게 활용될 것이다. 21세기 전쟁은 기존 육 · 해 · 공의 영역에서 우주, 사이버 공간으로 확장되고 있다. 우크라이나군이 드론을 운용하기 위해 일론 머스크가 운용하는 스타링크를 사용하는 것이 대표적이다. 레이더, 통신감청, 위성영상 등 상대국을 감시하는 센서는 점점 더 다양해지고, 데이터의 양도 급증하고 있다. 급증하는 데이터를 사람이 하나하나 분석하는 것은 더 이상 불가능하다. 빅데이터big data의 분석에서 AI가 사람을 속도와 정확도 면에서 능가하기 시작한 것은 어제오늘이 아니다. 사이버 공간에서 가짜 데이터를 이용한 분쟁도 점점 더 현실화되고 있다. 상대국의 군사망에 가공된 가짜 군통신 신호와 레이더 신호를 주입해 상대군을 혼란에 빠지게 만든다. 우리 군사망에 주입된 신호가 진짜 신호인지 가짜 신호인지를 빠르게 분석해 식별해야 한다. 챗GPT와 같은 거대 AI가 힘을 발휘할 수밖에 없는 분야다.

이러한 챗GPT 등의 거대 AI의 군사적 활용은 아주 큰 고민거리를 안겨준다. 인간이 이해할 수도 없고 처리할 수도 없는 빅데이터를 바탕으로 AI가 전쟁의 시작이나 확대를 결정할 경우, 국제적인 분쟁이 더욱더 빈번해지고 가속화될 수 있다. 미국과 소련의 냉전 시기에 핵전쟁의 버튼을 누르기 직전까지 갔던 사례는 매우 잘 알려져 있다. 상대방의 핵무기를 감시하던 레이더에 핵탄두를 탑재한 ICBM들이 발사되는 것이 다수 포착되었다. 아주 짧은 시간 내에 대응이 필요한 순간에 다행히도 레이더 신호의 오류임이 관측병 등에 의해 발견되면서 대재앙의 문턱에서 벗어날 수 있었다. 동일한 상황에서 데이터 분석과 대응결정을 챗GPT와 같은 거대 AI가 할 경우, 인간과 같이 윤리적인 고민을 할 수 있을지, 그리고 이를 바탕으로 보다 심사숙고할 수 있을지는 아직 미지의 영역으로 남아 있다.

이처럼 아주 빠르게 발전하는 AI 무기에 대한 걱정과 불안감으로 인해 국제사회는 AI 무기에 대한 규제를 고민하기 시작했다. 하지만 AI 무기를 규제하는 것은 그리 쉬운 일만은 아니다. 가장 근본적인 원인은 AI 기술의 발달이 민간의 주도로 이루어지고 있기 때문이다. 민간에서 개발된 AI 기술은 아주 최소한의 개조만을 거쳐 바로 군사적으로 이용되곤 한다. 우크라이나-러시아 전쟁에서 사용되는 드론들은 대부분이 민간용으로 개발되고 생산된 제품들이다. 드론에 사용되는 AI 기반의 SW들도 민간에서 연구되고 개발된 것들이 대부분이다. 세계적으로 AI 기술의 발전을 주도하는 구글, 메타Meta, 오픈AIOpenAI 등은 모두 민간 기업들이다. 글로벌 빅테크 기업들은 하나의 국가에 한정되지 않고 아주 다양한 국가에서 활동하고 연구개발을 진행하기 때문에, 하나의 국가가 이들을 규제하는 것은 거의 불가능하다.

그럼에도 불구하고 AI 무기를 일방적으로 규제하는 것은 실익의 측면에서 조심스럽게 따져보아야 한다. AI를 무기화할 수 있는 능력을 갖춘 국가들은 우리나라를 포함해 대부분 인구가 감소하고 있다. 병력 자원이 감소함에 따라 군인들이 수행하던 많은 업무들을 AI를 통해 해결할 수밖에 없다. 이것이 우리가 전방의 철책 감시에 드론과 AI 감시체계를 도입하려는 근본적인 이유다. 현 시점에 AI 무기의 도입은 피할 수 없는 선택이다. 우리나라 입장에서 국방 분야에 AI 도입을 주저한다면, 안보 공백의 발생은 불가피할 수밖에 없다.

한국국방안보포럼(KODEF)은 21세기 국방정론을 발전시키고 국가안보에 대한 미래 전략적 대안을 제시하기 위해 뜻있는 군·정치·언론·법조·경제·문화 마니아 집단이 만든 사단법인입니다. 온·오프라인을 통해 국방정책을 논의하고, 국방정책에 관한 조사·연구·자문·지원 활동을 하고 있으며, 국방 관련 단체 및 기관과 공조하여 국방 교육 자료를 개발하고 안보의식을 고양하는 사업을 하고 있습니다. http://www.kodef.net

KODEF 안보총서 111

드론 바이블

당신이 알아야 할 드론에 관한 모든 것

개정2판 1쇄 인쇄 2024년 6월 26일
개정2판 1쇄 발행 2024년 7월 2일

지은이 강왕구 · 채인택 · 계동혁
펴낸이 김세영

펴낸곳 도서출판 플래닛미디어
주소 04044 서울시 마포구 양화로6길 9-14 102호
전화 02-3143-3366
팩스 02-3143-3360
블로그 http://blog.naver.com/planetmedia7
이메일 webmaster@planetmedia.co.kr
출판등록 2005년 9월 12일 제313-2005-000197호

ISBN 979-11-87822-85-1 03500